LIFE SAFETY
MANAGEMENT

생활 안전 관리

생활 안전 관리

인　쇄　2022년 11월 21일
발　행　2022년 11월 25일

저　자　김백윤·정　용·김명호
발행인　정성택
발행처　전남대학교출판문화원

등　록　1981. 5. 21. 제53호
주　소　61186 광주광역시 북구 용봉로 77
전　화　(062) 530-0571~2 마케팅 530-0573
팩　스　(062) 530-0579
홈페이지　http://www.cnup.co.kr
이메일　cnup0571@hanmail.net

값 24,000원

ISBN 978-89-6849-919-7 (93590)

LIFE SAFETY MANAGEMENT

생활 안전 관리

김백윤 · 정 용 · 김명호 공저

사고를 미리 예방하고 효과적인 재난관리를 위해 안전에 대한 태도, 관행, 지식을 생활화시켜 안전에 대한 중요성의 인식이 정착되고 생활에서 실천될 수 있도록 체계적이고 지속적인 교육이 절실하다.

전남대학교출판문화원

인간은 누구나 인간답고 행복한 삶을 살기를 소망하며, 이러한 소망을 이루기 위하여 노력하고 있다. 그러나 불행히도 우리의 생활주변에서 갖가지 사고와 질병들로 인하여 목숨을 잃거나 상해를 입고 또한 재산적 손실을 입고 있을 뿐만 아니라 언제, 어디서, 어떻게 당하게 될지도 모를 재난의 위험에 노출되어 살아가고 있다.

현재 우리가 살아가고 있는 사회는 고도산업사회에 진입하면서 생활 주변과 산업현장에서 위험요인이 증가하는 실정이다. 경제적 효율성 추구로 인한 건물의 고층화, 지하시설의 증가, 그리고 급속한 경제 발전으로 인한 생활수준의 향상과 더불어 편리성을 추구한 결과 각종 문명의 이기를 많이 사용하게 되면서 위험요소가 생활주변에 산재하게 된 것이라고 할 수 있다.

각종 교통수단을 이용할 기회가 늘고, 차량의 증가, 유독가스가 발생하기 쉬운 건축자재나 가정용 전자제품의 확산에 따라 직장뿐만 아니라 일반 가정과 사회에서의 안전교육의 중요성이 점차 높아지고 있다. 경제성장과 물질적 풍요에만 치중한 나머지 안전의식을 소홀히 한 채 급속한 개발과정에서 건설된 각종 대형 건축물이나 시설물 등은 노후화되고 관리부실로 인하여 오늘날 각종 대형사고로 이어지고 있다. 또한 기후변화가 가속화되면서 풍수해를 비롯한 각종 자연재해가 기존의 기후패턴과 다르게 나타나고 있어 예측하기도 어렵고 대비하기에도 곤란한 문제점들이 쌓이고 있다. 특히 사회 전반적으로 조급증과 안전불감증이 만연해 있어서 기초질서를 준수하고 안전을 중시하는 사회풍토를 조성하기 위한 안전의식의 변혁이 요구되고 있다.

최근 들어 안전에 대한 의식은 점차 높아지고는 있으나 실제 생활에서의 실천은 아직 의식수준을 따라가지 못하고 있으며, 각종 안전사고에 대해서는 막연하게 불안감을 느끼고 있을 뿐, 구체적으로 어떻게 대처해야 하는지를 모르고 있다.

이러한 상황에서 사고를 미리 예방하고 효과적인 재난관리를 위해 안전에 대한 태도, 관행, 지식을 생활화시켜 안전에 대한 중요성의 인식이 정착되고 생활에서 실천될 수 있도록 체계적이고 지속적인 교육이 절실하다. 이에 따라 각종 유해·위험요소를 인지하고 사전에 이를 제거할 수 있는 안전의식을 함양시키고 일상생활에서 쉽게 응용하면서 안전을 실천할 수 있도록 하는 안전교육 자료의 필요성이 높은 실정이다.

이에 따라 본서에서는 안전의 개념과 사고 발생의 원리를 이해하고 사고를 미연에 방지하는 체계적인 안전관리와 더불어 안전문화 정착을 위한 내용을 담았으며, 일상에서 위험성이 상존하고 있는 교통, 화재 및 가정에서의 사고요인과 예방대책 등을 살펴보았다. 또한 다양한 자연재해에 대비하고 적절하게 대처하는 방법, 생활 속에서의 범죄 및 테러를 예방하고 자신을 보호하는 방어기술, 산악·수상·연안 등 다양한 환경에서 야외활동 시 위험 요인과 안전 대책, 응급상황에서 적절하게 대처하는 상황별 처치 요령 등을 체계적으로 정리함으로써 재난안전교육 교재로 활용할 수 있도록 구성하였다.

안전이라는 분야가 다양한 영역을 포괄하고 있음에도 불구하고 일부 내용이 누락되거나 심도 깊은 설명이 부족하여 아쉬움이 남는다. 앞으로 꾸준한 추가 연구를 통해 이를 보완하려는 바이며, 독자 여러분들의 충고와 질책을 부탁드리는 바이다.

본 책자의 내용을 숙지하고 적극적으로 실천하여 생활 속에서 안전이 뿌리내리도록 함으로써 안전사고를 예방하고 사고발생시 귀중한 인명과 재산을 보호하는데 조금이나마 도움이 되기를 바란다. 또한 우리 모두의 염원과 노력이 안전문화로 결실을 맺어 행복한 가정생활과 밝고 안전한 선진 사회가 이룩되기를 기원하는 바이다.

저자 일동

Chapter 9. 생활범죄 예방

Chapter 10. 테러 예방

Chapter 11. 산악활동 안전

Chapter 12. 수상안전

Chapter 13. 선박안전

Chapter 14. 응급처치

Chapter 15. 생활호신술

생활 안전 관리

LIFE SAFETY MANAGEMENT

CHAPTER 01

안전일반

1. 안전의 의의
2. 사고와 재해
3. 재해발생의 원리
4. 위험상황과 사고발생의 원인
5. 사고의 사회학적 분석

1 안전의 의의

매슬로우(Maslow)에 의하면 대부분의 인간 행동은 자신의 삶을 의미 있고 가치있게 만들려는 목표를 추구하려는 경향으로 설명하고 있는데, 여기에서 인간의 행동을 움직이는 힘은 인간이 가지고 있는 다양한 욕구(동기)들이다. 매슬로우는 인간의 욕구(동기)는 타고난 것이며, 그것들은 강도와 중요성에 따라 일종의 계층적 단계로 배열되어 있다고 가정하고 있다. 가장 기본적인 욕구는 생리적 욕구이며, 그 다음으로 안전과 안정에 대한 욕구, 어딘가에 소속되고 사랑받고 싶은 욕구, 자신과 타인으로부터 존중받고 싶은 욕구, 무언가에 호기심을 가지고 탐구하고 싶은 욕구, 선하고 아름다운 것을 추구하려는 욕구, 마지막으로 자아실현의 욕구 등의 순이다.

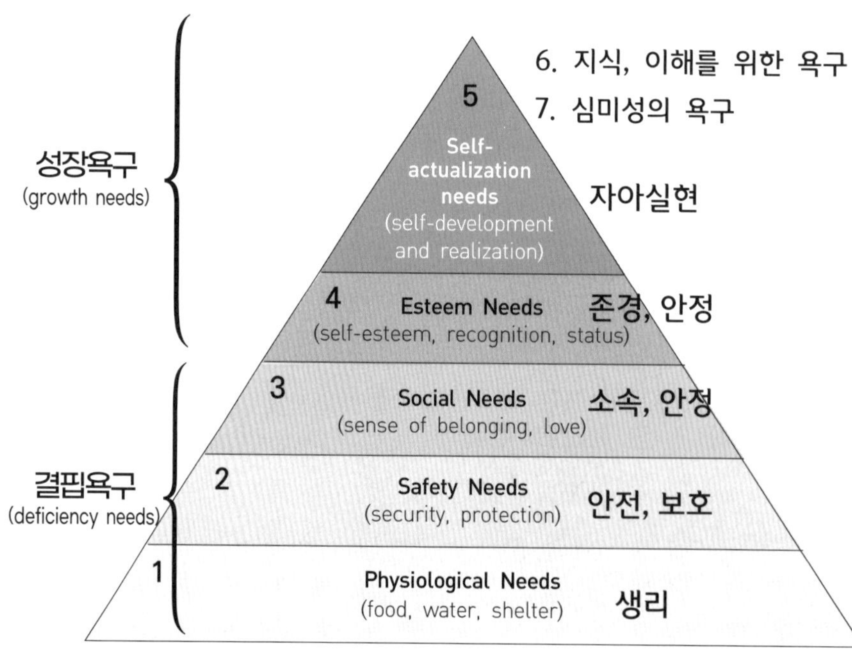

〈그림 1-1〉 Maslow의 욕구 5단계 이론

이상의 욕구 중 생리적 욕구, 안전과 안정에 대한 욕구, 애정과 소속에 대한 욕구, 자존감의 욕구는 지적, 심미적, 자아실현의 욕구와 대비하여 하위욕구로 분류되는데, 이 욕구들은 충족이 결핍되었을 경우 반드시 먼저 충족되어야 한다는 의미에서 결핍욕구(Deficiency need)라고 불린다. 이에 비해 지적인 욕구, 심미적인 욕구, 자아실현의 욕구는 상위욕구로 분류되는데, 이 욕구들은 충족되지 않아도 살아갈 수는 있으나 자신이 한 인간으로서 성장하고 발달하며 자신의 잠재적 역량을 발휘하면서 살기 위해서는 반드시 충족되어야 하는 욕구라는 의미에서 성장욕구(Being need)라고도 불린다.

그런데, 인간의 다양한 욕구들은 완전히 만족될 수는 없다는 것이다. 따라서 하위 단계의 욕구들이 어느 정도 충족이 되면 다음 단계의 욕구가 발생하고, 또 그것이 어느 정도 충족이 되면 다음 단계의 욕구가 발생하는 것으로 이해할 수 있다.

이러한 이론에 비추어 보면 인간은 기본적인 의식주와 생명을 유지하기 위한 생리적 욕구가 충족되면 다음으로 안전에 대한 욕구가 우세하게 되어 이 욕구가 지배적인 것이 되어 행동을 유발하는 동인(動因)이 된다. 이때의 안전에 대한 욕구는 우선 기본적으로 신체적 위험에 대한 공포에서 벗어나려는 욕구요, 또 기본적인 생리적 욕구를 충족시키지 못하게 되는 위험으로부터 해방되려는 욕구이다. 우리가 재산과 직업을 유지하려는 것은 내일 또 그 다음 날도 의식주의 어려움에 빠지지 않도록 하려는 것이라 할 수 있다.

인간은 누구나 다 편안하기를 원하고 또 이를 유지하려는 욕구가 있다. 이는 한마디로 안전에 대한 욕구라 정의할 수 있고 이때의 안전(Safety)이란 사고나 부상과 같은 가능성을 줄이는 조치로써 모든 위험으로부터 오는 신체와 재산의 손해를 미연에 방지하려는 것을 말한다. 이러한 욕구의 정도는 개인뿐만 아니라 조그마한 집단이나 국가같이 큰 개념의 집단에서도 나타나는데, 즉 후진국일수록 생리적 욕구 경향이 강하고 후진국에서 벗어나면 다음으로 안전에 대한 집단적 욕구가 그 집단의 특징으로 나타난다.

대체로 안전은 그 접근방법에 따라 산업현장이나 학교 또는 스포츠 활동시에 많은 차이가 있을 것이나 근본원리는 모두가 같다고 할 수 있다. 사업현장에서는 작업자들의 심신상태와 작업행동을 잘 관찰하여 사고발생의 기초요인을 제거하고, 위급한 사고가 발생했을 때의 구급체계를 구축해야 하며, 시설, 장비의 안전점검과 안전조치, 정서적 측면에서 환경의 안전배려가 특히 중요하므로 미연에 계획되어야 한다.

특히, 아웃도어 활동에서 일선 지도자는 자신의 교육생이나 참가자들의 심신상태나 행동, 운동시설·장비 및 환경 등의 문제점을 발견하여 불안전한 요소를 제거하거나 규제하여 안전이 유지될 수 있도록 계획할 필요가 있다. 먼저 레저 및 스포츠 활동시 안전이 유지되려면 안전행동기준을 정해서 실천되도록 연구되고 지도해야 한다. 안전관리를 지도하고 육성하는 과정에서 안전의식을 명확하게 운동자들에게 심어주고 이를 이행할 수 있도록 지도자에 대한 반복교육이 필요하다. 자신이 해보고 싶어 하는 레저스포츠를 즐기는데 있어서 신체적 위험이나 공포, 불안이 없어지면 내면속에 숨어 있는 잠재력을 극대화시켜 마음껏 자기의 능력을 최고로 발휘하여 스스로 성취감과 만족감을 느낄 수 있을 것이다.

2 사고와 재해

1) 위험과 위태의 개념

위험(Risk)은 어떤 예기하지 않은 사상(事象, Event)이 발생할 불확실성으로 손해를 입을 기회라고 할 수 있으며, 넓은 의미로 사고를 일으키는 원인이 되는 모든 상태를 말하는데, 재산상의 손해를 일으킬 가능성(Probability)이 있는 사고의 원인과 신체의 외부적인 접촉이나 호흡·흡입 등을 통하여 인명에 대한 생명 상실과 부상 및 건강장해를 야기할 가능성이 있는 사고의 원인이 있다.

위태(Hazard)는 위험한 상태나 행동, 사고나 부상, 죽음의 원인이 되는 물건으로 정의된다. 특히 위태는 인명의 상해나 직업병, 재산이나 환경손상 또는 이들의 복합적인 형태의 위해를 일으킬 잠재성을 가지고 있는 원천이나 상태로 물리적, 도덕적, 기강적 위태로 구분할 수 있다.

① 물리적 위태(physical hazard) : 재물이나 사람에게 존재하는 물리적 또는 육체적인 성질, 사정을 말하며, 예컨대 도로의 결빙, 산림의 건조, 인간의 기질, 체질, 잠재적 질병 등이 이에 속함

② 도덕적 위태(moral hazard) : 인간의 정신적 또는 심리적인 요인 등 갖가지 잠재적 사정이나 태도에 기인하는 위험을 말하며 인간이 부정, 부도덕, 사기, 고의 등의 감정이 적극적으로 작용해서 사고를 발생시키거나 증가시키는 상황

③ 기강적 위태(morale hazard) : 잠재의식적인 손실욕구의 심리상태로 부주의, 무관심, 기대심, 사기저하, 기강해이 등의 인적 사정을 의미

2) 사고(accident)와 손해(loss)의 개념과 분류

사고(Accident)란 뜻밖에 일어난 일이나 계획되지 않은 사건으로 인해 당면한 과업의 정상적인 진행을 저지하거나 방해하는 사건과 현상으로 정의되며, 결과적으로 재해를 일으킬 가능성이 높다고 할 수 있다. 예를 들어, 건물이 화재로 인해 손상되었다고 한다면 이러한 손해의 원인인 화재가 사고라고 할 수 있다. 사고는 교통사고(traffic accident), 가정사고(home accident), 공공사고(public accident), 직장사고(work accident)로 구분된다.

일반적으로 손해(Loss)는 우연한 사고로 인하여 발생하는 불의의 가치감소 또는 소실을 의미하며, 손실·손상·훼손·일실·상실·멸실·감소 등 여러 가지 의미로 사용되고 있다. 손해는 물적손해, 책임손해, 인적손해, 대형재난손해로 구분할 수 있다.

① 물적 손해(property loss) : 건물의 화재손해, 선박의 침몰 손해, 자동차의 충돌손해 등 재산에 생길지 모를 직접적인 손해는 물론 간접적인 손해를 말함
② 책임 손해(liability loss) : 타인의 재산이나 신체에 입힌 손해에 대하여 배상책임의 의무가 법적으로 부과됨으로써 생기는 손해
③ 인적 손해(personal loss) : 개인의 생명이나 건강에 관한 모든 손해
④ 대형 재난손해(contingency loss) : 태풍, 해일 등 자연재해 및 대형 인위재난에 의한 손해

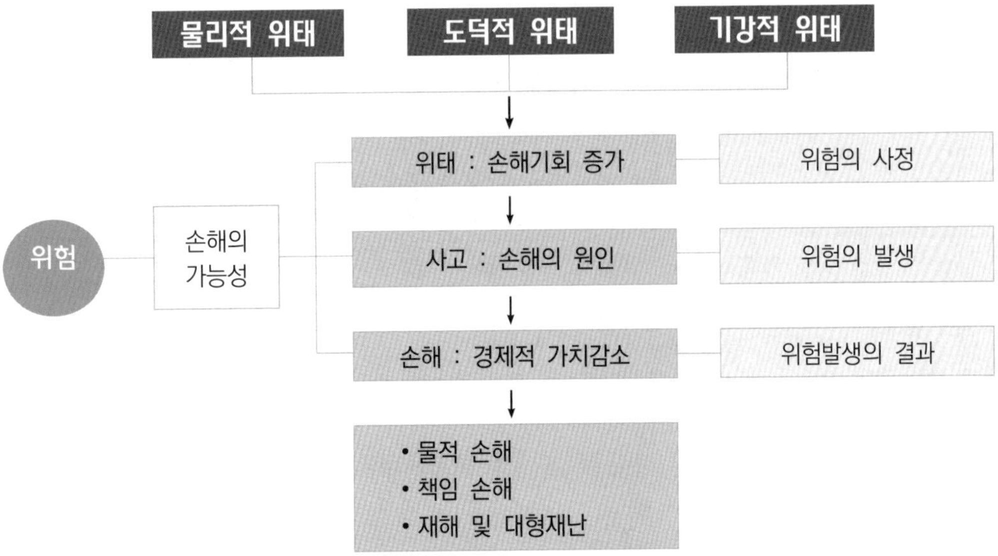

〈그림 1-2〉 위험, 위태, 사고, 손해와의 관계

3) 재해의 개념과 위험성

재해(災害)는 사고의 결과로 일어난 인적피해로써 ILO(국제노동기구)에서는 "사람의 상해를 동반하는 사건이 일어나는 것"을 재해라고 규정하고 있으며, 재해는 자연재해와 인위적인 재해로 구분된다.

자연재해는 태풍, 홍수, 가뭄, 해일, 산사태, 지진, 화산폭발, 냉해, 안개, 우박, 눈사태 등의 자연현상으로부터 입는 피해로 지진, 화산폭발을 제외하고는 거의 기상변화가 그 원인이므로 자연재해는 기상재해라고 할 수 있다.

재난(災難, Disaster)은 뜻밖에 불행한 일로 천재 또는 인재에 의해 발생한 피해의 규모가 대규모인 것으로 정의한다. 원래별의 불길한 모습을 상징하는 라틴어에서 유래되었으며, 하늘로부터 비롯된 인간의 통제가 불가능한 해로운 영향으로 풀이된다. 재난관리법 제2조(정의)에서 재난이라 함은 화재, 붕괴, 폭발, 교통사고, 화생방사고, 환경오염사고 등 국민의 생명과 재산에 피해를 줄 수 있는 사고로서 자연재해가 아닌 인위적인 것을 말한다.

〈표 1-1〉 재해의 분류

구분	재해의 종류	
예방가능여부	천재(天災)	자연재해(지진, 태풍, 홍수 등)
	인재(人災)	인위적으로 예방이 가능한 모든 재해
피해대상	인명상해	근로자, 공중인명 상해
	재산손해	산업재산, 개인재산, 국가재산 손해
발생장소	사업장재해	제조업, 건설업, 광산, 항만 재해 등
	공중재해	공공시설물, 교통, 가정, 학교 재해 등
기인	시설·설비	토목·건축 구조물, 전기, 가스, 보일러·압력용기, 승강기, 위험물질, 유해환경, 제조물 재해
	작업	위험(유해) 작업 재해
사고 형태	화재·폭발, 파열·분출, 붕괴·도괴·낙반, 추락, 협착, 낙하·비래, 전도, 격돌, 감전, 위험노출·접촉 등	

자연재해는 홍수, 폭풍, 해일, 벼락 등 현재의 과학기술로서 예방하는 것은 불가능하지만, 사전관리 차원에서 재해에 대한 예보나 예지기술, 홍보 및 방재대책 등으로 피해를 최소화하는 노력을 강구해야 할 것이다. 인위적 재해는 사람들이 일으키는 재해로 산업현장이나

학교생활, 운동장면에서 발생하며, 대부분이 인위적인 재해여서 모두 미연에 예방이 가능하다고 할 수 있다. 이러한 재해의 위험성은 산업발전이나 문화의 진보를 위한 생산활동뿐만 아니라 출퇴근 도중, 가정생활, 학교생활, 레저활동이나 스포츠 장면 등에 있어서 잠재하고 있다.

특히, 안전관리 측면에서 문제로 하는 사고는 좁게 다루어지고 흔히 가볍게 생각하여 안이하게 지나쳐 버리는 경우가 태반이다. 대체로 사고는 일의 진행상 있을 수 있는데 이런 사고가 곧바로 나의 재해로 이어지는 일은 없으며, 이는 모두가 다른 사람과 관계되는 일로 나와 무관하다든지 혹은 저런 일이 설마 나에게 일어날 확률은 거의 없다는 자기 과신에 빠지게 되고, 이런 자기 과신이 재해의 가장 기본적인 유발요인이 된다.

예를 들면, 빌딩의 건축공사 중에 물품이 낙하하였으나 근로자에 닿지 않아 상해를 받지 않았다거나 또는 도로 위로 낙하하여 근로자가 아니라 제삼자인 통행인에게 입힐 수도 있는 사건이 발생하였다면 이는 비단 꼭 상해를 일으키는 것만 아니라 "물품의 낙하"라는 사건도 안전관리대상이 되는 사고인 것은 물론이다. 만약 이때 물품의 낙하는 일의 진행상 있을 수밖에 없다는 그 발상 자체가 나중에 재해로 이어질 수도 있는 요인이 된다.

위의 예처럼 산업재해란 사고에 따라 근로자가 상해를 받는 사건을 말하지만, 이때 안전관리의 대상으로 하는 사고는 "당면하는 사상의 정상적인 진행을 저지 또는 방해함으로써 사람에게 상해 위험을 일으키거나 일으키게 하는 사건"이라고 정의할 수 있다.

4) 재해로 인한 손해

인간은 현재의 행복, 장래의 행복, 가족의 행복을 위하여 일하고 있다. 그러나 직장 내에서의 작업이나 스포츠 활동 중에 다치거나 생명을 잃게 되면 모든 것이 헛되게 되고 만다. 사고가 나서 다친 본인은 육체적 고통을 받게 되며, 가족들은 정신적 고통을 당하게 된다. 또 일생동안 장애자가 될 수도 있고 장래 희망도 사라진다.

사고와 재해와의 관련성은 미국의 하인리히(H. W. Heinrich)가 발표했던 <1:29:300의 법칙>으로 명확하게 설명된다.

즉 1회의 중상재해가 발생했다고 하면 그 사람은 같은 원인으로 29회의 경상재해를 일으키고, 또 같은 성질의 무상해 사고를 300회 동반한다고 하는 것이다. 즉, <그림 1-3>과 같이 중상재해의 저변에는 다수의 경상재해와 무상해 사고가 있고, 더욱이 무수한 불안전 행동과 불안전 상태가 있다는 것이다.

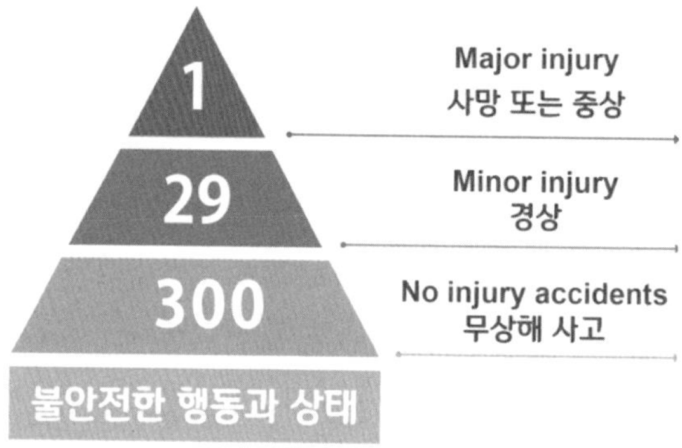

〈그림 1-3〉 중상재해의 연계성

사고가 발생하면 인적, 물적 피해로 사람에게 상해가 나타나고 인적, 물적, 경제적인 손실이 생긴다. 현장에서 작업하던 중 작업자가 기계에 접촉되어 사망을 했다면, 사망자로 인하여 손해배상, 장례비, 생산중단, 업무중지, 제삼자의 협조 등 직접손실과 간접손실이 현장에 나타난다. 직접손실은 정부나 회사의 보상비(요양비, 휴업보상비, 장애보상비, 유족보상비, 장례비) 등이며, 간접손실은 인적손실, 물적손실, 생산손실, 기타 등으로 구분되는데, 하인리히는 직접손실비용 1에 간접손실비용 4로 재해비용을 산출하도록 제안하였다. 우리나라 노동부도 재해비용 계산은 1대 4의 비율로 적용하고 있다. 물론 업종에 따라 1대 100이 될 수도 있고 1대1이 될 수도 있을 것이다. 1대1의 비율은 전 산업의 평균값으로 활용되고 있다.

재해가 발생하면 〈표 1-2〉와 같이 우선 개인적으로 활동능력이 상실되고 다른 사람들에게는 그 직업이나 운동에 대한 부정적인 인식까지 초래하게 되어 그 영향은 다음과 같이 산업재해와 스포츠 산업 모두가 동등하게 인적, 사회적, 경제적 손실을 초래한다.

〈표 1-2〉 재해의 영향

본인 및 가족에 영향	직장 동료에 영향	사회적 영향
· 신체적 고통 · 정신적 고통 · 수입 감소 · 지출 증대 · 가족의 불행 초래	· 능률 저조 · 신뢰도 저하 · 동료의 시간, 비용 지출 · 사고 처리로 인한 업무 지연 · 보상치료경비 지출	· 손해 배상 · 실업 또는 도산 위기 · 업체/단체에 대한 부정적 이미지 확산 · 사고 직업/운동의 기피

3 재해발생의 원리

재해는 항시 원인이 있어서 일어난다. 안전을 위한 법령이나 규칙이 정비되어 있어도 그것을 지키지 않으면 재해는 일어날 수밖에 없다. 사람은 신이 아니므로 행동이 완벽할 수 없기에 가끔 실수를 저지르기도 하지만 이 한 번의 실수가 평생 또는 일시적인 장애가 되거나 생명을 영원히 잃어버리기도 한다.

특히, 정해진 것이 지켜지지 않아서 무심코 지나치거나 안이하게 행동함으로써 위험에 무뎌지고 위험에 무뎌지면 괜찮다는 자기 과신에 빠지게 된다. 이 결과 순간의 부주의나 실수가 종종 회복될 수 없는 치명적인 결과를 가져오기도 한다. 따라서 안전한 생활을 위해서는 이와 같은 사고를 일으키는 과정을 정확히 알아야 한다.

1) 재해발생의 구조

일반적으로 재해의 형태는 다음과 같은 세 가지 종류로 크게 나누어 볼 수 있다.

① 집중형: 각 요소가 각각 독립적으로 결합하는 형태
② 연쇄형: 어떤 요소가 원인이 되어서 다른 요소를 일으키고, 또 그것이 다른 요소를 일으키는 것과 같이 요소가 연쇄적이며, 차례로 발전하는 형태
③ 복합형: 집중형과 연쇄형이 서로 혼합되는 형태

하나의 재해는 많은 원인으로 이루어지고 있어서 적게는 몇 개 많게는 수십 개의 요인에 의해서 이루어지고 있다. 이러한 재해조사에서 종종 조사자의 입장에서 아주 편리한 요인 한두 개만 탐지하여 그 재해의 모든 구성 내력을 알 수 있다는 착각에 빠지게 되어 사후 조사가 부실해지곤 한다. 따라서 이러한 조사는 큰 결함이므로 조사자의 입장에서가 아닌 아주 사정이 나쁜 요인까지도 철저히 조사해 될 수 있는 대로 많이 파악해 볼 필요가 있음에 각별히 주의해야 한다.

재해요인의 관계는 그 배열과 재해원인의 중요도로 나누어 고찰할 수 있다. 먼저 요인의 배열을 모형으로 생각하면 연쇄형과 집중형으로 나누어 볼 수 있다. 실제로 발생하고 있는 재해사례를 보면 위의 두 가지가 혼합된 형태가 많이 나타나고 있으며, 또 같은 연쇄

형이라고 하더라도 단순연쇄형과 복합연쇄형의 두 가지로 다시 분류될 수 있다. 이제 요인의 하나하나를 표로 나타내고 재해를 ○ 표시하여 그림으로 그려보면 〈그림 1-4〉와 같이 된다.

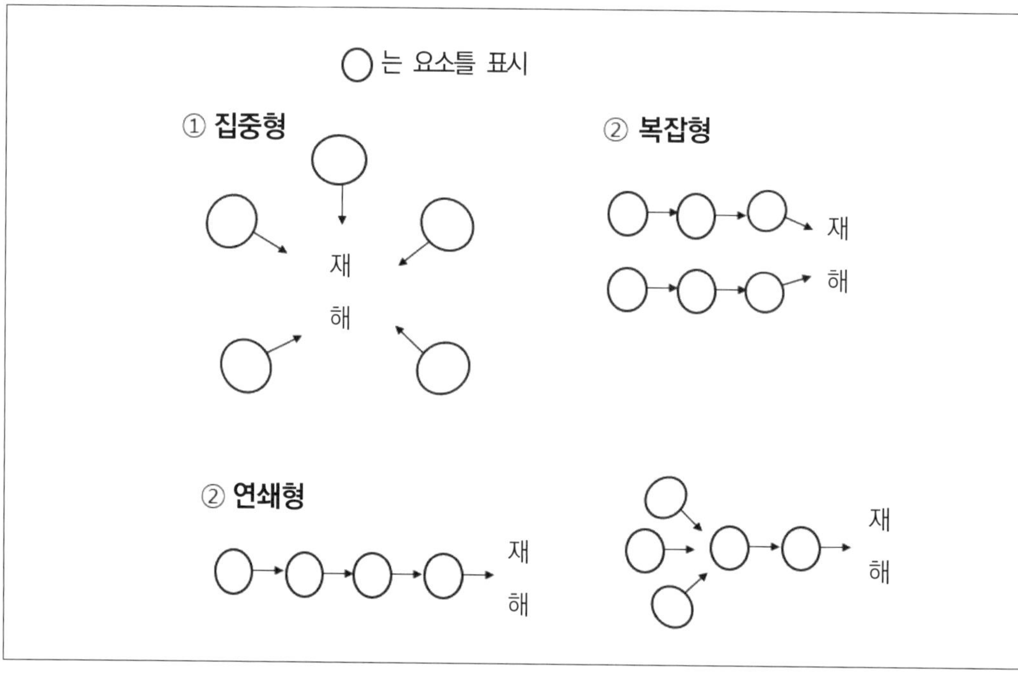

〈그림 1-4〉 재해요인(원인)의 연결 모양

위 그림의 재해요인의 연결모양은 재해가 같은 장소에서 같은 시간에 일어났다는 경우로 시간과 장소적인 관계에서 어디까지나 형(form)과 분류도(figure of classification)인 것이며, 실제적인 재해는 원인이 되는 요인의 수와 관계에 따라 무수히 변모되어 발생할 수 있다.

연쇄형(form of chain)이란 우선 어떤 요인이 발생한다면 그것이 근원(origin)으로 되어서 다음 요인이 생기게 되고 또 그것이 원인으로 되어서 다음 요인을 일어나게 하는 것과 같이 요인이 연쇄적으로 하나하나의 원인을 만들어 가는 모양인 것이다.

이와는 달리 집중형(form of concentration)이란 재해가 일어난 장소에 그 어떤 시기에 일시적으로 요인이 집중하는 재해형태이다. 가령 운동장에서 야구선수들이 타격연습을 하고 있을 때 우연히 운동장 쪽으로 진입하는 외부인 즉 학교장의 출두요구에 학교에 막 들어오는 학부형의 예로써 야구선수들은 학부형이 운동장에 진입하는 것을 보지 못한 것의 요인(1), 학교장은 마침 운동선수의 타격연습 시간에 학부형이 맞추어 오게 된 요인(2), 학부형은 야구선수가 운동장에서 타격연습을 하는 것을 몰랐던 요인(3), 이런 요인들에 의해 학부형이 야구선수가 타격한 공에 의해 중상을 입었다. 이러한 스포츠 운동재해 사례는 (1)~(3)의 요인이 일시에 그 장소에 모여서 재해를 구성하고 있는 경우로 위에서 설정된 세 가지 요인 중에 어느 하나가 빠지면 재해를 방지할 수 있다.

2) 도미노 이론

재해의 구성요인이 앞서 설명한 바와 같이 시간적인 경과에서 연쇄적으로 반응한 결과로 재해가 발생된다는 도미노 이론(theory of domino)은 하인리히가 최초로 설명하였다.

(1) 하인리히의 도미노 이론

하인리히는 안전사고에 대해 이론적인 설명을 함에 있어서 다섯 개의 체스장기의 말을 이용함으로써 도미노라는 표현을 사용했는데 그것은 <그림 1-5>와 같은 것이다.

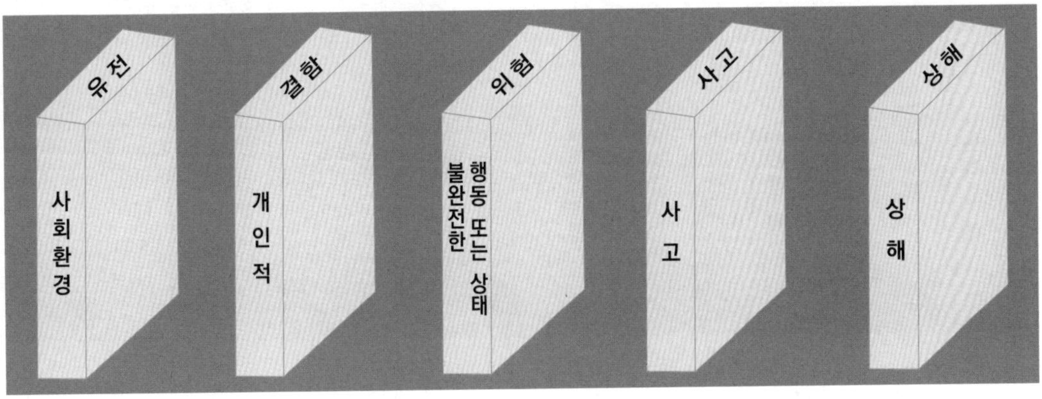

<그림 1-5> 하인리히의 도미노 이론

위의 그림 중

① 사회가정적 요소: 성격의 바람직하지 못한 특성을 개발하거나 교육을 방해할 수 있는 것으로 가정불화, 거친 성격, 사회적 부적응 행동 등이 있고,

② 개인적 결함: 개인적 결함요소로 건방진 태도, 지식부족, 격렬한 성질, 육체적 결함 등 유전되었거나 학습되어서 생긴 결정은 불안전한 행동 또는 기계물리적 위험의 존재에 가장 가까운 동기가 된다.

③ 불안전한 행동이나 상태: 인간의 난폭한 행동 등 인간의 불안전한 모든 행동과 불충분한 조명, 기계, 기후 등 기계적이거나 물리적인 위험은 직접적으로 사고를 초래한다.
④ 사고: 상해의 원인이 되는 추락, 타박 등의 사건
⑤ 상해: 사고로부터 직접적으로 기인되는 골절이나 열상과 같은 상해

이와 같은 5개의 요인 중 어느 하나만이라도 배제 시킨다면 재해는 거의 일어나지 않을 것이다.

(2) 버드의 개선된 도미노 이론

하인리히의 도미노 이론을 개선한 것이 버드(Frank Bird)의 도미노 연쇄이론이다. 최근의 연쇄에 있어서 중요한 다섯 가지 손실관리인자는 <그림 1-6>에 묘사한 도미노의 순서대로 설명될 것이다.

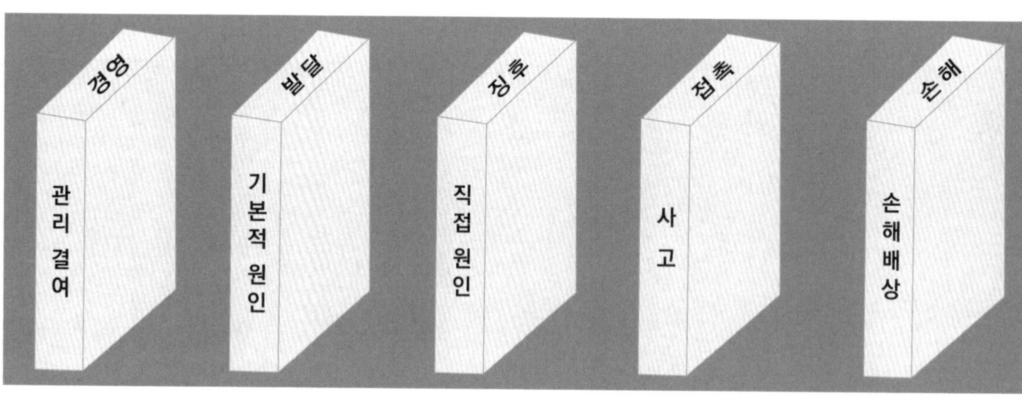

〈그림 1-6〉 버드(Frank Bird)의 도미노 연쇄이론

우선 하인리히의 도미노 이론이 개인에게 국한된 이론이라면 버드의 도미노 이론은 집단관리에 적용되는 이론이라 할 수 있다.

(가) 관리의 결핍-경영

여기서 관리라는 용어는 전문경영의 네 번째 기능(계획-조직-지도-관리)에 해당한다. 관리라는 용어는 일반적인 공정제어, 손실의 방지와 관련된다. 간단히 말하면 손실관리경영은

① 계획에 있어서 현재의 계획개발의 단계에서 요구된 결과를 위해 경영자가 고용해야

만 하는 작업활동의 명확화(예를 들면 사고조사, 설비검사, 작업분석, 개인의 의사 전달, 감독훈련, 고통과 선택 등)

② 명확화된 각 작업활동에 있어 수행을 위한 표준설정

③ 설정된 표준에 의한 측정경영수행

④ 현재의 계획을 향상이나 확장시킴에 따라 교정수행 등을 말한다.

산업현장에서 손실경영관리자는 강도가 낮은 모든 사고가 장기간에 걸쳐 계획성 없이 일어나기 때문에 관리경비를 투자하여 이를 최적으로 이용하기 위해 전문적 경영관리시스템을 적절히 이용해야만 한다. 이러한 시스템은 사고와 사건을 제어할 수 있는 신뢰성이 있어야 한다. 이때의 경영관리계획은 사고, 사건연쇄에 있어서 조직화된 손실관리대책을 포함해야만 한다.

(나) 기본적 원인-발달

손실관리시스템의 부재는 사고, 사건의 근본적인 원인과 관계되는 개인과 작업에 관계된 인자이다. 개인적인 인자는 지식이나 기술의 결핍, 부당한 동기, 신체적·정신적 문제를 포함하고, 작업인자는 부적당한 작업표준, 부적당한 구매, 비정상적인 사용이나 소모 등이다. 전문경영자는 이러한 근본적인 요인을 명확히 함으로써 효율적인 관리시스템을 설립할 수 있다.

(다) 직접 원인-징후

이 요인은 사고 사건의 연쇄에 있어서 가장 중요한 인자로 예를 들면 권위없는 지시, 안전장치를 무시하는 것, 불안전한 위치를 택하는 것, 부적당한 지도, 소홀한 경비나 안전대책 등의 불안전한 시스템과 문제의 직접 요소에 대한 적절한 대책을 체계적으로 세워야 한다.

(라) 사고-접촉

사고란 원인론적 함축보다는 기술적인 면이 강하게 함축되어 있다. 접촉이란 용어는 정상적 신체과정을 방해하는 에너지의 근원적인 것으로 사고와 관련되어 환경적 보건, 화재손실, 관리훈련, 종합손실된 관리계획에 나타난다. 사고는 연쇄과정에서 접촉단계로 관계되어져 비낌, 휨, 희석, 강화, 표면수정, 분리, 차단, 방지, 흡수, 보호의 원리적용은 손실관리의 수단으로써 자주 사용되는 대책이다.

(마) 상해-파손, 손실

연쇄의 인자에서 사용된 것으로서의 상해는 정신이상, 신경병뿐만 아니라 외형상의 상해와 질병이나 작업장 노출로 인한 조직적인 노력을 포함한 모든 개인의 신체적 상해를 포함한다. 손상(damage)이란 용어는 화재를 포함한 모든 형태의 재산손해를 넓게 포함한다. 이는 개인의 교육, 재산, 신체적 손상에 있어서 신속한 응급조치와 회복, 재산손해의 경우에 있어서는 신속하게 회복시키는 행동과 구조, 훈련된 개인에 의한 화재 소화를 포함한 화재 장치의 활성화를 포함할 수 있다.

3) 웨버의 개선된 도미노 이론

세 번째의 도미노 이론은 웨버(D. A. Weaver)에 의해 새워졌으며 그 내용은 〈그림 1-7〉과 같이 운영적 잘못에서 나타나는 징조의 개념을 설명하고 있다.

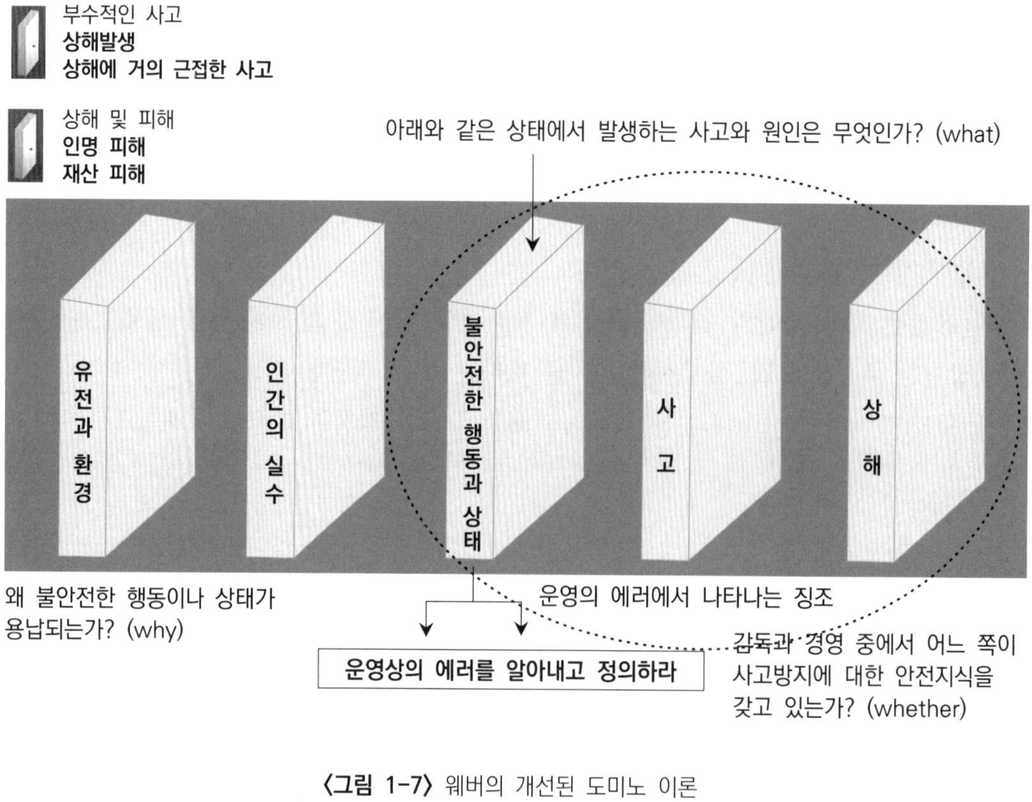

〈그림 1-7〉 웨버의 개선된 도미노 이론

감독경영 실시에 있어 원인과 교정활동을 찾기 위해 운영상 실수의 위치와 정의를 도미노 형태의 개념에 결합한다. 그 결합은 불안전한 행동과 상해뿐만 아니라 사고와 상해는 "운영잘못의 모든 징조이다"라는 원리를 만든다. 불안전한 분야, 불안전한 행동, 잘못된 연장, 결점있는 기계나 배치 뒤에 경영실시가 있으며, 사고의 원인이 된 어떤 요인 뒤에 정책 순서, 조직구조, 의사결정, 평가, 관리, 행정 등에 있어서의 경영실시가 있다.

안전기술의 입력과 즉각적인 교정은 불안한 행동과 상태를 명확히 함으로 달성된다. 우리는 "어떤 것이 불안전한 행동이나 상태인가"를 묻고 안전기술의 형태로 대답을 얻는다. 그러나 이 두 가지 물음에 의하여 운영 잘못은 드러난다. "왜 불안전한 행동이나 상태가 허용되고", "감독관리자가 사고방지를 위한 지식을 갖고 있는지" what-why-whether 과정을 하인리히의 도미노 이론을 기초로 하여 설명하였다.

환경에 적용될 수 있는 법률, 조항, 규준이 알려져 있는지(whether)를 묻는다. 안전감독자가 그것을 아는지, 위험이 예측에 의해 명확하게 되었는지, 책, 팸플릿, 필요한 지식이 사용되었는지, 감독자가 그것을 알고 있는지, 간단히 말해서 조직은 사용할 안전관리지식을 가지고 있는지 여부를 묻는다.

왜(why)란 의문은 왜 지식이 효과적으로 구해지지 않았는지와 왜 그것은 효과적으로 적용되지 않았는지를 묻는다. 이러한 질문은 경영정책, 목표의 획득, 경비, 책임, 권위의 사용, 일선과 참모의 관계, 책무, 규율, 주도권, 그 밖의 많은 다른 분야에 있어서 운영 잘못을 드러낸다.

4 위험상황과 사고발생의 원인

1) 위험상황

어떤 작업을 시작하여 끝날 때까지 아무런 장애 없이 순조롭게 진행한다면 바람직한 일이지만, 작업을 시작하다 보면 주변 환경이나 시설 및 자료를 취급할 경우 비정상적인 사람의 행동이나 정상에서 벗어나 이탈하는 상황이 되고 시간이 지남에 따라 안전성을 잃은 채 진행됨으로써 사고재해의 가능성이 예측되는 상태가 된다. 이러한 상태를 위험상황이라 말한다.

이러한 상황을 제거하려면 수시로 현장을 세밀하게 관찰하여 정상에서 벗어난 것과 또는 정해진 기준이나 규정이 잘 지켜지지 않고 버려둔 상태가 있는가를 조사하여 빨리 정상 상태로 회복시켜야 하는데, 이 과정을 점검이라 한다. 위험상황을 수시로 점검하여 안전성을 확보해야 정상적인 목적을 달성할 수 있다. 사람들은 자기가 맡은 업무를 추진하다보면 집중했던 의식이 그 초점에서 멀어져 희미해지거나, 분리되거나, 중단되거나, 그것에 대응력이 떨어지는 상태가 발생하여, 현존하고 있는 위험요소를 발견하지 못하고 지나쳐 버리는 경우가 발생한다.

즉 작업 중에 잡담을 한다, 구두 뒤축을 꺾어 신고 다닌다, 소매 끝을 너덜거리게 단추를 빼놓았다, 회전하는 물체에 떨어진 부품을 꺼내려고 손을 넣는다, 일이 바빠서 급하게 뛰어다닌다, 무리한 자세로 조립되고 있는 제품을 눈을 가까이하여 본다, 허리를 비틀어서 물건을 운반한다, 허리를 굽혀 물건을 잡는다.

이상과 같은 상황은 위험이 항상 나타나 있고 예측되는 사고가 기다리는 상황이다. 인간은 행동을 하는 동안 주변 환경조건에 따라 온도, 습도, 조명, 소음 등이 허용된 기준을 넘을 경우 불쾌감이나 신체기능이 떨어져 주의력을 지속하기가 어렵게 되고 착각을 일으키게 되어 점검을 잃어버리거나 장애물에 접촉하는 실수를 범하게 된다.

또 기기류의 표시 방법이나 조작 방향이 인간의 심리적인 요건과 자연성이 합치되지 않아 판단의 혼란이나 잘못 판단을 하게 된다. 또 위험신호를 잊어버리고 이상한 행동을 갑자기 일으킨다. 자기의 관심을 작업 외의 다른 곳에 몰두하며 작업할 때 위험상황의 감지가 안 된다. 이와 같은 부주의 현상이 위험상황을 부추긴다. 하지만 인간의 특성에 따라 이 같은 위험 상황이 대부분 인간의 실수에 의해서 만들어지거나 방치되고 있다.

이러한 위험상황을 막기 위해서 부주의를 만드는 원인을 파악하면 이에 대한 적절한 대책을 만들어 실천할 수 있도록 적절히 조치해야 한다.

① 의식수준 저하를 방지하기 위해서는 온도, 습도, 소음, 조도, 진동 등 물질적 환경조건 범위를 적절하게 유지하고 작업시간 중에 일정한 휴식을 할 수 있도록 하여 피로를 줄이며, 연속작업시 위험상황을 제거해야 한다.

② 의식혼란 대책은 인간이 조작할 기계나 설비를 인간의 능력이나 특성에 맞도록 설계, 제작하여 인간이 실수를 해도 기계자체에서 안전하게 해결될 수 있는 방법(fail-safefool-proof)의 구상을 도입한다.

③ 의식 중단에 대한 대책은 고혈압, 심장질환 등 지병을 가지고 있는 사람을 위험작업에서 제외시키거나, 작업자의 신체적 특성이나 정신적 특성을 평가하여 그 특성에 맞는 직무를 제공한다.

④ 의식을 우회시키기 위하여 눈으로 확인하는 점검을 철저히 해야 한다. 부하 작업자의 표정, 안색, 행동 등을 살펴 상대의 생리적, 심리적 특징을 파악한 뒤 적절히 지도, 조언을 한다. 안전 카운셀링이나 대화를 통해 작업자의 고충을 해소시켜 주어야 한다. 위험상황을 사전에 제거함으로써 사고로 이어질 수 있는 상황을 없앨 수 있고, 작업자의 행동도 올바르게 지도함으로써 안전이 확보되게 될 것이다.

2) 사고발생의 원인

사고는 반드시 어떤 원인이 있기 때문에 일어난다. 이와 같은 필연적인 인과관계를 잘 파악하여 어떠한 원인이 사고를 일어나게 만들었는가를 알아야 한다. 사고를 일으키는 이러한 원인은 과학적인 기법으로 추적하여 찾아낼 수 있다. 예를 들면 "정해진 것이 지켜지지 않아 사고가 발생했다"면 왜 알고도 정해진 것이 지켜지지 않는가를 추적하면 "바쁘기 때문에 지키지 않았다", "그 정도는 괜찮을 것이다" 등의 이유를 들게 된다. 위험에 무뎌지면 습관화되어 표준상태가 무시되어 사고가 발생한다는 사실을 알게 된다. 이 작은 문제가 중대재해라는 큰 문제로 이어진다.

사람은 이미 정해진 것에 대해서 저항감을 느끼고 자기와는 관계가 적은 것으로 생각해 버린다. 따라서 "정해진 것을 지켜라"는 명령조보다 "정해진 것은 반드시 지킨다"는 자율의식을 실천하는 협력을 하였을 때 이해하고 마음의 동요를 억제하지 않으면 자기에게 손해가 된다는 사실을 깨달아 스스로가 지키고 실천하겠다는 의지를 가져야 할 것이다. 위험에 무뎌진 사람이 사고를 일으키게 되면 경험이 적고 위험에 무디지 못한 사람이 일으킨 것보다 큰 사고가 발생된다. 이것은 위험에 무디므로 자신의 자만에 빠져 엉뚱한 행동을 순간적으로 하게 되기 때문이다.

사고가 일어나는 원인은 크게 네 가지로 나누어 볼 수 있다. 천재지변 등 불가항력적인 것과 물적인 시설상의 문제가 되는 것으로 사람의 행동이 불안전하여 설비에는 전혀 문제가 없는 상태에서 행동의 잘못으로 일어나는 경우, 불안전한 행동과 불안전한 시설이 복합적으로 엉켜서 일어나는 경우가 있다. 그러나 이러한 원인은 여러 가지 원인이 시간이 지남에 따라 직접적인 원인이 되기도 하고 간접적인 원인이 되어 일어나기도 한다.

(1) 불안전한 상태 요인

가해물이 불안전하게 되어 있는 상태를 표시하는 것으로 가해물의 위험한 배열, 설비자체의 결함, 강당, 체육관, 운동장, 실습장, 장치의 결함, 보호구 복장 상태 결함, 부적당한 조명, 부적정한 배기, 과다한 소음, 교실 결함, 경계표시의 결함 등을 들 수 있다.

(2) 불안전한 행동 요인

금지되어 있는 사항을 어겨서 행동으로 나타나는 원하지 않은 행동이다. 경고 또는 안전지시 무시나 미준수, 안전장치를 허가없이 제거, 감독이 철저하지 못함, 위험한 장소에의 접근, 기계장치의 용도외 사용, 기계 운전 중 주유, 수리, 점검, 고의로 위험상태 만들기 등이 여기에 속한다.

위험상태를 보고도 방치하거나 불안전하게 쌓아 놓거나, 장난, 잡담, 안전 보호구 복장을 적용하지 않는 등의 원인이 있다.

(3) 불안전한 개인적 요인

본인 또는 타인의 육체적 정신적 성격에서 나타나게 되는데, 사고 발생시는 간접 원인에 속한다. 이러한 인적 요소는 선천적인 요소와 후천적인 요소로 나누는데, 선천적인 요소는 주로 정신적인 기능의 결함에 속하는 것으로 지능, 성격, 판단 등으로 나타나며, 후천적인 요소로는 불량한 태도, 불충분한 지식, 미숙한 기능, 기량, 능력이 이에 속한다. 이러한 개인적인 요소가 원인이 되어 직접 불안전 행동으로 나타나게 된다.

(4) 가정환경, 유전, 사회적 요인

가정에서 부모들이 가정교육을 잘못시켜 나쁜 습관이 잘못 지도된 비정상적인 태도나 습관이 일어날 잠재요인이 있다든지, 가정의 나쁜 유전인자가 작용하여 정신적, 육체적으로 개인적 요인을 연계시킨다든지, 그 가정이 속한 사회환경적 요소가 성장 과정에 개성을 바르지 못하게 육성시키는 기초 요인이 된다면 불안전한 행동의 기본이 된다.

5 사고의 사회학적 분석

1) 사회병리학적 이론

사회학자들은 사고가 개인의 인생에 대한 태도를 반영하는 것이라고 보고 있다. 즉 빈번한 사고는 사회부적응에 대한 징후라고 간주한다. 사람의 사회적 책임감이 증가하면 사고의 잠재성도 그에 따라서 감소한다. 사고 경향성과 비사고 경향성 성격들을 개인적으로 분류하면 다음과 같다.

(1) 심한 사고의 위험을 경험한 사람

- 정신적 결함으로 극단적으로 몰지각하거나 관찰력이 부족하고 적응력이 약한 사람
- 훈련받지 못했거나 부정적인 성격을 가져 환경에 적응을 못하는 사람
- 삶에 대해 왜곡된 인식으로 사람과 가치에 왜곡된 감각을 가졌거나 또는 감정이 불안정하고 극단적인 사람
- 반사회적 태도나 범죄경향을 지닌 사람과 이기적, 자아 중심적, 본능 지향적인 사람
- 매우 경쟁적인 사람이거나 과대 확신을 가졌거나 독단적인 자아를 가진 사람
- 악의, 불만, 원한을 감추거나 아량이 없고 참을성이 없는 사람
- 권력에 대한 반항심이 큰 사람 혹은 권력에 의해 좌절되었거나 불만스러운 사람
- 극도의 불안이나 긴장에 지배되거나 비판에 대해 과도하게 반응하는 사람
- 항상 가르침과 도움을 필요로 하며 남을 도울 수 없는 사람
- 집중이 잘 안 되는 사람
- 부주의하고 자신의 운명을 통제하려 하지 않는 비관론자나 알코올이나 약물에 대한 만성적 증세를 가진 사람
- 자살 경향이 있거나 자살의 환상에 빠지는 사람과 나이를 먹는데 대해 민감하게 표시하는 사람
- 쉽게 감정에 휩싸이거나 비현실적인 목표를 가지고 있고, 지혜, 상식 등이 일반적으로 부족한 사람

(2) 가벼운 사고위험을 경험한 사람

- 건강하고 현실적 시각과 만족한 대인관계를 가지며, 타인에게 아량을 베풀고 잘 발달된 국민적, 사회적 양심과 책임의식이 깊고 균형되며 성숙하게 잘 통제된 사람
- 보통의 사람으로서 자신의 감정을 적절히 통제하는 사람
- 현상을 전제로서 평가하고 결정을 내릴 줄 아는 긍정적인 사람
- 아직 완전히 성숙되지 않았지만 동기화되어 있고 실수로부터의 경험과 그에 따른 이득을 빨리 배우는 능력을 가진 사람
- 혼자 뛰어나지 않으면서 친절하고 즐거우며 적응과 수긍을 할 줄 아는 사람
- 약점과 제한점을 가지고 있지만 현실적으로 그것을 알고 있고 개인의 제한점에 대해 주의를 기울이고 수정하는 행동을 하는 사람
- 지나치게 부적응이지 않으면서 내성적인 사람
- 이성적으로 잘 통합되며 과도하게 부정적이지 않은 사람

어떤 성격은 사고성 상해를 더 많이 받도록 되어 있는 것도 있으나 사고의 경향성은 그것을 가지느냐 안 가지느냐의 문제가 아니라 정도의 문제로 개인의 행동변화는 일생의 다른 어느 시기에 좀 더 사고경향적인 사람을 만들 수도 있다.

또한 사고경향성과 사고반복성을 구별하는 것도 중요하다. 어떤 사람들은 직업적인 위험이나 그들의 생활방식 때문에 좀 더 큰 위험에 노출되어 있다. 복잡한 교통상황에서의 장시간 운행 때문에 택시운전사는 높은 사고율을 가질 것이라 생각할 수도 있겠다. 결국 사고반복자들이 사고의 거의 대부분을 일으키는 것은 아니다.

2) 사고의 생태학적 모형

생태학이란 각 유기체와 다른 유기체와의 환경에 대한 관계를 연구하는 것으로 생태학적 모형(Ecologic Model)의 핵심은 <그림 1-8>에 나타난 바와 같이 사고가 어느 한 요소의 작용으로만 발생될 수는 없다는 것이다. 그것은 오히려 위험에 대한 생태학의 결과로서 불안전한 상태로 생각하는 것이 더 적합할 것이다.

사고는 때때로 속도를 내거나 취한 상태 또는 미끄러운 포장도로 등의 조건으로 인해 일어날 수 있다. 고속도로 사고에서 이 모두가 사고를 일으키는 요소이긴 하지만 그것이 바로

원인이라고는 말할 수 없다. 많은 사람들이 술의 영향으로 속도를 내지만 사고는 일어나지 않을 수도 있다.

사고는 인간과 환경과의 동적 상호작용에서 일어난다. 마지막의 결과는 발생한 모든 요소들이 결합된 산물이라고 할 수 있다. 사고의 인적 요소를 내부적 요소, 환경적 요소를 외부적인 요소로도 부른다.

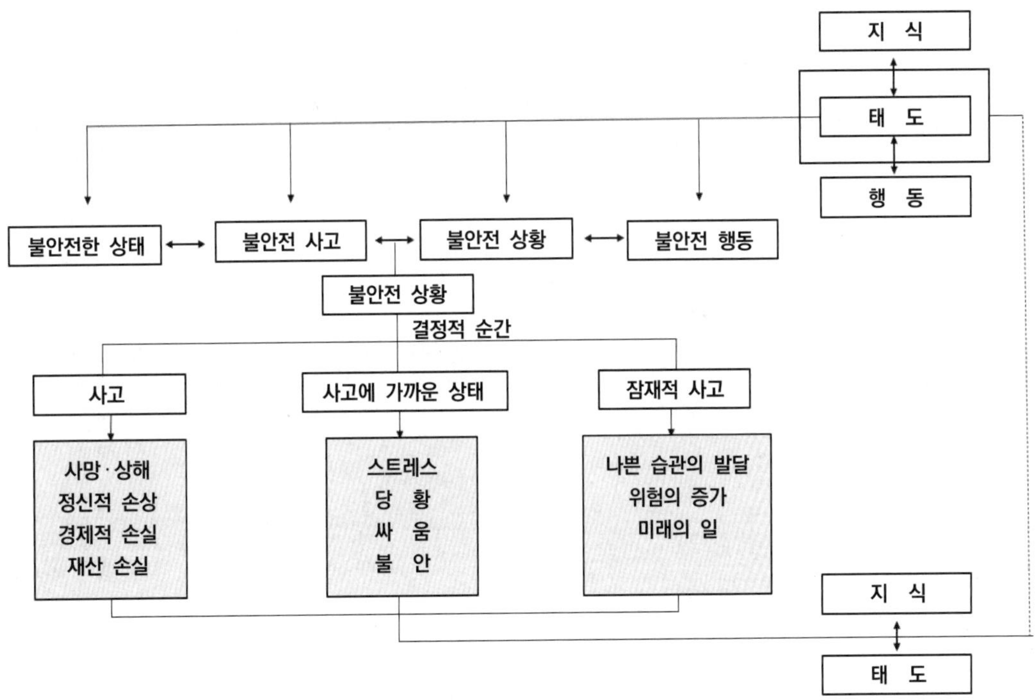

〈그림 1-8〉 사고의 생태학적 모형

(1) 사고에 영향을 미치는 내부적 요소

- 신체적 결함, 시력의 손상, 스트레스, 질병, 지식의 부족, 나쁜 태도, 나쁜 습관, 안전에 대한 인식 부족

(2) 사고에 영향을 미치는 외부적 요소

- 좋지 않은 기상조건, 교통 혼잡, 방어기구의 부족, 부적당한 법규, 사회환경의 부적절함

생활 안전 관리

LIFE SAFETY MANAGEMENT

CHAPTER 02

사고예방 및 안전관리

1. 사고예방의 원리
2. 안전교육
3. 안전관리 및 조직

1 사고예방의 원리

1) 재해 예방의 원칙

재해를 예방하기 위해서는 4가지 원칙이 있다.

(1) 인재(人災)는 원칙적으로 예방이 가능하다.

재해가 발생하기 전에 미연에 예방하는 데 중점을 둔다. 따라서 인재의 발생원을 조사하고 위험성 물질의 적정 관리가 필요하다. 안전은 사전 예방대책에 중점을 두고 관리하여 재해요인이 될 가능성이 있는 것을 미리 제거시켜 예방할 수 있는데, 이것이 예방 가능의 원칙이다.

(2) 재해는 사고로 인한 피해로 손실을 발생시킨다.

배관에서 가스가 누출되어 화재 폭발이 일어나면 많은 손실이 생긴다. 손실은 사망, 상해 등 인적 손실과 원자재, 반제품, 완제품의 손실, 설비의 파괴 등 물적 손실이 있는데 이러한 손실과 재해는 우연히 일어나는 경우도 있는데, 이것이 손실 우연의 원칙이다.

(3) 사고는 필연적인 원인이 있어서 발생한다.

사고와 손실은 우연히 있을 수 있지만 사고의 원인은 필연적이다. 여러 가지 원인들이 복합적으로 서로 연계하여 결정적인 순간에 사고가 발생한다. 사고는 직접 원인에 의하여 발생되고 직접 원인은 간접 원인에 의해서 발생되는 계기가 된다. 간접 원인에는 기술적 원인, 교육적 원인, 신체적 원인, 정신적 원인, 관리적 원인이 있는데, 이중에 어느 것이 연계되어 사고가 일어나는 계기가 되고, 이 요인은 학교 교육적 원인이나 사회적, 역사적 원인이 계기가 되고 있다. 이것이 원인 연계 원칙이다.

(4) 재해가 발생하는 것을 제거하려면 일어나기 전에 대책을 적절하게 선택하여 사고가 발생되지 않도록 해야 한다.

여러 가지 원인의 대책으로 기술적 대책 또는 공학적인 대책이 있는데, 여기에는 교육적 대책, 관리적 대책 또는 규제적 대책이 있다. 이것들 중에 가장 적절한 대책을 선정하고 선정된 대책은 신속하게 시기를 놓치지 않고 확실하게 실시해야 한다.

사고를 방지하고 재해를 예방하기 위해서는 안전관련 지식(knowledge), 기술(skill), 태도(attitude)를 바탕으로 <그림 2-1>과 같은 5단계 원칙을 적절하게 활용하여 재해예방 계획을 수립하고 실시하는 종합적인 안전대책이 요구된다.

단계	내용	방법
제5단계	개선방안의 적용	기술, 교육, 단속
제4단계	개선방안의 선정	기술적 개선, 교육훈련
제3단계	원인분석	직접원인, 간접원인
제2단계	사고발생 요인의 발견	조사 및 안전점검
제1단계	조직의 구성·운영	안전관리자, 안전담당자

<그림 2-1> 안전관리의 5단계 원칙

2) 위험요소의 발견과 분석

사고는 반드시 어떤 원인이 있어서 발생된다. 그러면 발생하는 원인이 무엇인가를 정확히 찾아서 분석하지 않으면 위험요소를 제거시키지 못하므로 연속적으로 재해의 싹이 트게 된다. 그 원인이 인적인 불안전 행동 요소인지, 물적인 불안전 상태인지, 이것을 둘러싼 복합적인 환경에 있는지 등을 면밀히 검토하여 대책을 세워 실시해야 한다. 사고가 일어날 수 있는 문제점이 왜 생기는지를 6하 원칙에 의해서 자문자답하면 근본적인 문제로 집약될 수 있고, 이것을 반대로 생각하면 대책을 착안할 수 있다.

분석은 과학적인 기법의 활용이 필요하다. 이 분석은 항상 왜(why)라는 의문점을 가지고 열의와 신념으로서 근본적인 원인을 찾아 제거시키는 노력이 필요하다. 임기응변식 위험발견은 오래 가지 못하고 효과도 없기 때문에 계획적이며 치밀하게 검토하여야 한다. 사고의 원인으로는 작업관리가 나쁘다, 작업방법이 나쁘다, 작업배치가 부적당하다, 안전기준이 없거나 있어도 무시한다, 무리한 생활습관이 있다 등의 인적 원인과 시설결함이 있다, 정리정돈이 안 된다, 보호구가 미비하다, 주변 작업환경이 나쁘다 등의 물적 원인으로 집약이 된다. 따라서 이에 따른 적절한 방법이 제시되도록 해야 한다.

안전에 대한 과학적 분석 방법은 다음 5단계로 추적해간다.

제 1단계는 사실을 올바르게 파악한다.

제 2단계는 원인을 조사하고 생각한다.

제 3단계는 사실에 비추어서 요인을 검토한다.

제 4단계는 대책을 생각하고 검토한다.

제 5단계는 결정된 대책을 철저히 지키고 실행한다.

사고조사·검토를 통해 사고 정도의 관찰

↓

사고원인의 확인

↓

예방대책의 탐색 및 수립

↓

예방대책의 적용

↓

예방대책의 효과 점검

↓

점검결과에 따른 예방대책의 조정

↓

새로운 예방대책의 적용 후 최종 평가

↓

지속적인 적용

↓

점검결과에 따른 예방대책의 조정

〈그림 2-2〉 안전사고 예방의 관리절차

〈그림 2-2〉와 같이 표준화된 안전사고 예방의 관리 절차를 통해 그 원인을 파악해서 규명하고 대책을 세워 적용시키며, 이를 모든 조직원들에게 교육하고 이해시키고, 납득시켜 자발적 의지를 가지고 실행에 옮기도록 지도해야 한다. 지속적인 적용과 이에 따른 점검으로 미흡한 부분을 보완하고 그 결과를 반성하여 반복시키는 과정을 통하여 안전을 확보할 수 있다.

3) 기계, 기구의 안전화 교육

안전을 확보하기 위해서는 생산의 도구가 되는 기계설비의 근본적인 안전화가 필요하다. 사람이 잘못 조작하여도 기계의 위험이 제거될 수 있는 시스템이 되도록 설계 단계부터 안전성과 신뢰성을 검토하여 안전이 확보되도록 해야 한다. 예를 들면, 세탁기 뚜껑을 열면 작동이 중지되도록 리미트 스위치를 부착하고 사람의 손이 위험부분에 들어가면 기계가 멈추도록 한다거나(프레스 안전 장치), 선풍기가 회전할 때 손을 가져가면 멈추도록 한다거나 등이다. 또 기계자체가 오동작이 되어도 그 기계에서 위험이나 사고로 이어지지 않도록 2중3중 안전조치를 취할 필요가 있다(fail safe). 승강기에 사람이 많이 타면 경보 벨이 울린다든지, 문이 닫히지 않는 경우 경보가 들어온다든지, 자동기계에 안전덮개를 열면 기계가 멈추고 경보등이 들어와 조작이 멈춘다든지 등의 안전장치가 그 예라고 할 수 있다.

4) 안전 행동의 촉진 대책

인간은 누구나 실수할 수 있는 가능성을 가지고 있다. 따라서 안전에 관한 교육을 통해서 많은 새로운 정보를 공급하고 안전하게 실행할 수 있는 능력을 길러 안전 기능을 숙련시키며, 안전한 의식을 습관화시켜야 한다.

2 안전교육

1) 안전교육의 필요성

안전(Safety)은 먼저 사고(Accident)에 관한 문제에 대한 중요성과 함께 사고방지 프로그램의 필요성을 반드시 이해하여야 한다. 따라서 안전교육을 통해 사고형태에 따른 대략적인 사망 및 부상자의 수, 사고로 인한 비용 등 피해정도와 사고의 원인을 파악할 수 있고, 이를 토대로 안전 프로그램과 안전조직을 구성하여 각 조직의 전문적인 역할을 부여할 수 있다.

항상 어떤 행동의 실행에 있어서 동반되는 위험이 따르는데, 위험성이 크면 안전도가 적고 반면 안전도가 크면 위험성이 적어진다. 과학자들과 안전 조사자들이 이러한 위험의 가능성 및 사고를 측정할 수는 있지만 한 개인의 안전에 수반되는 모든 요소들을 조절할 수는 없다. 예를 들어, 어떤 사고에서 생존자는 사망자와 같은 위험에 처하였으나 차이점은 생존자들은 위험을 극소화시키려고 시도하기 때문에 그 결과가 일반적으로 좋다는 것이다. 이 같은 사실에 비추어 볼 때, 당면한 상황을 적당히 조절하거나 위험을 감소시킴으로써 보다 적은 비용으로 가장 큰 이익을 얻을 수 있었다는 점에서 안전교육이 필요한 것이다.

따라서 안전교육을 받은 사람은 사고를 예견할 수도 있고 방지할 수도 있는 것으로 간주할 수 있다. 사고에 대한 이해와 지적인 적용은 안전교육을 받은 사람들에게서 위험의 잠재성을 줄일 수 있는 것이다. 안전교육의 역할은 개개인의 안전지식을 확대시키는 것에 있다. 이를 통해 비의도적 행동을 줄임으로써 위험을 피할 수 있는 가능성과 기대를 높이는 것으로써 잠재적인 사고를 감소시킨다는 점에서 안전교육은 매우 중요하다.

2) 안전에 영향을 주는 요소

어느 누구도 절대적으로 위험으로부터 자유로울 수는 없다. 일상생활은 우리에게 잠재적인 위험을 주고 있다. 예를 들면 길을 건너는 것, 차를 운전하는 것, 계단을 올라가는 것, 이 모든 것이 위험을 수반한다. 위험을 줄이고 안전 실행활동에 필요한 4가지 요인은 아래와 같다.

첫째, 행동자 및 실행자의 활동자체의 어려움의 이해

둘째, 행동자의 능력수준

셋째, 행동자의 직접적 및 간접적 상태

넷째, 환경 및 분위기

위의 네 가지 요소들은 서로 연관되어 있으며, 만약 이 요소의 어느 하나라도 조절될 수 없다면 실행자는 위험에 처하게 된다.

3) 안전교육의 요소

안전교육은 개인의 위험을 적게 줄임으로써 안전도를 최대한으로 갖게 하는 지식, 태도와 기술에 대한 교육으로 사고방지의 기초단계에 효과적인 방법이다. 근대에 들어와서는 사고의 형태, 개인의 피해와 상해 비용에 관련된 통계적 정보, 그리고 추정된 원인 들을 종합하여 안전대책을 수립함으로써 확실히 안전문제영역을 인식하는데 도움을 준다.

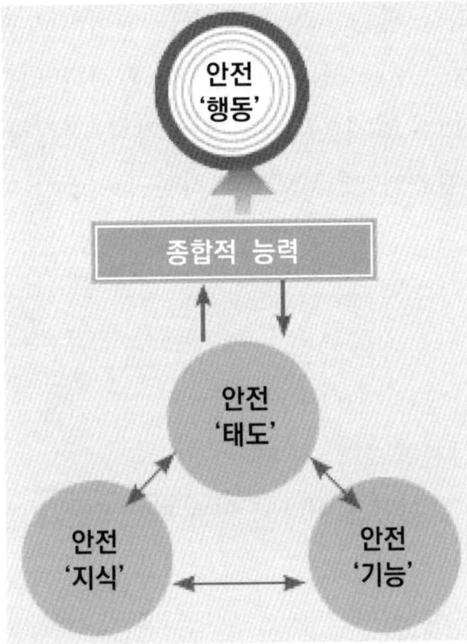

현실적으로 안전에 대한 교육의 필요성이 증가되고 있다. 안전교육을 통해 개인이 불안전한 상황에 처할 때 일어나는 긴장과 압박에 대해 진정한 해결의 실마리를 풀어줄 수 있기 때문에 안전훈련은 각 개인에게 행해져야 한다. 이러한 안전교육은 가정, 직장, 학교, 그리고 사회환경을 포함하는 모든 상황에서 위험과 안전에 관한 새로운 지식과 대처 방법을 제공할 수 있을 것이다.

안전교육은 세 가지 요소들로 구성된다.

① 지식은 잠재적 사고와 문제 영역에 대한 인식을 가지게 한다.

② 태도는 사람에게 행동의 변화를 일으키며, 잠재적 가치를 판단하도록 한다.

③ 기술개발은 개인이 여러 가지 상황 하에서 조리 있고 안전하게 행동하도록 한다.

안전한 삶을 위해 각 개인이 학습해야하는 것은 일상생활에서 만나게 될 많은 위험을 이해하고, 환경에 적절히 적응하게 하는 태도를 개발하며, 또 잠재적인 위험상황을 이겨낼 수 있도록 하는 기술을 연마하는 것을 포함한다. 이 과정을 통하여 끝없이 다양한 환경에서 자기 자신을 보호하는 일반적인 습관을 얻을 수 있을 것이다.

안전교육을 받지 못한 사람은 위험한 상황을 알지 못하거나 그 구성요인을 지각하지 못하며, 또는 그 상황이 위험하다는 것조차 모를지도 모른다. 불안전한 조건이나 상태 그리고 행동들을 인식하지 못함으로써 어떤 사람은 위험을 한 번도 깨닫지 못한 채 수많은 잠재사고를 경험하게 될 수도 있는 것이다.

그러나 안전에 대해 교육을 받은 사람은 안전을 인식하고 제거해야 할 위험한 요소가 어디에 있는지를 알기 때문에 이 사람은 불안전한 환경과 인적요인을 예상할 수 있어서 불안전한 많은 상황을 피할 수 있게 된다. 따라서 지식, 적절한 기술, 그리고 바람직한 태도 등 안전교육의 세 가지 요소가 그 사람으로 하여금 안전한 대처를 실행할 수 있게 하는 것이다.

4) 안전교육의 인식

사고란 복합적일 때 불안전한 상황이 되는 것이다.

첫째, 불안전한 조건이란 사건이 일어나고 있는 환경적인 것이다. 예를 들면 비오는 날씨 또는 복잡한 고속도로이다.

둘째, 불안전한 사건이란 예상 밖의 외적 요소의 발생이다. 예를 들면 폭발이나 갑자기 차 앞에 다가서는 무책임한 운전자들이다.

셋째, 불안전한 상태란 인간의 육체적, 감성적, 심리학적인 고통의 총집합이다. 깊이 없는 인식, 분노, 화내는 것, 그리고 신경정신적 경향이 그 예이다.

넷째, 불안전한 행동이란 목적 지향적 자극에 대한 개인의 행동적 반응이다. 과속으로 차를 운전하는 것으로 설명될 수 있다.

모든 불안전한 행동은 불안전한 상황을 만드는 내부 작용이다. 불안전한 상황은 복합적인 내부행동의 결과이다. 모든 불안전한 상황에서 그 상황의 발생을 결정지어주는 결정의 순간이 있다. 이때 위험순간을 피한다는 것은 위험상황과 그 사건 발생사이의 이용 가능한 시간의 함수이다.

한 사람이 적절한 손상을 입기 전에 다행히 사고 상황을 피할 수 있을 때 좋은 결과가 일어난다. 위험상황에 대한 지식은 설정될 수도 있고 강화될 수도 있다.

잠재적인 사고를 경험한 안전교육을 받지 못한 사람은 위험한 상황을 알지 못하거나 그 구성요인을 지각하지 못한다. 또는 그 상황이 위험하다는 것조차 모를지도 모른다. 불안전한 조건, 사건, 상태 그리고 행동들은 인식되지 못하는 것이다. 어떤 사람은 위험을 한 번도 깨닫지 못한 채 수 백번의 잠재사고를 경험하게 될 것이다.

안전교육은 사고방지의 기초단계에 효과적인 방법이다. 안전에 대해 교육을 받은 사람은 안전을 인식하고 제거해야 할 위험한 요소가 어디에 있는지를 안다. 이 사람은 불안전한 환경과 인적요인을 예상할 수 있어서 불안전한 많은 상황을 피할 수 있게 된다. 지식, 적절한 기술, 그리고 바람직한 태도가 행동을 할 수 있게 해준다. 따라서 피할 수 없는 환경은 잘 발생하지 않는 것이다.

안전한 삶을 위한 학습은

① 매일의 생활에서 만나게 될 많은 위험을 이해하는 것

② 환경에 적절히 적응하게 하는 태도를 개발하는 것

③ 잠재적인 위험상황을 이겨낼 수 있도록 하는 기술을 연마하는 것을 포함한다.

이 과정을 통하여 학생들은 그들을 보호해 주는 특정의 습관뿐만 아니라 끝없이 다양한 환경에서 보호하는 일반적인 습관을 얻어야만 한다.

3 안전 관리 및 조직

1) 안전관리의 목표

(1) 인명 존중

안전관리의 기본적 목표는 말할 것도 없이 인도적 신념의 실현에 있는 것이므로 휴머니즘을 토대로 하여 안전관리가 행해진다. 항상 새로운 가능성을 추구해 진보하여 나가는 과정에 있어서 한시라도 인명과 건강을 대가로 하는 일이 있어서는 안 된다. 큰 이익 때문에 재해를 용납될 수 있다고 하는 논리는 인정되지 않는다. 인명존중과 인도적 신념이야말로 안전관리 활동의 핵심이기 때문이다.

(2) 경영·경제

안전은 경영관리상의 문제이며 설비 및 작업방법을 안전하게 한다는 것은 제품의 품질 향상과 생산의 능률을 향상시키는 것이 된다. 직장의 재해방지 때문에 작업상의 무리, 폐단, 헛됨을 없애는 것은 안전관리 활동의 큰 과제이지만 그것은 또 경영관리의 중요한 주제이기도 하다.

최근에 산업사회에서 주장되는 "안전 제1, 품질 제2, 생산 제3"의 슬로건은 바로 이러한 인식에서 나오는 것이다. 안전관리 활동은 산업에서의 경영관리의 결함을 시정하고, 경영·경제에 이롭게 하는 것이라는 사고방식이 광범위하게 퍼지고 있다.

(3) 사회적 신뢰

안전관리의 구체적 목표로 해야 하는 제3의 과제는 기업으로서의 사회적 신뢰의 확립이다. 기업의 사회적 신용도를 결정하는 중요한 요소로 안전관리의 문제가 급속히 관계하여 오고 있다. 예를 들어, 추락 사고를 일으켰던 항공운송회사의 사회적 신용은 크게 떨어질 것이고 그 회복에는 많은 노력과 고생이 필요할 것이다. 폭발사고를 일으켰던 공장은 인근 주민으로부터 조업정지와 함께 보상을 요구받게 될 수 있으며, 사망 재해가 발생한 건설회사는 다음 공사발주에서 입찰을 거부당할 수도 있다. 이처럼 안전과 관련하여 기업에 대한 사회적 제재가 더욱 엄격해지고 있다.

현대인은 지금 물질적인 풍족보다는 마음의 풍족을, 경제적인 부분보다도 생활의 안정을 요구하고 있으며, 이것은 안전의 지향하는 방향과 바로 일치하는 것으로써 안전을 추구하는 사회의 의식수준이 높아지고 있음을 반영한 것이라 할 수 있다. 기업은 그 사회적 신용을 높이기 위해서 안전관리 활동을 더욱더 강력하게 조직하고, 전개시키는 것이 요망되고 있다.

2) 안전관리의 책임

안전관리는 본인의 생명과 직결되기 때문에 생명을 지킬 책임은 본인 스스로에게 있고, 2차적 책임은 관리 감독자들에게 업무상의 책임으로 부과되고 있다. 회사는 조직을 통해 생산과 안전의 책임으로 주어지는데, 산업안전보건법에서는 사업주, 안전·보건 책임자, 관리 감독자, 근로자에게 안전책임 의무를 강제로 부과하고 있다. 생산에 앞서 안전을 생각할 책임이 있다. 따라서 안전관리는 모든 사람에게 책임이 있으며, 사고가 없는 밝은 직장을 만들기 위해 전 조직원이 협력하고 꼭 지켜야 할 의무라고 할 수 있다.

3) 안전관리 조직

사업장에서 안전관리를 조직적으로 추진하고 재해예방의 성과를 올리기 위해서는 첫째로, 경영자는 안전우선의 자세를 경영 방침에 공표하고, 둘째로, 안전보건관리책임자는 경영자의 기본방침에 의거하여 안전관리자 및 보건관리자를 지휘하여 재해예방시책을 적극적으로 추진·관리하여야 한다.

경영자의 기본방침에 의한 안전활동을 조직적으로 추진하기 위해서는 각 계층의 합의에 의한 안전관리 계획을 수립하고, 실시·통제한다. 또한 안전활동을 효과적으로 추진하기 위해서는 무엇보다도 일선의 책임자가 활동하기 쉽도록 다음의 조건을 정비해야 한다.

- 구성조직에 준하는 안전관리체제를 확립한다. 즉, 구성조직의 각 계층의 안전확보와 관련되는 책임, 직무 및 권한을 분명하게 결정한다.
- 안전관리 예산을 편성한다.
- 안전활동의 근거가 되는 안전관리규정, 안전기준, 안전수칙 등을 정한다.
- 관계자에 대한 교육을 통해 안전활동에 필요한 능력을 부여한다.
- 조직 내에 인간관계를 형성한다.

일반적으로 사용되는 안전관리조직에는 〈그림 2-3〉과 같이 직계식, 참모식, 직계참모식 조직이 있다.

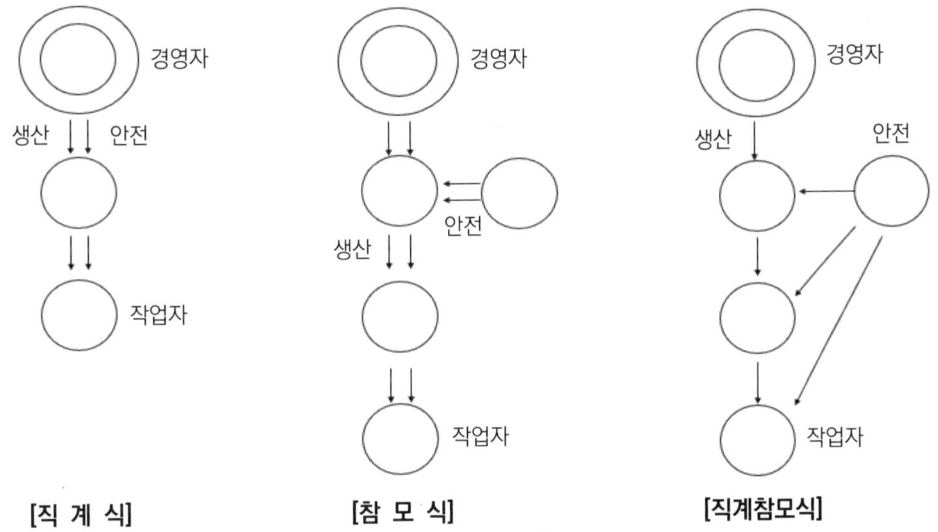

〈그림 2-3〉 안전관리 조직의 구분

(1) 직계식 조직(line 조직)

이 조직은 상부와 하부계층이 종적으로 연결되어 모든 직위가 단일 명령 권한의 라인으로 연결된 조직형태로 하위자는 1인의 직속상사 이외의 사람과는 직접적인 관계를 갖지 않는다.

이 조직은 안전관리에 대한 계획에서부터 실시평가에 이르기까지 안전의 모든 것을 생산라인을 통하여 행하는 관리방식으로 라인형 안전관리라고 한다. 모든 권한이 포괄적이고 직선적으로 행사되며, 조직에 안전을 전문으로 분담하는 부문이 없으므로 고도의 관리를 기대할 수는 없고, 소규모의 단순한 사업장에 적합한 조직이다.

직계식 조직의 장단점은 다음과 같다.

- 안전에 관한 명령, 지시나 개선조치가 각 부문의 직제를 통하여 생산업무와 같이 진행됨으로써 지시나 조치가 철저할 뿐만 아니라 그 실시도 빠르다.
- 명령과 보고의 상하관계가 간단명료하다.
- 생산라인의 각급 관리, 감독자는 일상의 생산관계 업무에 쫓겨 안전에 소홀해질 수 있고 관리자의 독단적 처사로 인해 안전대책이 소홀해질 수 있다.

(2) 참모식 조직(staff 조직)

관리자가 일정한 관리직능을 담당하도록 직능별 전문화가 이루어지고, 각 관리자는 자기의 관리 직능에 관한 것을 부하에게 명령, 지휘하는 권한을 부여한 직능식 조직이다.

이 조직은 안전관리를 관장하는 스텝부문을 두고 안전관리에 관한 계획, 조사, 검토, 권고, 보고 등을 행하도록 하며, 업무관장은 계획안의 작성, 조사, 점검결과에 따른 조언, 보고에 머무는 것으로 생산라인의 안전업무를 행하는 것은 아니다. 이 조직은 분업의 원칙을 고도로 이용하려는 것이며, 책임 및 권한이 직능적으로 분담되어 있다.

참모식 조직의 장단점은 다음과 같다.

- 전문 스텝의 지도에 의해서 고도의 안전활동이 진행되게 되므로 라인에서의 관리, 감독자가 안전에 관하여 미숙하더라도 이들을 활용하여 육성하면서 안전이 추진될 수 있고 점차 안전관리 업무가 표준화되어 직장에 정착하게 된다.
- 라인에서의 생산활동 가운데서 안전에 노력을 기울임에도 불구하고 작업자 입장에서 보면, 생산 및 안전에 관한 명령이 각각 별개의 두 계통에서 나온다는 결함이 생겨 현장의 질서유지에 혼란을 가져올 가능성이 있고 응급조치가 곤란해지며 통제절차가 복잡해질 수 있다.
- 각 분야의 직능에 대하여 조직을 합리적으로 확립하고 운영하는 데에는 곤란한 경우가 많다.

(3) 직계 참모식 조직(line staff 조직)

직능별 전문화의 원리와 명령 일원화의 원리를 조화시킨 조직으로 많은 사업장에서 채용하고 있다. 즉 안전업무를 전문으로 관장하는 스텝부문을 두는 한편 생산라인의 각 계층에도 겸임 또는 전임의 안전담당자를 두고 안전대책은 스텝부문에서 기획하고 이것을 라인을 통하여 실시하도록 한 것이다.

직계 참모식 조직의 장단점은 다음과 같다.

- 안전스텝은 안전관리책임자의 밑에 설치되어 전문적으로 보좌한다.
- 안전스텝은 안전에 관한 기획, 입안, 조사, 검토 및 연구를 수행한다.
- 라인의 관리, 감독자에게 안전에 관한 책임과 권한이 부여되나, 전문사항에 대해서는 안전스텝의 지식과 기술을 활용하면서 라인은 생산활동에 역량을 집결시킬 수가 있다.
- 안전스텝의 힘이 강해지면 그 권한을 넘어서 라인에 간섭하게 됨으로써 라인의 권한이 약해져, 그 라인은 유명무실해진다.
- 안전활동이 생산과 유리될 우려가 없기 때문에 운용이 적절하면 이상적인 조직이라고 할 수 있다.

이러한 안전관리책임자 및 안전관리자의 선임과 직무 등 안전관리조직의 확립에 관해서는 기업의 규모, 생산라인의 특성을 고려하여 이루어지게 된다.

4) 안전관리책임자

안전관리책임자는 사업의 실시를 총괄하는 사업장의 책임자이어야 하며, 안전업무가 적절하고도 원활하게 실시되도록 필요한 조치를 강구하고 실시상황을 감독하는 등 안전업무에 대해서 정리하는 사업장의 총괄 안전 관리자로써 안전에 관한 직무는 다음과 같다.

- 재해예방계획의 수립
- 안전보건관리규정의 작성
- 근로자의 안전, 보건교육
- 작업환경의 측정 등 작업환경의 점검 및 개선
- 근로자의 건강진단 등 건강관리
- 산업재해의 원인조사 및 재발방지대책의 수립
- 산업재해에 관한 통계의 기록, 유지
- 안전, 보건에 관련되는 안전장치 및 보호구 구입시의 적격품 여부 확인
- 기타 근로자의 유해, 위험 예방조치

이러한 구체적 업무에 관해서는 안전관리자를 지휘하여 라인에서의 사업과 안전 보건업무를 통괄하여 실시하게 된다.

5) 안전관리자

사업장에서의 안전에 관해 조치할 수 있는 권한은 안전관리자에게 주어져야 하며, 그 직무로서는 대체적으로 다음과 같다.

- 보건에 관련되는 보호구의 구입시 적격품의 선정
- 화학물질의 유해성 조사 및 그 조사결과에 따른 적절한 조치
- 근로자의 건강상담 및 보건교육
- 당해 사업장의 근로자 보호를 위한 의료행위
- 작업장내에서 사용되는 전체 환기장치 및 국소배기장치 등에 관한 설비의 점검
- 작업방법의 공학적 개선과 지도
- 사업장 순회점검, 지도 및 조치의 건의

그러나 스텝으로서의 안전관리자인지, 라인에 있는 안전관리자인지에 따라 이러한 업무의 범위와 직무가 다르게 될 수도 있다.

(1) 스텝의 안전관리자

스텝의 안전관리자는 안전에 대한 안전관리책임자의 보좌역할이며 참모역할이므로 자기 안전업무와 라인에서 혹은 쌍방에서 실시하는 업무를 명확히 정하는 동시에 사업장의 안전업무를 기획하고 전 부문으로의 적용하여 실행하는 것을 도모한다.

중요한 것은 라인에서 실시되는 안전관리 활동이 계획대로 진행되고 있는지, 문제점이 있다면 어떻게 개선 시켜야 하는지를 정확히 점검하고 실행하는 것이다.

이 때문에 스텝의 안전관리를 위해서는 현장의 문제점을 구체적으로 파악하고 이를 해결하고 개선하기 위해서 라인의 관리자를 통해 현장의 상황, 변화에 대한 정보를 충분히 공유할 필요가 있다.

(2) 라인의 안전관리자

라인에서의 관리자가 안전관리자로 선임되는 경우도 대단히 많다. 겸임이면 사업 수행상의 업무와 안전관리자로서의 업무를 겸하게 된다. 라인의 안전관리자는 자기가 소속된 라

인의 안전에 관해서는 스텝과 마찬가지로 당해 라인책임자의 보좌역할이며 참모역이다.

그리고 라인의 안전관리자가 스텝의 안전관리자와 다른 점은 당해 라인에서의 안전관리 업무의 전부에 대해서 직접적인 책임을 가지고 있다는 것이다. 이는 라인의 안전관리자가 자기의 관리범위에 포함되는 직장의 안전에 관한 모든 문제점에 대해서 알고 있어야 하기 때문이다. 이러한 정보는 라인의 모든 관리, 감독자에게 적절한 지도, 충고가 되어 환원되지 않으면 안 된다. 중소기업과 같이 생산라인의 부·과장이 안전관리자인 경우가 많아서 스텝 부문에 안전담당자가 없는 경우에는 스텝으로서의 업무와 라인의 안전관리자로서의 업무를 동시에 행하게 된다. 그러나 중소기업이라고 해도 라인에서는 생산 수행 체제로서의 관리감독자가 다수 있어서 이들이 사업자의 안전책임을 각자의 직무 권한에 따라 분담하고 있고, 담당하고 있는 작업장에서의 안전 대책을 실시하는 임무를 맡는 것이기 때문에 구체적인 역할을 수행하게 되는 것이다.

6) 안전담당자

라인에 있는 모든 감독자가 자기 직무와 관련된 안전업무를 담당하고 있으나 특히 위험방지가 필요한 작업에 있어서는 조·반장 등의 지위에서 당해 작업을 직접 지휘, 감독하는 안전담당자를 지정하여 안전업무를 수행하도록 한다.

안전담당자는 관리감독자 업무 이외에도 다음의 업무를 수행한다.

- 유해 또는 위험한 작업과 관련하여 실시하는 안전에 관한 특별교육
- 당해 작업과 관련된 유해 또는 위험한 기계, 기구 및 설비에 대한 자체검사
- 기타 당해 작업의 성격상 유해 또는 위험을 방지하기 위한 업무

7) 관리감독자

생산 현장에서는 사람, 물건, 기계 설비가 반드시 움직이고 있고 변화하고 있기 때문에 그때의 변화 중에서 생기는 재해 가능성을 매일 감시, 감독하는 직접적인 책임자로서 관리감독자가 필요하다. 산업안전보건법에서는 안전담당자 이외의 관리감독자는 안전관리 체제를 형성하도록 명시되어 있지 않으나, 신임 관리감독자에 대해서는 특히 일정 교육과정을 부과하고 있는데 <표 2-1>에 나타난 바와 같이 감독자가 안전업무를 훌륭하게 수행할 수 있도록 하는 능력을 부여하려고 하는 것이다.

이는 일선의 작업 실시에서 안전 지도자로서의 관리감독자의 역할에 따라 안전관리 지휘 체제가 달라질 수 있으며, 특히 불안전 행동에 관한 감독 지도는 작업자의 가장 가까이에 있는 관리감독자의 활동이 불가결한 것이다.

또한, 사업자의 안전 배려 의무가 완수되었는지 아닌지를 판단할 때, 근로자에 대해 직접 상사인 관리감독관이 당해 근로자의 안전 확보를 위해서 어떻게 지도했는지 즉, 관리감독자의 단계에서 안전배려 의무의 이행 상황이 가장 중요한 포인트가 된다는 것이다. 이러한 점은 노동 재해 발생시 민사적인 문제에서 감독자에게 요구되는 안전 배려 의무라고 해야 할 사항이다.

〈표 2-1〉 감독자에게 요구되는 안전 배려 의무 사항

- 감독자는 자기의 안전관리 책임을 근로자에게 전가할 수 없다.
- 부하의 불안전 행위를 묵인하고, 타협해서는 안 된다.
- 안전상의 지휘 감독은 작업에 따라 구체적이지 않으면 안 된다.
- 위험의 제거, 방호 조치를 강구하여 안전을 확인하여야 한다.
- 안전상의 미숙련자는 엄밀하게 지휘·감독하여야 한다.
- 안전 작업 순서 등을 만들어 준수시켜야 한다.
- 작업자가 지시대로 안전 작업을 하고 있는지 확인하여야 한다.
- 직접 지휘가 필요한 작업에 관해서는 안전 관리 조치를 강구하지 않고 현장을 이탈해서는 안 된다.
- 안전시설, 보호장구 등의 불사용을 허가하여서는 안 된다.

생활 안전 관리

LIFE SAFETY MANAGEMENT

CHAPTER 03

안전문화운동

1. 안전문화운동의 정의
2. 안전문화운동의 배경 및 발전 단계
3. 안전문화운동의 목표와 내용
4. 선진국의 안전문화운동 사례

1 안전문화운동의 정의

1) 안전문화의 정의

안전문화(safety culture)란 사고를 방지하는데 도움이 되는 행동방식이나 관행을 의미하며, 이러한 행동방식이나 관행이 사회 안에 확립되도록 함으로써 일상생활 속에서 우리의 태도, 관행, 의식 등이 체질화·관습화되어 안전제일의 가치관이 국민생활 속에 정착될 수 있다. 이러한 안전제일의 가치관이 국민의 생활 속에 뿌리를 내려서 밝고 건강한 사회를 이룩하기 위해서 안전문화운동을 전개하여 우리 사회 각계각층에서 적극적인 참여할 수 있도록 유도하는 노력이 필요한 것이다.

2) 국제기구에 의한 정의

안전문화라는 용어는 1986년 소련 체르노빌 원자력 누출사고에 따른 원자력안전자문단(INSAG)의 보고서(Post Accident Review Meeting on the Cher Accident)에서 처음 사용되었다. 국제원자력자문단은 안전문화의 의미를 "조직과 개인의 자세와 품성이 결집된 것으로 모든 개인의 헌신과 책임이 요구되는 것이다."라고 하였으며, CCPS(미국화학공업협회)에서는 "공정안전관리를 정확히 실시하기 위해 모든 구성원이 공동으로 안전의식을 가지고 참여하는 것이다."라고 하였다.

즉 개인과 조직의 안전에 관한 자세와 의식, 규제의 필요성에 따른 행동의 일원화가 필요한 차원에서 의미를 부여하고 있다. 이들이 내세우는 안전문화지침으로는 첫째, 본질적으로 의문을 제기하는 자세를 가져야 하고, 둘째, 사고의 방지와 최상에 대한 의지를 가져야 하며, 셋째, 책임의식과 조직의 규제능력 함양이다.

3) 국내 안전문화의 정의

1995년 이전 국내의 안전문화에 대한 인식은 단순히 기업의 이미지 관리차원에서 소극적이며, 근로자의 개인보상차원에 국한됨에 따라 안전문화에 대한 인식 부족과 민간주도의 비체계적인 활동이었다. 그러나 1995년 6월 29일 삼풍백화점 붕괴사고 이후 안전에 대한 국민의 관심이 고조되면서 정부주도의 안전관련 법령이 제정되고 효율적인 협력체제 구축과 관련하여 안전문화를 정의하고 있다.

즉 안전문화란 안전제일의 가치관이 충만되어 모든 활동 속에서 의식 관행이 안전으로 체질화 되고 또한, 인간의 존엄성과 가치의 구체적 실현을 위한 행동양식과 사고방식, 태도 등의 총체적 의미라고 할 수 있다. 안전문화의 정의에 의한 안전관리의 3대 원칙은 행동양식의 일차적 변화, 안전제일의 가치관 정립, 안전의식의 무의식적 표출이다.

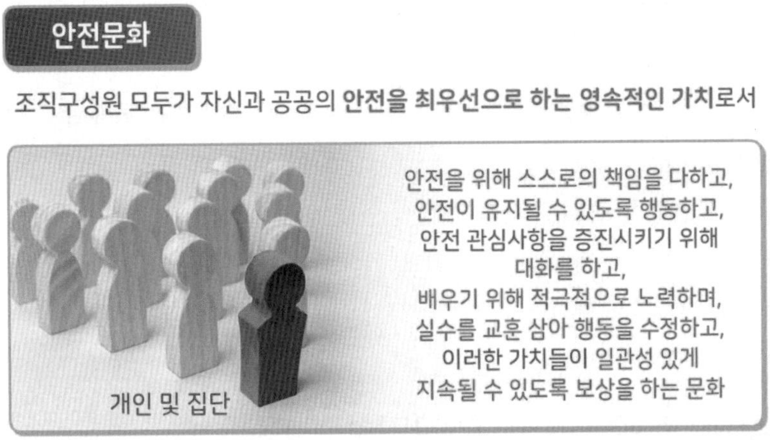

출처: 안전보건공단

이상과 같이 안전문화의 개념을 정리하면 일반적으로 기존의 의식, 행동의 변화를 통한 국민생활 전반에 안전태도와 관행의식이 체질화되어 가치관으로 정착되도록 하는 것이 안전문화라고 할 수 있다. 안전문화를 이루기 위해서는 본질적으로 의문을 제기하는 자세, 적당주의를 배제하는 자세, 개인의 책임감 고양, 안전으로 충만된 사고방식 등을 통해 국민생활의 전반에 안전에 관한 태도·관행·의식을 체질화해야 하며, 안전문화 정착을 위해 홍보매체 등을 통해 안전에 관한 사회여론을 조성하는 것이 무엇보다 중요할 것이다.

4) 새로운 안전문화 개념

안전의식의 향상과 자율적인 참여를 통한 선진적인 안전문화의 형성과 정착을 위해 안전을 실천하는 의식, 안전을 유도하는 제도, 안전을 가능하게 하는 인프라가 결합해 만들어 내는 사회적 문화적 산물로 안전문화를 새롭게 개념 정의하게 되었다.

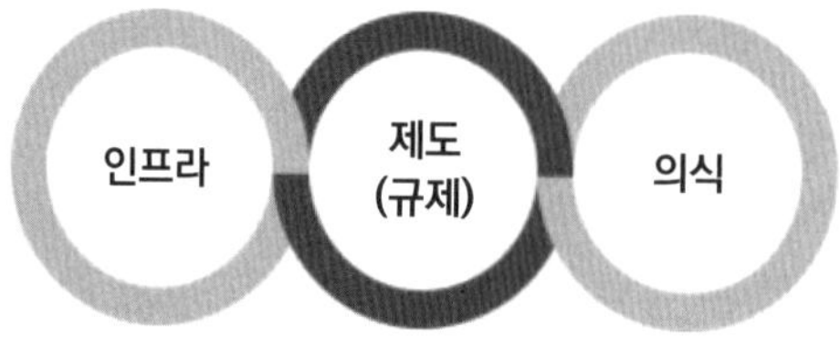

〈그림 3-1〉 새로운 안전문화의 개념 3요소

- 안전의식: 안전제일의 가치관이 개인의 생활이나 조직의 활동 속에 체질화된 상태 (교육, 홍보, 자료)
- 안전제도: 안전한 활동을 이끌어내고 인프라를 구축할 수 있도록 유도하는 법, 제도 (법규, 기술)
- 인 프 라: 불안전한 상태를 제거한 시설물 및 안전 활동을 가능하게 하는 사회적 시스템 (안전시설, 안전네트워크)

2 안전문화운동의 배경 및 발전 단계

1) 안전문화운동의 추진배경

우리는 경제개발 정책을 추진하여 "한강의 기적"이라고 불리는 눈부신 경제성장을 이룩하였다. 그러나 성장 제일주의 정책 추진과정에서 안전을 살피는 일은 비용만 낭비하는 일로 치부하여왔던 것이 사실이다. 좁은 의미의 효율성을 지나치게 강조한 결과 왜곡된 능률이 고착화되어 "빨리 빨리"란 말이 미국 및 동남아 국가 등 외국에서 우리나라를 상징하는 말처럼 되어버렸을 정도로 우리 국민들에게 조급증을 유발시켰다.

국가의 역량을 경제 성장과 물질적 풍요에 치중하고 고도의 산업사회에서 필요로 하는 안전의식을 소홀히 생각하여 후진국형 안전사고가 계속 발생하는 등 엄청난 사회비용을 지불하게 되었다. 고도산업사회에 진입하면서 국민생활 주변과 산업현장에서 위험요인이 증가하는 실정으로, 경제적 효율성 추구로 인한 건물의 고층화, 지하시설의 증가, 생활수준의 향상과 더불어 편리성을 추구한 결과 자동차 등 각종 문명의 이기와 사용빈도가 증가함에 따라 안전사고의 위험요인은 계속적으로 늘어나고 있다.

국내에서 발생하는 대형사고의 시발은 60~70년대 건설된 산업시설 및 건축물의 노후화, 산업화에 따른 재해발생요인 증가, 각종 안전관련 제도의 미비 등에 기인하고 있다. 특히 삼풍백화점 붕괴사고, 대구지하철공사장 가스폭발 사고, 성수대교 붕괴사고, 서해훼리호 침몰사고, 아현동·부천 가스 폭발사고, 이천냉동창고 화재사고 등 연이어 발생하고 있는 각종 대형사고는 곳곳에 산재한 위험들에 대한 국민들의 불안감을 가중시키고 정부의 안전관리 능력에 대한 불신감을 증폭시켰으며, 이러한 대형사고의 주요 원인은 부실한 공사관리, 안전수칙의 무시 등 안전의식 불감증에서 주로 비롯되는 것으로 나타났다.

2) 안전문화운동의 발전 단계

국내에서 안전문화의 개념이 논의되기 시작하는 것은 1990년대 들어서라고 할 수 있다. 그 이전에는 안전관리, 안전규제는 있었지만 안전문화의 개념을 찾아보기 어려웠다. 안전문화에 대한 논의가 본격화되고 안전문화 추진을 위한 구체적인 정책 대안들이 실천되기 시작한 것은 1995년 일련의 대형사고를 겪은 후부터라고 할 수 있다. 안전문화 형성과정을 시대별로 간단히 정리하면 다음과 같다.

〈표 3-1〉 우리나라 안전문화의 시대별 형성 단계

시대구분	안전 문화 형성 단계
1960~1980년대	안전문화 부재단계
1990년대 초반	안전문화 인식단계
1996년 이후	안전문화 구축단계
1998년 이후	안전문화 활성화 단계

〈표 3-1〉에 나타난 바와 같이 우리나라 안전문화의 형성 단계를 시대별로 살펴보면, 1960~1980년대에는 안전문화라는 개념 자체가 없었던 기간이었으며, 1990년대 초반에 와서야 대중매체를 통한 안전의 중요성이 부각되면서 안전문화에 대한 인식이 싹트게 되었다. 1996년 이후에는 수동적인 대응자세를 극복하고 적극적인 안전향상을 위한 국민의식 강화활동을 추진하였으며, 1998년 이후에는 안전문화 활성화를 추구하는 단계로서 안전문화운동의 실천력을 제고하는 방안을 강구할 필요성이 증대되고 있는 상황이다.

3 안전문화운동의 목표와 내용

1) 안전문화운동의 목표

지난 1999년 6월 씨랜드 화재사고와 10월 인천호프집 화재사고 등 대형사고가 연이어 발생하여 안전이 국민적 관심사로 대두되면서 재난관리의 가장 효과적인 방안은 사고를 미리 예방하는 것이며 사고를 예방하기 위해서는 철저한 관심이 필요하다고 인식하게 되었다. 이에 따라 정부는 국민이 안심하고 살 수 있는 안전이 보장되는 사회를 만들고 2002년 월드컵을 계기로 건전한 안전문화 환경을 조성하는데 목표를 두고 안전문화운동을 추진하게 되었다.

1999년 12월 정부에서는 총리 소속하에 안전기획단을 설치하여 인위재난분야의 국가안전종합대책을 마련하여 범국민안전문화운동 추진 등 100개 과제를 선정, 추진하였으며 행정 안전부에서는 안전문화운동을 중점추진과제로 선정, 이를 추진하기 위해서 시민단체와 연대하여 지원체제를 갖추었고 안전연대에 28개 시민단체 320만명이 참여하고 있다.

〈그림 3-2〉 한국 재난안전 네트워크

이와 같이 안전의식 강화를 위한 종합대책을 마련하고 시민단체와 함께 안전에 대한 태도, 관행, 의식을 생활화·체질화시켜 안전에 대한 중요한 인식이 국민 생활 속에 정착되도록 하기 위한 체계적이고 조직적인 안전문화운동을 전개해 나가고 있다.

2) 안전문화운동의 추진내용

(1) 안전점검의 날 활성화 : 매월 4일

아라비아 숫자 『4』는 불길한 숫자라고 생각하는 시민들의 미신적 마인드를 파괴함으로써 1차적 안전사고 계몽을 유도하고 재난 및 안전관리기본법 제6조 및 동법시행령 제5조(안전점검의 날 등)에 근거하여 매월 4일 「안전점검의 날」 행사를 실시하고 있다.

지역안전대책위원회를 중심으로 가정, 학교, 공공, 교통, 산업 등 각 분야별 안전점검을 내실화하고 홍보활동을 강화하며, 점검 시기별 취약요인을 선정하여 안전점검을 실시하고 사업장별로 시범 점검도 실시한다. 또한 지역언론, 반회보, 유선방송, 입간판, 현수막, 프랑카드, 교통안전 캠페인 및 직장안전교육을 통하여 안전점검의 날을 홍보하고 안전교육을 강화한다.

각 분야별 추진계획을 살펴보면 다음과 같다.

① 공공안전 분야 : 지방자치단체 협조

재난발생 위험이 높은 시설(D,E급)과 중점관리대상시설(A,B,C급) 중에서 적의 선정하여 안전점검을 주기적으로 실시하고, 지하철 등 대형공사장, 유원시설, 유도선, 위험물저장시설, 궤도·삭도, 다중이용시설 등의 안전점검에 시민단체를 참여하도록 하고 시민안전탐방을 적극적으로 추진한다.

② 교통안전 분야 : 시·도경찰청

질서·교통캠페인 행사를 통해 교통안전을 적극적으로 계몽하고, 등·하교시 횡단보도 교통정리 및 가두 캠페인을 전개한다. 또한 자동차 10년타기 시민운동연합(www.carten.co.kr)에서 정비업소와 연계하여 추진하고 있는 매월 4일 자동차 무료 안전점검에 참여하도록 홍보한다.

③ 학교안전 분야 : 교육청 협조

계단, 난간, 담장, 놀이시설, 체육시설 등 학교 시설을 점검하고 소화기 비치, 전기, 가스,

화학 위험물질 보관상태 등 학교별로 자율 점검한다. 또한 어린이 교통공원, 소방서, 변전소, 가스 저장소 등 안전관련 기관 및 시설 현장 탐방을 통한 현장체험학습을 실시하고, VCR, 대형사고 사진 전시, 실기실습, 시청각 교육 등을 통해 안전교육을 조기에 실시한다.

④ 가정안전 : 지방자치단체

부녀회 등 여성단체를 중심으로 캠페인, 전단배포 등 가정안전을 계도하고 홍보활동을 전개하며, 특히 전기, 가스, 화재 등 사고유형별 사례, 예방 및 대처요령 등을 수록한 가정생활 안전활동 매뉴얼을 보급한다.

(2) 시민 안전 봉사대 발굴 육성

시민 안전 봉사대란 시민들의 안전과 질서의식을 확립한다는 취지에서 생활주변 재난위험요소 신고, 교통법규 위반차량 감시, 계도, 신고 그리고 캠페인 참여 및 계도홍보, 재난피해지역 주민 구호활동 등을 하게 되는 자원봉사자를 말한다.

시민 안전 봉사자는 아래와 같은 안전관련 시민단체를 비롯하여 일반시민, 직장인, 주부, 대학생 등 사회 각 분야에 대한 관심과 전문성이 있고, 참여의식이 강한 사람으로 엄선하거나 기존 모니터요원을 주축으로 선정한다.

- 어머니 교통안전지도자(안실련)
- 녹색어머니회(경찰청)
- 의용소방대
- 녹색명예교사(교통안전공단)
- 한국인명구조연합회
- 한국112무선봉사단
- 대학생 안전봉사단(안실련)
- 민간 사회안전망 운동협의회
- 직장인(직장인민방위대중 안전관련 부서 관계자 등)
- 안전관리 선임대상 사업장의 안전관리자 등

직장인, 주부, 대학생 등 각 분야에서 관심과 참여의식이 강한 시민으로 시민 안전 봉사자를 발굴·육성하여 이들로 하여금 생활주변의 위험취약요소 예찰 신고 및 재난구조 봉사활동 등 안전 지킴이 역할을 수행하도록 하며, 불우가정 안전점검 봉사활동 등 안전문화운동의 선도적 역할을 담당하도록 한다.

(3) 시민 안전신고센터 운영 내실화

안전신고센터 운영을 활성화하여 생활주변 위험요인을 사전 해소하고 관계기관과 시민과의 안전정보 교류의 장을 마련한다. 기존의 모니터 요원을 참여의식과 전문성을 갖춘 시민안전봉사자로 정예화하여 365일 24시간 공백없는 신고체계를 구축하고 안전점검 기동반

사전예찰 활동을 강화한다.

또한 신고방법을 전화, 팩스, 인터넷, 서면, 방문 등으로 다양화하여 생활 주변 위험요인을 중점 신고하도록 하며, 특히 지자체별 홈페이지를 통한 신고 활성화를 위해 이용자가 쉽게 접속할 수 있도록 한다.

(4) 안전문화 체험공간 확보

학생, 시민이 스스로 교육에 참여할 수 있는 흥미롭고 유익한 안전체험공간을 마련하여 국민 안전의식 생활화에 기여하기 위하여 구민회관, 교통공원, 민방위교육장, 과학관, 청소년수련원 등 기존의 시설에 안전전시관을 비롯한 체험공간 설치를 추진한다.

또한 어린이 교통공원의 시설을 보완하고 프로그램을 다양화하는 등 운영을 활성화하고, 대기업에서 운영 중인 안전전시관을 견학코스로 활용하며, 화재, 가스, 전기, 구급, 지진, 태풍, 교통, 가정안전 등 체계적이고 종합적인 안전체험관의 설치를 추진한다.

4 선진국의 안전문화운동 사례

1) 미국

1998년 미국 LA 지역의 한 통계 자료에 따르면, 캘리포니아 주민 3명중 2명은 적색신호시 불법으로 교차로를 횡단하는 차량(Red light runner)을 거의 매일 목격하는 것으로 조사되었다. 이 조사에 따르면, 조사대상자 가운데 95%에 해당하는 운전자가 자신이 이러한 불법 횡단차량의 희생자가 될 것을 우려하고 있으며, 실제로 총 조사대상자의 1/3이 자신의 주변에 이러한 사고로 인한 사상자가 있는 것으로 나타났다. 또 다른 자료에 따르면, 미국의 도시내 총 교통사고의 22%가 교차로와 관련된 사고인 것으로 나타났다.

미국 교통부 내에서는 이러한 적색신호 불법주행사고를 음주운전사고와 같은 비중으로 인식하고 적극적인 계몽 캠페인을 전개하였는데, 적색신호시 교차로 주행방지를 위해 1999년 9월 24일부터 10월 1일에 걸쳐 실시된 전국 캠페인(National Stop on Red Week)을 통해 미교통부의 교통안전 문화 정착을 위한 노력과 전개 방향을 살펴보면 다음과 같다.

캠페인의 목적은 적색신호 교차로 불법횡단이 얼마나 위험한지를 전 국민에게 인식시키는 것으로 설정되었으며, 이를 위해 다음과 같은 10개 행동지침(Activity lists)이 설정되었다.

(1) 언론홍보

적극적인 언론홍보를 통해 전국 및 각 지역별, 적색신호 주행 교통사고 실태를 전국민에게 전파한다.

(2) 선언(Proclamations)

주지사와 주의회 의원들로 하여금 캠페인의 취지를 충분히 인식토록 하여 특별주간을 선포하도록 하며, 이 기간 동안의 위반자에 대한 철저단속과 범칙금 상향조정을 권장한다.

(3) 서명캠페인 전개(Pledges)

적색신호 시 교차로 주행방지에 대한 운전자 서명 캠페인을 전개한다.

(4) 라디오 방송

특별기간 중 각 라디오 방송국이 사고 다발 교차로에 임시스튜디오를 설치하여 그곳에서 방송하도록 권장한다.

(5) 학교(Schools)

각 학교와 연계하여 특별기간 동안 모든 학생들이 가능한 한 적색 옷을 입고 등교하도록 권장한다.

(6) 경찰관 동승(Police ride-alongs)

언론들이 경찰관과 동승하여 적색신호 시 교차로 주행의 실태를 확인할 수 있는 기회를 마련하도록 노력한다.

(7) 포스터(SRLR poster)

학교, 관공서 또는 식별이 용이한 곳에 포스터를 게시한다.

(8) 극장홍보(Movie theater slide)

각 극장에서 본 영화 시작 전에 계몽 영상을 상영하도록 유도한다.

(9) 월급명세서 활용(Paycheck reminders)

각 사업체의 월급명세서에 특별주간에 대한 문구와 안전운전을 위한 방법 등에 기재하도록 권장한다.

(10) 게시판 (Billboards)

게시판, 버스, 택시, 주유소, 지하철 등에 캠페인에 대한 안내문을 게시한다.

2) 프랑스

프랑스에서는 텔레비전 광고를 통하여 교통사고의 참혹성을 크게 강조하고 있다. 특히 청소년 교통사고의 심각성에 따라 이들 계층이 교통안전문화 정착의 주된 대상이 되고 있다. 그 대표적인 사례로 '라벨 비(label vie)' 제도는 도로교통안전 개선과 관련한 프로젝트를 청소년이 제안하는 제도로써 14~28세 청소년은 단독 또는 복수로 자신이 속한 학교·기업·협회와 함께 제안서를 작성하여 도청이나 교통안전관련기관에 제출하면, 심사위원회의 심사를 거쳐 채택되는 프로젝트에 대하여 최고 5,000프랑의 보조금이 제출한 사람이 속한 단체에 지급된다.

따라서 프로젝트 제안자는 자신이 속한 단체의 지원하에 프로젝트를 수행하게 되며, 채택된 프로젝트 중에 현실성이 있는 프로젝트의 경우는 국가차원 또는 지방 자치단체 차원의 도로교통안전정책에 반영된다. 결국 이 제도는 교통사고의 최대 피해자인 청소년을 직접적으로 교통안전 개선에 참여시킴으로써 이들 사이에서의 교통안전문화를 정착시키기 위해 청소년들이 자발적으로 교통안전에 참여하게끔 유도하는 제도라고 할 수 있다.

1999년 4월 프랑스 도로교통안전 협의회는 새로운 천년이 시작되는 2000년의 도로교통안전 정책방향을 제시한 바 있다. 먼저 교통사고 사망자수를 5년 후 절반으로 줄인다는 목표를 제시했다. 사실 지난 20년간 정부의 지속적인 교통안전 개선노력으로 프랑스의 도로교통사고 피해자수는 절반(1978년 24만 7,785명, 1998년 12만 4,387명)으로 크게 줄었으나 유럽의 다른 주요국에 비해 아직까지 매우 높은 수준이다. 주목할만한 점은 프랑스 정부가 도로교통사고를 국민생활의 안전도를 떨어뜨리는 1순위로 인식하고 있다는 점이다.

이와 관련하여 도로교통안전협의회는 2000년을 기해 도로교통안전문제를 국가적 '중요해결과제(grand caue' nationale)'로 선언하기로 결정하였고, 관련조치로 도로교통안전의 날을 정하고 이날에는 전국적으로 대규모 도로교통안전관련 행사를 개최하였으며, 아울러 직접적이고 강력한 메시지를 전달하는 대규모 교통안전 문화캠페인이 주기적으로 추진될 계획이다.

프랑스 정부에서도 1999년부터 도로교통안전 캠페인 관련예산을 1,500만 프랑 증액·책정하였으며, 또한 "라벨 비(label vie)"캠페인이 본격적으로 시행될 계획에 있으며, 2000년 4월 1일에는 300명 이상의 관계자가 참여하는 '라벨(label) 포럼'을 개최하였다. 방송에 의한 도로교통안전 홍보광고도 국영텔레비전 방송사인 프랑스텔레바지옹(France Tl vision)과 협력하에 1999년 6월부터 시행하고 있으며, 정부내 건강·교육위원회(Comite Francais d'Education pour la Sante)에서도 '청소년, 알코올, 그리고 도로', '공민정신과 교통안전' 등의 교통안전 캠페인을 전개하고 있다.

안전관리헌장

오늘날 우리는 태풍·지진·화재·교통사고·전염병 등 갖가지 예측하기 어려운 재난으로부터 안전을 위협받고 있다.

재난은 언제 어디서나 일어날 수 있다는 것을 깊이 인식하고, 국민의 생명과 재산을 보호하기 위해 정부와 기관·단체 그리고 학교와 기업은 안전관리에 앞장서 노력하여야 하며, 국민 모두는 스스로 참여하고 협력하여야 한다.

우리의 번영은 안전문화의 터전 위에서 이루어지며, 안전을 위한 노력과 투자는 우리와 후손의 행복을 위한 것이다. 이에 우리는 안전한 국가를 지향하는 새로운 가치관을 정립하고 성실한 실천을 다짐한다.

Ⅰ. 국가, 지방자치단체, 공공기관·단체, 기업 그리고 국민은 모든 일에서 안전을 최우선으로 고려한다.

Ⅰ. 가정, 학교, 직장 그리고 사회의 각 분야에서 교육과 홍보를 통하여 안전관리를 생활화하도록 한다.

Ⅰ. 위험에 대한 정보를 신속하고 정확하게 제공하여 미리 안전을 확보할 수 있도록 한다.

Ⅰ. 국가기반체계는 각종 재난으로부터 안전하게 보호되어야 한다.

Ⅰ. 생활주변 시설과 사업장 그리고 위험지역은 안전하게 관리되어야 한다.

Ⅰ. 자원봉사기관, 자원봉사자, 시민단체 그리고 전문가의 협력을 통하여 안전관리의 효율을 높인다.

Ⅰ. 과학적 안전관리를 위한 연구에 힘쓰고 안전산업을 육성한다.

생활 안전 관리

LIFE SAFETY MANAGEMENT

CHAPTER 04

교통안전

1. 운전과 인간의 특성
2. 안전 운전 요령
3. 차량 운행 및 관리요령
4. 자동차 고장시의 응급처치
5. 교통사고 발생 시 조치 절차
6. 어린이 교통안전

1 운전과 인간 특성

대부분의 교통사고는 운전자의 과실에 기인하고 그 과실의 근본은 운전자로서의 조건의 결여에 있다. 안전운전을 위해서 운전자는 심신이 건강해야 하며, 시각, 지각과 반응동작이 균형있게 일치할 뿐만 아니라 자기 억제력이 강하고 주의집중 능력이 있어야 한다.

운전적성이란 운전에 적합한 시력, 청력, 운동능력, 정신적 판단능력 등을 골고루 갖추어 교통정보에 대하여 신속·정확한 인지와 인지된 정보를 분석·종합하여 정확한 판단과 신속한 조작으로 이어지는 과정에 적합한 능력을 소지한 것을 말한다. 운전적성과 밀접하게 관련된 특성은 반응특성, 시각특성, 성격특성, 피로와 운전행위 등을 들 수 있다.

1) 반응특성

운전자의 감각수용기인 눈을 통하여 입수된 위험상황에 관한 정보에 대응하는 행동은 운동기관인 손과 발이 브레이크 동작을 시작함으로써 개시되며, 이때 운동기관의 동작이 완료되기까지의 시간을 반응시간이라 한다. 운전자의 반응은 보통 돌발사태에 대응하여 브레이크를 밟는 시간 즉 눈과 발의 반응시간으로 측정한다.

반응시간은 자극을 주는 감각의 종류, 신체부위에 따라 달라지며, 반응을 일으키기 전에 판별을 필요로 하는 자극 수에 따라 선택반응시간이 다르기 때문에 자극이 복잡해질수록 반응시간은 길어진다. 또한, 반응시간은 제시된 자극의 성질에 따라 다르게 나타나고, 자극의 강도에 따라 약간의 차이가 있다. 연령과 성별에 따라 차이가 있어서 어린이, 고령자, 여자 등은 반응시간이 길다.

한편 피로, 음주 등이 반응에 걸리는 시간을 길게 한다. 음주의 경우 위스키 60ml 정도의 소량에서는 오히려 반응시간이 짧아진다. 그러나 이 경우 착오반응수가 늘어남으로서 치명적인 위험요인이 수반된다.

2) 시각특성

운전은 약 90%가 시각에 의존하기 때문에 시각은 운전자로서의 가장 훌륭한 신체상의 요건으로 다음과 같은 점이 중요시된다.

(1) 정지시력

정지한 상태에서 물체를 볼 수 있는 시력을 「정지시력」이라 한다. 한곳을 주시하면 주시점의 물체는 뚜렷하게 보이나, 주시점에서 2도를 벗어나면 시력은 1/2로, 10도를 벗어나면 1/5로 줄어들어 주시점 이외의 다른 곳은 부주의 상태가 되므로, 운전 중에는 한곳을 오래 주시하지 말고, 전방을 넓게 고루 살펴보아야 한다.

(2) 동체시력

주행 중 운전자의 시력을 동체시력이라고 한다. 동체시력은 자동차의 속도가 빨라지면 그 정도에 따라 점차 떨어진다. 또한 동체시력은 개인차가 있어서 20대보다 30대가 즉 연령이 많아질수록 저하율이 크다. 같은 개인에 있어서도 피로하게 되면 저하하게 된다. 일반적으로 동체시력은 정지시력에 비해 30% 정도 낮다.

(3) 야간시력

야간운전이 주간운전보다 어렵다는 것은 누구나 동감하는 사실로 야간시력은 일몰 전에 비하여 약 50% 저하된다. 이는 우리 눈의 망막상에 있는 추체와 간체라고 하는 세포의 기능 차이에 의한 현상으로 추체는 낮에 활동하고 간체는 야간에 활동함으로써 일몰시에는 양쪽의 세포가 다같이 제기능을 발휘하지 못하기 때문에 발생한다.

(4) 암순응과 명순응

밝은 장소에서 어두운 곳으로 들어가서 눈이 익숙해져서 시력을 회복하는 것을 암순응이라고 하며 반대의 경우를 명순응이라 한다. 암순응에 걸리는 시간은 일반적으로 명순응에 걸리는 시간보다 길어서 완전한 암순응에는 30분 혹은 그 이상 걸리기도 한다. 따라서 급격한 명암의 변화는 순응에 장애를 일으킨다. 특히 암순응은 교통의 실제 장면에서 명순응보다 많은 장애를 일으킨다.

예를 들면, 고속도로의 터널입구 부근은 비록 터널 내가 100룩스 정도의 조명이라도 10,000룩스에서 100룩스 내외로 옮기는 명암의 차에 눈이 순응되지 않아 10초 전후에 이르는 시각장애를 일으켜 사고의 원인이 된다. 이에 반하여 터널에서 나올 때의 시각장애는 1초 전후이므로 별로 문제될 것이 없다. 이러한 시각장애를 방지하기 위해 터널입구, 지하보도 입구부에 조명시설이 설치되어 있는 것과 「터널내 점등운행」을 운전자에게 환기시키고 있는 것도 이 때문이다.

(5) 시야

정지한 상태에서 한 물체에 눈을 고정시키고 양쪽 눈으로 볼 수 있는 좌우의 범위를 시야라고 한다. 정상적인 시력을 가진 사람의 시야는 180도~200도 정도이다. 한쪽 눈의 시야는 좌우 각각 160도 이다. 그러나 색채를 식별할 수 있는 범위는 약 70도 이다.

(6) 주행 시 공간

주행 시 공간의 특성주행 중 운전자의 시각은 정지상태에 비하여 여러 가지 특성을 지니고 있다. 운전자 주변의 경치는 끊임없이 이동(변화)한다. 가까운 거리에 있는 대상물일수록 급속히 이동하는 것처럼 보이며 중간 정도의 거리에 있는 것은 조금은 확인되지만 한번 놓친 것은 주행 중 다시 보기 힘들다. 먼 대상물만이 움직이지 않고 천천히 바라볼 수 있다.

운전자는 고속도로에서 300m~600m 전방에 주시점을 두고 운전한다. 고속운전이 될수록 주시점은 멀어진다. 이것은 멀리서부터 교통상황을 인지하고 만일의 긴급사태에 단 1초의 여유라도 더 가지고 대처하려는 운전자의 자연스러운 심리가 반영된 결과이다.

(7) 시각

교통공학에서 색채조절의 의미는 안전표지, 노면표지, 안내판 등의 시인성과 식별력을 향상 시키는데 있으며, 색채가 갖는 심리적 생리적 효과에 의해서 안전의식이 향상, 기분의 전환, 진정감을 갖게 할 수 있다.

가장 멀리에서 약한 빛으로 알아보기 쉬운 색광은 적-녹-황-백색의 순이며, 표면색을 읽기 쉬운 것은 흑/황, 녹/백, 적/녹, 청/백, 흑/백색의 순이다(사선의 윗 부분은 표면색, 아랫부분은 바탕색). 전체적으로 적/황색이 주의를 가장 잘 환기시킨다.

특히 색의 혼합, 농도, 명도의 식별능력을 말하는 색맹에는 적록색맹, 황청색맹, 회색의 농담밖에 보이지 않는 전색맹 등이 있는데, 적·황·녹색을 분별할 수 없으면 신호등을 볼 수 없으므로 위험하다.

3) 성격특성

「운전은 그 사람의 성격을 반영한다」는 말이 있다. 확실히 이와 같은 측면이 강하게 나타난다. 침착한 사람은 침착하게 운전을 하고, 성급한 사람은 성급하게 운전을 하기 마련이다. 가령 성급한 사람인 경우에는 속도가 빨라지기 마련이고, 추월이 많아지게 될 뿐만 아니라 틈만 생기면 앞지르기를 서슴치 않으며 1초만이라도 앞서고자 안간힘을 다한다. 결국 언젠가 사고와 직면하게 될 수도 있는 것이다.

사람에 따라서는 아주 성급한 성질을 지니면서도 운전석에 앉기만 하면 낚시꾼 모양으로 느긋해지는 사람도 없는 것은 아니나 일반적으로 그렇지 못한 경우가 대부분이다. 무엇 때문에 그렇게 서둘러야 하는지 운전자의 심리상태를 이해하기 곤란해지는 경우가 매우 많다. 사고 다발자의 성격은 타인을 생각하지 않고 싸움을 하려고 하는 일촉즉발의 운전자가 많으며, 적극적이기는 하지만 내적 자기통제가 약하고 반항심이 강해서 불만을 갖기 쉽다는 것이다. 이에 반하여 우수운전자의 성품은 온후하고, 따뜻한 정이 들고, 남과 다투기를 좋아하지 않고 협조적이며, 주위를 융화하는 태도의 사람이 많고, 세심하고 주의 깊으며 직업의식에도 철저하고, 향상을 위한 노력을 하고, 사물을 냉정하게 객관적으로 관찰하고, 자기의 결점을 잘 알고 있으며 진실하고 착실하며 머리를 숙일 줄 안다.

이를 정리해 보면 안전운전에 필요한 성격은

- 안전에의 의식 : 사람의 생명에 대한 존엄성이 뿌리 박힌 신중성
- 상호성 : 보행자나 다른 차량에게 길을 양보해주는 겸허한 성품을 지니고 타인과 좋은 인간관계를 만드는 협조적인 성품
- 안정된 정서, 평정한 태도 : 자기의 감정을 억제, 통제할 줄 아는 능력과 성품을 갖고 환경에 지배되지 않는 자주성
- 일에 대한 애정, 생활에 대한 즐거움을 갖고 운전을 좋아하며 이를 자랑으로 알고 책임을 느낄 줄 아는 성품 등을 들 수 있다.

4) 피로와 운전행위

운전작업에 있어서 "인지 → 판단"의 작업은 운전자들에게 정신적 피로를 유발시키고, 자동차의 "조작"은 육체적 피로를 느끼게 한다. 이 밖에도 한정된 공간과 앉은 자세에서 계속적으로 손과 발만을 사용하게 되므로, 차량을 조작하는 과정에서 오는 피로와는 또 다른

육체적 피로를 느끼게 된다. 이와 같이 운전작업에서 오는 피로는 운전자의 운전작업에 상당한 영향을 미치게 된다. 즉 정신적 피로는 감각이나 지각이 감퇴·둔화되어서 인지의 부족으로 판단착오를 일으키게 되고, 그것이 심해지면 감각기에서 중추로 가는 자극이 적어지게 되어, 의식이 저하되고 수면상태로까지 빠지게 되는 것이다.

육체적 피로가 운전작업에 미치는 영향으로서는 근육의 피로가 쌓이게 되면 신체기능이 저하되어, 유사시 동작이 제대로 되지 않아 작업능률이 떨어지게 되고 나아가서는 교통사고의 요인이 되기도 한다. 이와 같이 피로는 잠재적 사고라 할 수 있는 "운전자의 잘못", "주의력 집중의 편재", "외부의 정보를 차단하는 졸음" 등을 발생시켜 결국 직접적 사고를 유발하는 요인이 된다. 피로로 인하여 사고가 발생하는 과정을 그림으로 나타내면 다음과 같다.

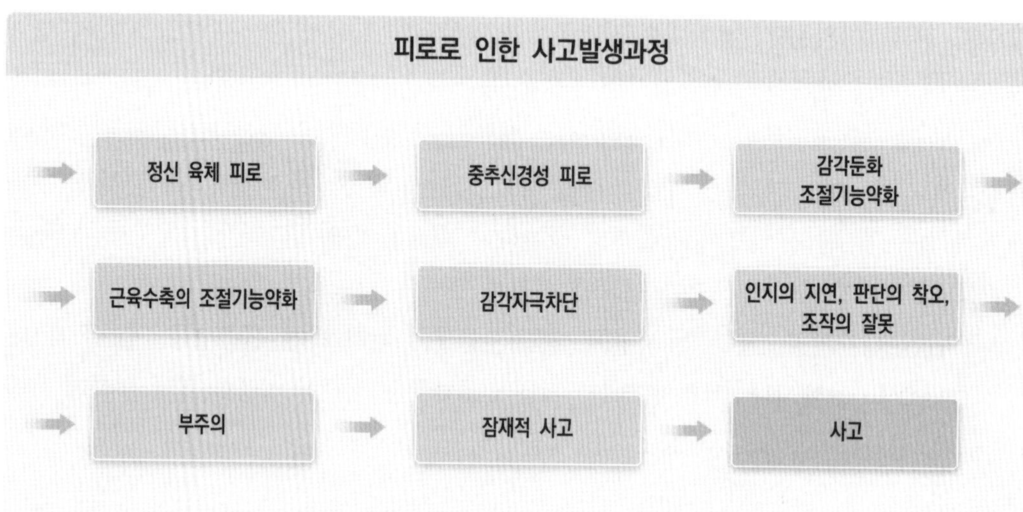

〈그림 4-1〉 피로로 인한 사고발생 과정

(1) 장거리 운전 시 조치 사항

장거리 운전을 할 때는 다음의 조치를 하여, 주의력의 저하와 피로를 방지하는 것이 좋다.

- 출발 전에 충분히 휴식을 취한다.
- 운전 중에는 눈을 계속 움직인다.
- 과식하거나 알코올 성분이 들어있는 음료수를 마시지 않는다.
- 차창을 주기적으로 열어 차내에 신선한 공기를 소통시킨다.
- 2시간 계속 운전한 뒤에는 반드시 5~10분간 휴식을 취한다.

(2) 음주가 인체에 미치는 영향

특히, 음주는 피로를 유발하는 중요한 요인으로 작용하는데, 음주가 인체에 미치는 영향을 살펴보면 <표 4-1>과 같다.

〈표 4-1〉 주취 증상과 인체에 끼치는 영향

구분	음주량	혈중농도(%)	증상
미취	소주 약 2~5잔	0.05~0.15	• 기분이 좋아서 결단이 빠르나 오판하기 쉽다. • 안면과 경부의 피부가 충혈된다. • 침착성이 없어진다. • 이 정도의 취기는 오히려 능률이 향상되는 것으로 느끼나 사실은 운동신경이 저하되고 있다. • 혈액중의 알코올 농도 0.05%의 경우 반응시간은 정상시의 2배이고 0.1%가 되면 4배가 된다.
경취	소주 약 6~9잔	0.15~0.25	• 자기 자신이 술에 취했다는 것을 알게 된다. • 기분이 극히 좋아지고 쾌활해지며 운동신경이 마비되어 비틀거리게 된다. • 말이 다소 흐려지고 화제가 자주 변하게 된다. • 감각이 둔하게 되며 작은 상처를 입어도 모르게 된다. • 주의력이 산만하고 판단력이 둔하기 때문에 사고를 내기 쉽다.
심취	소주 약 10~13잔	0.25~0.35	• 운동신경의 마비가 극심하며 보행이 자유롭지 못하다. • 언어는 전혀 알아듣지 못하게 된다. • 여러 가지 신체적 반사작용이 현저하게 저하된다. • 신체적 마비로 의식이 점점 흐려진다.
만취	소주 약 14잔 이상	0.36% 이상	• 아무데나 쓰러지게 되고 혼수상태에 빠진다. • 근육의 힘이 빠져 중심을 잃게 된다. • 대·소변을 함부로 하게 된다. • 호흡이 완만해지고 체온도 떨어진다. • 때에 따라 호흡이 곤란해지고 방치하면 사망한다.

〈표 4-2〉 음주 운전의 처벌 기준 (형사적 책임)

위반횟수	처벌 기준	
1회	0.2% 이상	2년~5년 이하 징역 / 1,000만원~2,000만원 이하 벌금
	0.08%~0.2%	1년~2년 이하 징역 / 500만원~1,000만원 이하 벌금
	0.03%~0.08%	1년 이하 징역 / 500만원 이하 벌금
측정 거부	1년~5년 이하 징역 / 500만원~2,000만원 이하 벌금	
2회 이상 위반	2년~5년 이하 징역 / 1,000만원~2,000만원 이하 벌금	

2 안전 운전 요령

1) 운전자세

- 앉은 자세를 부드럽게 한다.
- 등과 허리는 시트에 밀착시켜 앉는다.
- 눈은 상면 15도 각도로 앞을 바라보는 자세로 한다.
- 핸들 윗부분을 잡았을 때 팔굽이 조금 굽혀지는 정도로 시트를 조절한다.
- 핸들은 9시 15분 또는 에어백이 장착된 경우에는 10시 10분 위치로 두손으로 잡는다.
- 브레이크 페달을 꽉 밟았을 때 다리가 조금 굽혀지는 정도로 시트를 조절한다.
- 안전벨트가 배가 아닌 골반에 위치하도록 단단히 착용한다.
- 발뒤꿈치를 바닥에 붙이고 발목으로 가속페달을 부드럽게 조작한다.
- 수동차량인 경우 변속을 한 후에는 클러치 페달에서 발을 뗀다.

2) 방어운전

2020년 기준 우리나라 자동차 등록대수가 2,437만대에 이르고 있는 현실에서 우리나라 운전자들은 추월이나 끼어들기와 같은 공격적인 운전을 하면서도 방어에는 미숙한 경우가 많은데, 위험한 상황을 미리 피하거나, 또는 위험한 상황을 만들지 않는 운전기술을 방어운전이라 말한다.

(1) 정보수집

오늘날과 같은 변화무쌍한 교통상황에서 방어운전을 제대로 하기 위해서는 유용한 정보가 요구된다. 다양한 자료원으로 부터 제공되는 많은 정보는 안전운전에 절대적으로 필요하다. 그렇지만 정보의 인지는 빠르고 정확해야 한다.

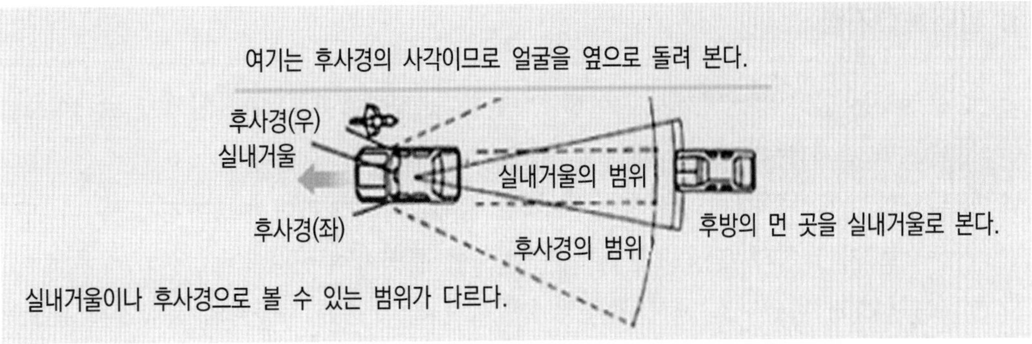

〈그림 4-2〉 운전자의 시야와 사각지대

(2) 반성과 자세

운전의 세계에서 흔히 볼 수 있는 현상은 다른 차의 잘못에 대해서는 과잉반응을 보이지만 자기 자신의 독선적인 운전 따위에 대해서는 그것을 느끼지 못하고, 비록 느꼈다고 하더라도 반성하지 않는 경향이 강하다.

(3) 조심성

자신을 보호하는 가장 좋은 방법은 언제든지 다른 운전자의 형태를 잘 관찰하는 것이다. 또한 운전 중에 졸음이 오거나 기분이 나쁠 때는 무리하게 운전하지 말아야 한다.

(4) 최악의 상태 예상

「상대 자동차가 양보할 것이다」 또는 「보행자가 알아서 멈추거나 피해갈 것이다」라는 막연한 기대보다는 「그렇지 않을 것이다」라고 생각하며 대처해야 한다.

(5) 양보 정신

운전할 때는 자기중심적인 생각을 버리고 보행자와 상대 차량의 입장을 생각하며 서로 양보하는 마음의 자세가 필요하다. 운전자 상호간에도 서로 상대방의 입장에서 운전해야 한다. 운전은 자기 혼자만 하는 것이 아니라 주위에서 같이 달리는 자동차의 운전자와 길을 건너고자 하는 많은 보행자를 같이 생각해야 하는 만큼 양보하는 자세가 몸에 배도록 해야 한다.

3) 방어운전기법

① 운전자는 앞차의 전방까지 시야를 멀리 둔다. 장애물이 나타나 앞차가 브레이크를 밟으면 즉시 브레이크를 밟을 수 있도록 준비태세를 갖춘다.

② 뒤차의 움직임을 룸미러나 사이드미러로 끊임없이 확인하면서 방향지시등이나 비상등으로 자기 차의 진행방향이나 운전의도를 분명히 알린다.

③ 교통신호가 바뀐다고 해서 무작정 출발하지 말고 주위 자동차의 움직임을 관찰한 후 진행한다.

④ 보행자가 갑자기 나타날 수 있는 골목길이나 주택가에서는 상황을 예견하고 속도를 줄여 충돌을 피할 시간적 공간적인 여유를 확보한다.

⑤ 일기예보에 신경을 쓰고 기상변화에 대비해 스노우체인이나 스노우타이어 등을 미리 준비한다. 눈이나 비가 올 때는 가시거리 단축, 수막현상 등 위험요소를 염두에 두고 운전한다.

⑥ 교통량이 너무 많은 상습 정체구간이나 정체 시간을 피해 운전하도록 한다. 교통이 혼잡할 때는 조심스럽게 교통의 흐름을 따르고 끼어들기 등을 삼간다.

⑦ 과로로 피로하거나 심리적으로 흥분된 상태에서는 운전을 자제한다.

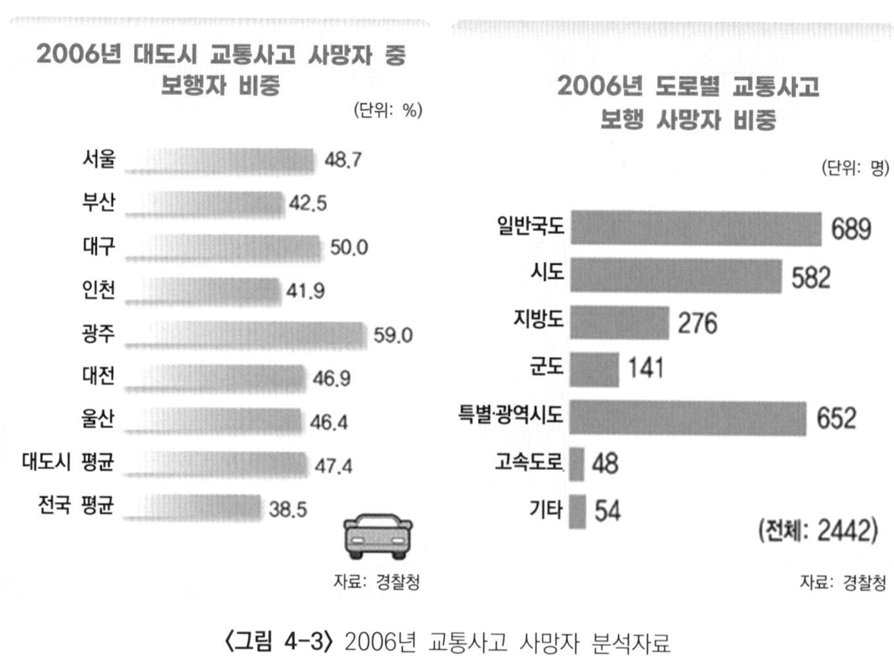

〈그림 4-3〉 2006년 교통사고 사망자 분석자료

⑧ 앞차를 뒤따라 갈 때는

- 앞차가 급제동을 하더라도 추돌하지 않도록 차간거리를 충분히 유지한다.
- 4~5대 앞의 차량 움직임까지 살핀다.
- 대형차는 안전거리를 유지하며 뒤따라가고, 주의해서 앞지르기를 한다.

⑨ 뒤에 다른 차가 접근해 올 때는

- 속도를 낮춘다.
- 뒤차가 앞지르기를 하려고 하면 양보해 준다.
- 뒤차가 바짝 따라올 때는 가볍게 브레이크 페달을 밟아 제동등을 켠다.

⑩ 진로를 바꿀 때는

- 상대방이 잘 알 수 있도록 여유있게 신호를 보낸다.
- 보낸 신호를 상대방이 알았는지 확인한 다음에 서서히 행동한다.

⑪ 교차로를 통과할 때는

- 신호를 무시하고 진행하는 차나 사람이 있을 수 있으므로 반드시 안전을 확인한 뒤에 서서히 주행한다.
- 좌우로 도로의 안전을 확인한 뒤에 주행한다.

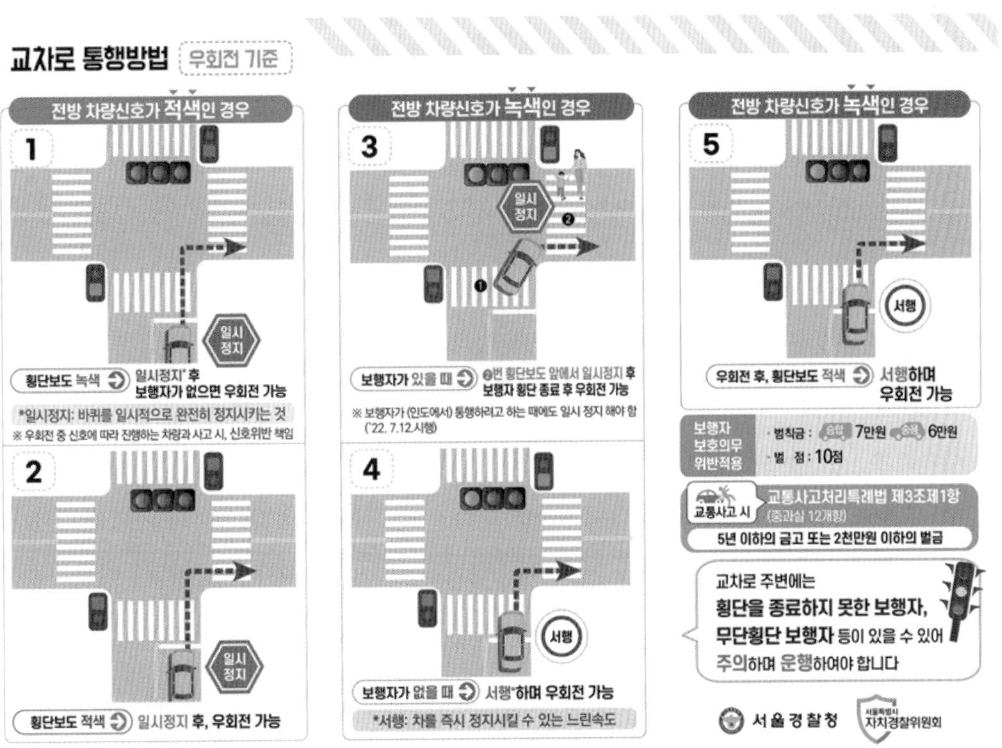

⑫ 야간에 마주오는 차가 전조등 불빛을 줄이거나 아래로 비추지 않고 접근해 올 때는

- 불빛을 정면으로 보지 말고 시선을 약간 오른쪽으로 돌린다.
- 감속 또는 서행하거나 일시 정지한다.

⑬ 야간에 모퉁이길을 통과할 때는

- 전조등을 상향과 하향을 번갈아 켜거나 껐다 켰다하여 자신의 존재를 알린다.
- 주위를 살피면서 서행한다.

⑭ 횡단하려고 하거나 횡단 중인 보행자가 있을 때는

- 속도를 줄이고 주의하여 진행한다.
- 보행자가 차의 접근을 알고 있는지 확인한다.

⑮ 어린이가 진로 부근에 있을 때는

- 어린이와 안전한 간격을 두고 진행한다.
- 서행 또는 일시 정지한다.

⑯ 다른 차의 옆을 통과할 때는

- 상대방 차가 갑자기 진로를 변경할 수도 있으므로 미리 대비한다.
- 충분한 간격을 두고 통과한다.

⑰ 대형 화물차나 버스의 바로 뒤를 따라서 진행할 때에는 전방의 교통상황을 파악할 수 없으므로, 함부로 앞지르기를 하지 않도록 하고, 또 시기를 보아서 대형차의 뒤에서 이탈하여 진행한다.

⑱ 신호기가 설치되어 있지 않은 교차로에서는, 좁은 도로로부터 우선 순위를 무시하고 진입하는 자동차가 있으므로 속도를 줄이고 좌우의 안전을 확인한 다음에 통행한다.

4) 교통흐름과 방어운전

① 운전자는 자기의 안전뿐만 아니라 주위 차량에 대해서도 잘 생각하면서 달리는 것이 결국은 자기의 운전환경을 보다 안전하게 만드는 것이다.

- 흔히 저속으로 달리기만 하면 안전하다고 생각하여 주위의 교통의 흐름을 무시하고 자기 차만 천천히 달리는 광경을 보게 되는데 이러한 행동은 다른 차의 운전자들을 짜증스럽게 하고 무리한 추월을 하게 만들어 도리어 위험하다.

② 주행 중에는 전후좌우에서 달리는 차의 성질을 알아차려 그때그때에 적절한 대응을

하면서 운전하는 것이 안전하다.

– 택시, 초보운전자, 대형트럭, 탱크로리, 노선버스, 밴, 쓰레기 수거차 등은 제각기 특유한 주행방법과 버릇이 있다. 이런 차들의 주행 특성을 빨리 이해하여 각 차에 적합 한 대응 운전기술을 몸에 익혀야 한다.

③ 주위 자동차 운전자를 당황하게 하는 급작스런 행동을 해서는 안 된다. 주행 중에 차선을 변경하거나 좌·우회전 할 경우에는 미리 3초 혹은 30m 전방에서부터 그 사실을 「방향지시등」을 사용하여 주변 자동차에게 알리도록 한다. 그 이유는 주위 자동차의 운전자가 불의의 상황변화에 놀라거나 당황하지 않고 행동하게 하는데 있으므로 모든 경우에 위험예고를 할 필요가 있다.

④ 번화가나 나들목 구간 등에서 많은 차가 줄지어 흐르고 있을 때는 무리하게 끼어들면 접촉 혹은 충돌사고 등을 유발하므로 무리하게 끼어들지 않도록 한다.

3 차량 운행 및 관리 요령

1) 계절별 관리요령

(1) 봄

- 겨울철에 제설작업으로 인한 염화칼슘이 묻어 있으므로 하체까지 세차한다. 엔진룸은 먼지만 털어주고 닦아주면 된다.
- 불필요한 장비를 싣고 다니면 연비가 저하되므로 월동장비를 정리한다.
- 스노우체인을 그냥 방치하면 녹이 슬어 사용하지 못하게 되므로 오일을 사용하여 깨끗이 닦아서 보관한다.
- 겨울에는 온도가 낮아서 별 문제가 없겠지만, 기온이 올라가면 냉각성능이 문제가 될 수 있으므로 냉각수나 냉각수 호스 등을 점검한다.
- 각종 오일을 점검한다.
- 차계부를 살펴보고 교환주기가 지난 소모품은 교환한다.

(2) 여름

- 휴가철을 대비하여 타이어, 벨트, 예비타이어 등을 점검하고 여행 후에는 여행장비

를 모두 치운다.

- 기온이 올라가므로 냉각수, 냉각수 호스 등 냉각장치를 세심히 점검한다.
- 장마철을 대비하여 와이퍼 작동상태를 점검하고 와이퍼 블레이드에 손상이 있으면 교환한다.
- 다른 계절보다 비가 많이 오므로 수막현상을 방지하기 위해 타이어의 마모상태를 점검하고 마모 정도가 심하면 교환한다.
- 자동차 내부에 습기가 차지 않도록 통풍과 환기를 자주 시켜 준다.
- 에어컨 가스를 보충하는 등 에어컨의 상태를 점검한다.
- 여름휴가 후 점검사항
  - 세차장에서 차체 하부까지 세차를 한다.
  - 자동차 문과 트렁크까지 열어 환기를 시킨다.
  - 각종 오일을 점검하고 장거리 여행일 경우에는 엔진오일을 교환해 주는 것이 좋다.
  - 비포장 도로를 많이 달렸을 경우 휠밸런스와 얼라이먼트를 점검한다.
  - 배터리 (+), (−) 터미널 장착상태를 확인한다.

(3) 가을

- 장거리 여행을 대비하여 타이어, 벨트, 예비타이어 등을 점검한다.
- 배터리의 상태를 점검하여 이상이 있으면, 겨울이 오기 전에 교환한다.
- 기온이 하강하여 서리가 끼게 되므로 열선상태를 점검한다.
- 일교차가 심해 히터 사용이 시작되므로 히터상태를 점검한다.

(4) 겨울

- 엔진동파를 방지하기 위해 부동액을 점검하고 필요하면 보충하거나 교환한다.
- 스노우타이어, 체인 등 월동장비를 점검하고 트렁크에 휴대한다.
- 스노우체인 장착 요령을 숙지하고 사용 후에는 녹이 슬지 않도록 잘 닦아 보관한다.
- 겨울철에는 다른 계절보다 전기의 사용량이 많으므로 히터, 전조등, 열선 등 전기배선을 점검한다.
- 에어컨을 1주에 한번 정도 가동시켜 에어컨의 성능유지에 만전을 기한다.

2) 연료절약 운전방법

① 에너지 소비효율이 높은 자동차를 구입한다.

- 배기량이 큰 중형이나 대형차일수록 연비(km/ℓ)가 낮다.

② 급출발을 하지 않는다.

- 급출발을 하면 1회에 12cc 정도의 연료가 낭비된다. 만약 하루에 10번 정도 급출발을 하게 되면 120cc가 낭비되는 셈이므로 연비를 10km/ℓ로 보았을 때 1.2km를 달릴 수 있는 양의 연료를 그냥 버리게 되는 것이다.

③ 급가속을 하지 않는다.

- 주행 중에 급가속을 10번만 하면 급출발 때와 마찬가지로 120cc의 연료가 길바닥에 버려지는 셈이다. 이 연료만 아껴도 1.2km는 더 갈 수 있다.

④ 수동변속기 차량의 경우 자동차의 속도에 맞춰 빨리 기어변속을 한다.

- 기어변속은 자동차의 속도·도로상황·교통량 등에 맞춰 엔진의 무리가 없는 한 높은 기어를 사용하여 주행하는 것이 연료가 절약된다.

⑤ 필요없는 물건 10kg 정도를 차에 싣고 10km만 달려도 20cc의 연료가 더 들어간다. 이 연료라면 200m 정도는 더 달릴 수 있다.

⑥ 공회전 상태에서 5분 정도 정차한다면 약 70cc의 연료가 흔적도 없이 사라진다. 이렇게 낭비되는 연료를 아낀다면 700m는 더 달릴 수 있다. 공회전이 길어지면 지체없이 시동을 끄도록 한다.

⑦ 타이어 공기압은 연비와 관계있다. 타이어 공기압이 적정 공기압보다 0.5kg/㎡ 적은 상태에서 50km를 주행하면 130cc를 더 달릴 수 있는 기름을 포기하는 것과 같다.

⑧ 보통 시내 주행에서는 40km, 자동차 전용도로에서는 80km 정도 정속 운전을 하면 생각보다 많은 연료가 절약된다. 고속도로에서는 90～100km 정도의 속도로 정속 주행하면 연비가 부쩍 좋아진 것을 느낄 수 있다.

⑨ 에어컨은 꼭 필요할 때만 사용한다.

- 에어컨을 켜게 되면 켜지 않았을 때보다 최대 20% 정도 연료 소비가 증가된다. 하지만 고속 주행 중 창문을 열고 주행하는 경우에는 바람의 저항에 의해 에어컨을 작동했을 때보다 연료소모가 더 클 수도 있다.

⑩ 운전을 무계획적으로 하여 5분 정도 시간이 더 걸렸다면 약 200cc의 연료가 낭비되어 2km를 더 주행할 수 있는 연료를 길바닥에 버리는 셈이 된다.

3) 기본공구 및 휴대 안전용품

(1) 잭 핸들 및 잭(Jack handle and Jack)

- 승용차에는 기계식을, 트럭·버스 등 대형차에는 유압식을 주로 사용하는데, 평탄한 곳에 차를 세운 뒤 주차브레이크를 당기고 지정된 위치에 사용해야 한다.

(2) 휠 너트 렌치(Wheel nut wrench)

- 타이어 렌치라고도 불리는데, 타이어를 교환할 때에 휠 너트를 풀거나 죄는 데 사용한다. 발로 내리치는 등 무리하게 사용하지 않도록 조심해야 한다.

(3) 오픈 렌치(Open wrench)

- 스패너라고도 하며 볼트와 너트의 분해·조립에 사용되며 인치와 미터의 치수가 있다. 볼트의 모서리가 상하거나 헛돌지 않도록 크기가 맞는 것을 사용해야 하며, 밀지 말고 당기는 방향으로 힘을 가해 사용한다.

(4) 드라이버(Driver)

- 끝 모양에 따라 십자(+) 드라이버와 일자(-) 드라이버로 나누어지고, 나사의 끝 부분에 홈을 정확히 맞추어 사용해야 한다. 기본으로 제공되는 드라이버는 일자와 십자를 바꾸어서 끼울 수 있는 제품이 들어있다.

(5) 플라이어(Plier)

- 일반적으로 많이 사용하는 펜치(pincher)나 니퍼(nipper)로 사용할 수 있으며 중앙부는 잡고 고정하기 위해 사용되므로 이 부분으로 너트를 돌리면 안 된다. 무리하게 돌리면 너트의 머리 부분을 깎아 내거나 물건을 정확히 잡을 수 없게 된다.

(6) 공구 주머니

- 기본으로 제공되는 공구는 공구 주머니에 넣어 분실하지 않고 관리할 수 있다.

(7) 안전표시판(삼각대)

- 교통사고가 발생하거나 자동차가 고장이 발생하여 뒤따르는 자동차에게 위험을 경고하기 위해 사용한다. 트렁크에 꼭 휴대하고 다녀야 한다.

(8) 배터리 점프선(Jump cord)

- 배터리가 방전되었을 때 시동을 걸기 위해서는 다음 조건에 맞는 점프선을 준비한다.
  - 너무 짧지 않은 것 : 너무 짧으면 노상에서 고장 시 자동차를 바로 옆에 대지 않으면 점프할 수 없다.
  - 너무 가늘지 않은 것 : 가늘면 저항이 증가하여 제대로 배터리 점프가 되지 않는다.

(9) 견인 체인 또는 로프

- 자동차가 웅덩이나 길가 배수로에 빠졌을 경우 다른 자동차의 도움으로 탈출하기 위해서 필요하다. 가격도 비싸지 않으면서 유용하게 사용할 수 있다.

(10) 휴대용 공기펌프

- 타이어의 공기압이 낮을 때 보충하기 위해 필요하다. 타이어에 펑크가 발생하여 공기가 조금씩 샐 경우에는 예비타이어로 교환하기보다는 휴대용 펌프로 공기압을 높인 후 가까운 정비업소를 방문하여 수리하는 것이 효과적이다.

(11) 물통

- 냉각수가 부족하여 엔진이 과열되었을 때 냉각수를 보충해야 하는데 물을 담을 통이 없어 낭패를 당하는 경우가 있을 수 있다.

(12) 기타

- 이외에도 장갑, 토시, 앞치마 등을 준비하면 고장 시 좀 더 안전하게 조치할 수 있다.

4 자동차 고장 시 응급처치

1) 배터리 방전 시 응급조치

(1) 현상

- Key를 "ON"으로 했을 경우 자동차의 모든 전기장치가 작동되지 않는다.
- 계기판의 경고등이 희미하게 점등된다.
- 시동을 걸었을 때 "딱 딱" 소리만 나면서 시동이 불가능하다.
- 오랜 시간 동안 운행을 하지 않고 주차를 했을 경우 배터리가 방전되어 시동이 불가능하게 된다.
- 배터리액이 부족할 경우 인디게이터 색깔이 적색으로 나타나 시동이 불가능하게 된다.

(2) 점검방법 및 조치

- 경음기를 눌러보거나 전조등을 켜서 배터리의 방전유무를 확인한다.
- 배터리 옆면을 살펴보아 배터리액이 있는지 점검한다.
- 배터리 (+), (−) 케이블을 흔들어서 케이블의 장착상태를 확인한다.
- 배터리 케이블을 분리해서 배터리 단자와 케이블의 접촉부위를 확인한다. 이때는 항상 (−)케이블을 먼저 분리한다.
- 발전기와 연결되는 휴즈를 확인한다.
- 배터리가 방전된 경우에는 배터리 점프로 시동을 건다.
- 점프 케이블이 없을 경우 수동변속기 자동차는 밀어서 시동을 건다. Key는 "ON" 위치에 놓고 기어를 2~3단을 넣은 후 클러치를 밟은 상태에서 자동차가 탄력을 받으면 클러치를 떼어서 시동을 걸면 된다. 이때 자동차를 미는 사람이 넘어질 수 있으므로 매우 주의해야 한다.

(3) 점프선을 이용한 배터리 점프 방법

- 방전차(+), 시동차(+), 시동차(−), 방전차(−)의 순으로 케이블을 연결한다.
- 시동차의 시동을 걸어 놓은 상태에서 방전차의 시동을 건다.

- 시동후 케이블을 제거하고 10~20분 정도 대기한 후 시동을 끄고 다시 시동을 걸어 충전상태를 확인한다.
- 시동이 걸리면 발전기의 충전상태는 정상이다.
- 시동이 걸리지 않으면 발전기의 충전상태를 점검해야 한다.

(4) 확인사항

- 시동 후에는 배터리에 부하가 많이 걸리는 에어컨이나 전조등을 사용하지 않고 운행한다. 운행하지 못할 상황이면 30분이상 시동을 걸어 놓는다.
- 오랫동안 주차할 경우 배터리의 (-)터미널을 탈거해 놓는다. 오랫동안 주차하면 배터리는 완전방전 되므로 교환한다.
- 운행이 적은 자동차는 일주일에 한 두번 정도 시동을 걸어 배터리를 충전해 준다.
- 필요 이상 배터리 교체 주기가 빨라진다면 블랙박스의 상시 녹화 기능을 주행 중 녹화로 전환한다.

2) 타이어 펑크

(1) 예비 타이어 및 공구

- 예비타이어는 트렁크 바닥 커버 밑에 볼트로 체결되어 있다.
- 공구(잭, 잭 핸들, 휠너트렌치, 스패너, 드라이버)등을 확인한다.
- 템퍼 타이어를 장착한 경우에는 신속히 가까운 정비소로 이동하여 펑크 타이어를 수리 한 후 교체하여야 한다.

(2) 타이어 교환 시 주의사항

- 자동차를 안전하고 평탄한 곳으로 이동시키고, 후방의 자동차에게 고장임을 알리기 위해 비상등을 켜고 삼각대를 설치한다.
- 시동을 끄고 수동변속자동차는 기어를 1단 또는 후진에, 자동변속자동차는 “P” 위치에 놓고 고임목이 있으면 펑크 난 타이어의 대각선 방향의 타이어에 설치한다.
- 자동차를 잭으로 올린 때는 엔진시동을 걸거나 자동차 밑으로 들어가지 않는다.

(3) 타이어 교환

- 휠캡이 있으면 드라이버로 휠캡을 탈거하고, 탈거할 수 없는 경우 바로 휠너트를 푼다.
- 휠너트 렌치를 사용하여 휠너트를 한 바퀴 정도만 풀어놓는다.
- 잭 설치 위치에 잭을 설치하고, 잭 핸들을 사용하여 자동차를 들어 올린다.
- 타이어가 지면에서 떨어질 때까지 올린 다음 휠너트를 풀고 타이어를 분리한다.
- 분리된 타이어는 잭 옆의 차체 밑에 넣어 잭이 넘어져 생길 수 있는 사고에 대비한다.
- 타이어 교환한 후 손으로 휠 너트를 조인 후 휠너트 렌치를 사용하여 적당히 조인다.
- 잭 핸들을 사용하여 자동차를 내린 후 휠너트를 대각선 방향으로 완전히 조인다.
- 탈거한 휠캡을 끼우고 예비타이어와 공구들을 원위치 시키고 주변을 정리한다.
- 가까운 정비업소를 찾아 펑크난 타이어를 수리하고 예비타이어와 다시 교환해 준다.

3) 기동전동기(Starting motor) 불량

(1) 현상

- 엔진 크랭킹 시 기동전동기는 작동하지 않고 "딱딱" 소리만 발생한다.
- 엔진 크랭킹 시 시동이 되지 않는다.

(2) 점검방법 및 조치

- 자동변속기의 경우 "P", "N" 위치 확인한다.
- 수동변속기의 경우 클러치 페달을 정확하게 눌러 밟았는지 확인한다.
- 배터리 터미널의 연결과 접지상태 등 배터리 상태를 점검한다.
- 기동전동기에 약한 충격을 주어 시동한다.
- 배터리는 이상이 없고 기동전동기의 고장으로 판정될 경우는 수동변속기 차량은 밀어서 시동을 건다.

(3) 밀어서 시동을 걸 때의 주의사항(수동변속기 차량)

- 점화스위치(Key)를 2단 "On" 상태에 두고 클러치 페달을 밟은 상태에서 2단, 또는

3단에 기어를 넣는다.

- 밀어서 자동차가 탄력을 받으면 클러치 페달에서 발을 뗀다.
- 뒤에서 미는 사람이 넘어져서 다치지 않도록 주의한다.
- 시동이 걸리지 않은 상태에서는 브레이크와 파워핸들이 제대로 작동하지 않으므로 넓은 장소에서 자동차를 밀도록 한다.
- 시동이 걸리면 시동이 꺼지지 않도록 운전하면서 정비업소로 이동하여 수리한다.

4) 타이밍 벨트 절손

(1) 현상

- 주행 중에 갑자기 시동이 꺼진다.
- 다시 시동을 걸려할 때 시동이 불가능하다.
- 엔진 시동 시에 평소보다 엔진이 빠르게 회전한다.

(2) 점검방법 및 조치

- 엔진 커버에 있는 점검창으로 타이밍벨트로 구동되는 캠축의 회전 여부를 확인한다.
- 점검창이 없으면 엔진오일 주입구를 열고 오일의 순환 여부를 살펴 캠축의 회전 여부를 확인한다.
- 점검 후 회전하지 않으면 견인한다.

5) 자동변속기 불량 및 오일 누설

(1) 현상

- 운행 중 시동은 걸려 있으나 주행이 불가능할 경우
- “D”, “R” 레인지로 변속 시 시동이 꺼지는 경우
- 출발이 어렵고 가속이 되어도 변속이 되지 않는 경우
- 주차 후 바닥에서 포도주색의 오일이 떨어져 있는 경우

(2) 점검방법 및 조치

- 자동변속기 오일을 점검한다. 오일의 양, 색깔, 점도 등을 점검하고 이상이 있으면

바로 정비업소를 방문하여 오일을 교환해야 하며, 오일 교환을 미루게 되면 자동변속기가 심한 손상이 생길 수도 있다.

- 이상이 있으면 무리하게 주행하지 않고 견인한다.

6) 엔진과열

(1) 현상

- 계기판의 온도게이지가 High로 올라간다.
- 전동팬이 작동하지 않는다.
- 전동팬은 작동하지만 엔진이 과열된다.
- 에어컨을 켰을 때 전동팬이 작동하지 않는다.

(2) 점검방법 및 조치

- 온도게이지가 High로 올라가면서 엔진이 과열되면 에어컨을 켜본다.
- 에어컨을 켜서 냉각팬과 콘덴서팬이 같이 구동되면 냉각팬 자체는 이상이 없다. 그러나 구동이 되지 않으면 냉각팬에 이상이 있는 것이다.
- 휴즈와 릴레이를 점검하고 이상이 있으면 교환한다. 릴레이는 주행에 지장이 없는 품번이 같은 다른 릴레이를 응급조치로 사용한다.
- 냉각팬의 작동이 이상이 없는데도 엔진이 과열되면 냉각수의 양을 점검하여 부족하면 보충한다.
- 엔진이 과열된 상태에서 라디에이터 캡을 열면 냉각수가 분출되어 위험하므로 엔진의 온도를 낮춘 후에 점검해야 한다.
- 라디에이터와 연결되는 위, 아래 호스를 만져보아 온도차가 있으면 수온조절기에 이상이 있는 것이다.

(3) 확인사항

- 발전기 벨트가 끊어지면 워터펌프가 작동되지 않아 엔진이 과열된다.
- 라디에이터의 냉각수 온도 스위치가 작동하지 않아도 엔진이 과열된다.
- 라디에이터 팬이 작동하지 않을 때는 컨넥터 접촉불량이 원인인 경우가 많다.
- 냉각수의 온도가 높을 때는 냉각수가 분출될 우려가 있으므로 보조탱크 쪽에도 헝겊

을 덮어두고 작업을 하는 것이 안전하다.

- 뜨거운 상태에서는 라디에이터 캡을 절대로 열지 않는다.

7) 브레이크 고장

(1) 현상

- 브레이크 페달이 스폰지처럼 푹 들어갈 경우
- 브레이크액의 부족
- 계속적인 브레이크의 사용으로 인한 베이퍼록 현상의 발생
- 브레이크 라이닝 타는 냄새가 나면서 제동이 잘되지 않을 경우
- 계속적인 브레이크의 사용으로 인한 페이드 현상 발생

(2) 점검방법 및 조치

- 브레이크 오일의 양과 점도 등을 점검한다. 브레이크 오일에 에어가 찼을 경우는 2인이 1조가 되어 에어빼기 작업을 실시한다. 에어빼기 작업을 할 수 없는 경우에는 자동차를 세우고 브레이크 라이닝의 온도를 낮춘 후에 서행하면서 정비공장으로 이동한다.

(3) 용어 해설

- 베이퍼 록 현상 : 브레이크액이 브레이크 마찰열에 의해 과열, 비등되어 기포가 발생하여 브레이크 페달을 밟아도 브레이크가 제대로 작동되지 않는 현상
- 페이드 현상 : 브레이크의 마찰면이 과열되면 마찰력이 저하되어 브레이크의 성능이 떨어지는 현상

8) 핸들조작이 힘들고 핸들이 떨릴 경우

(1) 발생 원인

- 공기압이 부족할 경우
- 파워벨트가 끊어졌을 경우
- 휠밸런스가 맞지 않을 경우

- 휠얼라이먼트가 잘못되었을 경우

(2) 점검방법 및 조치

- 공기압이 부족할 때는 휴대용 공기펌프나 정비업소를 찾아 보충한다.
- 파워벨트가 끊어졌을 경우에도 핸들 조작은 가능하므로 안전운행하면서 정비업소로 이동한다. 예비벨트가 있다면 현장에서 교환하면 된다.
- 특정 속도에서 핸들이 떨리는 것은 휠밸런스가 맞지 않는 경우이므로 정비업소를 방문하여 수리한다.
- 워엄기어의 마모가 심하여 워엄기어를 교환했을 경우 교환하기 전보다 핸들 조작이 힘들게 되는데 이것은 정상이다. 기간이 지나면 원래의 조향상태로 회복된다.

9) 이상한 냄새가 날 경우

(1) 현상

- 휘발유 냄새가 날 경우
- 오일타는 냄새(엔진오일의 부족, 배기매니폴드에 오일이 묻은 경우)
- 고무타는 냄새(전기계통의 누전과 타이어의 과열)
- 브레이크 라이닝 타는 냄새(내리막길에서 과도한 브레이크 사용)

(2) 점검방법 및 조치

- 냄새가 날 때는 바로 주행을 멈추고 원인을 찾는다.
- 휘발유 냄새가 날 때는 연료라인의 누설을 점검한다.
- 오일타는 냄새가 날 때는 먼저 오일경고등을 확인한 후 엔진오일의 양과 엔진주변에 엔진오일이 묻어 있는지 확인한다.
- 고무타는 냄새가 날 때는 전기계통의 누전을 확인하고, 장시간 주행으로 타이어가 과열되지 않았는지 점검한다.

10) 이상한 소리가 날 경우

(1) 현상

- 엔진에서 소리가 발생하는 경우
- 특정 기어단에서 소리가 날 경우
- 요철이 심한 곳을 지날 때 소리가 날 경우
- 브레이크 페달을 밟을 때 소리가 날 경우

(2) 점검방법 및 조치

- 운전 중에 이상한 소리가 날 때는 벽이 있는 조용한 장소를 주행하면서 소리가 나는 곳을 찾는다.
- 기어를 중립으로 하고 시동을 껐을 때 소리가 나지 않으면 엔진과 변속기쪽에 이상이 있는 것이다.
- 소리가 계속해서 나면 현가장치나 제동장치 쪽에 이상이 있는 것이다.
- 엔진에서 소리가 날 때는 엔진 Rpm을 높였다 낮췄다 하면서 소리가 나는 곳을 점검하고 긴 드라이버를 사용하여 드라이버의 끝은 엔진쪽에 손잡이는 귀에 대고 소리를 들어보면 소리를 잘 들을 수 있다.
- 기어를 넣었을 때와 넣지 않았을 때를 비교하여 변속기에서 발생되는 소리인지 아닌지 점검한다.
- 요철부위를 지날 때 소리가 날 때는 현가장치를 점검한다.
- 브레이크 페달을 밟을 때 소리가 나는 경우에는 브레이크 패드와 라이닝의 마모상태와 표면상태를 점검한다.

11) 와이퍼가 고장일 경우

(1) 현상

- 와이퍼가 작동되지 않을 때
- 앞 유리창이 잘 닦이지 않을 때
- 워셔액이 분출되지 않을 때

(2) 점검방법 및 조치

- 와이퍼 휴즈를 검검한다.
- 휴즈가 이상이 없을 때는 와이퍼 모터로 연결되는 배선의 접촉불량을 점검한다.
- 비가 많이 오는 경우에는 안전을 위해 운행을 멈추는 것이 좋다.
- 기름때, 타르 등 이물질이 묻었을 때는 세척제로 깨끗이 닦아주고, 와이퍼가 마모되거나 노화된 경우에는 교환하도록 한다.

12) 경음기가 고장일 경우

(1) 현상

- 스위치를 눌러도 소리가 나지 않는 경우
- 스위치를 누르지 않아도 계속해서 소리가 나는 경우

(2) 점검방법 및 조치

- 경음기 휴즈를 점검한다.
- 경음기 스위치와 경음기의 접지 부분을 점검한다.
- 소리가 계속 나는데 원인을 찾을 수 없을 때는 경음기 휴즈를 분리하거나 경음기로 연결되는 배선을 찾아 커넥터를 분리하여 소리가 나지 않게 한 후에 수리한다.

13) 각종 램프가 점등되지 않을 경우

(1) 현상

- 방향지시등이 빨리 깜빡인다.
- 전조등 한쪽 전구만 점등된다.

(2) 점검방법 및 조치

- 키를 뽑고 휴즈를 점검한다.
- 휴즈가 끊어졌으면 예비휴즈로 교환한다.
- 예비휴즈가 없을 경우 주행에 지장이 없는 다른 휴즈로 대체한다.

- 휴즈에 이상이 없는 경우에는 해당 전구를 살펴보고 이상이 있으면 교환한다.
- 전구의 필라멘트가 끊어지지 않았을 경우에는 전구가 꽂히는 소켓부위의 접촉불량을 점검한다.

(3) 확인사항

- 할로겐 전구는 표면에 이물질이 묻으면 쉽게 손상되므로 맨손이나 오염된 장갑으로 전구표면을 만지지 않는다.
- 전조등은 꼭 취급설명서에 나와 있는 규격품으로 교환한다.
- 점검하기 쉬운 휴즈부터 확인한다.
- 예비전구는 항상 휴대하도록 한다.

〈표 4-3〉 자동차 주요 부품·소모품 관리 주기

점검내용	매 5,000㎞	매 10,000㎞	매 20,000㎞	매 40,000㎞	매 60,000㎞	매 80,000㎞
각종 오일 누유, 냉각장치의 누수여부	상태에 따라 수시 점검 및 교정					
브레이크액, 클러치액, 파워스티어링오일 및 호스	상태에 따라 수시 점검 및 교정					
클러치 및 브레이크페달 유격	상태에 따라 수시 점검 및 교정					
바퀴 정렬, 타이어공기압 및 마모상태	상태에 따라 수시 점검 및 교정					
냉각수	매 2년마다 교환					
엔진오일 및 오일필터	○	●				
에어크리너	○		●			
구동벨트 장력, 마모상태		○				
브레이크 호스 및 라인 누유, 파손여부		○				
앞,뒤브레이크 패드 및 디스크			○			
타이어 위치 교환			○			
점화플러그			○	●		
배터리 상태			○	●		
자동변속기 오일				○		
타이밍벨트				○		●
연로필터					●	

5 교통사고 발생 시 조치 절차

교통사고가 발생하였을 경우 이에 신속하고 적절하게 대처하기 위하여 평소에 다음과 같은 교통사고 현장조치 절차를 숙지하고 있어야 한다.

1) 사고 시 상황 판단

교통사고 발생 시 상황을 판단하고 부상자에게 접근하여 신속한 조치는 물론, 피해자를 구출하여 병원으로 이송하는 것이 중요하다. 사고 상황의 판단 시 고려해야 할 사항으로, 차량의 수와 종류, 손상 정도, 부상자의 수와 부상 정도, 그리고 2차 사고의 위험요소를 확인해야 한다.

2) 인명구호

(1) 응급조치

교통사고 현장은 사망자와 중상자의 구분이 모호할 때가 많다. 물론 의사를 대동하였을 때는 그 식별이 용이하나 의사가 없다 하여 당황하면 중상자 중에는 응급조치가 지연되어 생명을 잃는 경우가 있다. 따라서 평소 구급법에 의한 일반지식을 습득하였다가 필요 시 적절한 응급조치를 취하여야 한다.

(2) 환자 후송

- 병원은 사고현장에 가장 가까운 외과 또는 종합병원을 선택하여야 한다. 가까운 곳에 병원이 있음에도 불구하고 지정병원이 아니라 하여 멀리까지 수송해서는 안 된다.
- 병원수송은 중상자 순으로 하여 운송 도중 생명을 잃게 되는 급박한 상황에 대비, 부상자의 인적사항을 알아두어야 한다.
- 부상자의 구호는 최단시간에 조치해야 하기 때문에 타운행 차량 및 운행인의 협조를 얻어 구호하고, 필요한 응급조치를 취하여야 한다.
- 교통사고에 의한 부상은 외상 이외의 뇌출혈, 뇌진탕, 내장파열 등이 있으므로 부

상자의 상태를 주의하여야 하며, 한번 보고 경상으로 단정하는 일이 없도록 하여야 한다.

- 부상자는 모포 등을 이용하여 보온조치를 하여야 하며, 절명이 임박한 부상자의 경우 이외에는 요구한다고 하더라도 음료를 주어서는 안 된다.
- 부상자를 운송할 때에는 가급적 부상부위가 움직이지 않도록 해야 하며, 특히 골절상인 경우에는 더욱 주의하여야 한다.

3) 사고장소의 표시

사고가 발생하면 차량의 정지위치, 자동차의 손상 정도, 타이어 흔적, 혈흔, 부품 파편, 파손 유리조각, 기타 산재물이 없어지지 않도록 보존해야 하나, 교통회복을 위하여 이와 같은 자료를 이동시켜야 할 필요가 있을 때는 그 형태를 스프레이 등으로 표시하면서 최소한의 이동을 하여야 한다. 이 경우 사전에 카메라로 현장의 상황, 자료의 존재 상황을 촬영하고, 약도를 작성해 둔다.

4) 사고신고

교통사고가 발생한 경우, 사고를 일으킨 차의 운전자는 경찰공무원이 현장에 있을 때에는 그 경찰 공무원에게 경찰공무원이 없을 때는 가장 가까운 경찰관서(경찰서, 파출소, 지구대를 포함)에 지체 없이 사고가 일어난 곳, 사망자수 및 부상 정도, 손괴한 물건 및 손괴 정도 그밖의 조치상황 등을 신속하게 신고하여야 한다. 다만, 운행 중인 차량만 손괴된 것이 분명하고 도로에서 위험방지와 원활한 소통을 위하여 필요한 조치를 한 때에는 그러하지 아니한다. 그러나 긴급자동차 또는 부상자를 운반중인 차 및 우편화물 자동차 등의 운전자는 긴급한 경우에는 승무원으로 하여금 신고하게 하고 운전을 계속할 수 있다.

5) 현장 자료수집

요즘의 차량에는 대부분 블랙박스가 설치되어 있어 사고 시 채증에 유효하게 사용되고 있으나 너무 블랙박스에 의존해서는 안 되고, 다음과 같은 자료를 사고현장에서 수집하여야 할 필요가 있다.

- 사고 차량으로부터의 자료수집
  - 부속품 또는 차체의 파손 조각
  - 전조등, 전면유리, 후사등의 유리 파편
  - 차체에 부착되어 있는 특유의 먼지나 적재함의 적재물 등
  - 연료, 브레이크 오일, 엔진오일 등의 유류
  - 타이어 흔적(스키드 마크나 요마크 등)의 사진촬영

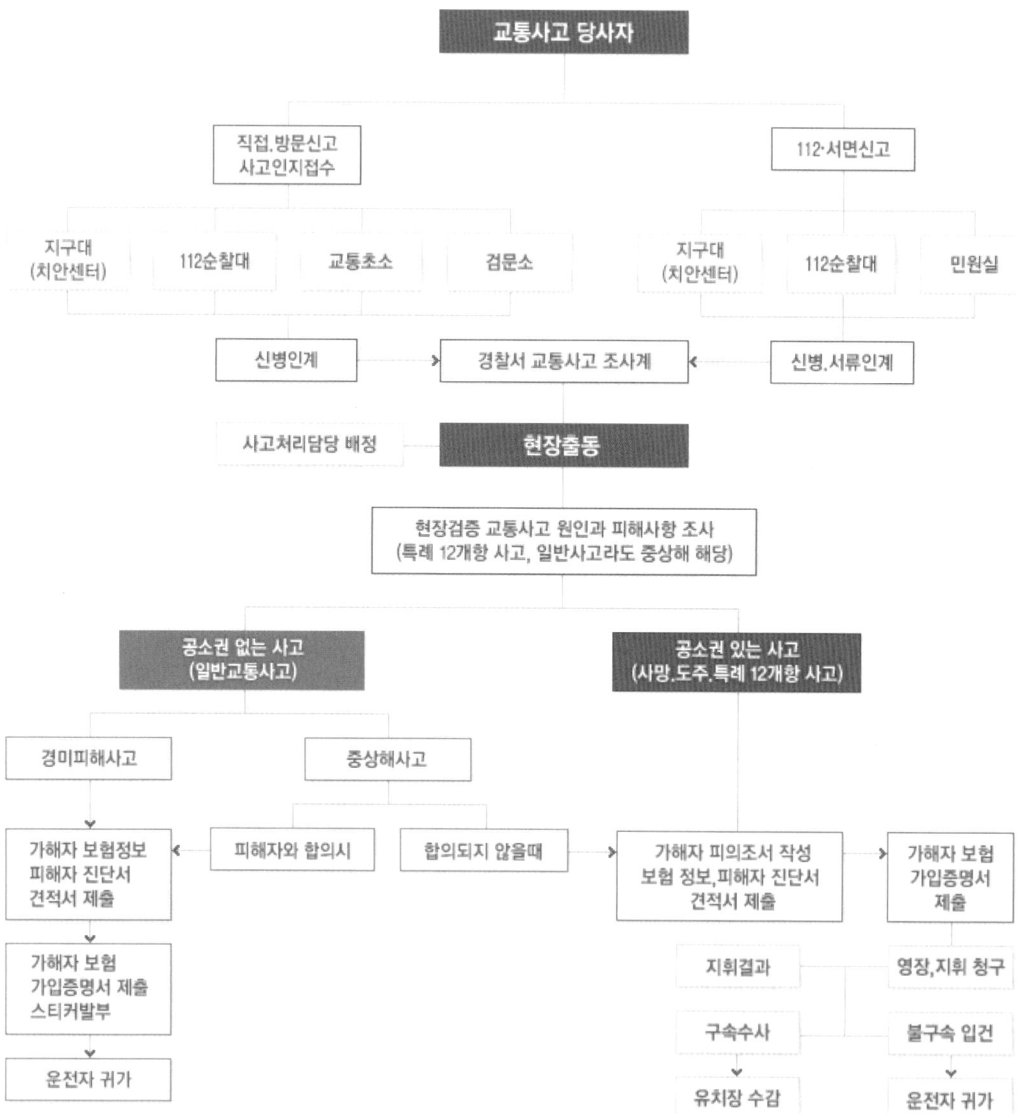

〈그림 4-4〉 교통사고 처리 절차

- 증인 및 목격자 확보
  - 피해자나 피해차량으로 부터의 자료수집
  - 피해자의 피복 등에 나타난 타이어 흔적
  - 가해차량의 접촉부분이 예상되는 흔적이나 차체에 부착되어 있는 물질 등

12대 중과실 사고에 대한 인적 사고에 대한 처벌은 교통사고처리 특례법(교통사고처리법) 제3조(처벌의 특례) 1항에서 차의 운전자가 교통사고로 인하여 업무상과실 또는 중대한 과실로 인하여 사람을 사상에 이르게 한 자는 5년 이하의 금고 또는 2천만원 이하의 벌금에 처한다고 명시가 되어 있다. 또한 물적 피해 사고에 대한 처벌은 도로교통법 제151조(벌칙)에 따라 차의 운전자가 업무상 필요한 주의를 게을리하거나 중대한 과실로 다른 사람의 건조물이나 그 밖의 재물을 손괴한 경우에는 2년 이하의 금고나 500만원 이하의 벌금에 처한다고 되어 있다. 이외에도 교통사고로 인한 자동차 운전자의 운전면허 정지·취소, 범칙금 부과, 벌점 처분 등 행정적 처분도 받게 되니 각별히 운전에 유의해야 한다.

출처: 경찰청, 도로교통공단 자료 인용

일반적인 교통사고는 합의하면 형사처벌 받지 않지만, 12대 중과실로 인한 인명사고는 합의나 종합보험 가입 여부에 상관없이 형사처벌 받게 된다. 합의하면 형량은 줄어들지만 완전히 면책되지 않는다. 무엇보다도 만일에 하나 교통사고가 발생한다면 형사 처분이나 행정적 처분으로 인한 가정에 경제적 어려움도 있겠지만, 사고의 경중을 떠나 사고 가해자나 피해자 모두 본인은 물론 가족에게도 치유할 수 없는 고통이 뒤따른다는 것을 꼭 명심해야 할 것이다.

6 어린이 교통안전

1) 어린이 교통사고의 현황

2019년 총 229,600건의 교통사고가 발생해 3,349명이 사망하였고, 341,712명이 부상당했으며, 이중 13세 이하 어린이의 경우 총 11,054건의 사고가 발생해 28명이 사망하고 14,115여명이 부상을 입는 것으로 나타났다. <그림 4-5>는 2015부터 2019년 사이에 발생한 교통사고 중에서 어린이 교통사고의 점유율을 나타내고 있다.

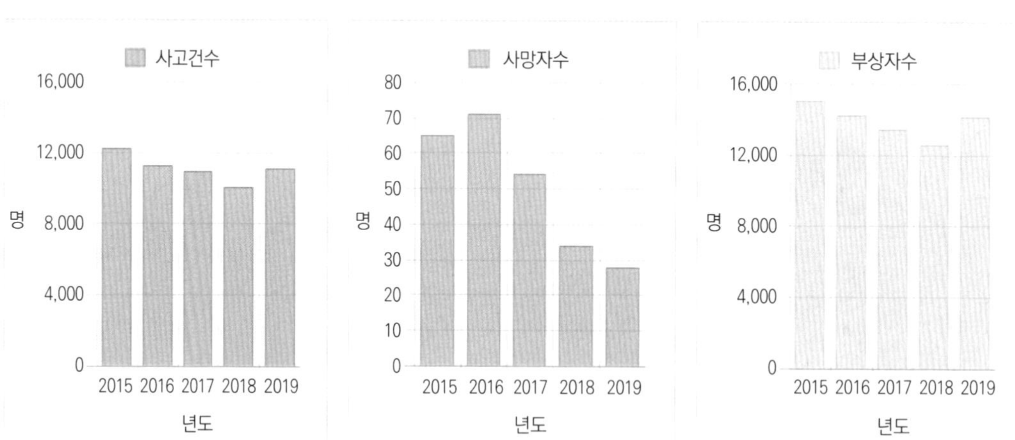

출처: TASS 교통사고분석시스템

〈그림 4-5〉 어린이교통사고 통계

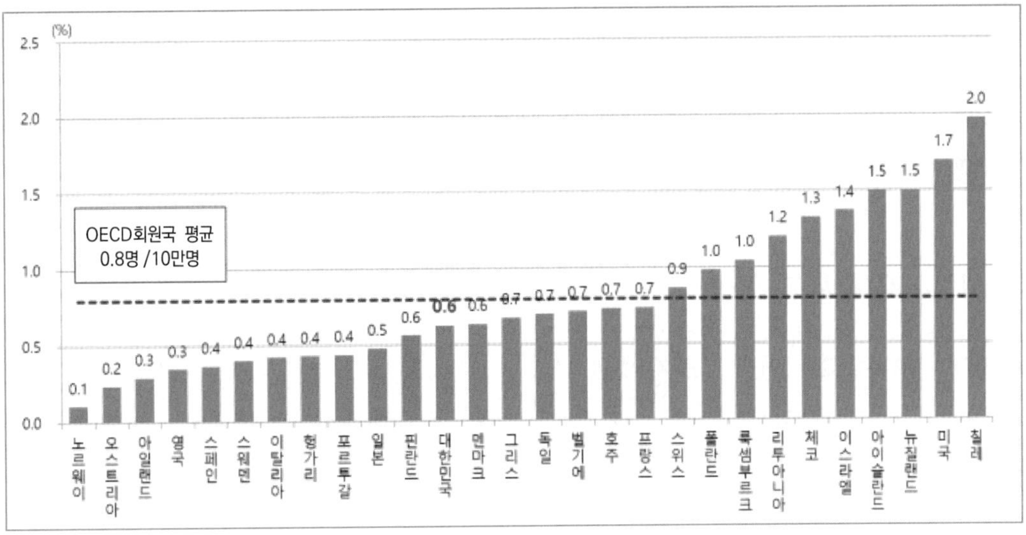

출처: http://stats.oecd.org

〈그림 4-6〉 인구 10만 명당 어린이 교통사고 사망자 비교(2018년)

이러한 현실은 선진국의 어린이 교통사고 현황과 비교해보면, 2018년 기준 OECD 가입 국가들의 14세 이하 어린이의 인구 10만 명당 교통사고 사망자수는 〈그림 4-6〉과 같이 나타났다. 교통사고 사망자수는 노르웨이가 0.1로 가장 적었고, 오스트리아 0.2명, 아일랜드·영국 0.3명, 스페인·스웨덴·이탈리아가 0.4명 등의 순이었다. 우리나라는 12위인 0.6명으로 나타났다. 이러한 결과는 그동안 정부나 공공기관, 학교, 유치원, 어린이집 등 관련 기관, 시민단체, 시민 모두가 많은 관심을 갖고 상호 협력하면서 서로의 역할을 담당하였기 때문에 가능하였던 것이다.

일부 국가들에 비해 우리나라의 어린이 교통사고가 비교적 많은 편에 속하고 있는데, 이러한 원인으로 우선 가정에서 부모님이 교통안전교육의 중요성과 구체적 교육방법을 알지 못해 어린 자녀들에게 교통안전교육을 제대로 실시하지 못하고 있다는 점을 꼽을 수 있다. 둘째로 유아원, 유치원, 초등학교에서도 연령별, 학년별 어린이 교통안전교육 프로그램이 없고 교사가 전문지식이 부족하여 어릴 때부터의 교통안전교육이 제대로 이루어지지 않고 있다는 점이다.

실제 어린이들에게 빈번하게 발생하는 교통사고 사례 중심의 체험교육을 체계적으로 실시할 어린이 교통공원 등 체험교육 장소가 대단히 부족하며, 초등학교 통학로 등 어린이 보호구역에 과속방지턱, 보도와 차도 경계턱 등 안전시설이 절대 부족하며 그 시설 역시 제대로 관리가 되지 못하고 있다.

또한 운전자들 역시 스쿨존에서 일명 민식이 법이 시행되고 있음에도 불구하고 어린이 보호의식이 결여되어 있어 과속, 난폭운전이 만연되어 있으며 경찰 역시 어린이 보호구역에서의 단속이 제대로 이루어지지 않고 있다.

2) 어린이 교통사고 특성

어린이 교통사고로 인한 사망자 수를 보행 중, 승차 중 사고로 분류해 보면 보행 중 사고가 69%, 승차 중 사고가 31%를 차지하고 있으며, 보행 중 사고 437건을 분석해 본 결과 빈번하게 발생하는 사고 유형은 다음과 같다.

① 뛰어서 무단횡단 167건(38.3%)
② 횡단보도 사고 81건(18.5%)
③ 이면도로를 걷다가 55건(12.6%)
④ 자전거 타다가 39건(8.9%)
⑤ 골목길에서 뛰어나오다 35건(8%)
⑥ 차량 사이서 뛰어나오다 31건(7.1%)
⑦ 차뒤에서 놀다가 17건(3.9%)
⑧ 버스의 앞·뒤 횡단사고 12건(2.7%)

이처럼 어린이 교통사고는 보행 중 사망률이 70%를 육박하고 있어 스웨덴 13%, 네덜란드 18%에 비교해서 지극히 후진국형 사고유형을 보이고 있으며, 미취학 아동사고가 53%로 취학아동보다 높으며, 특히 초등학교 1학년 사고가 전체 초등학교 사망사고 중 37.4%를 차지할 정도로 높다. 사고유형도 무단횡당 사고가 전체 보행중 사고의 50%를 차지하고 있으며, 보행 중 사고 중 90% 이상이 갑자기 뛰어들기 사고이며, 남자 어린이가 여자 어린이보다 사고 위험이 1.6배나 높다. 또한 가정과 학교에서 교통안전교육 부재에서 오는 사고가 월등히 많다.

즉 어린이의 3대 행동특성(조급성, 모방성, 단순성)으로 사고는 어릴 때부터 안전교육만 잘 실시한다면 얼마든지 사고를 예방할 수 있으나 교육이 안 되어 사고가 많이 발생하고 있다고 볼 수 있다.

어린이의 3대 행동 특성

1. **조급성** : 어린이는 항상 뛸려는 특성을 갖고 있으며 찻길이 위험하다는 생각에 무조건 찻길 건너는 시간을 급하게 뛰어 최소화시키려 하고 있다. 실제로 뛰는 경우 천천히 걷는 경우보다 사고위험이 7배가 높으며 주·정차된 차량사이를 뛰어 횡단할 경위 사고위험은 18배나 높다.

2. **모방성** : 어린이들은 어른에 비해 판단능력, 행동능력, 위기대응능력 등 모든 능력이 부족하지만 어른들을 따라하는 모방능력은 월등히 뛰어나다. 따라서, 어른들이 무단횡단을 하면 어린이는 당연히 올바른 행동으로 생각하고 무단횡단을 따라하다 위기대응 능력이 없어 종종 교통사고로 연결된다.

3. **단순성** : 어린이는 생각이 미숙하고 성장이 덜된 어린이기 때문에 모든 것을 단순하고 자기중심적으로만 판단한다. 즉 녹색불이 들어오면 손을 들면 모든 차가 멈추어 줄 것으로 생각하며 한번 차가 멈추어 있으면 그 차는 계속해서 멈추어 있는 것으로 생각한다.

3) 어린이 교통안전교육의 중요성

유니세프에서는 각 국가에게 자국의 어린이 교통사고 예방을 위하여 3E 정책인 Education(교육), Engineering(안전시설), Enforcement(단속)을 적극적으로 펼쳐줄 것을 권장하고 있다. 그중 교육정책의 효과가 가장 높은 것으로 나타나 연령별, 학년별 어린이 교통안전교육 프로그램을 개발하여 가정과 학교에서 어릴 때부터 교통안전교육을 충실히 실시하면 어린이 사고의 70% 이상을 예방할 수 있다. 특히 어린이 교통사고 보행 중 사망률은 체계적인 교육 프로그램에 입각하여 어릴 때부터 교통안전교육만 잘 실시한다면 10% 대로 끌어내릴 수 있다.

부모님과 선생님들에게 교통안전교육의 중요성과 구체적인 교육방법을 알려드림으로써 부모님과 선생님이 어린이들에게 어릴 때부터 실제 사고사례 중심의 체험교육을 꾸준히 실시하여 각종 교통사고 유형에 스스로 대처할 수 있는 자생능력을 길러 줄 수 있다. "내 자녀가 교통사고 나면 어쩌나"하며 항상 불안해하는 부모님에게 그 불안감을 해소할 수 있는 구체적 교육 프로그램을 제공함으로써 부모님을 교통사고 예방에 적극 동참하도록 하여 부모님의 교통안전의식 제고를 통한 어른 교통사고 예방에도 기여할 수 있다. 어릴 때부터 효과적인 교육 프로그램에 입각하여 체계적으로 안전교육을 받음으로써 이들이 향후 5년~10년 후에 어른이 된다는 면에서 교통질서 의식이 함양된 양질의 교통사회인을 양성하며 선진 교통문화를 조기 정착시킬 수 있는 계기를 마련할 수 있다.

어린이의 성장에 따른 각 연령별 주요 교통안전 교육내용을 살펴보면 다음과 같다.

① 1단계(1~3세) : 영아를 둔 부모님이 알아야 할 교통안전 지식과 승차 중 사고예방법 및 1~3세 사고사례와 예방법

② 2단계(4~5세) : 도로를 안전하게 건너는 방법과 유아들의 운동능력, 위기대응 능력을 증진하는 방법 및 5~6세 사고사례와 예방법

③ 3단계(6~7세) : 6~7세에 많이 발생하는 사고사례별 체험교육과 안전한 도로횡단 방법, 탈것의 안전한 이용법 교육

④ 4단계(1~2학년) : 안전한 통학로 선정 및 교통안전 지도활용법과 빈번하게 발생하는 10가지 사고사례별 예방교육, 어린이 교통공원서 체험교육 실시

⑤ 5단계(3~4학년) : 자동차의 특성, 자전거, 인라인스케이트의 안전한 이용법과 3~4학년에 많이 발생하는 사고사례와 예방법과 1~2학년 지도 방법

⑥ 6단계(5~6학년) : 자동차의 성능과 특성, 자전거 및 인라인스케이트, 킥보드 등과 같은 탈것에 대한 안전한 이용법과 5~6학년에 많이 발생하는 사고사례와 예방법과 1~4학년 지도 방법

4) 유아 교통안전 규칙

(1) 길을 걸을 때의 안전 규칙

① 길을 걸을 때는 반드시 인도 위로 걸어야 한다. 만약 인도가 없는 길이라면 차도로 걷되 차를 등지지 말고 차들이 오는 것을 볼 수 있는 쪽으로 걷는다.

② 길을 걸을 때는 앞을 똑바로 보고 걸어야 하며 뒤돌아보거나 장난하지 않는다.

③ 길을 걸을 때는 밝은 색의 옷을 입어야 운전자의 눈에 쉽게 띈다. 특히 비가 올 때는 노란색 우의를 입는 것이 가장 안전하며, 우산도 노란색 등 밝은 색의 우산을 높이 들고, 가능한 한 차도에서 먼 쪽으로 걷는다.

④ 어두워진 후 길을 걸을 때는 빛을 받으면 색이 반사되는 옷을 입어야 안전하다.

⑤ 등원 시에는 항상 다니던 익숙한 길로 다니는 것이 좋으며 충분한 시간적 여유를 두어 서두르지 않아도 되도록 한다.

⑥ 좁은 골목에서 차도로 나올 때나 주차장에서 차량들 사이를 빠져나갈 때는 뛰어나가지 말고 천천히 걸어 나와서 좌우를 살핀 다음 나간다.

⑦ 길가에 세워 둔 자동차 길을 지날 때는 그 차가 후진을 하지 않는지, 막 출발하려

고 하지 않는지, 또 누가 차 문을 열고 나오지 않는지를 살핀 다음 지나간다.

⑧ 길이 구부러지는 곳이나 길모퉁이 등에서는 인도 위라도 빠른 속도로 뛰지 않는다.

(2) 길을 건널 때의 안전 규칙

① 길을 건널 때는 횡단보도나 지하도, 육교 등을 이용한다.

② 신호등이 있는 횡단보도를 건널 때는 보행자 신호가 녹색일 때 왼쪽-오른쪽-왼쪽을 바라보아 차가 없거나 멈춘 것을 확인한 다음 차가 오는 쪽을 바라보면서 건넌다.

③ 보행자 신호가 녹색이나 깜박거리고 있을 때는 다음 신호를 기다린다.

④ 신호등이 없는 횡단보도를 건널 때는 서두르지 말고 운전자가 잘 볼 수 있는 곳에서서 손을 흔들어 차를 멈추게 한 다음, 차가 멈춘 것을 확인하고 건넌다. 부득이 횡단보도가 없는 길을 건너야 할 때도 이와 같은 방법으로 한다.

⑤ 길에 주차되어있는 차들 사이로 주차한 자동차나 정차한 버스 앞으로 길을 건너야할 때에는 뛰어나가지 말고 주차한 자동차나 정차해 있는 버스를 쳐다보면서 천천히 걸어 나와 좌우를 살핀 후 건넌다.

⑥ 자동차는 금방 멈출 수 없으며 멀리 있는 것 같지만 금방 내 가까이 올 수 있으므로 항상 기다렸다가 길을 건넌다.

⑦ 급하게 길을 건너려고 길에 뛰어들지 않는다.

⑧ 안전 횡단의 3원칙 '선다-본다-건넌다'를 반드시 지킨다.

⑨ 보행 중에는 휴대폰이나 게임기 등을 보면서 걸어서는 안 된다.

생활 안전 관리

LIFE SAFETY MANAGEMENT

CHAPTER 05

화재안전

1. 화재의 원인과 특성
2. 화재시 행동 요령
3. 화재 예방 요령
4. 소화기 및 소화전 사용법

1 화재의 원인과 특성

1) 열의 전달

물리학의 자연법칙 중에서 열의 이동과 관계된 열전도법칙(Law of Heat Conduction)이 있는데, 이것은 열이 뜨거운 물질에서 찬 물질로 흐르는 성질을 말하는 것이다. 밀착되어 있는 두 물체 중에서 더 찬 물체는 서로 같은 온도가 될 때까지 열을 흡수한다. 따라서 열은 불이 난 건물을 통과하여 이동할 수가 있는 것이다.

(1) 전도

열은 두 물체가 서로 직접 접촉하거나 열전도체를 사이에 끼워서 이 물체에서 저 물체로 전도되게 할 수도 있다. 열이 이동하는 대표적인 예로, 6~7개 떨어진 방안에 있는 목재를 충분히 점화하도록 배관을 뜨겁게 하는 지하실 화재이다. 이동할 열량과 통과율은 열이 통과할 물질의 전도성에 따라 다르다. 모든 물질의 전도율이 모두 다 같은 것은 아니다. 알루미늄, 구리, 철 등은 전도체이지만, 천, 종이 같은 섬유질은 전도율이 낮다.

액체와 기체는 미분자의 운동 때문에 절질 도체이고, 공기는 상대적으로 저질 도체이다. 이것이 바로 외부공기 온도에서 더 격리시키기 위해 공기층을 넣은 이중벽과 덧창문을 하는 이유이다. 유리섬유 같은 고체를 잘게 썰어서 섬유처럼 만들고, 이불처럼 싸서 양질의 절연체를 만드는데, 그 이유는 그 물체 자체가 비전도체이고 솜 안에 공기주머니가 있기 때문이다.

(2) 대류

대류란 공기나 액체가 움직임에 따라 열이 이동하는 것을 말한다. 유리그릇으로 물을 데울 때, 유리를 통하여 그릇 안의 움직임을 관찰할 수 있다. 그 물속에 톱밥을 넣으면 움직임은 훨씬 더 분명해진다. 물이 데워지면 팽창하고, 더 가벼워져서 상승 운동을 한다. 이와 같이 스팀 방열판 근처의 공기가 전도에 의해 데워지면 팽창하고, 가벼워져서 상승 운동을 한다. 더운 공기가 상승하면 보다 차가운 공기는 보다 낮은 곳으로 내려온다. 액체와 기체가 데워질 때 생기는 이 운동은 열의 전도에서 이야기한 분자의 움직임과는 다른 대류에 의한 열의 움직임이다.

건물 안에 데워진 공기는 팽창하여 위로 올라간다. 이런 이유로 화재는 대류 때문에 대부분 위쪽으로 퍼진다. 그렇기 때문에 기류는 열을 어떤 방향으로라도 끌고 갈 수 있는데, 대류의 흐름은 일반적으로 바닥에서 바닥으로, 방에서 방으로, 공간에서 공간으로 열이 흐르도록 한다. 복도, 올라가는 계단 공간, 승강기 통로, 벽과 벽 사이, 다락방을 통하여 불이 확산하는 것은 주로 대류가 그 원인이다. 대류열이 상승하는 것을 막는 천장이나 다른 장애물을 만나면 대류열은 천장을 따라 옆으로 번져갈 것이다. 천장 공간에 다다르면 뒤에서 올라오는 보다 더 뜨거운 공기가 밀어서 대류 열은 일반적으로 보통 버섯모양이 된다. 대류는 진화 작업이나 환기 작업을 하는데 복사나 전도보다 더 큰 영향을 미친다.

가끔 열이 이동과는 관계가 없다는 생각을 실수로 한다고 해도 불꽃에 직접 접속하는 것은 실제로 대류열의 한 형태이다. 가연성 증기가 방출하는 지점에서 어떤 물질이 가열되면 그 증기는 점화되어 불꽃이 발생할 수 도 있다. 마찬가지로 다른 가연성 물질이 타고 있는 증기나 불꽃이 닿으면 가연성 물질 역시 점화되어 탈 수 있을 만큼 뜨거워질 수 있다.

2) 화재의 특성

연료는 물질의 세 가지 상태 즉, 고체, 액체, 기체 중 어떤 상태로라도 있을 수 있지만 오로지 기체만 연소되며, 액체나 고체 연료가 연소되려면 가열되어 기체 상태로 바뀌어야 한다. 즉, 열작용을 통한 물질의 화학적 분해를 말한다. 기체 연료는 액체에서 기화하여 방출된다. 이 과정은 끓어서 증발한 물이나 태양광 때문에 증발한 통속에 든 물과 같다. 양쪽 모두의 경우에서 열은 액체를 증발시키는 원인이 된다. 일반적으로, 액체연료의 증기화 과정은 고체연료가 승화과정을 행하는 것보다 적은 열이 필요하다. 기체 연료는 이미 점화될 수 있는 상태이기 때문에 가장 위험하다. 승화도 기화도 되지 않게 연료로서 준비해야 할 것인데, 이런 연료를 담아 놓기가 가장 어렵다.

(1) 연료의 성격

고체 연료는 연료의 점화성에 중대한 영향을 미치는 확실한 모양과 크기를 지니고 있다. 첫 번째 고려할 사항은 표면적인데, 이건 연료의 양에 대한 연료의 표면적의 비율을 말한다. 이 표면적율이 크면 연료입자는 더 작아지고 더 미세하게 나누어지고(통나무와 톱밥의 반대비교), 점화성은 무시무시하게 커진다. 표면적이 커지면 열 이동이 쉬워지고, 물체는 한층 빨리 뜨거워지고 승화가 빨라진다.

고체연료의 물리적 위치는 소방대원과 아주 밀접한 관계가 있다. 고체연료가 수직으로 있을 때는 수평으로 있을 때 보다 화재가 훨씬 빨리 퍼질 것이다. 화재 확산의 신속성은 전도와 복사뿐 아니라 대류를 통한 열 이동의 증가 때문이다.

액체연료는 사람에게 해롭고 진화하는 데는 어려움이 커지는데, 액체는 용기의 모양을 따르지만 엎질러졌을 때는 액체는 땅 바닥 모양으로 납작해지고 흘러서 낮은 지역으로 모이는 물리적 특성이 있다.

밀도는 함께 묶여 있는 물질이 얼마나 단단히 묶여 있는가를 나타내는 정도이다. 크기가 같은 배에 한 척은 2사람이 타고 다른 한 척에는 20명이 타고 있다고 가정해보면 2척의 배가 크기는 같은 지라도 20명이 탄 배가 더 무겁고 더 빽빽하다.

물에 대한 액체의 밀도를 비중이라고 한다. 비중이 1보다 작은 액체는 물보다 가볍고 비중이 1보다 큰 액체는 물보다 무겁다. 만약 어떤 액체의 밀도가 1이라면, 그 액체는 물과 고르게 섞일 것이다. 흥미있는 것은 대부분의 가연성 액체는 비중이 1이하라는 것이다. 이것은 만약 소방대원이 가연성 액체 화재와 부닥쳤을 때, 물을 잘못 끼얹으면 불이 물위에 뜨고 퍼져서 모든 것에 불을 붙일 수도 있다는 뜻이 된다.

액체 연료의 수용성 역시 중요한 요소이다. 알코올과 polar 솔벤트는 물에 녹는다. 많은 양의 물과 섞으면 알코올과 다른 polar 솔벤트는 타지 않을 것이라고 말할 정도까지 묽어질 수 있다. 대체로, 액체 탄화수소는 물에 녹지 않고 물위에 뜨기 때문에 물만으로는 기름을 씻어낼 수 없는 이유이다. 또한, 기름이 물에 녹지 않기 때문에 물과 비누를 써야 기름이 녹는다.

어떤 진화작용제가 탄화수소(불용성)에 효과적이고, polar 솔벤트(가용성)에 효과적인가에 대해 연구해야 할 것이다. 오늘날에는 위의 두 가지 형태의 액체 연료에 효과가 있는 다목적 거품제를 사용한다.

액체에서 발산하는 증기의 휘발성 또는 안정성이 불을 조절하는데 영향을 끼친다. 모든 액체는 많건 적건 간에 증기를 발산한다. 가연성 증기를 많이 뿜어내는 액체는 쉽게 불이 붙기 때문에 위험하다.

증기밀도 또는 기체의 밀도는 공기에 대한 증기의 밀도를 말한다. 증기밀도는 휘발성 액체와 기체형 연료와 관련이 있다. 기체는 그것을 담고 있는 그릇모양을 따르지만 특정한 양은 없다. 증기가 공기보다 밀도가 낮으면 상승하여 흩어진다. 가스나 증기가 공기보다 무거우면, 이런 경우가 앞의 경우보다 더 보통으로 일어나는 일인데, 땅바닥에 딱 붙어서 바람과 지형에 따라 움직인다. 가장 가벼운 메탄을 제외한 모든 탄화수소는 밀도가 1보다 크고 땅으로 내려앉아 붙어서 낮은 지역으로 흘러가서 정말 위험하게 된다. 에탄, 프로판, 부탄 같은 일상적인 가스가 공기보다 무거운 탄화수소의 예이다.

(2) 혼합 기체

가스 상태로 바뀐 연료는 연소되기 위하여 먼저 산화제와 결합해야 한다. 일반적인 산화제가 공기 중에 있는 산소이다. 연료 증기와 산화제의 혼합은 그 연료가 연소할 수 있는 범위 안에서 혼합되어야 한다. 산화제의 양에 대해 연료 증기가 너무 많지는 않고 충분해야 한다는 것이다. 만약, 연료 증기가 너무 많으면 혼합물이 연소하기에 너무 많이 타지 않는다. 만약 충분하지 않으면, 연소시키기에는 너무 모자라서 타지 않는다. 증기 연료 혼합물의 양에 따라 탈 수 있는 한계가 있지만 그래도 연소온도는 보통 21℃(70℉)이다. 이런 한계는 온도에 따라 약간의 변화가 있다.

(3) 연소 과정

연료와 공기가 적당히 섞였을 때 그 다음엔 혼합가스가 점화 온도 또는 스스로 계속 연소할 수 있는 온도까지 상승해야 한다. 불이 타는 데는 기본적인 2가지 양식이 있는데, 활활 타는 것과 겉면만 타는 것이다. 활활 타는 연소는 벽난로 안에 있는 통나무가 타는 것 같이 불 사면체(연료, 열, 산소 그리고 자유로운 화학적 연쇄반응)로 설명된다. 표면 또는 Smoldering mode의 연소 양태는 연소의 3요소(가연물, 점화에너지, 산소)로 설명된다.

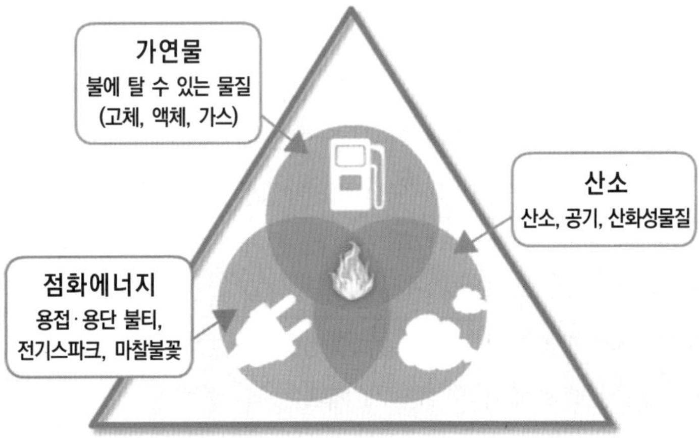

〈그림 5-1〉 연소의 3요소

연료는 모두 고체이거나 액체이고 또 산화라고 하는 화학반응에서 산소와 결합할 수 있는 기체라는 것을 알 수 있다. 충분히 높은 온도의 연료는 자유로운 산화작용제가 있으면 점화될 것이다. 에너지가 열이 있는 한 연소는 계속된다. 보통은 공기 중에 있는 산소가 산화작용제이다. 질산소다, 염소산칼륨 같은 물질은 연소하는 동안 스스로 가지고 있는 산소를 내놓아 산소가 없는 곳에서도 탈 수 있다. 과학자들은 연소하는데 화학적 연쇄 반응이 일어나는 것을 부분적으로만 이해하지만, 연료를 뜨겁게 하면 산소와 결합하여 탈 수 있도록 하는 물질 속에 있는 증기가 빠져나올 수 있다는 것도 잘 알고 있어야 한다. 연소가 계속되기 위해서는 그런 물질이 계속 빠져 나와야 한다.

고체와 액체의 자활 연소 반응을 방열 귀환(歸還) 때문이다. 방열 귀환은 계속하여 증기를 만들기 위한 에너지를 공급하는 복사열이다. 충분한 열이 끊임없이 있을 때나, 이 방열 귀환이 증가할 때는 생산되는 열에 따라 불이 일정하게 남아 있거나 커지거나 할 것이다. 열이 연료로 되돌아올 때 이것을 열의 양성 균형이라고 한다. 열이 발생하는 것보다 없어지는 것이 더 빠르면 열의 음성 균형이 생긴다. 연소가 계속되기 위해서는 열의 양성 균형이 필요하다.

계속 타게 하는데 쓰이는 산소와 양은 중요하다. 앞에서 말한 대로 보통 상황에서 공기 중에는 산소가 21% 정도 포함되어 있다. 그렇지만 소방대원은 산소가 21%보다 적은 상황에 자주 마주친다. 이런 것을 볼 수 있는 가장 일상적인 3가지 상황은 비어있는 저장탱크 속, 산소가 한정되어 있는 곡식저장고, 그리고 건물 화재이다. 저장 탱크는 깨끗이 비어 있거나, 잔여 가스로 차 있거나, 산소가 부족한 증기로 차 있다. 만약 일하는 사람이나 구조자가 자가호흡장치(SCBA) 없이 안으로 들어갔다가는 곧 의식을 잃거나 죽을 수도 있다.

건물 화재에서 자주 보이는 산소결핍 상황은 연소과정이 계속되기 위해 불이 산소를 써버려서 생긴 결과이다. 만약 그 건물이 꼭 닫혀 있으면 산소를 많이 써버리고 목숨을 부지하지 못하거나, 게다가 더욱 심각한 문제까지도 발생할 수 있다. 또 산소 농도가 21%이하이면 불이 피지 않고 인명 안전에 나쁜 영향을 끼친다.

인명 안전이라는 관점에서 볼 때 산소결핍 상황에서 작업하는 것과 연관된 증상들을 나열한 것이다. 불의 관점에서 보면, 불의 강도는 산소농도가 18%이하에서 낮아지기 시작하며, 산소농도가 15% 이하에서는 연소가 계속될 수 없다.

3) 화재의 발달 단계

불은 위험요소가 있으면 밤낮을 가리지 않고 언제든지 일어날 수 있다. 화재가 사람이 살고 있는 곳에서 발생하거나, 자동 진화 장치, 또는 감지 장치가 설치된 곳에서 발생했을 때는 초기에 발견하여 진화할 수 있다. 건물이 닫혀 있을 때, 사람이 살지 않거나, 방호 장치가 설치되지 않았을 때 화재가 발생한다면, 많이 진행될 때까지 감지되지 않을 수 있다. 닫힌 건물 안에서는 환기할 때를 결정하는 것이 가장 중요하다.

닫힌 방이나 건물에서 발생한 화재는 특히 중요한 특성 2가지가 있다. 첫 번째 특성은 산소의 양이 한정되어 있다는 것이다. 이것이 산소 공급이 제한되지 않는 건물 밖 화재와 다른 점이다. 두 번째 특성은 발생한 화재 가스가 야외에서처럼 흩어지지 않고 구조물과 건물 안에 갇혀 있다는 것이다. 화재가 닫힌 건물이나 방에서 발생했을 때는 더 큰 피해나 위험을 줄이기 위해서 그 상황에서 신중하고도 빈틈없는 환기 절차를 실행해야 한다. 건물이나 방에 한정된 화재는 초기단계, 끊임없는 연소상태, 뜨거운 연기 상태의 3단계로 화재가 진행된다. 소방대원은 화재의 발달 단계 중 어느 한 단계와 마주치기 때문에 그런 단계들이 작용하는 것을 알려면 환기절차를 이해하는 것이 중요하다. 특히 세 가지 단계가 서로 얽혀서 Rollover, Flashover, Backdraft 등의 여러 가지 위험한 상태가 일어날 수도 있다는 점을 알아야 한다.

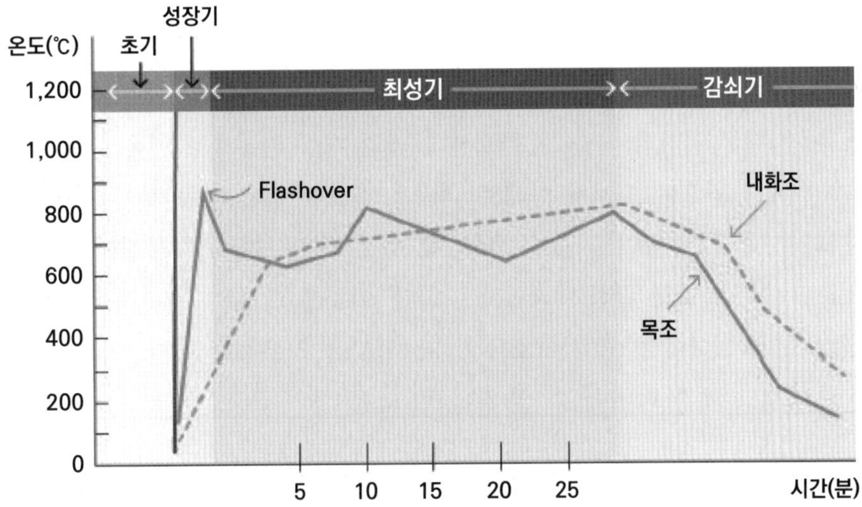

〈그림 5-2〉 실내 화재의 발달 단계

(1) 초기 단계

초기 단계는 실제로 점화되어 화재가 발생한 가장 이른 단계이다. 이 불은 최초로 점화된 물질에 한정된다. 초기 단계에는 공기 중에 있는 산소가 심각할 만큼 줄어들지 않는다. 그리고 이때의 불은 수증기를 만들어 낸다. 그리고 적은 양의 이산화황, 일산화탄소, 이산화탄소와 여러 가지 가스를 만들어 낸다. 약간의 열이 발생하고 그 열의 양은 불의 진행 상태에 따라 증가할 것이다. 이때의 불은 적어도 537℃(1000°F)가 넘는 불꽃을 내고, 이 단계에서 방의 온도는 아직 천천히 상승할 것이다.

Flashover이라고도 하는 Rollover는 초기 또는 안정 단계 초기에 발생한 연소되지 않은 가연성 기체가 천장근처에 모일 때 일어난다. 이런 아주 뜨겁게 달궈진 기체는 압력이 있어서 화재지역 중에서 아직 불이 붙지 않은 곳으로 밀려 나가서 산소와 결합한다. 가스가 탈 수 있는 범위에는 들어 왔을 때 점화되고 더 커져서, 매우 빠르게 퍼지고 천장을 휘감는다. 이것이 호스를 전진시킬 때 소방대원이 몸을 낮추어야 하는 이유이다. Rollover와 Flashover는 방안에 있는 내용물은 타지 않고, 가스만 탄다는 것만 다르다. Rollover는 연료가 없어질 때까지 계속 타고, 중심부를 진화하면 꺼지며, 불 스스로 만든 가연성 액체를 Rollover에 공급하지 못할 때 Rollover는 그칠 것이다.

(2) 안정된 상태로 꾸준히 타는 단계

간단히 말해서 Steady-state burning 단계(Free-burning phase라고도 함)는 연료와 산소가 불이 커지기에 충분한 곳, 그리고 모든 것이 그럴 수 있는 곳에서 타기 시작한 불의 단계라고 생각할 수 있다. 이 단계의 초기 동안에는 산소가 충분히 있는 공기가 불꽃 쪽으로 끌려간다. 이건 대류(열기의 상승)가 한정된 지역의 가정 위쪽으로 열을 운반하기 때문이다. 열기가 위에서 옆으로 퍼져서 아래로 내려오고 보다 차가운 공기는 좀 더 낮은 곳을 찾아 내려와서 결국은 방안의 높은 부분에 있는 모든 가연성 물질에 불을 붙인다. Steady-state의 초기는 불꽃 확산 단계라고도 한다. 이렇게 뜨거운 공기가 있기 때문에 소방대원은 낮은 곳에 있어야 하고 자가호흡장치(SCBA)를 착용해야 한다. 이런 고열 기체는 단 한 번만 마셔도 폐가 타버릴 수 있다. 이런 높은 곳의 온도는 700℃(1300°F)를 넘을 수 있다.

조건이 완벽하다면 드물기는 하지만 불은 Clear-burning이라고 하는 단계가 된다. Clear-burning 단계에는 높은 열을 내고 완전 연소를 한다. 연기가 나지 않거나 아주 적은 양이 난다. 이런 불은 메탄올 계의 경주용 자동차 연료와 같이 아주 깨끗한 연료가 탈 때만

일반적으로 볼 수 있다. 열기둥 현상은 불의 밑에서 위쪽으로 공기가 빨리 움직일 때 일반적으로 후반부에 발달하기 때문에 연료와 반응할 산소가 부족한 곳으로 번지지 않는 한 계속 산소를 써 없앤다. 불은 이 때에 연기(smoldering) 단계로 줄어들지만 산소만 공급되면 빠르게 탄다.

특히 방전에 의한 단락(Flashover)은 방이나 큰 간의 모든 표면에 불꽃이 번쩍일 때 생긴다. 단락의 실제 원인은 불 자체열의 증강이다. 불이 계속 타기 때문에 화재지역 안에 있는 모든 것들은 점차 온도로 상승한다. 내용물이 점화온도에 이를 때 동시에 점화되고, 그 지역은 모두 화재 지역이 된다. 이런 점화는 거의 순간적이고 아주 극적일 수 있다. 천장 높이로 물을 뿌려서 물체를 점화온도 아래로 끌어 내려서 방을 식히면 단락은 보통 피할 수 있다.

(3) 뜨거운 연기를 내는 단계(Hot-smoldering phase)

Steady-state 다음에는 닫힌 공간이 충분히 밀폐되었다면 불꽃은 없어지고 잉걸불이 된다. 불꽃이 잦아들면 방은 짙은 연기와 가스로 꽉 차게 된다. 가스가 발생하면서 생긴 공기압은 연기와 가스를 작은 틈 사이에까지 억지로 밀어 넣을 수 있을 만큼 커진다. 방 온도가 537℃(1,000℉)를 넘어설 수도 있다. 그 거센 열은 가루를 유리시켜 버린다. 이런 연료 기체는 불 때문에 많아지고, 소방대원에게는 위험이 더 커지고, 공기가 방안으로 잘못 들어오면 Backdraft가 일어날 수 있다. 방안으로 공기가 들어오지 않으면 결국은 다 태우고 아주 다 타버린 것만 남는다.

(가) Backdraft

Steady-state 후기 단계나 뜨거운 연기(Hot-smoldering) 단계인 화재에 뒤늦게 출동한 소방대원이 건물을 개방할 때 화재과학을 생각하지 않는다면 Backdraft의 위험을 당할 수 있다. Hot-smoldering 단계에서는 불을 유지하기에는 산소가 부속하기 때문에 불완전 연소가 된다. Steady-state 단계의 열은 산소가 더 공급되었을 때 즉각 탈 수 있지만 아직은 타지 않은 탄소 분자와 가연성 연소부산물을 남긴다. 문 또는 창문을 부수거나 적당치 않은 환기작업을 하면 이제껏 없었던 산소를 제공하는 셈이 되어 필요한 산소가 들어오자마자 정체되었던 연소가 다시 시작하는데 이렇게 다시 시작한 연소속도는 폭발이라고 할 만큼 파괴적이어서 Backdraft는 소방대원이 당할 수 있는 상황 중에서 제일 위험한 것이다.

연소는 산화이고 산화는 산소와 다른 요소가 결합하는 곳에서 일어나는 화학적 반응이다. 탄소는 목재, 플라스틱, 다른 여러 가지 것들 중에 많이 있는 요소이고, 나무가 탈 때 탄소는 산소와 결합하여 산소의 유용성에 따라 이산화탄소나 일산화탄소를 만든다. 쓸 산소가 충분치 않을 때는 많은 양의 탄소가 연기 속으로 방출되기 때문에 탄소알갱이가 많은 검은 연기는 Backdraft가 일어날 수 있다는 경고 표시로 간주되고 있다.

다음은 Backdraft가 일어날 수 있는 경우이다.

- 작은 구멍으로 연기가 힘있게 뿜어 나올 때
- 진한 황회색을 띤 검은 연기
- 유폐된 곳의 과도한 열
- 불꽃이 거의 없거나 불꽃이 보이지 않을 때
- 연기가 건물에서 훅훅하고 나오거나 띄엄띄엄 간격을 두고 나올 때
- 연기로 얼룩진 창문
- 소음기에서 나는 것 같은 소리
- 구멍이 생겼을 때 공기가 안쪽으로 갑작스럽고 빠르게 움직일 때

이런 상황은 환기를 잘 하여 덜 위험하게 할 수 있다. 방이나 건물의 가장 높은 곳에 구멍을 내면 열기나 연기가 빠져나가서 폭발 가능성이 줄어든다.

(나) 가스가 만든 온도층

가스가 만든 온도층이란 온도에 따라 층을 만드는 기체의 성질을 말하는 것으로 다른 말로는 열성층과 열균형이라고 한다. 가장 뜨거운 기체는 가장 위로 가고 찬 기체는 바닥으로 가는 성질이 있다. 연기는 공기와 가스와 미분자의 혼합물이고 이것은 상승한다. 지붕에 구멍이 있으면 연기는 방이나 건물에서 위로 올라가서 밖으로 나간다.

온도층은 진화작업을 위험하게 한다. 가장 뜨거운 공기나 기체가 위로 올라가는 한 보다는 낮은 곳은 소방대원에게 안전하다. 가장 뜨거운 공기층이 가장 위로 가서 환기구멍을 통해 밖으로 나갈 수도 정상적인 공기층이 물을 적절하지 않게 뿌리면 헝클어진다.

화재지역에 물을 잘못 뿌려서 그 지역이 환기가 되지 않으면 잘못 뿌린 물이 최초 진화작업때 생긴 수증기를 식혀서 응축시킨다. 이 반응이 연기와 수증기가 화재지역의 높은 곳 전체를 순환하게 한다. 연기와 수증기가 만든 이 소용돌이는 정상적인 온도층을 흐트러뜨린다. 이 과정을 불균형이라 하기도 하는데, 일단 정상적인 공기층이 무너지면 그 지역을

깨끗하게 강제환기를 해야 한다.

(다) 연소 부산물

불완전 연소는 덜 탄 연료나 숯을 남긴다. 물질이 탈 때는 화학적 변화를 겪는다. 물질을 구성하고 있는 요소가 연소 과정에서 파괴되지는 않지만 모든 물질은 모양이나 상태가 변한다. 예를 들면, 종이 한 장이 탈 때는 종이에 있던 가스와 습기를 유리시키고 얇은 종이재인 탄화된 고체를 남긴다. 여러 가지 부산물의 무게와 연료가 가지고 있는 원래 무게가 같다는 주장이 있음에도 지금은 연료가 약간의 에너지로 변화되어서 부산물의 무게가 연료의 무게보다 약간 가볍다고 알려져 있다.

연료가 탈 때는 열, 빛, 연기, 가스 등 4가지의 연소 부산물이 생긴다. 열은 열의 강도를 나타내는 온도의 정도로 측정되는 에너지로 불을 확산하는 연소 부산물이며, 화상, 탈수, 열, 탈진, 호흡기관 손상에 직접적인 원인이 된다. 불꽃은 눈에 보이면서 타는 기체의 발광체로 타는 기체가 적당량의 산소와 섞였을 때 불꽃은 더 뜨거워지고 빛은 덜 나게 되며, 탄소가 좀 더 완전하게 타는 것은 발광감소의 원인이 된다. 모든 불에서 볼 수 있는 연기는 산소, 질소, 이산화탄소, 일산화탄소가 혼합되어 이루어져 있는데, 결국은 탄소 입자(검댕)와 불타고 있는 물질에서 나온 잡다한 부산물로 나누어진다. 연기의 내용물은 타고 있는 정확한 물질에 따라 변하는데, 액체연료는 일반적으로 진하고 검은 연기를 내며, 오일, 타르, 페인트, 니스, 고무, 황 그리고 플라스틱 제품들은 진한 연기를 낸다.

4) 진화이론

진화는 연소 과정에서 필수적인 요소 중에서 하나 또는 더 많은 요소를 제한하거나 방해함으로써 실행된다. 불꽃을 내면서 연소하는 화재는 온도와 연료를 제거하고 산소를 줄임으로써 진화하고, 또는 억제되지 않은 화학적 연쇄 반응을 멈추게 함으로써 진화한다. 만약 어떤 화재가 Smoldering 상태라면 오직 3가지 조건만이 존재하는데, 온도 내리기, 연료 제거, 산소 제거이다.

(1) 소화의 종류와 특성

연소는 가연물에 발화가 일어날 수 있는 열에너지가 가해져 산화반응이 지속적으로 일어나는 과정이므로 연소의 3요소를 제거하거나 연쇄반응을 차단하는 방법이 소화의 원리라고 할 수 있다. 즉, 가연물을 제거하거나 연소물을 냉각하여 착화 온도 이하가 되어서 연소할 수 없도록 하는 방법, 가연물이 연소하기 위해 필요한 산소 공급을 차단하여 연소를 중지시키는 방법, 산화반응의 연쇄과정을 중단시키는 방법 등으로 소화할 수 있다.

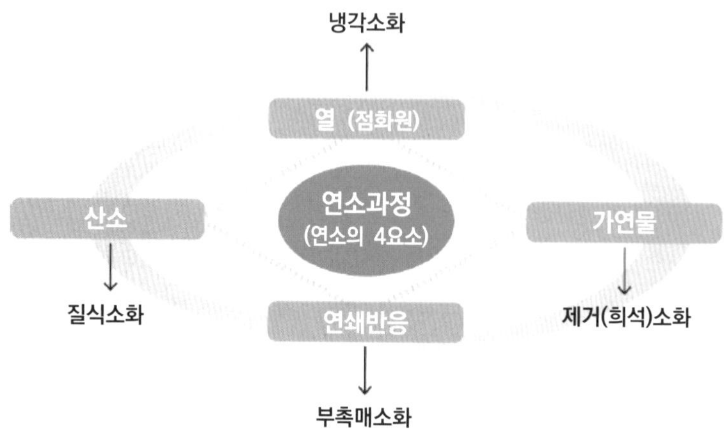

〈그림 5-3〉 소화의 원리와 특성

(가) 냉각에 의한 진화

진화에서 가장 일반적인 방법 중의 하나는 물로 냉각하는 것이다. 이 진화 절차는 불타는데 충분한 증기를 만들지 못할 때까지 연료의 온도를 내릴 수 있느냐에 달려 있다. 착화점이 높은 고체 연료와 액체 연료는 냉각에 의해 진화할 수 있다. 착화점이 낮은 액체와 가연성 기체 연료와 관계있는 불은 물에 의한 냉각으로는 진화할 수 없는데, 그 이유는 증기 생산을 충분히 줄일 수 없기 때문이다. 냉각은 열의 음성적 균형을 만들기에 적당한 형태로 물을 충분히 뿌릴 수 있느냐에 달려 있다.

(나) 연료 제거에 의한 진화

어떤 경우에는 연료의 근원을 제거함으로써 효과적으로 진화할 수 있다. 연료의 근원을 제거하는 것은 액체 연료나 기체형 연료의 흐름을 멈추게 하거나 불의 진로에 있는 고체 연료를 없애 버리면 되는 것이다. 연료를 제거하는 또 다른 방법은 모든 연료가 소모될 때까지 타도록 놔두는 것이다.

(다) 산소 차단에 의한 진화

한 구역 안에 있는 산소의 양을 줄여서도 진화를 할 수 있다. 산소의 양을 줄이는 것은 이산화탄소와 같은 불활성 기체를 산소가 있던 자리에 몰아넣거나 거품으로 덮어서 공기와 연료를 분리시켜서 할 수도 있다. 물론, 이런 방법들은 스스로 산화제를 내는 보기 드문 연료에는 통하지 않는다.

(라) 화학 작용제에 의한 진화

Dry chemical과 Halogenated Hydrecarbons같은 진화제는 불꽃을 만드는 화학 반응을 방해하여 불이 꺼지게 한다. 이런 진화 방법은 가스와 액체 연료에 효과가 있는데, 그 이유는 가스와 액체가 타는 데는 꼭 불꽃이 나야 하기 때문이다.

Smoldering 단계의 불은 이 방법으로는 쉽게 진화가 안 되는데, 그 이유는 핼런을 잠그는 순간에 연기로 변한 연료에 다시 한 번 공기가 접근할 수가 있어서 계속 타기 때문이다. Smoldering 화재는 진화할 수 있는 단 한 가지 실제적인 방법은 냉각뿐이다.

2 화재 시 행동 요령

1) 발화 초기의 안전조치

화재가 발생하면 최초 발견자는 큰소리로 다른 사람에게 화재가 발생했다는 사실을 알려야 하고 즉시 소화기, 모래, 옥내소화전 등을 이용하여 소화작업에 임해야 한다. 이때 주의해야 할 사항은 불 끄는 일에만 정신이 팔려 연기에 질식하거나 불길에 갇히는 일이 없도록 하고 소화약제는 화염이나 연기에 방사하는 것이 아니라 화원에 방사해야 한다.

무엇보다도 중요한 것은 소방서에 신고하는 것으로, 초기소화가 불가능하다고 판단되면 지체 없이 소방관서에 신고하고 대피해야하는데 이때는 연소속도를 늦추기 위하여 반드시 출입문을 닫고 대피하여야 한다.

2) 화재신고

소화기나 물 등을 이용하여 초기소화가 불가능하다고 판단되면 서로 미루지 말고 즉시 소방관서에 화재신고를 해야 한다. 일단 화재가 방생하면 최초 발견자는 큰소리를 “불이야”를 외치거나 비상벨을 눌러 다른 사람들에게 화재사실을 알려야 한다.

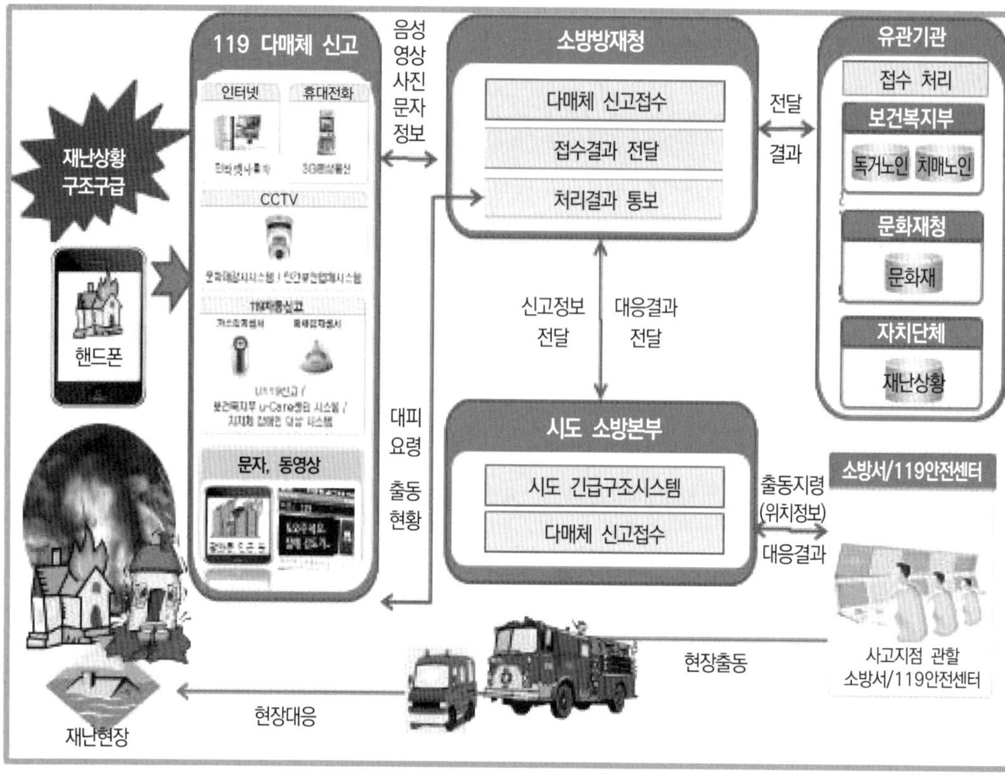

〈그림 5-4〉 119 신고 서비스 체계

소방관서에 화재신고를 할 때에는 침착하게 화재발생 장소, 주소, 주요 건축물 또는 목표물, 화재의 종류 등을 상세하게 설명하여야 하며 침착한 신고를 위해서는 평소에 유사시를 예상한 마음 자세와 훈련이 필요하다. 또 만일의 경우를 대비하여 전화기 가까운 곳에 주소나 주요 건축물 또는 목표물 등을 적어서 부착시켜 놓고 유사시 이것을 보고 신고하면 효과적이다.

3) 피난유도 및 대피요령

(1) 피난 유도

불특정 다수인이 출입하는 백화점이나 고층복합건축에 화재가 발생하였을 경우 건물구조를 상세하게 알지 못하는 사람들은 당황하거나 겁을 먹게 되어 이성을 잃고 무분별한 행위를 하게 되므로 화재 시에는 건물구조에 익숙한 사람이 적절한 피난유도를 해야 한다.

- 만일의 경우를 생각하여 피난계획을 세워둔다.
- 과거 수많은 대형 참사가 적절한 피난유도가 이루어지지 않아 발생했다는 사실을 염두에 두고 평소 피난통로의 확보와 피난유도 훈련을 철저히 실시한다.
- 건물 내부에는 두 개 이상의 피난통로를 설치하여 유사시에는 충분히 활용할 수 있도록 한다.
- 피난 유도 시에는 큰소리로 외치는 것보다 가급적 불안감을 느끼지 않도록 차분하고 침착하게 행동하여야 한다.

(2) 대피요령

화재발생 시 가장 주의해야 할 것은 유독가스와 연기로 인한 질식이다. 통계에 의하면 화제로 인한 사망 중 60% 이상은 화염이 사람의 몸에 채 닿기도 전에 가스와 연기로 인한 질식사망이고 약 20% 정도만이 소사하는 것으로 나타났으며, 이밖에 충분히 피난할 방법이 있는데도 불구하고 당황하거나 공포에 질려 창문으로 뛰어내리거나 다른 건물로 건너뛰다가 사망하는 경우가 상당히 많은 것으로 나타났다. 따라서 화재 시에는 당황하거나 무서워하지 말고 빠르고 침착하게 행동하여야 한다.

비상구 활용　　완강기 활용　　경량칸막이 활용　　실내대피공간 활용

출처: 소방청, 화재시 국민행동요령

〈그림 5-5〉 화재발생시 안전한 대피 방법

- 문에 손을 대어본 후 만약 문밖에 연기와 화기가 없다고 생각이 들 때는 어깨로 문을 떠받친 다음 문쪽의 반대방향으로 고개를 돌리고 숨을 멈춘 후 조심해서 비상구나 출입문을 열고 대피한다.
- 연기 속을 통과하여 대피할 때에는 수건 등을 물에 적셔서 입과 코를 막고 숨을 짧게 쉬며 낮은 자세로 엎드려 신속하게 대피하여야 한다.

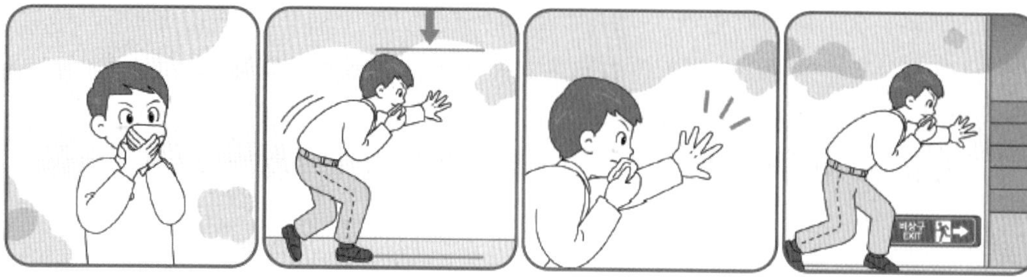

출처: 소방청, 화재시 국민행동요령

〈그림 5-6〉 연기 속에서 피난 요령

- 고층건물이나 복합, 지하상가 화재 시에는 안내원의 지시에 따르거나 통로의 유도등을 따라 낮은 자세로 침착하고 질서 있게 대피하여야 한다.
- 피난시설 및 피난기구 없이 아래층으로 대피할 때는 커튼 등으로 줄을 만들어 타고 내려간다.
- 외부로 대피한 사람이 귀중품을 꺼내기 위해 절대 건물 안으로 진입해서는 안 된다.
- 아래층으로 대피가 불가능할 때는 옥상으로 대피하여 구조를 기다려야 하며 반드시 바람을 등지고 구조를 기다려야 한다.
- 화염을 통과하여 대피할 때는 물에 적신 담요 등을 뒤집어쓰고 신속히 안전한 곳으로 대피한다.
- 고층건물 화재 시 엘리베이터는 화재발생 층으로 열리거나 정전으로 멈추어 안에 갇힐 염려가 있으므로 엘리베이터를 절대로 이용해서는 안 된다.
  * 화재 발생 시 엘리베이터가 1층에서 멈추게 하고 있다.

(3) 불이 난 건물 내에 갇혔을 때의 조치요령

- 건물 내에 화재발생으로 불길이나 연기가 주위까지 접근하여 대피가 어려울 때는 무리하게 통로나 계단 등을 통하여 대피하기보다는 건물내에서 안전조치를 취한 후 갇혀 있다는 사실을 외부로 알린다.
- 연기가 새어 들어오면 낮은 자세로 엎드려 담요나 타올 등에 물을 적셔 입과 코를 막고 짧게 호흡한다.

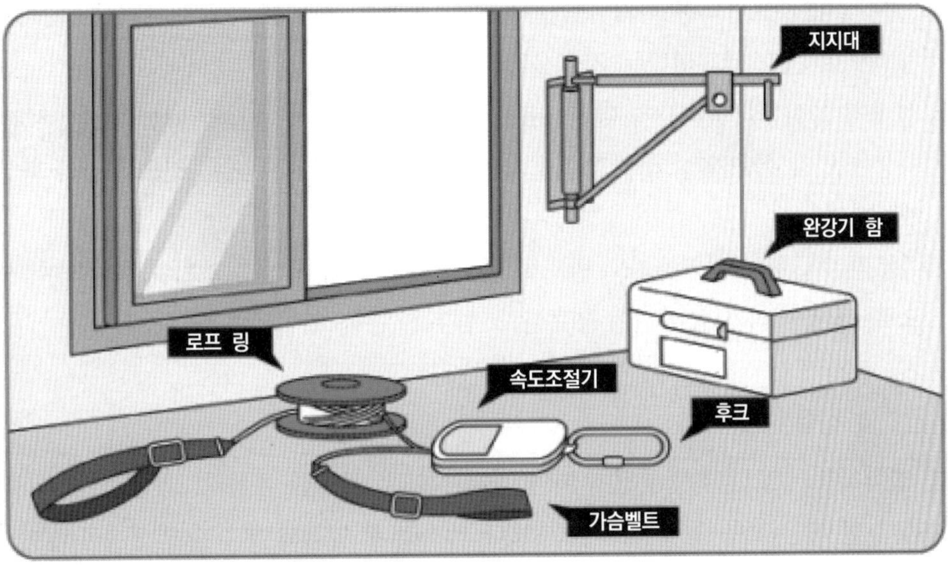

❶ 완강기 함 안의 구성품을 먼저 확인한다.

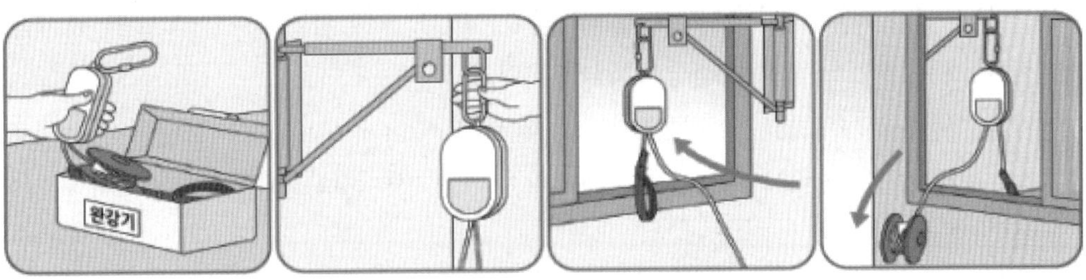

❷ 완강기 함 안에서 속도조절기와 벨트를 꺼냅니다.

❸ 지지대 고리에 속도조절기의 후크를 걸고 나사를 조여 빠지지 않도록 합니다.

❹ 지지대 고리가 창밖으로 위치하도록 창 바깥쪽으로 밉니다.

❺ 줄이 감겨있는 릴을 창밖으로 던집니다.

❻ 가슴벨트를 가슴높이까지 겁니다. 이때 팔을 들지 말고 겨드랑이 밑으로 꼭 맞도록 끼웁니다.

❼ 가슴벨트가 빠지지 않도록 자신의 가슴둘레만큼 충분히 조입니다.

❽ 다리부터 창밖으로 내밀어 바깥으로 나갑니다. 체중이 실려도 속도조절이 되어 추락하지 않습니다.

❾ 처음 건물에서 떨어질 때는 손을 아래로 내리고 하강을 시작하고 이후 벽면에 손을 지지하면서 안전하게 내려갑니다.

출처: 행정안전부 홈페이지

〈그림 5-7〉 완강기 사용 요령

- 일단 실내에 고립되면 화기나 연기가 없는 창문을 통해 소리를 지르거나 물건 등을 창밖으로 던져 갇혀있다는 사실을 외부로 알린다.
- 실내에 물이 있으면 불에 타기 쉬운 물건에 물을 뿌려 불길의 확산을 지연시킨다.
- 화상을 입기 쉬운 얼굴이나 팔 등을 물에 적신 수건 또는 두꺼운 천으로 감싸 화상을 예방한다.
- 아무리 위급한 상황일지라도 반드시 구조된다는 신념을 가지고 기다려야 하며, 창밖으로 뛰어 내리거나 불길이 있는데도 함부로 문을 열어서는 안 된다.

(4) 연기의 성질

최근 화학제품의 보급이 확산됨에 따라 화재 시에는 엄청난 유독가스가 발생하고 있다. 화학제품이 탈 때는 보통 목재류가 탈 때보다 10～25배 이상의 연기가 발생하고 청산, 염화수소, 포스겐 등의 유독가스를 발생시키는데, 이 가스는 극히 미량으로도 호흡장애나 마비를 일으켜 죽음으로 몰고 갈 수도 있다. 보통 사람은 일산화탄소 1% 포함한 공기를 약 2분 정도 호흡하면 질식으로 생명을 잃게 된다.

연기가 이동하는 속도는 수평방향으로 1초에 약 1～2m 정도로 보통 사람이 걷는 속도와 같고 수직방향으로 상승하는 속도는 1초에 약 3～5m 정도이다. 그러므로 화재시 막혀있는 장소의 높은 곳은 극히 위험하다.

4) 화상처치 요령

(1) 일반적인 화상

일상과 불꽃 등에 의한 화상은 가능한 피부에서 빨리 열을 없애는 것이 필요하므로 열상부위를 빨리 깨끗한 냉수로 15분 이상 차게 한다. 가까이에 수돗물이 등이 없는 경우 또는 병원 등으로 이송할 때는 열상부위를 가능한 청결한 냉수로 충분히 담근 타올 또는 수건 등을 대고 15분 이상 차게 한다.

(2) 약품에 의한 화상

산과 알칼리에 의한 화상은 약액이 피부에 침투해서 피부 깊숙이 도달하는 위험이 있기 때문에 재빨리 흐르는 수돗물 등으로 약액을 씻어내며, 약품이 묻은 의류와 신발 등은 가능한 빨리 없애고 20분 정도 물로 씻는다.

약품이 눈에 들어간 경우는 얼굴 전체를 세면기 등에 넣고 수돗물을 천천히 흘리면서 눈을 떴다 감았다하면서 약 20분 이상 씻어낸다.

(3) 화상부위 보호

열상면을 물 등으로 충분히 차게 하여 씻어 내려간 후에는 감염방지 등을 위해 멸균가제 또는 깨끗한 포를 열상면에 대고 그 위에 삼각건, 붕대, 타올, 수건 등으로 감는다. 또한 열상면의 소독은 긴급히 의사의 치료를 받을 수 없는 경우에 소독약(무색으로 액체의 것)으로 열상면 밑 그 주위를 소독한다.

(4) 해서는 안 되는 조치

- 부상을 당한 부위에 된장, 간장, 감자, 기름약 등을 바르는 것은 오히려 상처 표면을 불결하게 하여 세균감염을 일으키는 원인이 되므로 절대는 해서는 안 된다.
- 수종(물집)을 없애면 세균감염 등의 원인이 되기 때문에 그대로 놓아둔다.
- 눈 화상의 경우 눈을 문지르면 각막이 손상되기 때문에 절대로 문지르면 안 된다.
- 갈증이 있어도 의사의 허락이 있을 때까지 물을 마시지 말아야 한다.

3 화재 예방 요령

1) 전기화재

일상생활에 있어 없어서는 안될 전기는 우리나라 화재발생 원인 중 많은 비율을 차지하고 있다. 이런 전기화재는 낡은 전기기구나 부실공사로 인해 발생도 하지만 대부분은 전기용품에 대한 지식이나 상식부족 또는 사용하는 사람의 부주의나 방심으로 인하여 전기기구의 과열 및 탄화상태를 일으켜 발생하는 것으로 화재가 날로 증가하고 있는 실정이어서 전기용품을 사용할 때에는 올바른 사용법의 숙지와 세심한 주의가 필요하다.

(1) 주요 원인

- 전선의 합선 또는 단락에 의한 발화

- 전선이나 전기기구의 절연체가 파괴되거나 두 가닥의 전선이 어떤 원인에 의해 서로 접촉하면 순간적으로 큰 전류와 많은 열을 발생하는 현상

• 누전의 의한 발화
  - 전선이나 전기기구 등이 낡아 절연불량 등의 원인으로 전류가 건물 내의 금속체를 통하여 흐르게 되어 이로 인한 저항열에 의해서 발열을 일으키는 현상

• 과전류(과부하)에 의한 발화
  - 전선의 허용 전류를 초과한 전류를 과전류라 하며, 에어컨, 전기다리미, 전자레인지, 동력 등을 동시에 사용할 시 적정용량을 초과하여 불이 붙는 현상

• 기타 원인에 의한 발화
  - 규격미달의 전선 또는 전기기계기구 등의 과열, 배선 및 전기 기계기구 등의 절연불량 상태 또는 정전기로부터의 불꽃

(2) 예방요령

• 전기기구를 사용하지 않을 때는 스위치를 끄고 플러그를 뽑아 둔다.
• 가전제품의 플러그를 뽑을 때는 선을 잡아당기지 말고 플러그 몸체를 잡고 뽑는다.
• 개폐기는 과전류 차단장치를 시설하고 습기나 먼지가 없는 위치에 부착한다.
• 개폐기에 사용하는 퓨즈는 규격퓨즈를 사용하고 퓨즈가 자주 끊어질 경우 근본적인 원인이 무엇인가를 규명하고 개선한다.
• 각종 전기공사 및 전기시설 설치시 전문 면허업체에 의뢰하여 정확한 규정에 해 시공을 하도록 한다.
• 콘센트에 플러그를 깊숙이 꽂지 않으며 흔들려 열이 발생하므로 완전히 꽂아 사용하도록 한다.
• 누전으로 인한 화재를 예방하기 위해서 누전차단기를 설치하고 한 달에 1~2회 작동 유무를 확인한다.
• 전선이 꼬이거나 묶어서 사용하면 전선에 열이 발생하여 위험하므로 전선이 꼬이지 않도록 한다.
• 전기담요는 자주 밟거나 접어서 사용하면 접힌 부분에 열이 발생하며, 각종 장식용 트리 등에 설치한 소형전구는 너무 오랫동안 사용치 않도록 한다.
• 한 개의 콘센트나 소켓에서 여러 선을 끌어 쓰거나 한꺼번에 여러 가지 전기기구를 꽂는 문어발식 사용을 하지 않는다.

- 비닐전선은 열에 견디는 힘이 약하다. 따라서 백열전등이나 전열기구 등 고열을 발생하는 기구에는 고무코드 전선을 사용한다.
- 비닐전선이나 양탄자 밑으로 지나지 않도록 한다.
- 전기기구 구입시 『전』, 『검』, 또는 『KS』표시가 있는지 확인하고 사용 전에 반드시 사용설명서를 읽어본다.
- 전선이 쇠붙이나 움직이는 물체와 접촉되지 않도록 한다.

2) 담뱃불 화재

담뱃불로 인한 화재는 전체화재의 10%를 넘고 있다. 담뱃불의 온도는 약 500℃이고 피우고 있을 때는 약 800℃나 되는 열을 지니고 있다. 따라서 담배는 지정된 장소에서 흡연하는 습관을 가져야 하며, 담배꽁초는 불씨를 완전히 제거한 후 재떨이에 버려야 한다. 국민건강증진법에도 다중 출입장소, 공공장소, 일정규모 이상의 건축물에는 반드시 흡연장소를 지정하여 흡연토록 지정하고 있다.

〈그림 5-8〉 금연시설과 금연 표시

(1) 주요 원인

- 술에 취한 채 잠자리에서 흡연
- 어른들의 무심코 버린 담배꽁초가 발화
- 담배 불씨는 완전히 끄지 않은 채 재떨이를 쓰레기통에 버림으로써 발화

(2) 예방요령

- 휘발유, 가스, 화약약품 등 인화성이 강한 물질이 있는 장소나 실내에서는 금연하며, 이러한 곳에는 "금연구역"표지판을 붙여 주위를 환기시켜 준다.

- 잠자리에서는 담배를 피우지 않도록 한다.
- 보행 중에는 흡연을 삼가고 꽁초를 아무데나 버리지 않는다.
- 흡연은 지정된 장소에서 하도록 하고 꽁초는 반드시 재떨이에 버리도록 한다.
- 불씨가 튀지 않도록 재떨이에 약간의 물을 부어 놓는다.
- 담배를 피울 수 있는 장소는 편리하고 안전한 곳을 택하여 "흡연구역"으로 지정한다.
- 다 피운 담배는 반드시 담뱃불을 끄고 재떨이에 버린다.

3) 방화(放火)

방화에 의한 화재는 의도적으로 발생하기 때문에 초기진압이 어려워 많은 인명과 재산피해를 가져오는 화재이다. 방화의 원인으로는 가정불화가 가장 많고, 부부 또는 친구와의 싸움, 비관자살, 주벽, 정신이상 등으로 비정상적인 심리상태에서 발생하며, 주요 방화장소는 차량, 주택, 음식점, 점포, 작업장 순이다.

(1) 예방요령

- 빈집 또는 건물의 화재예방을 위해 시건장치 후 외출한다.
- 실내청소 후 내다버린 쓰레기 중 타기 쉬운 물건을 방치하지 않도록 하며 항상 깨끗이 정리정돈 한다.
- 차량방화를 예방하기 위해서 주택가나 도로상에 함부로 주차하지 않는다.
- 주변의 정신질환자에 대한 행동을 항상 예의주시하고 보호자는 성냥이나 라이터 등의 보관에 유의한다.

4) 불장난 화재

어린이는 놀기를 좋아하며 호기심이 많아 하고 싶은 일이 있으면 서슴없이 행하는 습성이 있다. 따라서 어린이들은 성냥, 라이터, 촛불, 모닥불, 폭죽놀이 등 손에 닿기 쉬운 것이면 무엇이든 가지고 불장난을 하게 되므로 어린이들의 각별한 주의가 필요하다.

성냥, 라이터, 난롯불, 모닥불, 아궁이불, 전기다리미, 촛불, 폭죽놀이 등에 의해 발화되며 불장난하는 어린이들은 6세에서 13세 미만의 어린이가 가장 많고 부모가 외출중인 토요일이나 일요일, 공휴일 등 학교수업이 없는 날에 많이 발생하고 있다.

(1) 예방요령

- 성냥, 라이터 등은 어린이들의 손에 닿지 않는 곳에 보관한다.
- 성냥, 라이터, 폭죽놀이, 쥐불(깡통)놀이 등을 하지 않도록 단속한다.
- 어린이들에게 불에 대한 올바른 인식을 갖도록 교육시킨다.
- 어린이들에게 가스버너 등을 조작하도록 심부름을 시키지 않는다.
- 외출 시 화기의 안전점검을 하고 어린이들에게 불조심에 대한 주의를 환기시킨다.
- 어린이들에게 119 허위신고 또는 장난전화를 하지 못하도록 교육시킨다.

5) 가스화재

현대생활에 있어 가스는 사용하기에 편리할 뿐만 아니라 열량이 높고 공해가 적어 가정이나 직장 등에서 주 에너지로 사용되고 있으나 잘못 다루면 가스중독 또는 폭발을 동반한 대형화재를 유발시킨다. 따라서 가스배관과 연소기 등에 대한 정기점검을 철저히 실시하고 가스사용 안전수칙을 준수하여야 한다.

(1) 연료가스의 종류와 특성

- 액화석유가스 (LPG : Liquefied Pertroleum Gas)
  - 프로판과 부탄이 주성분으로 공기보다 1.5~2배 정도 무거워 누설되면 낮은 곳에 체류된다.
  - 주로 용기에 충전하여 사용하며 수도권 이외 지역의 도시가스로 공급되고 있다.
  - 화학공업의 원료로도 사용된다.
  - 순수한 LPG는 아무런 냄새나 색깔이 없으나 가정이나 영업소에서 사용하는 LPG는 누설을 쉽게 감지하기 위하여 마늘 썩는 냄새가 나는 부취제가 섞여 있다.

- 액화천연가스(LNG : Liquefied Natural Gas)
  - 메탄이 주성분으로 공기보다 0.65배 가벼워 누설되면 높은 곳에서부터 체류된다.
  - 액체온도가 -162℃ 이하로 냉열산업에 이용하고, 기화시켜서 전국적으로 청정연료인 도시가스로 공급되며 주로 화력발전 연료로 사용된다.

- 도시가스
  - 도시가스는 LPG, LNG, 납사 등을 주원료로 혼합가스를 만들어 파이프라인을 통

하여 계획 도시의 수요자에게 공급되는 가스연료

- 도시지역에서는 천연가스, 기타 지역에서는 LPG에 공기를 혼합한 가스를 사용하고 있다.

(2) 주요 원인

가스 사용에 따르는 화재의 주요 원인을 공급자와 사용자의 관점에서 구체적으로 살펴보면 〈표 5-1〉과 같다.

〈표 5-1〉 가스화재의 원인

공 급 자	사 용 자
• 용기밸브의 오조작 • 용기교체 작업중 누설화재 • 잔량 가스처리 및 취급 미숙 • 가스충전 작업중 누설폭발 • 고압가스 운반기준 미 이행 • 용기보관실 열원 사용 • 배달원의 안전의식 결여	• 실내에 용기보관 가스누설 • 점화 미확인으로 누설폭발 • 환기불량에 의한 질식사 • 가스 사용중 장기간 자리 이탈 • 성냥불로 누설확인중 폭발 • 호스 접속불량 방치 • 콕크 조작 미숙 • 인화성물질 동시 사용

(3) 예방요령

- 사용 전
  - 가스불을 켜기 전에 새는 곳이 없는지 냄새를 맡아 확인한다.
  - 가스 연소 시에는 많은 공기가 필요하므로 창문을 열어 실내를 환기시킨다.
  - 가스렌지 주의에는 가연물을 가까이 두지 않도록 한다.

- 사용 중
  - 점화용 손잡이를 천천히 돌려 점화시키고 불이 붙어 있는지 꼭 확인한다.
  - 조리 시에는 자리를 뜨지 않도록 한다.
  - 가스연소 시에는 파란 불꽃이 되도록 공기조절기를 조절하여 사용한다.

- 사용 후
  - 가스사용 후에는 콕크와 중간밸브를 반드시 잠근다.

- 장시간 집에 비울 때는 LPG 용기밸브나 도시가스 메인밸브까지 잠가둔다.
- 가스렌지는 자주 이동하지 말고 한 곳에 고정하여 사용한다.

• 평상 시

- 연소 시 버너헤드의 불구멍이 막히지 않도록 깨끗이 청소를 하고 호스(배관)와 이음새 부분에서 가스가 새지 않는지 비눗방울이나 점검액 등으로 수시로 누설여부를 확인한다.
- 이사할 경우 가스시설의 철거나 설치는 반드시 관할 도시가스 대행업자에게 의뢰하여 철거나 설치를 하도록 한다.
- LPG용기는 직사광선을 피해 보관하도록 한다.
- 휴대용 가스렌지를 사용할 경우 그릇이 바닥이 삼발이보다 넓은 것을 사용하지 않도록 하고 다 쓴 캔은 반드시 구멍을 뚫어 잔류가스를 제거하고 버리도록 한다.

• 가스가 누설되었을 때

- 누설을 발견한 즉시 콕크와 중간밸브, 용기밸브(도시가스는 메인밸브)까지 잠근다.
- 주변의 불씨를 없애고 전기기구는 조작하지 말아야 한다.
- 창문과 출입문 등을 열어 환기시키며, 빗자루나 방석, 부채 등으로 쓸어낸다.

6) 유류화재

유류는 인화성 물질로서 주로 석유류 등을 말하여 우리의 생활에 많은 도움을 주지만 화재위험이 높고 불이 붙으면 순식간에 확대되므로 취급에 세심한 주의를 기울여야 한다.

(1) 주요 원인

- 석유난로에 불을 끄지 않고 기름을 넣을 때
- 주유 중 새어 나온 유류의 유증기가 공기와 혼합된 상태에서 불씨가 닿을 경우
- 유류기구를 사용도중 이동할 때
- 불을 켜놓고 장시간 자리를 비울 때
- 난로 가까이에 불에 타기 쉬운 물건을 놓았을 때
- 튀김요리 중 튀김기름이 가열되어 넘치는 경우

(2) 예방요령

- 유류는 유류 이외의 다른 물질과 함께 저장하지 않도록 하고, 유류저장소는 환기가 잘 되도록 하고 가솔린 등 인화물질은 용도에 맞게 사용한다.
- 급유 중 흘린 기름은 반드시 닦아내고 난로 주변에 소화기나 모래 등을 준비해 둔다.
- 석유난로, 버너 등은 사용 도중 넘어지지 않도록 고정시켜 둔다.
- 튀김기름은 가열을 시작하여 15분 정도 지나면 발화하게 되므로 튀김요리 도중 절대로 자리를 비우지 말아야 한다.
- 석유난로, 버너 등은 사용 도중 넘어지지 않도록 고정시켜 둔다.
- 석유난로 주변을 깨끗이 하고 불이 붙은 상태로 이동하거나 주유해서는 안 된다.
- 보일러나 난방기구에 이상이 있을 때는 즉시 수리해서 사용토록 한다.
- 휘발유 또는 신나는 휘발성이 극히 강해 낮은 온도(겨울철)에서도 조그마한 불씨와 접촉하게 되면 순식간에 인화하여 화재를 일으키기 때문에 절대로 담뱃불이나 불씨를 접촉시켜서는 안 된다.
- 열기구 가까이에 가연성 물질을 놓아서는 안 되며, 한 방향으로 열기가 나가도록 되어있는 열기구는 가연물이 그 방향으로부터 적어도 1m 이상은 떨어져 있도록 해야 한다.
- 석유난로를 사용할시 주전자의 물이 끓어 넘쳐흐르면 불꽃이 튀기 때문에 위험하다.
- 열기구의 받침은 열을 전달받는 금속체를 피하고 석면과 같이 열을 받지 않는 것을 사용해야 한다.
- 주유소나 위험물취급 장소에서는 절대로 담배를 피우지 않도록 하고 불조심에 대한 교육을 실시한다.
- 실내에서 페인트, 신나 등으로 도색작업 할 때는 창문을 완전히 열어 충분한 환기를 시켜둔다.

7) 불티화재

각종 작업 시에 수반되는 불티는 예기치 않는 화재발생의 원인이 되며 발생원인에 있어서도 수위를 차지하고 있다. 따라서 작업 시에는 주위를 가연성 물질을 제거하도록 하고 소화기나 소화수를 비치하는 등 안전조치를 확인하고 작업해야 한다.

(1) 주요 원인

- 용접부주의로 불티가 가연물에 떨어져 화재 발생
- 용접물체가 가열되어 주위의 가연물에 착화되어 화재발생
- 모닥불, 소각장 등의 불티가 바람에 날려 화재발생
- 배관의 용접 또는 절단시 배관의 보온재료에 불티가 옮겨붙어 화재발생
- 용접작업장 인근에 방치되어 있는 위험물, 가연물 등에 불티가 튀어 화재 발생

(2) 예방요령

- 용접작업이나 쓰레기를 소각할 때는 소화기나 소화수 등을 비치하고 작업한다.
- 용접작업장 부근의 연소위험이 있는 위험물, 가연물을 제거한 후 작업한다.
- 천정 부근에서 용접작업 시 불티가 떨어져 화재위험이 없는지 확인한다.
- 모닥불, 소각장 등에서는 재연소 발화 위험물을 없애고 완전소화를 재차 확인한다.
- 쓰레기나 문서 등을 소각할 때는 감시인의 책임 하에 안전하게 한다.

4 소화기 및 소화전 사용법

화재는 무엇보다 발생초기에 진압을 하는 것이 가장 중요하다. 화재를 초기에 진압할 수 있는 소화기는 화재로 인한 피해를 최소화 할 수 있다. 소화기 사용법을 제대로 학습하면 화재 시 소화기 사용에 자신감이 생길 수 있다.

1) 소화기의 사용 및 관리

(1) 종류

ABC 소화기는 모든 화재에 사용이 가능하며, 하론 소화기와 탄산가스 소화기는 전기 절연성이 좋고 소손이 없으므로 통신기구, 컴퓨터 설비 등 오손을 피해야 하거나 소화기 사용 후 정비 또는 수리가 곤란한 대상에 적당하다.

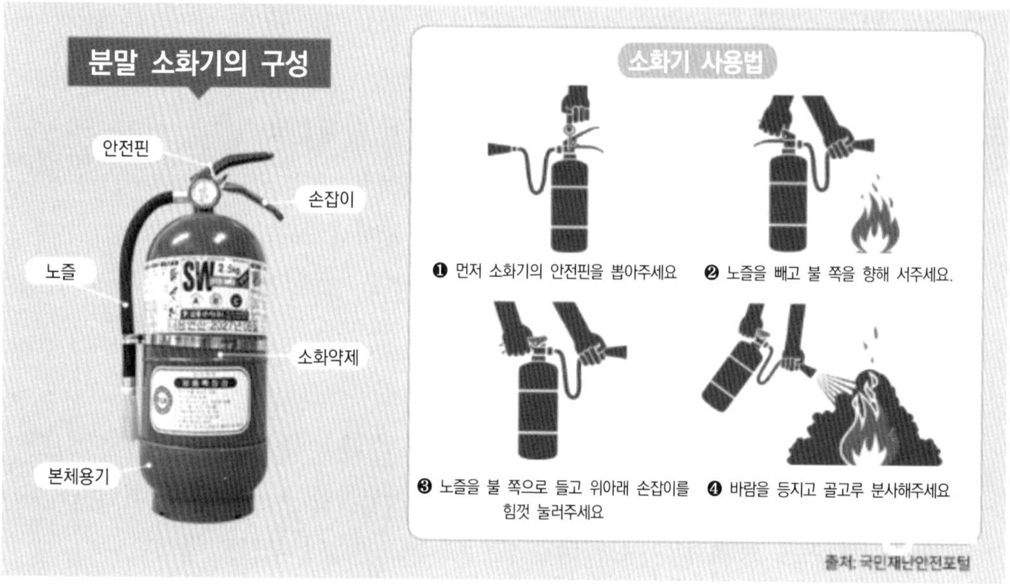

〈그림 5-9〉 분말소화기의 구조와 사용법

(2) 보관 장소

소화기는 습기나 직사광선을 피하여 사람의 통행에 지장을 주지 않으면서 여러 사람이 잘 보이는 곳에 받침대를 받혀서 바닥으로부터 1.5미터 이하의 장소에 보관하고 그 윗 부분에 소화기가 있다는 위치 표시를 하여야 한다.

- 주택·아파트 : 현관 또는 거실에 보관
- 사무실 : 사무실 내 출입구 또는 복도에 보관
- 음식점 : 카운터 옆 잘 보이는 곳에 보관
- 호텔, 여관 : 로비 및 복도에 보관

(3) 사용법

- 당황하지 말고 침착하게 화원이 있는 곳으로 소화기를 이동한다.
- 소화기의 안전핀을 뽑는다.
- 바람을 등지고 화점을 향하여 호스를 빼들고 손잡이를 힘껏 움켜쥔다.
- 불길 주위에서부터 빗자루로 쓸 듯이 골고루 방사한다.

(4) 관리 요령

- 분말소화기 : 한달에 한번씩 소화분말이 굳지 않도록 소화기를 거꾸로 뒤집거나 흔들어준다. 소화기 압력게이지의 압력지시 바늘이 빨간색, 파란색, 노란색 중 파란색에 있으면 정상이고 노란색으로 떨어져 있을 때는 소화약제를 밖으로 내보내는 압축가스가 부족하다는 표시이므로 정비해야 한다.
- 이산화탄소 및 하론 소화기 : 외부의 부식만 막아주면 영구적으로 사용할 수 있고 압력게이지는 분말소화기처럼 수시 점검하면 된다.

(5) 정밀점검

소화기는 한번 사용했다 하더라도 약제나 압축가스를 충전하면 다시 사용할 수 있으며, 이때 약제와 압축가스를 충전할 때에는 전문 소방시설공사업 면허를 받은 업체에서 정비하는 것이 안전하며, 아래와 같은 주기적인 정밀점검이 필요하다.

- 외관점검 : 압력게이지 정상 여부, 노즐 등의 외관점검은 매월 1회 이상
- 약제교환 : 최초 생산일로부터 5년이 경과 되면 점검 또는 교환
- 정밀점검 : 한번 검사를 받은 소화기는 이후 2년을 주기로 정밀점검

3) 옥내소화전 사용법 및 관리 요령

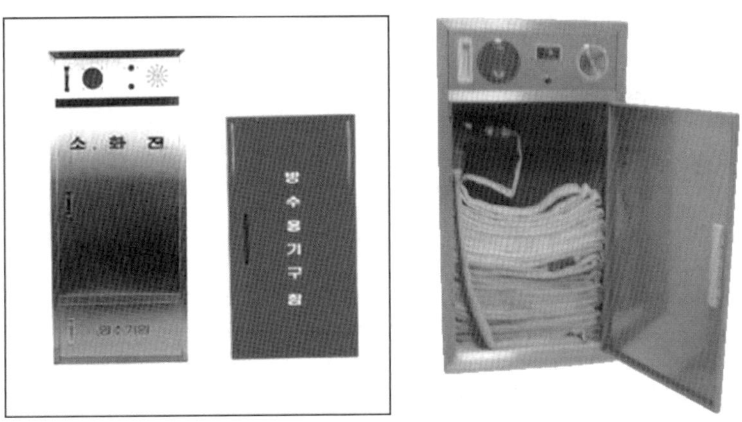

〈그림 5-10〉 옥내소화전함 및 방수용기구함의 내부

(1) 사용법

- 옥내 소화전 함의 문을 열고
- 결합된 호스와 관창을 화재지점 가까이 끌고 가서 늘어뜨린 다음
- 소화전함에 설치된 밸브를 시계반대방향으로 돌리면 물이 나온다.
  (단, 기동스위치로 작동하는 경우에는 ON[적색] 스위치를 누른 후 밸브를 연다.)

❶ 문을 연다. ❷ 호스를 빼고 노즐을 잡는다. ❸ 밸브를 돌린다. ❹ 불을 향해 쏜다.

출처: 소방청, 화재시 국민행동요령

〈그림 5-11〉 옥내소화전 사용 방법

(2) 관리요령

- 소화전함의 문을 열고 닫을 때는 충격이 가지 않도록 한다.
- 소화전함 내부에 습기가 차거나 호스에 물이 들어있지 않도록 주의한다.
- 호스가 꼬이지 않도록 잘 말아서 보관한다.

4) 화재로 오인할 행위의 금지

쓰레기 소각 시 발생하는 연기 또는 벌레 등을 제거하기 위하여 피우는 연막소독제 등을 화재로 오인하여 이웃주민이 119로 신고를 하는 경우가 잦다. 따라서 소방차가 현장에 출동하므로 소방력 낭비 및 교통체증을 유발하는 사례가 발생되므로 이에 대한 각별한 주의가 필요하다.

- 연막 소독제를 사용할 때는 관할 소방관서에 신고 후 사용한다.
- 대형 쓰레기를 소각할 때는 관할 소방서에 신고 후 소각한다.

5) 쓰레기 불법 소각

(1) 불법 소각이란?

폐기물 처리시설외의 장소에서 폐기물을 소각하는 행위를 말한다.

- 노천에서 폐기물을 소각하는 행위
- 소각을 위한 용기를 설치하고 폐기물을 소각하는 행위
- 난방을 위해 화목보일러 등에 페인트, 기름, 방부제 등이 묻은 목재나 생활폐기물을 소각하는 행위 등
- 깻대, 콩대, 고춧대 등 농업생산과정에서 기본 생산물 이외에 부차적으로 얻는 생산물인 농업부산물 등을 소각하는 행위

(2) 처벌 기준

불법소각 적발 시 폐기물관리법 제68조 제3항 제1호에 의거 100만원 이하의 과태료 부과의 처벌을 받게 된다.

생활 안전 관리

LIFE SAFETY MANAGEMENT

CHAPTER 06

자연재해

1. 자연재해의 요인 및 종류
2. 풍수해 예방 대책
3. 풍수해 대처요령
4. 폭염 대처 요령
5. 한파 대처 요령
6. 황사 대처 요령
7. 미세먼지 대처 요령
8. 지진 대처 요령
9. 가정에서의 방재 대책

1 자연재해의 요인 및 종류

1) 자연재해의 요인

우리나라 자연재해의 대부분을 차지하는 풍수해 및 한발이 연중 반복되어 인명과 재산상의 막대한 손실을 가져오고 있는데, 기후, 지형 및 지질 등과 같은 기상학적 및 지형학적 요인에 따른 재해뿐만 아니라 우리나라의 사회경제적인 발전과 변화로 인해 발생하거나 피해를 확대시키는 재해특성을 무시할 수 없다.

1960년대 이후 우리나라는 고도의 경제성장 및 인구증가에 따른 도시화와 공업화로 인해 도시 근교의 구릉과 계곡이 개발되고 전답이 매립되어 택지 또는 상공업지역이 되는 등 도시화가 급진전되었다. 급격한 도시화는 생활용수 및 공업용수를 비롯한 각종 소비수량을 증대시킴과 아울러 기후변화, 불투수성 지역의 증대, 지표면 조도의 감소 등과 같은 환경변화를 일으켜 호우에 의한 피해가 커질 뿐만 아니라 각종 재난의 대형화를 초래하는 요인이 되기도 한다.

(1) 기후의 변화

일반적으로 도시가 팽창되면 인구증가는 물론이고 산업발달과 교통량의 증가 등 인위적인 요인이 그 지역의 기후에 영향을 미치게 되어 대도시 특유의 기후 특성을 갖게 된다. 가장 현저한 것은 도시화에 따른 기온의 변화이며, 도시화에 따른 기온상승은 교외 지역보다 도심 지역이 상대적으로 더 높아 도시의 열섬 현상이 나타난다.

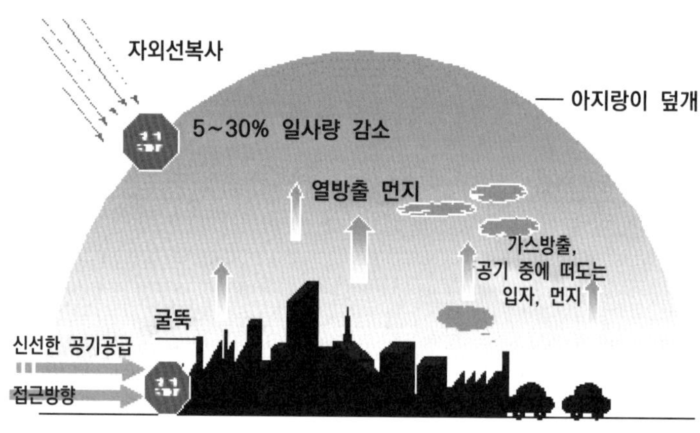

〈그림 6-1〉 도시 열섬 현상의 원인

(2) 우수 저류능력의 저하

도시화가 진행되면 도로, 주차장, 주택 등과 같은 불투수 면적이 증대하고 숲이나 논, 밭과 같이 물을 저류할 수 있는 면적이 줄어들어 우수 저류능력이 감소하게 된다. 그러므로 도시화는 불투수 지역의 증가를 초래하여 유출률을 증가시킨다.

(3) 지표면 조도의 감소

도시화로 인해 지표면은 평탄하게 되고 도로 및 주차시설 등의 포장으로 유수의 저항계수인 표면조도가 감소하게 된다. 이와 같이 지표면 상태의 변화에 의해 유출률이 증가하고 홍수 도달 시간이 단축되어 같은 우량이라도 도시화 이전에 비해 첨두유량이 증가된다.

(4) 생활용수량의 증가

인구증가에 따른 도시화로 생활용수나 공업용수 사용이 급증하게 되고 따라서 도시주변의 하천수와 지하수만으로는 부족하여 먼 곳에서 물을 공급하게 된다. 그러므로 도시지역은 해당 유역에 내린 강수에 추가하여 주변 지역에서 끌어들인 용수도 함께 처리하게 되므로 도시지역은 자연유역에 비해 유출량의 증가도가 높다.

2) 자연재해의 종류

(1) 태풍

북태평양 서부에서 발생하는 열대저기압 중에서 중심 부근의 최대풍속이 17㎧ 이상의 강한 폭풍우를 동반하는 바람으로서, 우리나라, 일본 등에서는 태풍이라고 말한다. 그렇다고 폭풍우는 반드시 태풍에만 동반되는 것이 아니고, 온대저기압에서도 발생하는 경우가 많다. 열대저기압(Tropical Cyclone)은 지구상 여러 곳에서 태풍, 허리케인, 사이클론 등 연간 80개 정도가 발생하고 있다.

아시아 각 나라 국민들의 태풍에 대한 관심을 높이고 태풍 경계를 강화하기 위하여 서양식의 태풍이름에서 아시아(14개국)의 고유이름으로 변경하여 2000년부터 사용하고 있다. 태풍이름 순서는 제출국가의 알파벳순으로 태풍이름 목록에서 각 국가별로 10개씩 제출한 140개가 각조 28개씩 5개조로 구성되고 1조부터 5조까지 순환하면서 사용된다.

우리나라에는 한 해에 평균 3회 정도의 태풍이 영향을 미치며, 여름과 초가을인 7~9월에 집중되어 있다. 특히 7~8월에 내습한 태풍이 67%에 이른다. 연평균 27개가 발생하며, 계절적으로 7~10월의 4개월간에 집중되어 있다. 우리나라를 지나는 태풍은 태평양에서 발생하여 초속 30m 이상의 강풍과 많은 비를 내리게 하여 큰 피해를 준다. 태풍으로 발생되는 폭풍, 홍수, 해일, 토사에 의한 재해는 태풍이 영향을 끼친 전 지역에서 피해를 일으키는 것이 아니라, 한정된 장소에서 발생하는 홍수로 인한 범람이나 산사태 등의 2차적 현상에 의하여 피해 양상이 직접적으로 좌우된다.

- 파랑(높은 파도) : 해안 침식, 항만 시설의 파괴, 해난 사고, 인명 피해
- 해일 : 침수피해, 논·밭 등의 바닷물 피해, 선박의 충돌·침몰, 제방·도로의 유실, 가옥의 파괴·유실, 인명 피해
- 수해 : 축대 붕괴, 산사태, 침수, 홍수, 인명 피해
- 풍해 : 정전, 전선 합선에 의한 화재, 선박유실·침몰, 철탑·가옥파괴, 인명 피해

월별태풍진로도 (Monthly thphoon tracks)

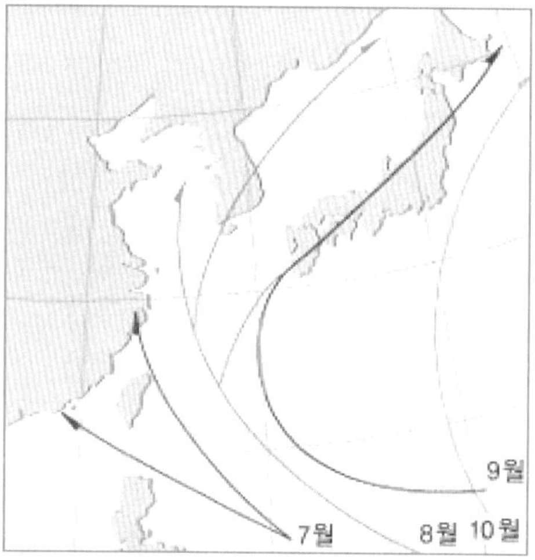

태풍내습경로도 (Typhoon tracks Distribution)

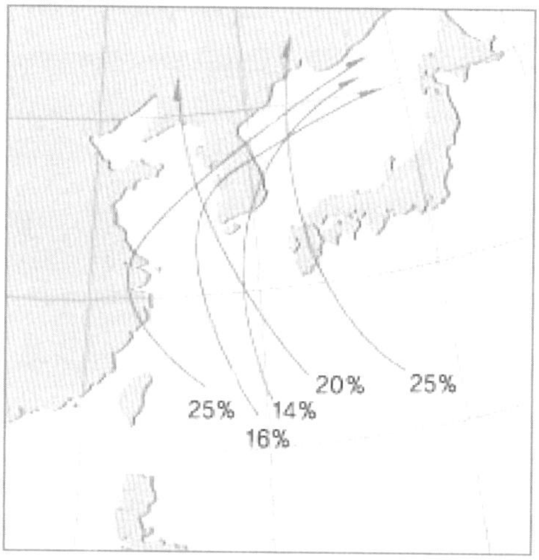

출처: 재난안전 대책본부

〈그림 6-2〉 월별 태풍 진로도 및 내습 경로도

(2) 홍수

홍수란 큰물 또는 강물이 넘쳐흐르는 자연현상으로 전 세계적으로 가장 많이 발생하는 자연재해이며, 우리나라에서 발생한 자연재해의 대부분이 홍수로 인한 피해이다. 우리나라의 홍수는 여름철 북태평양 고기압의 여향에 따른 장마와 폭우를 동반하는 태풍으로 인한

집중 호우에 의해 발생한다. 또한 대부분의 중소하천이 급류가 많고 호우가 하천유역에 집중되는 경향이 있으며, 우리나라의 산지는 풍화된 화강암과 편마암으로 구성되어 있어 수분 함유 능력이 적은데다 간벌이나 난개발로 인해 집중호우와 태풍 시 산사태와 토사 유출에 따른 피해를 가중시킨다. 특히 지속적인 산업화와 도시화의 결과로 토지 이용이 고도화됨에 따라 재해요인이 해마다 증가하여 이로 인한 영향도 광범위해지고 많은 피해를 입고 있다.

〈표 6-1〉 과거 주요호우 및 태풍피해현황

순 위(연도)		1위(2002년)	2위(1998년)	3위(1999년)	4위(1990년)	5위(1987년)
주요피해원인		집중호우 태풍(RUSA)	집중호우	집중호우 및 태풍(OLGA)	집중호우	태 풍 (THELMA)
구분	기간	8/4~8/11 8/30~9/2	7/31~8/18	7/23~8/4	9/9~9/12	7/15~7/16
통과구역	-		전국 (제주제외)			경남, 강원
최대풍속	m/s			완 도 : 46.0 무 안 : 41.0 광 주 : 39.6 마 산 : 37.0		제 주 : 19.0 완 도 : 21.0
최대 일강우량	mm	연 천 : 266 진 천 : 219 속 초 : 295.5 대관령 : 712.5 강 릉 : 870.5	강 화 : 481.0 보 은 : 407.5 양 평 : 346.0	철 원 : 280.3 춘 천 : 237.2	대관령 : 330.8 강 릉 : 297.5 수 원 : 276.3 원 주 : 250.5 서 울 : 247.5	제 주 : 163.6 완 도 : 139.1 고 흥 : 216.8 강 릉 : 173.5 부 산 : 135.7
주요피해지역	-	전국	전국 (제주제외)	전국	서울, 경기 강원, 충북	남해, 동해
이재민	인	71,204	24,531	25,327	187,265	99,516
사망및실종	인	350	324	67	163	345
건물	동	42,339	2,793	2,373	3,514	2,594
농경지	ha	19,890	7,796	3,879	7,796	9,669
농작물	ha	265,418	78,079	190,518	47,088	171,910
선박	척	104,816	22	582	528	4,851
공공시설	개소	44,515	20,664	14,251	16,253	47,957
기타	개소	440,968	7,165	8,107	671,310	4,002
피해액(천원)	02년	6,115,292,608	1,290,385,149	549,478,021	756,151,545	617,418,074
	당해		1,247,817,345	520,312,144	520,312,144	391,297,894

(3) 가뭄

가뭄은 오래도록 비가 오지 않는 날씨로 강수량보다 증발이나 증산작용의 결과 대기 중으로 빠져나가는 물의 양이 많을 때 발생한다. 농업에 가장 큰 피해를 입히는 자연재해로 물 분포에 심한 불균형을 초래해 농작물 피해, 하천수 감소를 일으키며 지하수 및 토양 내의 습기마저 고갈시킨다. 비가 오지 않아 물이 부족하면 곡식과 식물이 말라죽고, 식수를 비롯해서 세탁, 청소, 공업에 필요한 용수 등이 부족하게 되어 많은 피해를 입는다.

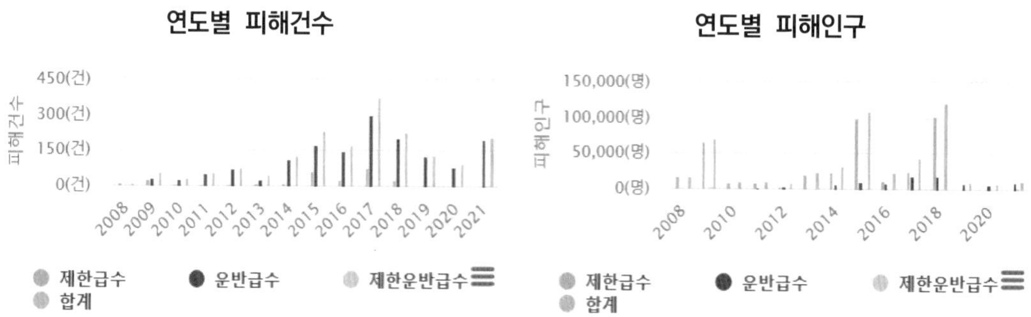

출처: 국가 가뭄정보포털

〈그림 6-3〉 주요 가뭄피해 현황

(4) 해일

폭풍이 일거나 태풍이 불 때 동반하는 강한 바람에 의하여 바닷물이 넘쳐, 바닷가에 사는 사람들이 많은 피해를 본다. 바닷물에 집이 부서지기도 하고, 배가 파손되기도 하며, 사람들이 바닷물에 쓸려 가기도 한다. 바닷가의 논밭이 바닷물에 잠겨, 농작물이 큰 피해를 입는다. 특히 지구온난화로 극지방의 얼음이 녹아내려 해수면 상승으로 인한 침수로 저지대 섬과 해안가는 너울성 파도, 폭풍해일, 해안 침식의 위협을 받고 있어 머지않아 사라질 운명에 처해 있다. 얼음이 녹게 되면 해수면을 높일 뿐 아니라 바닷물 온도 및 염분 농도의 변화를 가져와 지구 에너지 평형과 물 순환 과정에 영향을 미쳐 결과적으로 기후 생태계 변화를 더욱 가속화시키며 전 세계 기후에 막대한 영향을 미치게 된다.

우리나라도 2013년부터 2021년까지의 해수면 평균 상승률은 4.5mm로 점점 가속화되고 폭우나 폭풍 및 천문현상으로 인한 해일의 피해가 점점 증가되고 있다.

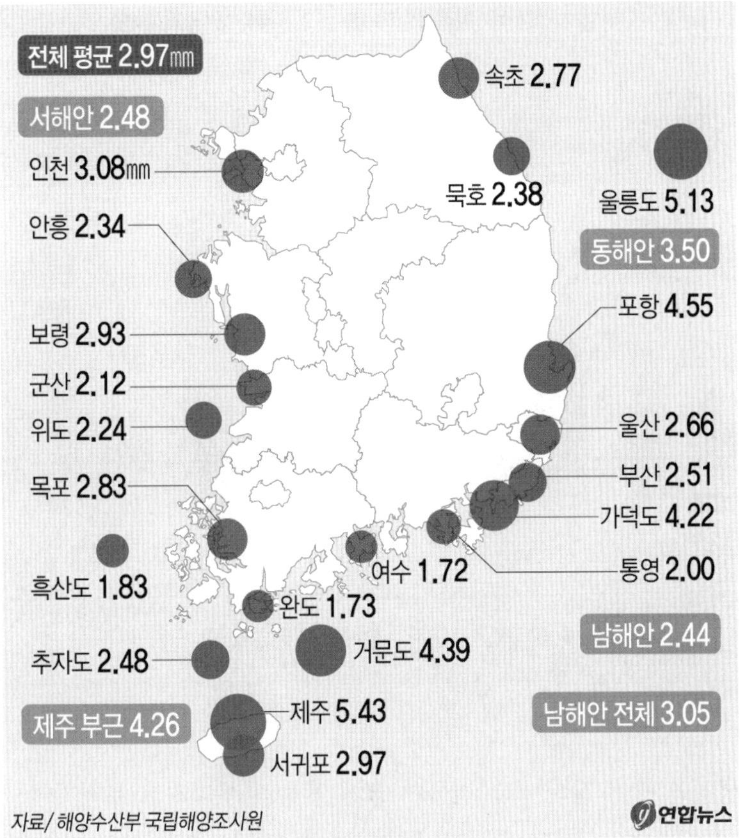

〈그림 6-4〉 우리나라 해수면 연평균 상승률(1989-2018 연안조위 관측자료)

(5) 산사태

빗물이 산지사면의 토양내부로 침투하여 포화도가 증가함에 따라 불투수층(암반)과 흙의 경계가 분리되어 토층(암반상층)의 흙이 떨어져 나가는 현상이 나타나는데, 빗물이 침투하여 흙은 무거워지는 반면 경계층의 마찰력은 저하되어 산사태가 발생하게 된다. 특히 장마철에 빗물이 땅 속에 많이 스며들어 지표면이 약해져서 큰 흙더미가 아래로 미끄러져 내려 건축물과 사람을 덮치게 되면서 주택이 부서지고 사람과 가축이 피해를 입는다.

지구온난화로 인한 집중호우의 빈발로 산사태 피해가 급증하고 있는데, 주로 8월과 9월에 집중적으로 발생하고 있다. 피해면적은 최근 10년간 총 2,603ha의 산사태가 발생하였고 복구비로 연평균 601.9억원이 소요되었다.

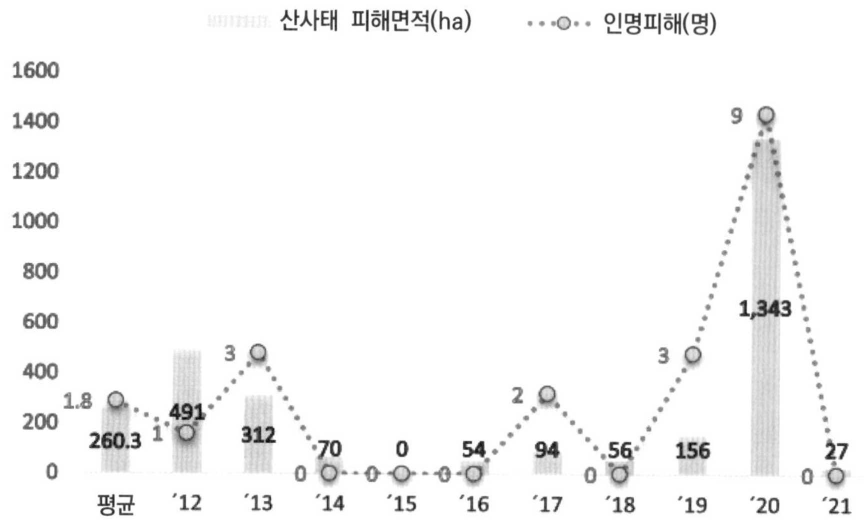

출처: 산림청 산사태정보 시스템

〈그림 6-5〉 최근 10년간 산사태 피해면적 및 인명 피해

(6) 지진

지진이 발생되면 땅이 갈라지고, 건물이 크게 흔들려 무너지고 부서지며, 많은 인적, 물적 피해를 입게 된다. 지진 관측이 시작된 1978년 이후 규모 5 이상의 지진은 총 10회 발생

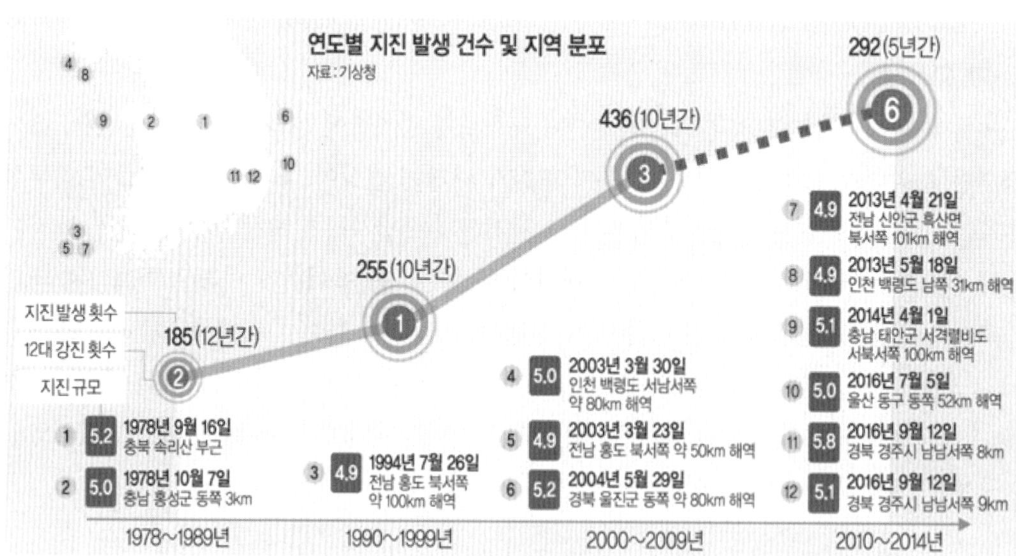

〈그림 6-6〉 우리나라 지진 발생 현황

한 것으로 관측되었으며, 규모 2.0 이상 지진의 발생은 연평균 약 50회를 나타났다. 이를 보면, 특정지역에 국한되지 않고 있으며 시간이나 위치에 있어서도 일정한 경향성을 보이지는 않고 있다. 그러나 2016년 9월 12일 경주에서 지진관측 사상 최대 규모인 진도 5.8이 발생함으로써 이후 한반도 지진활동이 활발해진 것으로 나타났다. 2017년 하반기부터 주춤해지면서 안정화되는 경향을 보였으나 2017년 11월 15일 규모 5.4의 포항지진이 발생하여 대학 수능시험이 일주일간 연기되는 초유의 사태를 초래하는 등 많은 피해가 발생하는 등 다시 증가하고 있다.

(7) 냉해

농작물의 성장에 필요한 기온 조건보다 온도가 낮아서 생기는 농작물의 피해를 말한다.

(8) 안개

안개는 대기 온도가 이슬점 온도로 내려가 지표면에 접해있는 대기중의 수증기가 응결로 작은 물입자가 되어 공중에 떠 있는 상태를 말한다. 고위도 지방에서는 겨울철의 안개가 주로 얼음입자로 되어 있는 경우가 많다. 오랜 기간 안개가 많이 끼면 햇빛이 차단되어 농작물이 잘 자라지 못하게 되고, 병에 대한 저항력이 약해져서 병에 잘 걸리게 되는 피해를 입는다. 특히 대도시에서는 매연과 화학물질이 안개와 결합하여 생기는 짙은 스모그는 시정을 극도로 악화시키고 아황산가스를 침체시켜 하층의 공기를 심하게 오염시키므로 호흡기 계동의 환자수가 급증하게 되고, 사망률도 높이는 결과를 초래한다.

(9) 우박

여름에 내리는 우박은 작은 얼음 결정체로서, 농작물의 잎에 떨어지면 잎에 구멍이 뚫리고, 과수원에는 과일 열매가 우박에 맞아 낙과되거나 상처가 나서 상품 가치를 잃게 되어 많은 피해를 준다.

(10) 눈사태

나무가 없는 산에 눈이 많이 쌓이면 위에서부터 눈덩이가 굴러 내려오면서 커지거나, 커다란 눈더미가 산사태처럼 아래로 미끄러져 내려와 주택과 사람을 덮쳐 집이 부서지고 사람이 깔려 다치거나 사망하는 등 많은 피해를 준다.

(11) 이상 기온

봄이 여름처럼 덥거나 다른 해보다 특별히 기온이 높으면 전염병이 많이 발생하고, 농작물이 썩거나 병에 걸려 많은 피해를 입게 된다. 이와는 반대로 기온이 보통 해보다 너무 낮아도 농작물이 자라지 못하는 등 냉해 피해를 입는다.

3) 우리나라 자연재해의 특성

우리나라의 자연재해는 유사 이래로 끊임없이 발생하고 있으며, 이로 인한 피해의 발생도 오늘날까지 되풀이되고 있다. 삼국시대부터 재난이 계속되어 이에 대처한 노력의 기록을 후세에 남기고 있는데, 유사 이래의 재난을 살펴보면 인위적 재난에 대한 기록은 별로 눈에 띄지 않고 자연적 재해에 대한 기록은 비교적 상세하게 기록되고 있다.

삼국사기에 따르면 삼국시대(신라, 고구려, 백제) 자연재해의 대표적인 원인은 한해, 수해, 질병, 풍해, 냉해, 지진, 낙뢰, 우박, 상해(霜害), 설해 등이 기록되고 있으며, 그 후의 기록도 자연재해의 원인이 바뀐 점은 별로 찾아볼 수가 없다. 삼국시대의 자연재해를 기상재해와 지진재해 및 동물재해 등으로 원인별 재해 빈도를 살펴보면, 한해, 수해, 풍해, 낙뢰, 우박, 상해, 설해 등의 기상재해가 전체 재해의 47%를 차지하고 있으며, 지진재해가 17%, 동물재해가 10% 등으로 되어 있다. 따라서 삼국시대의 재해 가운데 자연재해로 인한 재난이 전체 재해의 74%를 차지하고 있어 우리나라에서 발생하는 자연재해의 비중을 짐작케 하고 있다.

근래에 와서는 국지적인 집중호우, 태풍, 해일 등 이상기후 현상에 의한 자연재해가 대종을 이루고 있는 것은 예전과 마찬가지이며 해가 갈수록 그 양상이 다양화되고 있다. 또한 급격한 도시팽창 및 각종 산업시설의 단지화와 유수지 등의 상대적 감소는 유출량의 증가를 가져와 피해도 점차 대형화되어 가는 추세에 있다.

(1) 1960년대 이전(1916~1959년)

이 기간 동안은 근대적인 재해대책이 이루어지지 않은 시기로서 재해상황의 기록이 누락된 연도도 있다. 이 시기 중 재해로 인하여 가장 피해가 극심하였던 1936년도는 총 피해액은 2,812억 원이었고, 인명피해는 1,916명에 달하였으며, 가장 작은 피해를 입은 해는 1939년으로 피해액은 1억 4천만 원이었다.

(2) 1960년대

1960년대에는 재해피해 중 농작물 및 농경지 피해가 압도적으로 큰 비중을 차지하고 있다. 재산피해 중 농경지 및 농작물 피해가 4,860억 원으로 전체 피해의 56%, 공공시설 피해액은 2,489억 원으로 29%이다. 이러한 현상은 당시의 국민경제가 제1차 산업인 농업에 기초를 두고 있었으며, 정부재정의 빈약성으로 공공시설이 상대적으로 적었기 때문이다.

(3) 1970년대

1970년대는 1960년대부터 시작한 경제개발 5개년 계획의 추진에 따라 산업시설이 증가하고 공공시설에 대한 투자가 증가함에 따라 풍수해에 의한 피해도 1960년대와는 달리 농경지 및 농작물 피해는 소폭 증가한 반면 공공시설의 피해가 급격히 증가하였다. 1970년대에는 농경지 및 농작물 피해가 5,997억 원인 42%로 60년대에 비하여 다소 증가한 반면, 공공시설 피해는 4,831억 원인 34%로 크게 증가한 것을 볼 수 있다.

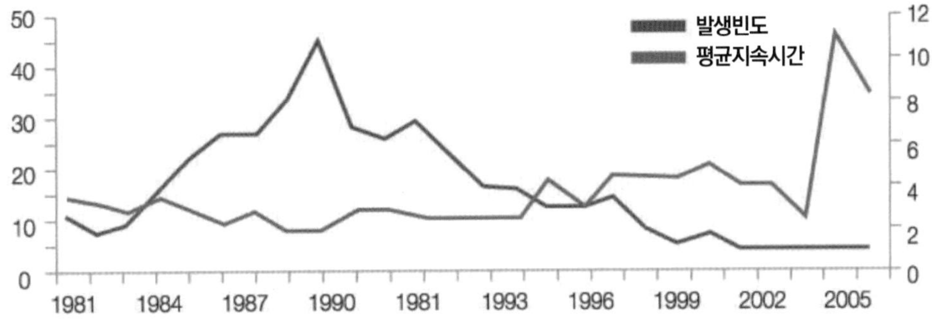

(2008, 보건복지부)

〈그림 6-7〉 우리나라 재해 발생의 빈도와 지속시간

(4) 1980년대

83년간(1916~1998) 연도별 피해액 우선 순위를 살펴보면, 1980년대의 5개년도(1980년, 1984년, 1986년, 1987년, 1989년)가 상위 10위권 안에 포함될 정도로 풍수해로 인하여 극심한 피해를 입은 연대이다. 특히 1987년도는 7월 15~17일의 태풍 셀마로부터 8월 30~31일 태풍 다이너에 이르기까지 7, 8월 두 달 동안에 두 차례의 태풍과 여덟 차례의 호우, 모두 열 차례의 풍수해가 발생하였는데, 정도의 차이는 있지만, 거의 전국에 걸쳐 인명피해 1,022명, 재산 피해액은 14,307억 원에 달하였다.

(5) 1990년대

1990년대는 '재해는 있어도 인명피해는 없다'는 기조하에 기상특보에 따라 예방적, 계획적 대피체제의 확립, 행정관리 범위 내의 시설 및 지역의 사전조치 강화 등을 실시토록 하는 신재해 대책의 도입 및 인명피해를 획기적으로 경감하기 위하여 피해발생 원인에 따른 대피계획을 사전에 수립, 기상정보 초기단계에서부터 재해피해 우려지역 주민을 대피토록 하는 '사전계획대피제' 등 정부에서 꾸준히 추진해 온 각종 재해예방 대책의 영향으로 인명피해가 크게 감소되었으나 피해액수나 규모는 이전의 경우보다 몇 배의 큰 피해가 발생하고 있다.

4) 기상정보의 활용

날씨는 우리의 생활과 밀접하게 관련되어 있어서 날씨 정보를 미리 알면 날씨에 알맞은 옷차림과 생활 계획을 세울 수 있고, 재해에 대비할 수도 있다. 기상청은 정규적인 기상예보 외에도 갑작스러운 기상변화가 예상되거나, 국민들에게 더욱 상세하게 날씨 변화에 대해 알려 줄 필요성이 있을 때는 '기상정보'를 발표하고, 악기상 발생이 예상될 때는 '기상특보'를 발표한다.

기상특보는 단계별로 주의보와 경보가 있으며, 기상특보 발표에 앞서 특보의 종류, 예상구역, 예상일시 및 내용 등의 정보를 미리 알려주는 예비특보를 발표하는데, 예비특보는 기상특보가 발표되기 수 시간 전에 발표된다.

〈표 6-2〉 주요 생활기상지수

자외선지수	위험 (11 이상)	매우높음 (8~10)	높음 (6~7)	보통 (3~5)	낮음 (1~2)
식중독지수	위험 (95 이상)	경고 (70~95 미만)	주의 (35~70 미만)	관심 (35 미만)	
열지수	매우높음 (54 이상)	높음 (41~54 미만)	보통 (32~41 미만)	낮음 (32 미만)	
불쾌지수	매우높음 (80 이상)	높음 (75~80 미만)	보통 (68~75 미만)	낮음 (68 미만)	
체감온도	위험 (-45 미만)	경고 (-45 ~ -25 미만)	주의 (-25 ~ -10 미만)	관심 (-10 이상)	
동파가능지수	매우높음	높음	보통	낮음	
대기오염소산지수	매우나쁨	나쁨	보통	좋음	

(1) 생활기상지수

생활기상지수는 기상청에서 제공하는 자료로, 기상조건에 영향을 받아 우리 일상에 크게 영향을 미치는 요소들을 지수화하여 그 정도를 나타낸 것으로 도시생활, 산업, 보건 등과 관련된 기상요소 지수를 제공하고 있다.

(2) 기상예보

기상청에서는 비나 바람, 눈 따위의 대기 가운데 일어나는 모든 현상을 관찰하고 측정한 자료를 토대로 기상 상태를 미리 헤아려 일정 시간을 기준으로 발표하고 있다.

〈표 6-3〉 주요 기상예보

종 류	내 용	발 표 시 기
일일예보	오늘, 내일 및 모레의 날씨	07:00, 19:00
기상개황	기상 개황 및 기상 특보사항 요약	00, 06, 12, 18시
기상통보	태풍 발표 및 기상 특보 사전 예고	수시
주간예보	발표일 3일 후부터 7일간의 날씨	매일
월간예보	월 기상 전망	매월 말경
계절기상	계절 기상 전망	2, 5, 8, 11월 하순

(3) 기상특보

기상특보의 종류는 <표 6-4>와 같다.

〈표 6-4〉 주요 기상특보

구 분		주의보	경 보
폭풍	육상	최대풍속 14m/s 이상 또는 최대순간풍속 20m/s 이상이 예상될 때	최대풍속 21m/s 이상 또는 최대순간풍속 26m/s 이상이 예상될 때
	해상	최대풍속 14m/s 이상이 3시간 이상 예상되거나 최대순간풍속 20m/s 이상이 예상될 때	최대풍속 21m/s 이상 3시간 이상 예상되거나 최대순간풍속 26m/s 이상이 예상될 때
호 우		24시간 강우량이 80㎜ 이상 예상될 때	24시간 강우량이 150㎜ 이상 예상될 때
폭풍우		폭풍주의보 기준에 시간당 20㎜ 이상의 비가 동반될 것으로 예상될 때	폭풍경보 기준에 시간당 30㎜ 이상의 비가 동반될 것으로 예상될 때

구 분		주의보	경 보
대설	특별시, 광역시	24시간 신적설이 5cm 이상 예상될 때	24시간 신적설이 20cm 이상 예상될 때
	일반지역	24시간 신적설이 10cm 이상 예상될 때	24시간 신적설이 30cm 이상 예상될 때
폭풍설		폭풍주의보 기준에 시간당 5cm 이상의 눈이 동반될 것으로 예상될 때	폭풍경보 기준에 시간당 10cm 이상의 눈이 동반될 것으로 예상될 때
해일	폭풍해일	폭풍, 저기압 등의 영향으로 해안지대에 침수가 예상될 때	폭풍, 저기압 등의 영향으로 해안지대에 상당한 침수가 예상될 때
	고조해일	천문조와 기상조의 복합적인 영향으로 해수면이 상승하여 해안지대의 침수가 예상될 때	천문조와 기상조의 복합적인 영향으로 해수면이 상승하여 해안지대에 상당한 침수가 예상될 때
	지진해일	대규모 해저지진에 의한 해일의 발생이 우려될 때	대규모 해저지진에 의한 해일이 발생하여 해안지대의 침수가 예상될 때
태 풍		태풍의 영향으로 폭풍, 호우 또는 해일현상 등이 주의보 기준에 도달 할 것으로 예상될 때	태풍의 영향으로 폭풍, 호우 또는 해일현상 등이 경보 기준에 도달 할 것으로 예상될 때
황 사		황사로 인해 1시간 평균 미세먼지(PM10) 농도 500㎍/㎥ 이상이 2시간 이상 지속될 것으로 예상될 때	황사로 인해 1시간 평균 미세먼지(PM10)농도 1000㎍/㎥ 이상이 2시간 이상 지속될 것으로 예상될 때

2 풍수해 예방 대책

기상과 기후 등의 영향으로 발생되는 자연재해로 매년 되풀이해서 발생되고 피해와 손실이 막심한 풍수해는 바람에 의해서 발생하는 풍해와 강우현상에 의해서 발생하는 수해를 뜻한다. 특히 집중호우가 태풍, 장마전선, 대규모 저기압 등에 동반되어 2~3일간 계속될 경우 많은 비로 인해 홍수나 산사태가 유발되어 많은 인명 및 재산피해를 가져온다.

1) 가정

- 집 주변에 비가 새거나 무너져 내릴 곳이 없는지 사전에 점검보수하고, 낡은 지붕은 비닐 등으로 단단히 덮고 묶어서 폭풍우에 날아가지 않도록 해야 한다.
- 집 안팎의 하수구는 물론 배수구의 막힌 곳을 정비하고, 오래된 축대, 담장은 넘어질

우려가 없는지 미리 정비하고 위험한 곳은 표지판을 설치해야 한다.

- 만약의 사태에 대비하여 양수기, 손전등, 비상식량, 식수 등을 준비해야 한다.

2) 상습침수지역

- 주택이 수해상습지구, 고립지구, 하천범람 우려지구 등 어떤 지구에 속하는지 미리 알아 두고 대피로, 지정된 학교 등 대피장소, 헬기장을 반드시 파악해 두고 전화, 확성기 등 통신수단을 확보해야 한다.
- 가까운 행정기관의 전화번호는 온 가족이 알 수 있는 곳에 비치하고 이웃 간의 연락 방법을 강구해야 한다.

3) 농촌이나 산간지역

- 배수로를 정비하고 가건물, 비닐하우스 등은 버팀대를 보강하거나 단단히 묶도록 하고 위험한 급경사나 산사태가 날 위험이 있는 곳은 미리 둘러보고 위험이 있는 곳은 접근을 막는다.

4) 어촌 및 해안지역

- 수산양식 시설물을 점검하여 균열, 파손부분은 사전보수하고 어선의 통신장비, 항해장비, 구명장비 등의 기능을 점검하여 유사시 즉각 사용 할 수 있도록 한다.

5) 도시지역

- 천둥이나 번개가 내리칠 때는 외부에 나와 있거나 보행을 자제하고, 상가 간판 낙하 등에 주의하여 차량과 인명피해가 없도록 사전에 대비한다.

6) 등산, 해수욕장, 낚시터, 야영장 등

- 라디오를 휴대하여 기상청취를 습관화하고 기상악화시 스스로 판단하는 자만심을 버리고 신속히 안전한 장소로 대피한다.

7) 각종 공사장

• 배수시설 및 양수기 등 응급대책에 필요한 수방물자를 비축하고 취약요인에 대한 일제점검 및 정비를 실시하여 안전사고를 미리 막도록 한다.

2 풍수해 대처 요령

1) 호우발생 시 대처요령

우리가 겪는 재해 중에서 매년 반복해서 인명과 재산상의 막대한 손실을 가져오는 것은 기상재해이며, 이중 대부분을 차지하는 것을 풍수해이다. 우리나라에서 발생하는 풍수해는 거의 대부분이 여름철에 장마나 단시간의 집중호우 또는 강한 비바람을 동반하는 태풍까지 겹쳐 피해가 크다. 이에 따라 계획적이며 사전 예방적인 차원의 재난대책을 통해 피해를 최소화해야 하며, 만일의 경우 재해를 당했을 때 어떻게 대처해야 할 것인가를 알아두는 것이 절대 필요하다.

(1) 가정에서의 대피요령

• 라디오, TV를 통해 기상특보상황을 계속 경청하고 주택의 안전상태를 재점검한다.
• 노약자나 어린이는 외출을 삼가고 모든 가족은 일찍 귀가한다.
• 축대나 담장, 배수로 등을 재확인하고 붕괴위험이 있는 시설물에는 접근하지 않는다.
• 물에 떠내려갈 위험이 있는 물건은 단단히 묶어두거나 가옥옥상 또는 고지대로 미리 옮겨 놓는다. 가전제품의 경우 코드를 모두 뽑고, 코드에 비닐테이프를 붙인 후, 비닐로 포장을 하여 물이 스며들지 않게 한 후 높은 곳에 올려서 보관하며, 이불, 옷 등은 젖지 않도록 비닐로 포장한 후 선반이나 옷장 위 등 높은 곳에 보관한다.
• 침수위험이 예상되면 긴급대피나 물품운반을 위해 방수운반도구를 확보해 둔다.

(2) 보행자 및 차량운행 시 대처요령

• 천둥·번개 시 우산을 쓰지 말고, 전신주나 큰 나무 밑, 높은 곳, 들판 등은 위험하므로 낮은 곳이나 건물 안으로 대피한다.

- 도로상에 전선이 늘어져 있으면 감전우려가 있으니 다른 길로 돌아간다.
- 보행 시 하천변, 철탑, 고압전선, 웅덩이, 오래된 축대나 담장 등 위험한 곳에 접근하지 말고, 냇가나 침수지역을 건널 때는 모험심에 의한 무리한 행동은 삼간다.
- 차량운행 시 평소 잘 아는 도로를 이용하여 저단기어로 운행하고 물에 잠긴 도로는 맨홀, 하수도 등의 위험이 도사리고 있으므로 가급적 피하며, 작은 개울이라도 물이 금방 불어나므로 안전한 도로를 이용한다.
- 침수도로나 계곡을 건널 때 엔진이 꺼지거나 차가 빠졌을 경우 즉시 하차하여 안전지대로 대피한 후 도움을 요청한다.
- 하천변에 주차된 차량은 안전한 곳으로 옮긴다.

(3) 등산, 야영, 낚시, 피서지 등에서의 대처요령

- 방송을 통해 수시로 기상정보를 파악하고, 기상악화 시 신속히 하산하거나 높은 지대로 피신한다.
- 계곡이나 개천가, 산사태 위험지역에서는 야영을 삼가고, 야영 중 계곡이나 하천이 넘칠 때는 무리하게 물건을 구할 생각을 하지 말고 신속히 대피한다.
- 하천변, 섬 주변에서 낚시하는 사람은 안전지대로 철수한다.
- 대피 중에 물이 불어난 계곡이나 하천을 모험심에 의해 무리하게 건너지 말고 우회로를 이용한다.

(4) 낙뢰 시 대처요령

- TV, 라디오, PC 등의 전원플러그를 뽑아두고 가능한 한 전기기구는 사용치 않는다.
- 철재 가재도구(싱크대, 스토브 등), 열어놓은 문이나 창, 전기 콘센트, 스위치 등에서 멀리 떨어진다. 특히, 피뢰침이 없는 목조건물에서는 전기기구의 배선, 수도·가스의 배관, 기둥 등이 뇌격의 통로가 되기 쉬우므로 이것들로부터 2m 이상 떨어져야 한다.
- 낙뢰는 주위보다 높은 곳에서 발생하기 쉬우므로 외딴집, 원두막, 큰 나무 아래, 능선, 언덕 등으로 피신하는 것은 위험하며 주위보다 낮은 곳으로 대피한다.
- 농기구, 공구, 우산, 자전거, 낚싯대, 골프채 등 금속제를 멀리한다.
- 들에서는 지면과의 접촉을 작게 하기 위해 팔꿈치와 무릎만 대고 그 자리에 엎드린다.
- 담장공사, 전화·파이프·전기공사 등은 중단하고 인부는 인근 가옥 내로 대피한다.

(5) 농촌·산간 지역의 대처요령

- 호우가 계속되면 이장, 통장, 반장, 민방위대장 등을 중심으로 비상연락망을 구축하고 재해대비 상황 등을 확인한다.
- 산사태 제방, 둑, 논두렁 등이 무너질 위험이 있으나 보수할 여유가 없으면 비닐로 우선 덮어둔다.
- 수리시설의 경우 계속된 호우로 만수가 될 때는 서서히 수문을 열어놓아야 하며 피해가 예상될 때에는 유도수로를 만들도록 하고 붕괴위험이 있는 수리시설의 하류주민은 사전에 대피하도록 한다.
- 산간 지역에서는 서로 연락이 가능하도록 사전조치를 취하고 외딴 가옥에 위험이 예상될 때는 경보발령 즉시 가까운 마을로 대피하도록 한다.

(6) 어촌·해안지역의 대처요령

- 선박의 경우
  - 항해중인 선박은 태풍진로를 계속 파악하고 가까운 안전지대나 항·포구로 대피한다.
  - 선박의 문, 어창덮개, 현창, 창고문 등을 막고 다른 배와 정보를 교환하여 항로변경 여부를 검토하고 구명장비의 기능상태를 점검한다.
  - 정박 중인 선박은 내륙안전지대로 반드시 양륙(揚陸) 또는 고정시키고 고무타이어, 로프 등 방충물을 부착하여 다른 선박과의 충돌 피해가 없도록 한다.
- 수산 증·양식시설의 경우
  - 해변가에 널어 둔 어망은 미리 거두어 안전한 곳에 보관·관리한다.
  - 사료공급량을 감소시키고 양식 생물의 이탈방지를 위하여 보호막을 설치한다.

(7) 공사현장에서의 대처요령

- 토목공사 현장의 경우
  - 작업을 중지하고 떠내려가거나 파손우려가 있는 기자재는 안전한 곳으로 이동시킨다.
  - 굴착한 웅덩이 등에 물이 고이는지 또는 무너질 우려가 있는지 확인한다.
  - 저지대 공사현장은 침수에 대비, 가배수로를 설치한다.
  - 주변 구조물이 무너지지 않도록 보강시설을 설치한다.

- 하천을 건너는 공사장에서는 상류지역 강우량을 지속적으로 파악, 수위상승에 대비하고 차량통제 등 필요한 조치를 취한다.

• 전기설비공사 현장의 경우
  - 돌발사고에 대비한 구역별 조작개폐기가 사전에 지정되어 있는지 확인한다.
  - 지정된 개폐기 조작시험 및 구역별 정전시험을 실시하고 비상전원이 확보되어 있는지 확인한다.
  - 휴즈 및 케이블 등의 예비품을 준비하고 조작용 안전장구를 비치한다.

2) 긴급사태 발생 시 행동요령

긴급사태가 발생하면 관계기관의 지시에 따라 신속히 행동하고 예찰활동, 응급복구, 구호 및 방역, 인명구조 활동 등에 자진 참여해야 한다. 이웃집, 인근 제방, 수문, 하천, 산림 등에서 위험한 곳을 발견하면 관계기관, 통행인 또는 이웃들에게 알리며, 피해발생이 예상되는 지역은 차량 및 통행인의 출입을 제한한다. 집이 침수되었을 때는 수도, 가스, 전기 등을 차단한다. 전염병 예방을 위해 집안·밖을 소독하고 물을 끓여 마셔야 하며 상한 음식은 절대 먹지 말도록 한다.

(1) 침수지역 및 위험지역에서 고립되었을 경우

• 당황하지 말고 지붕 위나 옥상 등 높은 곳으로 대피한 후 자기의 위치를 알린다.
• 구조대가 도착하기 전에 침수위험이 있으면, 부유할 수 있는 스티로폼 상자 등으로 뗏목을 만들거나 튜브 등 구명환을 이용하여 탈출한다.

(2) 등산, 야영, 피서 중 조난당했을 경우

• 당황하지 말고 동굴, 바위 밑 등 안전한 곳이나 구조대가 발견하기 쉬운 곳으로 대피한다.
• 옷가지를 높이 매달거나 넓게 펼쳐서 표시하여 자기 위치를 알리도록 한다.
• 과도한 체력소모는 위험을 가중시키므로 안전한 대피장소에서 구조대를 기다린다.
• 대피장소에서는 체온유지 및 보온에 노력하고 조난의 장기화에 대비하여 비상식량을 적절히 조절하여 사용한다.

(3) 긴급대피 시 행동요령

- 당황하지 말고 지휘자의 지시에 따라 여러 명이 함께 지정된 대피소로 이동하며, 이동 시 비상용품을 휴대하여 정해진 길로 가고 이동 후에는 인원점검을 실시한다.
- 집안의 가재도구에 대한 미련을 버리고 도로의 침수, 넘어진 나무, 늘어진 전선 등으로 고립당하지 않도록 빨리 대피한다.
- 수해상습지역이나 고립지역에서 다른 곳으로 이동할 수 없을 때에는 신속하게 높은 지대로 대피한다.
- 부득이 하천을 건너야 할 때는 물이 차바퀴의 2/3 이하에서만 저단기어로 건너고 머플러가 물에 잠기지 않도록 조심하여 건넌다.

(4) 호우가 지나간 후의 대처요령

- 침수되었던 집안에서는 가연성 또는 폭발성 물질이 차 있을지 모르니 공기를 환기시킨 후에 들어가야 되고 수도관과 가스관의 밸브가 안전하게 잠겨 있는지 확인한다.
- 젖어있는 전기설비에 함부로 손대지 말고 관계기관에 신고하여 지도에 따른다.
- 붕괴지역은 위험이 있는지 우선 확인한 후 가옥 및 주변의 피해시설을 응급복구한다.
- 파괴된 상·하수도는 발견하는 즉시 관계기관에 신고하고 수돗물은 안전하다는 통보가 있을 때까지 끓여 먹는다.
- 홍수로 오염된 물과 음식물은 신선해 보이더라도 먹지 말며 침수지역 우물은 완전히 퍼내어 새 물로 교체된 후 사용한다.

4 폭염 대처 요령

폭염으로 인체가 한계에 다다르면 사망할 수 있다. 정상적인 조건에서는 인체 내부의 온도조절장치가 땀을 내어 증발시킴으로써 몸을 냉각한다. 그러나 높은 온도와 습도 하에서는 증발이 느려서 인체가 정상적인 온도를 유지하기는 매우 어렵다.

대부분의 열적 혼란은 희생자들이 열에 과도하게 노출되거나 나이와 신체조건에 비해 과도하게 운동함으로써 일어난다. 어린이와 노인, 그리고 질환이 있거나 과체중인 사람들은 폭염에 보다 더 희생되기 쉽다.

구분	현재		개선
폭염주의보	**일최고기온**이 **33℃ 이상**인 상태가 2일 이상 지속될 것으로 예상될 때	⇨	**일최고체감온도**가 **33℃ 이상**인 상태가 2일 이상 지속될 것으로 예상될 때
폭염경보	**일최고기온**이 **35℃ 이상**인 상태가 2일 이상 지속될 것으로 예상될 때		**일최고체감온도**가 **35℃ 이상**인 상태가 2일 이상 지속될 것으로 예상될 때

〈그림 6-8〉 폭염 특보 발령 기준

열과 관계된 병을 유발할 수 있는 조건은 바람이 불지 않고 대기가 오염된 조건인데, 도시지역에 사는 사람들이 전원지역에 사는 사람들보다도 폭염 피해의 위험에 더 심각하게 노출되어 있고 할 수 있다. 아스팔트와 콘크리트도 열을 더 오래 간직하고 있다가 밤에 열을 서서히 방출하여 야간의 높은 기온을 만들어 낸다.

1) 폭염에 대한 조치

- 에어컨을 설치하고, 필요하면 단열조치를 한다.
- 열을 밖으로 반사시키기 위해 임시로 알루미늄 은박을 판지에 붙여 커튼과 창문 사이에 설치한다. 그리고 찬 공기가 빠져나가지 않도록 문과 문틀 사이를 막는다.
- 커튼, 가리개, 차양막, 미늘창으로 아침이나 저녁 해를 받는 창을 막는다. 이런 것을 창밖에 설치하면 집안으로 들어오는 열을 80%까지 줄여줄 수 있다. 1년 내내 바람막이 창을 유지하도록 한다.
- 폭염 기간에는 전기를 절약한다. 사람들은 냉방을 위해서 더 많은 전기를 쓰는 경향이 있어 전력 부족이나 대규모 정전을 야기할 수 있다.

2) 폭염 비상사태 시 행동 요령

- 가능한 집안에 머무른다. 만일 냉방이 되지 않는다면 햇볕이 들지 않는 저층에 머무르고 바람을 통하게 하면 땀의 증발을 촉진하여 몸을 식혀줄 수 있다.
- 과도한 소금섭취를 피하며, 균형 있는 식사를 가볍고 규칙적으로 한다.
- 목마르지 않더라도 물을 규칙적으로 마신다. 심장·신장·간장 등에 질병이 있는 사람

은 수분이 많은 음식을 제한하여야 하며, 그렇지 않으면 체액 유지에 문제가 생길 수 있기 때문에 수분섭취를 하기 전에 의사와 상담하여야 한다.

- 알코올 음료섭취 제한 : 맥주와 알코올음료가 일시적으로 갈증을 해소해 주는 것처럼 느끼지만 실제로는 인체의 탈수를 더 유발한다.
- 절대로 밀폐된 차안에 어린이나 반려동물을 두지 않는다.
- 옷은 느슨하고 가능한 많은 피부를 가리게 입는다. 가볍고 밝은 색상의 옷은 열과 햇빛을 반사하고 정상적인 체온을 유지하는데 도움이 된다.
- 차양이 넓은 모자를 써서 얼굴과 머리를 보호한다.
- 햇볕을 지나치게 쐬지 않는다. 피부가 볕에 그을리면 스스로 식히는 능력이 저하된다. 차단 지수가 높은 자외선 차단제를 사용한다.
- 하루 중 가장 더운 시간대에는 강도 높은 작업을 피한다. 일을 함께하고 자주 쉬도록 한다.
- 하루에 최소한 2시간은 냉방이 되는 곳에서 지낸다. 만일 자신의 집이 냉방이 되지 않는다면 가장 더운 시간대에는 도서관, 학교, 영화관, 쇼핑몰, 그 밖에 지역 사회의 공공시설에서 지내도록 한다.
- 냉방이 안 되는 곳에서 혼자 지내는 가족, 친구, 이웃을 살핀다.

5 한파 대처 요령

한파(寒波)는 한랭한 공기가 유입되어 해당 지역의 기온이 평년보다 매우 낮아 추위가 심하여 일상생활에 지장을 줄 정도가 되는 상태를 말한다.

한파주의보

- 아침 최저기온이 **영하 12℃ 이하**가 2일 이상 지속될 것이 예상될 때
- 아침 최저기온이 전날보다 **10℃ 이상 하강**하여 3℃ 이하이고 평년값보다 3℃가 낮을 것으로 예상될 때

한파경보

- 아침 최저기온이 **영하 15℃ 이하**가 2일 이상 지속될 것이 예상될 때
- 아침 최저기온이 전날보다 **15℃ 이상 하강**하여 3℃ 이하이고 평년값보다 3℃가 낮을 것으로 예상될 때

〈그림 6-9〉 한파 특보의 단계와 발령기준

급작스런 기온 강하에 따른 건강이상이 발생하며, 수도계량기·수도관·보일러·배관 등 상하수도 및 난방시설의 동파로 생활에 지장을 초래하며, 농촌, 축사, 양식장 등의 피해가 발생한다. 10월에서 4월 사이에 다음 기준에 해당하는 급격한 저온현상이 예보되면 한파주의보나 경보가 발령된다.

1) 겨울철 건강관리

- 손가락, 발가락, 귓바퀴, 코끝 등 신체 말단부위의 감각이 없거나 창백해지는 경우에는 동상을 의심해야 하며, 심한 한기, 기억상실, 방향감각 상실, 불분명한 발음, 심한 피로 등을 느낄 경우 저체온증세를 의심하고 바로 병원으로 가야 한다.
- 급작스런 기온강하 시 심장 및 혈관계통, 호흡기계통, 신경계통, 피부병 등은 급격히 악화될 우려가 있으므로 유아, 노인이 있는 가정에서는 난방에 유의해야 하며, 혈압이 높거나 심장이 약한 사람은 노출과 보온에 유의하고 특히 머리부분의 보온에 신경써야 한다.
- 외출 후 손발을 씻고 과도한 음주나 업무로 인한 피로가 누적되지 않도록 하여야 하며, 당뇨환자, 만성폐질환자 등은 반드시 독감 예방접종을 실시하여야 한다.
- 동상에 걸렸을 때는 꽉 조이는 신발이나 옷을 벗고 따뜻하게 해주며 동상부위를 잘 씻고 말려야 한다.

2) 겨울운동 주의사항

- 운동 전 충분한 스트레칭을 실시하여 관절의 가동 범위를 넓힘으로써 부상을 방지하며, 준비운동 강도는 몸에서 약간 땀이 날 정도가 적당하고, 운동은 가능한 실내에서 하는 게 부상위험을 줄일 수 있다.
- 옷을 겹쳐 입되 많이 입지 말아야 하며, 고혈압 등 만성병 환자는 오후, 실내에서 운동하는 게 좋다.
- 겨울엔 체온 유지를 위해 10~15%의 에너지가 더 소비되므로 운동 강도를 평소의 70~80% 수준으로 낮추는 게 좋다.
- 술은 이뇨·발한작용으로 체온을 떨어뜨리므로 등산·스키 등 운동 중에는 음주를 해서는 안 된다.

- 운동 후에는 따뜻한 물로 목욕하고 옷을 갈아입는 등 충분히 보온하여 감기를 예방하여야 한다.

3) 수도계량기 및 수도관 보온

- 수도계량기의 보온을 위해서 보호함 내부는 헌옷 등으로 채우고, 외부는 테이프로 밀폐시켜 찬 공기가 스며들지 않도록 한다.
- 복도식 아파트는 수도계량기 동파가 많이 발생하므로 계량기 보온에 유의한다.
- 장기간 집을 비우게 될 경우 수도꼭지를 조금 열어 물이 흐르도록 하여 동파를 방지한다.
- 마당 및 화장실 등의 노출된 수도관은 단열 재질의 보온재로 감싸서 보온하며, 수도관이 얼었을 때는 헤어드라이 등으로 서서히 가열하여 녹이거나, 미지근한 물로 녹인다.

4) 보일러 배관 보온

- 보일러 밑의 노출된 배관은 단열 재질의 보온재로 감싸거나 헌 옷 등으로 감싸서 보온 한다.
- 장기간 외출 시에는 온수를 약하게 틀어 한 방울씩 흐르게 하여 동파를 방지한다.
- 관이 얼었을 경우 따뜻한 물이나 온열기(헤어드라이어 등)를 이용하여 서서히 녹인다.
- 장기간 집을 비울 때는 보일러의 "외출" 기능을 활용한다.

5) 외출 시

- 가급적 대중교통을 이용하며, 가급적 낮에 외출하고 혼자 움직이지 말아야 한다.
- 가족에게 행선지와 시간계획을 미리 일러두어야 하며, 되도록 간선도로를 이용하고 지름길이나 이면도로를 피해야 한다.
- 만약 자동차에 고립될 경우 가능한 수단을 이용해서 구조연락을 취하고 동승자가 있을 경우 체온을 이용하여 추위를 막아야 한다.
- 차례로 수면을 취하고 항상 한 사람은 깨어있어 구조에 대비하여, 야간에는 실내등을 켜 구조요원이 쉽게 찾을 수 있도록 하고, 구조요원이나 항공기의 식별이 용이하도록 색깔 옷을 눈 위에 펼쳐 놓도록 한다.

6) 자동차의 안전대책 등

- 도로의 결빙에 대비하여 스노우체인 등 예방 조치를 강구하고 시트를 높이고 앞유리 성애를 완전히 제거하는 등 시야를 넓혀 빙판길 등 만약의 돌발 사태에 대비하여야 한다.
- 미끄러운 길에서 출발 시 2단 기어에 반 클러치를 사용하고 바퀴가 헛돌지 않도록 앞바퀴는 직진상태로 출발하여야 한다.
- 곡주로에서는 미리 속도를 줄이고 기어변속을 금지하여야 하며, 빙판에서 멈출 때는 엔진브레이크로 속도를 완전히 줄인 후 풋 브레이크 사용하여 멈춰야 한다.
- 평소보다 저속 운행하고 차간거리를 확보하는 등 안전사고 예방운전을 하여야 하며, 스노우체인, 염화칼슘, 삽 등 자동차 월동용품을 사전 준비하고 부동액, 배터리, 각종 오일 등 자동차 상태를 사전에 점검 하여야 한다.

7) 전기분야

- 과도한 전열기 사용을 금지하고 대단위 아파트 단지 등에서는 전열기 사용 시 1시간 사용 후 15분 휴식을 생활화하여 변압기의 과부하를 방지하여야 한다.
- 인화물질을 전열기 부근에 두지 않아야 하며, 하나의 콘센트에 다시 여러 개의 콘센트를 연결하는 등 과도한 문어발식 플러그 사용을 금지한다.
- 전기 고장 시 즉시 한전에 신고하고 개인이 임의 조작하는 것은 금지하며, 퓨즈는 반드시 정품을 사용한다.

6 황사 대처 요령

황사란 중국과 몽골의 사막과 황토지대에서 발생한 작은 모래나 흙먼지가 편서풍을 타고 날아와 떨어지는 기상현상으로, 봄철에 약화된 시베리아 기단에서 분리된 이동성고기압이 동쪽으로 이동할 때 주로 나타난다. 황사현상이 일어나면 시계가 흐려져 교통에 영향을 주며, 노출된 지면이나 지물에 쌓이고, 기관지나 눈에 질환을 일으키기도 하여 생활에 많은 불편을 준다. 최근에는 반도체와 같은 정밀전자산업과 도료를 사용하는 조선 산업 등에도 심각한 피해를 주는 것으로 알려져 있다. 황사로부터 내 건강과 가족을 보호하기 위해서는 수시로 TV의 일기예보 시청, 라디오의 일기예보 청취 등 방송매체를 통해 「황사발생 기상정보」를 확인하거나 기상청 및 한국환경공단 AirKorea 홈페이지에서 대기정보를 수시 확인하여 신속하게 대처하여 피해를 최소화해야 한다.

1) 황사 발생 전

(1) 가정에서

- 황사가 실내로 들어오지 못하도록 창문 등을 점검하고 실내 공기정화기 및 가습기 등을 준비한다.
- 외출 시 필요한 보호안경, 마스크, 긴소매 의복 등을 준비한다.
- 포장되지 않은 식품 등은 운반 시 오염되지 않도록 위생용기 등을 준비한다.

(2) 학교 등 교육기관에서

- 기상청 등에서 발표한 기상예보를 청취·분석하여 지역실정에 맞게 휴업 또는 단축수업 등을 신중히 검토한다.
- 학생 비상연락망을 점검하고 연락체계로 유지하며, 휴업 조치 시 맞벌이 부부의 자녀에 대한 자율학습대책, 방과후 돌봄서비스 등의 계획을 수립한다.
- 학생 및 학부모를 대상으로 황사발생대피 피해예방을 위한 행동요령을 지도한다.

(3) 축산·시설원예 등 농가에서

- 운동장 및 방목장에 있는 가축의 대피를 준비하고, 노지에 방치, 야적된 사료용 볏짚 등에 대한 피복물을 준비한다.
- 동력분무기 등 황사세척용 장비를 점검하고 비닐하우스, 온실 등 시설물의 출입문 및 환기창을 점검한다.
- 제조업체 등 사업장에서는 자재 및 생산제품의 옥외야적을 억제하고, 불가피한 경우 포장 및 차단시설을 설치한다.

2) 황사 발생 중

(1) 가정에서

- 가급적 외출을 삼가되, 외출 시 보호안경, 마스크, 긴소매 의복을 착용하고, 귀가 후 손과 발 등을 깨끗이 씻고 양치질을 한다.
- 황사가 들어오지 못하도록 창문을 닫고 실내공기의 정화 및 가습기를 사용한 실내 적정 습도를 유지한다.
- 황사에 노출된 채소, 과일 등 농수산물은 충분히 세척 후 섭취한다.
- 식품가공, 조리 시 철저한 손씻기 등 위생관리로 2차 오염을 방지한다.

(2) 학교 등 교육기관에서

- 유치원과 초등학교의 실외활동 금지 및 수업단축 또는 휴업한다.
- 황사 발생기간 중 실외학습, 운동경기 등을 중지 및 연기 조치한다.

(3) 축산·시설원예 등 농가에서

- 방목장에 있는 가축은 축사 안으로 신속히 대피시켜 황사노출을 방지하고, 축사의 출입문 및 창문을 닫아 황사유입을 최소화하고 외부 공기와 접촉을 가능한 적게 한다.
- 노지에 방치·야적된 사료용 건초, 볏짚 등을 비닐, 천막 등으로 덮어주고, 비닐하우스, 온실 등 시설물의 출입문 및 환기창을 닫는다.
- 기타 제조업체 등 사업장에서는 생산공정 불량률 발생방지를 위해 작업일정을 조정하고 상품을 포장하며 청결상태를 유지한다.

3) 황사 종료 후

(1) 가정에서

- 실내공기의 환기 및 환경을 정화한다.
- 황사에 노출 및 오염된 물품 등은 충분히 세척 후 사용한다.

(2) 학교 등 교육기관에서

- 학교 실내·외 방역 및 청소를 통한 먼지를 제거하고, 학생건강 등 피해상황을 파악

하고 사후조치를 취한다.

- 감기, 안질 등 환자는 쉬게 하거나 일찍 귀가조치를 취한다.
- 황사발생 후 발생할 수 있는 전염병에 대한 예방접종 등을 실시한다.

(3) 축사 · 시설원예 등 농가에서

- 비닐하우스·축사 등 시설물, 방목장 사료조 및 가축과 접촉되는 기구류 등은 세척 및 소독을 실시하고, 가축이 황사에 노출되었을 때는 몸체에 묻은 황사를 털어낸 후 구연산소독제 등을 이용 분무소독을 실시한다.
- 황사가 끝난 후 2주일 정도 질병의 발생유무를 관찰하며, 구제역 증상과 유사한 병든 가축 발견 시 관계 당국에 즉시 신고한다.
- 기타 사업장에서는 황사에 노출된 자재, 제품 등은 세척한다.

7 미세먼지 대처 요령

미세먼지란 사람의 눈에 보이지 않을 정도로 아주 가늘고 작은 먼지 입자를 말하며 호흡 과정에서 폐 속에 들어가 폐의 기능을 저하시키고, 면역 기능을 떨어뜨리는 등 폐질환을 유발하는 대기오염물질이다. 대기 중 입자가 미세한 크기로 탄소성분(유기 탄소, 원소 탄소), 이온성분(황산염, 질산염, 암모늄), 광물성분 등 종류의 성분이 다양한 혼합물로 대기 중에 부유하는 분진의 직경에 따라 다음과 같이 구분하고 있다.

- PM10 : 1,000분의 10㎜보다 작은 먼지
- PM2.5 : 1,000분의 2.5㎜보다 작은 먼지, 머리카락 지름(약 60㎛)의 1/20 ~ 1/30

1) 발생 원인

미세먼지의 발생은 자연적인 원인과 인위적인 원인으로 구분되는데, 대부분 자동차, 발전소, 보일러 등에서 연료를 태워 발생하는 배출물질이 주요 원인이다. 그 외에 공사장이나 도로에서 날리는 먼지도 포함된다. 난방용 연료 사용이 증가하는 겨울철에 미세먼지의 발생량이 많으며, 국내뿐 아니라 국외에서 유입된 오염물질도 대기환경에 영향을 미친다.

황사와 미세먼지의 차이는 주로 발생 원인에 따른다. 황사는 바람에 의해 하늘 높이 올라간 미세한 모래먼지가 대기 순환을 따라 이동하다가 서서히 떨어지는 현상 또는 떨어지는 흙모래로 주로 자연적 활동으로 발생하고, 주로 칼슘, 철분, 알루미늄, 마그네슘 등 토양 성분으로 이루어져 있으나, 미세먼지는 황산염, 질산염, 암모니아 등의 이온성분과 금속화합물, 탄소화합물 등 연소 결과물인 유해물질로 되어 있다.

2) 미세먼지의 유해성

미세입자들은 먼지 핵에 여러 종류의 오염물질이 엉겨 붙어 구성된 것으로 호흡기를 통하여 인체 내에 유입될 수 있다. 국립환경과학원과 환경부 자료에 의하면, 미세먼지 PM10 농도가 120～200㎍/㎥ 경우 만성천식을 유발할 확률이 10% 증가하고, 201～300㎍/㎥의 경우 급성천식이 10% 증가하며, 미세먼지 PM2.5 농도가 36～50㎍/㎥ 경우 급성 폐질환이 10% 증가하고, 51～80㎍/㎥ 경우, 만성천식이 10% 증가한다고 밝혀졌다.

- 장기간 흡입 시, 입자가 미세할수록 코점막을 통해 걸러지지 않고 흡입 시 허파꽈리까지 직접 침투하기에 천식이나 폐 질환의 유병률, 조기사망률 증가에 영향을 줄 수 있다.
- 대부분의 연구를 따르면 장기적, 지속적 노출 시 건강영향이 나타나며 단시간 흡입으로 갑자기 신체변화가 나타나지는 않는다고 알려졌다. 그러나 어린이·노인·호흡기 질환자 등 민감 군은 일반인보다 건강영향이 클 수 있어 더 각별한 주의가 필요하다.

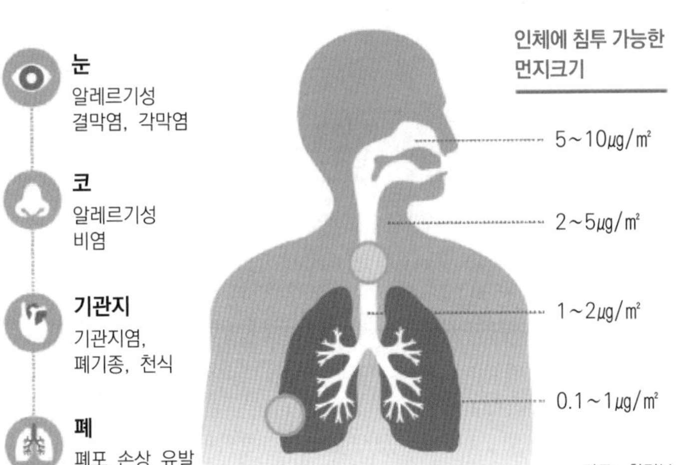

〈그림 6-10〉 미세먼지의 인체 영향

3) 예보 및 대처

대기 오염물질 파악을 위해 정부에서는 대기오염 측정망을 전국 500여 개소에 설치 운영하고 있다. 국립환경과학원에서는 미세먼지의 농도에 따라, '좋음', '보통', '나쁨', '매우 나쁨'으로 구분하고, '보통'의 경우 호흡기 질환자의 유의가 필요하고, '나쁨'의 경우 건강한 사람도 장시간 무리한 실외 활동을 자제하도록 하며, '매우 나쁨'의 경우 가능하면 실외 활동을 자제하도록 권장하고 있다.

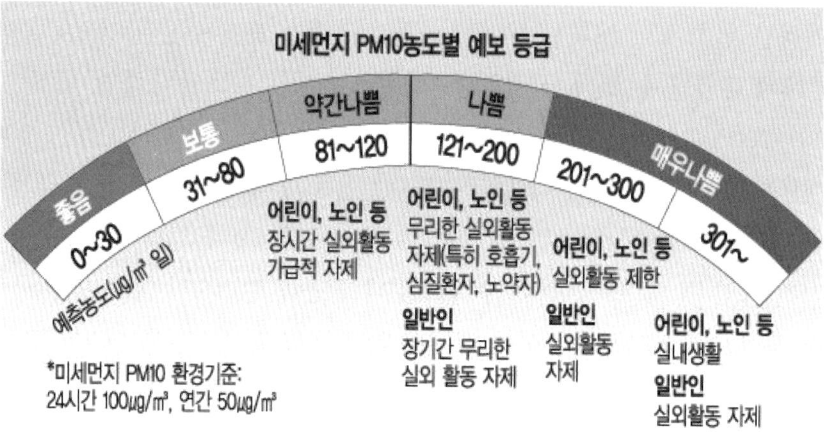

〈그림 6-11〉 미세먼지 예보 기준

◆ 주의보 시 행동요령

- 민감군(어린이·노인·폐질환 및 심장질환자)은 실외활동 제한 및 실내생활 권고
- 일반인은 장시간 또는 무리한 실외활동을 줄임(특히, 눈이 아프거나, 기침 또는 목의 통증이 있는 경우 실외활동 자제)
- 부득이 외출 시 마스크 착용(폐 기능 질환자는 의사와 충분한 상의 후 사용 권고)
- 교통량이 많은 지역 이동 자제
- 유치원·초등학교 실외수업 자제
- 공공기관 운영 야외 체육시설 운영 제한
- 공원·체육시설·고궁·터미널·철도 및 지하철 등을 이용하는 시민에게 과격한 실외활동 자제 홍보

◆ 경보 시 행동요령

- 민감군(어린이·노인·폐질환 및 심장질환자)은 실외활동 금지(실외활동 시 의사와 상의)
- 일반인은 장시간 또는 무리한 실외활동 자제(기침 또는 목의 통증이 있는 경우 실내생활 유지)
- 부득이 외출 시 황사 마스크 착용
- 교통량이 많은 지역 가급적 이동 금지
- 유치원·초등학교 실외수업 금지, 수업단축 또는 휴교
- 중·고등학교 실외수업 자제
- 공공기관 운영 야회 체육시설 운영 중단
- 공원·체육시설·고궁·터미널·철도 및 지하철 등을 이용하는 시민에게 과격한 실외활동 자제 홍보

8 지진 대처 요령

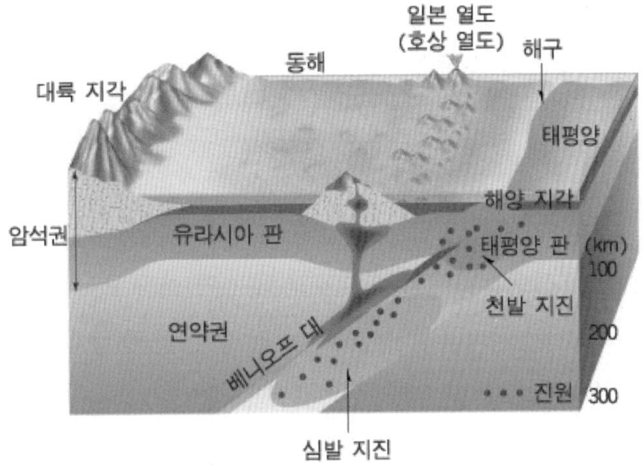

지진은 일시적으로 일어나는 지각변동으로서 급격한 단층운동에 의한 단층지진, 화산활동에 의한 화산지진, 지반의 함몰에 의한 함락지진 등이 있다. 우리나라에서 발생한 지진은 삼국시대, 고려시대, 조선시대를 거쳐 대체로 증가하는 추세를 보였으나, 각 시대의 지진기록이 다르기 때문에 한반도에서 발생하는 지진활동의 시간적 변화를 정확히 규명하기는 어렵다.

역사적인 기록에 의하면 15세기에서 18세기 사이에는 지진활동이 활발하였고, 특히 경주지역에서 발생한 지진으로 100여명이 사망했다는 기록이 있다. 19세기 이후에는 지진활

동이 중지되었다. 20세기에 와서는 쌍계사 지역에서 강진이 기록되었다. 또한 1965년 1년 동안 104회의 유감지진이 발생하였으며, 1978년 홍성에서 규모 5의 지진이 있었다.

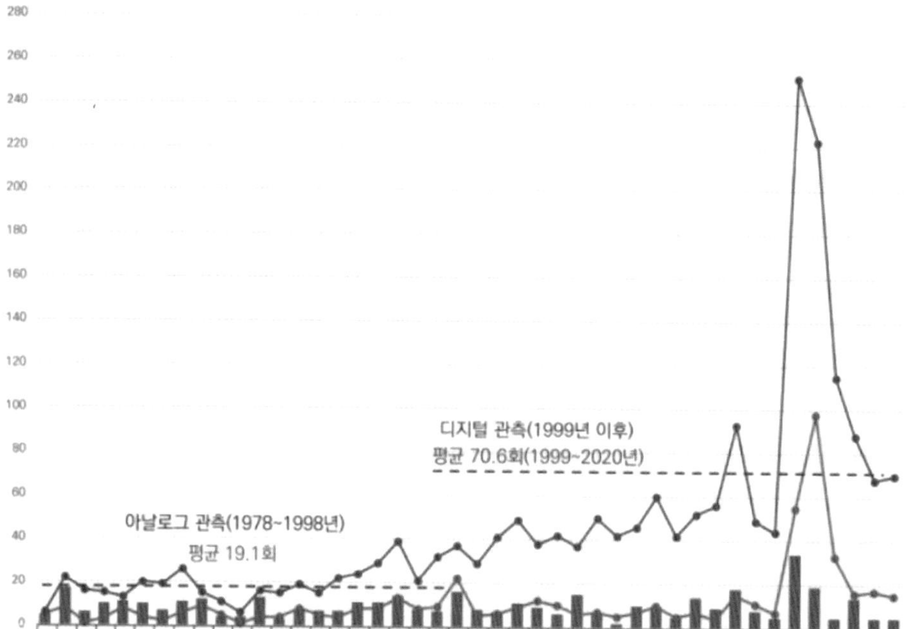

	78	79	80	81	82	83	84	85	86	87	88	89	90	91	92	93	94	95	96	97	98	99
규모 3.0 이상	5	17	6	10	11	10	7	11	12	4	4	13	3	7	7	7	11	11	14	8	7	16
체감지진	5	8	1	3	8	4	2	6	9	5	1	4	4	8	5	4	8	8	13	8	9	22
총횟수	6	22	16	15	13	20	19	26	15	11	6	16	15	19	15	22	24	29	39	21	32	37

	00	01	02	03	04	05	06	07	08	09	10	11	12	13	14	15	16	17	18	19	20	21
규모 3.0 이상	8	7	11	9	6	15	7	2	10	10	5	14	9	18	8	5	34	19	5	14	5	5
체감지진	5	6	9	12	10	6	7	5	7	10	5	7	4	15	11	7	55	98	33	16	17	15
총횟수	29	41	49	38	42	37	50	42	46	60	42	52	56	93	49	44	252	223	115	88	68	70

출처: 기상청 날씨누리

〈그림 6-12〉 우리나라 지진발생 현황(1978-2021)

우리나라의 지진활동 추세에 관해서는 예측이 거의 불가능하고, 도시의 광역화, 인구의 조밀화, 산업규모의 확대 등으로 지진에 의한 피해가 대형화되어 갈 것으로 예상된다. 그러므로 고층건물이나 핵발전 설비, 댐 설비 등의 중요구조물을 설치할 경우 지진에 대한 안전성 검토가 반드시 이루어져야 할 실정이다.

1) 지진 대비요령

(1) 가구시설 개선요령

- 가구가 쓰러질 것에 대한 대비책으로 L자형 버팀대, 철사 등을 사용하여 가구가 넘

어지는 것을 방지한다.

- 가구가 넘어져 출입문을 막거나 사람위로 넘어지는 것을 방지하기 위해 가구배치에 신경 써야 한다.

(2) 집주변의 점검

- 벽돌 벽에 금이 갔는지, 높은 곳에 화분이 놓여 있는지에 대해 점검한다.
- LPG 가스통은 지진발생 시에 대형화재를 일으킬 수 있으므로 잘 고정되어 있는지, 가스가 샐 염려가 없는지를 자주 점검한다.
- 지붕 기왓장이 잘 정리되어 있는지, 안테나, 에어컨 실외기 등이 떨어질 염려가 없는지를 점검한다.

(3) 지진에 대비한 점검사항

- 지진에 대비하여 피난로 및 피난절차를 확인하고 지진에 대비한 가족재해계획을 수립 하여야 한다.
- 피난에 대비한 비상물품(물, 음식, 라디오, 손전등, 속옷 등)을 준비하여 둔다.
- 소화기 사용법을 숙지하도록 하고, 평소에 재난대응 훈련에 참가하고 가상 지진을 체험해 보는 것도 필요하다.

2) 지진 시 행동요령

(1) 집안에 있을 때

- 사용되고 있는 불을 끈다.
- 테이블 밑으로 들어가 손으로 머리를 감싸고 몸을 보호한다.
- 비상출입문을 확보한다.
- 공포로 인해 밖으로 뛰쳐나가는 것은 위험하니 침착하게 상황을 살피고 행동해야 한다.

(2) 집밖에 있을 때

- 고층건물사이에 둘러 쌓여 있을 때는 창문유리나 간판이 떨어질 것을 대비해 머리를 보호하여 가까운 공원이나 공터로 대피해야 한다.

- 엘리베이터 안에 있을 때는 신속히 가까운 층의 복도로 대피해야 한다.
- 쇼핑몰은 대체로 안전하므로 당황하지 말고 직원의 지시에 따라 침착하게 행동해야 한다.
- 대중교통 이용 시에는 강한 충격에 자신의 몸을 보호하기 위해 손잡이나 기둥을 잡고 운전자의 지시에 따라 침착하게 행동한다.
- 영화관에서는 가방 등을 이용해 머리를 보호하고 엎드려 있어야 한다.
- 육교에서는 육교가 흔들리는 것에 대비해 기둥이나 벽을 잡고 엎드려 있어야 한다.
- 운전 중일 때에는 차를 멈추고 라디오 등을 켜고 방송에 귀를 기울여야 한다.
- 해변가나 강 하구에 있을 때는 지진해일의 위험이 있으므로 높은 지역으로 신속히 이동하여야 한다.

3) 지진 후 행동요령

(1) 화재예방 및 초기진압

- 모든 전열기를 끄고 가스 밸브를 잠가야 한다.
- 화재가 발생하면 소리쳐서 이웃에게 알리고 초기진압을 시도해야 한다.
- 초기진압에 실패하였다면 신속히 대피하여야 한다.

(2) 지진이 멈추었을 때

- 부상자를 확인하고 가옥의 파손정도를 확인한다.
- 지진이 멈추었다고 해도 여진이 발생할 수 있으므로 이에 대비하고 있어야 한다.

(3) 피난요령

- 공공방송에서 발표하는 정확한 정보만을 얻어야 하며, 유언비어에 속지 말아야 한다.
- 자동차를 이용하지 않고 도보로 대피해야 한다.
- 혼자 대피하는 것은 위험하니 이웃과 같이 대피하여야 한다.
- 모든 사람의 협력하여 구조활동에 참여하고 협동하여야 한다.

(4) 환자 응급처치

- 압박붕대 등을 사용하여 출혈환자를 지혈 시킨다.

- 화상을 입었을 경우 찬물이 가장 효과적이며, 화상으로 인해 생긴 물집을 터트리지 않는다.
- 심한 부상을 입었을 때는 즉시 병원으로 데려가 의사에게 보여야 한다.

9 가정에서의 방재 대책

일본 정부가 동일본 대지진을 계기로 재난 시 긴급 피난에 대비해 준비해야 할 생존물품 목록을 자국민들에게 권고하였는데, 영국 BBC방송이 일본 정부의 공식 권고 목록과 일본 남부 고치(高知) 현의 재난전문가 오노 세라 씨가 실제 자택에 보유한 물품 가운데 주요 품목을 소개하였다.

사고 유형	골든타임	내 용
항공기 사고	90초	기체에 불이 난 뒤 폭발하기까지 걸리는 시간
화재	5분	화재 발생 후 5분이 지나면 불이 급격히 확산돼 치명적인 인명피해 발생
심장정지·호흡곤란	4~6분	4~6분 내에 심폐소생술 등 응급조치 안 하면 뇌손상 시작
교통사고·추락으로 인한 중증 외상	1시간	내장 파열이나 신체 절단 응급 수술은 1시간이 지나면 소생 가능성 급감

국가적 대형 재난 대비 가정용 물품 목록 및 구비 요령	
재난 대비 물품	**구비요령**
• 쌀, 라면, 밀가루, 통조림 등 30일분 • 1인당 하루 약 4L의 식수 3일치 • 식기, 버너 및 부탄가스(15개 이상) • 배터리 포함한 라디오, 배낭, 양초 • 두툼한 옷과 튼튼한 신발 • 소독제, 해열진통제, 소화제, 핀셋, 붕대, 탈지면, 반창고	• 음식물은 가급적 조리가 필요없는 통조림으로 선택하고 유통기간 확인해 정기적으로 교체한다. • 라디오 배터리는 충분히 준비. • 보험증서, 계약서, 여권 등 중요 서류도 함께 챙겨야.

준비한 물품에는 물과 침낭 등 상식적으로 생각할 수 있는 재난용품 이외에 화장실과 물이 없는 곳에서 대소변을 처리할 휴대용 화장실과 오물 처리용 분말, 공중전화 이용에 필요한 동전, 응급신호를 보낼 때 쓰는 비상벨 등이 눈에 띈다.

우리나라에서도 고도화된 도시생활에 따른 사회적 재난과 기후변화로 인한 자연재난이 증가하고 있어 가정에서도 평상시에 다양한 재난 상황에 대비하여 통조림 등 식량, 간이취사도구, 식수, 보온용품, 구급약품, 랜턴, 라디오 등 필요한 품목을 미리 준비해 두면 위급상황에서 매우 유용하게 활용할 수 있다. 또한 가족 구성원들이 재난의 위험성을 이해하고 재난상황에 대처하는 방법과 절차를 마련하여 서로 공유하는 것이 바람직할 것이다.

① 기상예보 확인 및 재난방송 청취

- 평상 일기예보를 통해 악기상이나 기상의 급변 상황을 사전에 인지하고 대비한다.
- 재난방송을 통해 전반적인 기상 개황을 파악하고 피해를 줄일 수 있도록 대비한다.

② 가족 각자의 역할 분담

- 평상 시 예방대책상의 역할과 자연재난 시의 가족구성원 각자의 역할을 분담한다.
- 노약자, 병자, 유아 등이 있는 경우 누가 보호할지에 대하여 서로 상의한다.

③ 주택의 위험한 곳 확인

- 집 주위와 집안의 위험한 곳이 있는지 확인한다.
- 방치할 수 없는 위험한 곳은 우기 전에 보수하거나 보강을 시행한다.

④ 비상용품의 확인 및 확보

- 가족 구성원을 염두해 두고 필요한 물품이 준비되어 있는지 확인한다.
- 정기적으로 새로운 물품으로 교체하고, 담당자를 지정해 둔다.

⑤ 자연재난 시 비상 연락방법과 피난장소의 확인

- 가족과 헤어졌을 때의 연락방법과 피난장소를 확인한다.
- 피난 경로상의 위험지역에 대해 서로 상의하고, 사전에 이용하여 확인한다.

CHAPTER 07

가정안전

1 가정안전의 중요성

요즘은 사회 전반적으로 안전에 대한 관심이 그 어느 때보다 높다. 왜냐하면 사고는 예고 없이 우리 모두에게 불시에 다가오며, 일상을 무너뜨리고 우리를 불행하게 만들기 때문이다. 하지만 사고는 예측할 수는 없지만 여러 가지 방법으로 사전에 예방할 수도 있고, 사고에 따라 대처함으로써 그 피해를 줄일 수도 있다.

특히 우리가 살고 있는 사회의 기본집단인 '가정'의 안정이 보장됨으로써 우리는 안심하고 살아갈 수 있을 것이다. 인간의 발달단계로 볼 때, 타인의 도움을 필요로 하는 아동과 장애자, 노인들은 그들을 위한 별도의 안전대책이 필요하다. 가정은 이들의 안전을 위해 가능한 예방과 배려를 해주어야 한다.

1) 가정안전을 위한 생활태도

가정안전에서는 가족 모두가 서로 협조하고 서로를 이해하고 각자가 필요한 존재임을 확신할 때 가정의 모든 일과 가족원에게 관심을 갖게 된다.

가정안전이란 가족을 사고로부터 안전하게 지키는 것으로써, 항상 안전을 염두에 두고 위험요소를 찾아서 고치고, 비상시 취할 조치 사항을 미리 익히고 알아둘 필요가 있다.

2) 아동과 노인의 안전

(1) 아동

아동은 아직 무엇이 위험하고 안전한지 구별하지 못한다. 다만 그들은 호기심과 본능적 욕구에만 충실 한다. 무엇이든 입에다 넣고, 구멍이 있는 곳은 후비고, 낮고 좁은 공간을 좋아한다. 그리고 남을 생각하지 못하고 나만을 생각하는 자기중심적인 사고를 갖고 있는 것이 아동의 특성이므로 그로 인한 정신적, 신체적 사고가 많이 발생하고 있고, 그 후유증은 오래 남아 아동의 인생에 나쁜 영향을 주기도 한다.

또한, 맞벌이 부부의 증가로 아동을 돌봐야 하는 부모가 직장생활을 하면서 아동들이 위험한 곳 즉, 방에 혼자 있거나, 어린이집, 돌봄이방 또는 부모와 동반하는 경우 위험한 작업장의 이곳저곳에 방치되어 있다가 사고를 당하는 경우도 많이 발생하고 있다.

이러한 문제는 가정 내에서 해결할 수 있는 문제가 아니라 사회가 해결해 주어야 할 문제이다. 양성 평등의 시대인 만큼 부모 모두가 직장생활을 하는 경우 아이의 안전을 위해 부모에게 직업을 포기하라는 제안을 할 수 없기 때문이다.

〈표 7-1〉 어린이 안전사고 사망 유형별 현황

(단위 : 명)

구분	2014	2015	2016	2017	2018	평균
교통사고	80	103	87	75	54	79.8
추락	31	28	28	26	28	28.2
익사	36	28	19	24	18	25.0
화재	5	10	5	7	8	7.0
중독	2	0	1	2	4	1.8
기 타	61	56	56	62	51	57.2
합 계	215	225	196	196	163	199.0

출처: 통계청「사망원인통계」

〈표 7-2〉 위해발생장소별 현황(상위 10위)

(단위 : 건, %)

순위	장소(대분류)	2015	2016	2017	2018	2019
1위	주택	33,110(48.8)	34,228(49.6)	33,806(47.6)	38,141(53.0)	40,525(55.5)
2위	도로 및 인도	5,643 (8.3)	5,322 (7.7)	6,549 (9.2)	5,963 (8.3)	5,007 (6.9)
3위	숙박 및 음식점	3,554 (5.2)	4,041 (5.9)	5,094 (7.2)	5,012 (7.0)	4,813 (6.6)
4위	여가·문화·놀이시설	2,296 (3.4)	1,848 (2.7)	2,110 (3.0)	2,019 (2.8)	2,160 (3.0)
5위	교육시설	1,711 (2.5)	1,438 (2.1)	1,754 (2.5)	1,707 (2.4)	1,820 (2.5)
6위	스포츠/레저시설	1,142 (1.7)	1,009 (1.5)	1,186 (1.7)	990 (1.4)	1,152 (1.6)
7위	기타상업시설	1,921 (2.8)	1,860 (2.7)	1,806 (2.5)	1,481 (2.1)	1,131 (1.5)
8위	의료서비스시설	1,071 (1.6)	999 (1.4)	737 (1.0)	858 (1.2)	686 (0.9)
9위	쇼핑시설	949 (1.4)	803 (1.2)	1,492 (2.1)	751 (1.0)	602 (0.8)
10위	교통시설	422 (0.6)	477 (0.7)	494 (0.7)	518 (0.7)	503 (0.7)

출처: 2019년 어린이 안전사고 동향 분석(2020. 5.), 한국소비자원 위해정보국 위해예방팀

〈표 7-3〉 위해다발품목 상위 12개 현황

(단위 : 건, %)

구분(소분류)	2015	2016	2017	2018	2019
미끄러짐·넘어짐	6,877(27.3)	5,629(25.0)	6,859(26.7)	6,487(26.9)	6,258(25.1)
추락	4,464(17.7)	3,746(16.6)	4,550(17.7)	4,182(17.4)	5,312(21.3)
부딪힘	6,143(24.4)	5,722(25.4)	6,021(23.4)	5,562(23.1)	4,634(18.6)
눌림·끼임	1,840 (7.3)	1,836 (8.1)	1,804 (7.0)	1,613 (6.7)	1,841 (7.4)
식품 섭취에 의한 위해	558 (2.2)	844 (3.7)	1,315 (5.1)	1,479 (6.1)	1,325 (5.3)
충돌·추돌 등 물리적 충격	782 (3.1)	559 (2.5)	705 (2.7)	757 (3.1)	1,016 (4.1)
예리함·마감처리 불량	1,204 (4.8)	1,262 (5.6)	1,301 (5.1)	759 (3.1)	940 (3.8)
이물질(기타)	845 (3.4)	530 (2.4)	618 (2.4)	640 (2.7)	910 (3.6)
고온물질	765 (3.0)	870 (3.9)	753 (2.9)	661 (2.7)	748 (3.0)
이물질(플라스틱)	449 (1.8)	447 (2.0)	561 (2.2)	570 (2.4)	667 (2.7)
동물에 의한 상해	402 (1.6)	213 (0.9)	348 (1.4)	480 (2.0)	304 (1.2)
파열·파손·꺾여짐	167 (0.7)	275 (1.2)	251 (1.0)	226 (0.9)	233 (0.9)

출처: 2019년 어린이 안전사고 동향 분석(2020. 5.), 한국소비자원 위해정보국 위해예방팀

(2) 노인

노인은 신체적인 면에서도 급격한 쇠퇴를 가져오지만 그보다 심리적으로 더 많은 쇠퇴 경향을 가진다. 주위의 가족들은 그들이 건강을 잃지 않고 유지할 수 있도록 지속적으로 운동을 하거나 일을 할 수 있도록 도와주어야 한다.

일반적으로 호흡을 급격히 하는 심한 운동을 하지 못하고, 성인병, 골다공증 등의 신체적인 증상을 나타내고 있다. 이에 따라 적당한 식이요법이 중요하나 많은 사람이 다양한 약을 복용하고 이에 대한 부작용으로 사고를 당하는 경우도 많다.

2 가정 내 사고 발생의 위험요소

대형사고의 원인도 알고 보면 사소한 부주의에서 비롯되는 경우가 많고, 가정의 일상생활에서도 많은 위험요인이 방치된 채 무감각한 상태로 생활하고 있기 때문에 사회의 크고 작은 위험요인도 가정의 철저한 안전점검 태세가 습관화되지 않는 한 그대로 방치되어있는 셈이다. 가정에서의 안전을 위해 세부적으로 위험요인과 안전대책에 대해 잘 알고 있어야 한다.

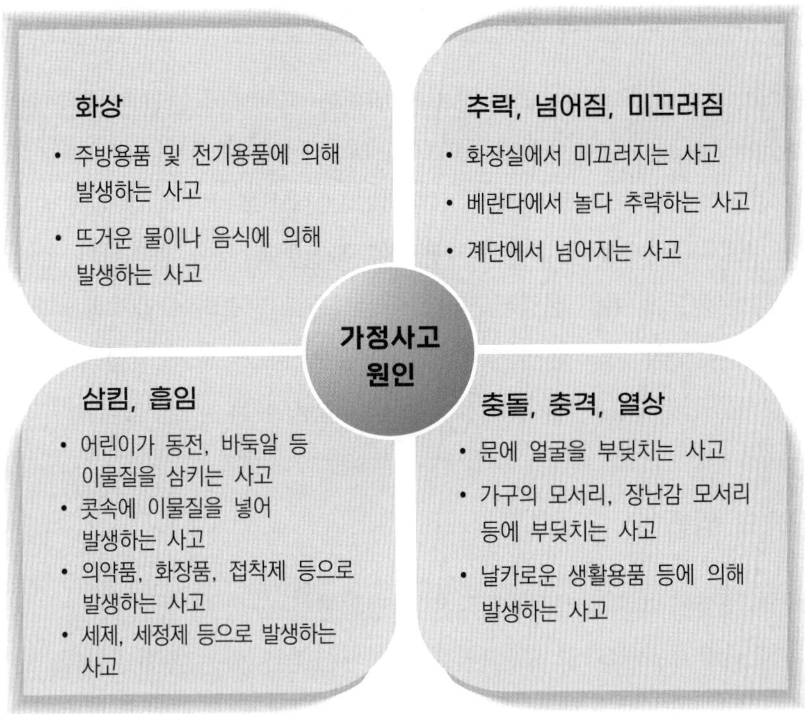

출처: 한국소방안전교육원

〈그림 7-1〉 가정 내 안전 사고의 발생 원인

1) 추락의 위험성

① 건물의 옥상이나 베란다에 설치된 난간의 상태가 견고한지 수시로 흔 들어 보며 점검한다.

② 계단의 안전난간 상태와 파손여부를 점검한다.

③ 계단의 입구와 꼭대기에서 추락할 위험이 없는지 점검한다.

2) 미끄러지거나 넘어질 위험성

① 방, 거실, 화장실, 주방, 마당 등에 기름이나 물이 흘러서 미끄러질 위험이 없는지? 바닥이 얼어서 미끄럽지는 않은지 점검 한다.

② 걸려 넘어질 장애물이 실내나 집주변에 흩어져 있지는 수시로 확인 한다.

3) 전기(전기쇼크, 전기화상 등)에 관한 위험성

① 어린이들의 손이 닿을 수 있는 장소에 위치한 콘센트에 안전 덮개를 씌웠는지 확인한다.

② 각종 전열기구(밥솥, 스팀다리미, 전자레인지, 에어프라이어, 선풍기, 냉장고, 세탁기 등)가 표준 규격제품인지 전력 사용량이 적절한지 등을 확인한다.

③ 한 개의 콘센트에 여러 전열기구가 문어발식으로 연결되어 있지는 않은지 점검한다.

④ 각종 전열기구의 코드 손상 여부, 접속부분의 마모, 열화 상태 등을 점검한다.

⑤ 전기 배선 연결부분의 접속 상태, 배선의 불량 유무 등을 점검한다.

4) 화재발생의 위험성

① 인화성 물질이 방치되어 있지 않은지 점검한다.

② 겨울철 난방기구에 과열 또는 연료 주입 시 불을 껐는지 확인한다.

③ 완전히 소화되지 않은 화구 주변에 인화성, 가연성 물질 근처에 버려져 있지 않은지 점검한다.

④ 유류, 연탄 및 가스보일러 등을 재사용하게 되면 미리 청소와 고장이 있는지 점검하고 전문업체에 의뢰하여 보수한다.

⑤ 가정용 소화기의 비치, 위치확인 및 작동방법을 숙지하고 있는지 점검한다.

5) 가스폭발의 위험성

① 가스밸브(콕크)의 점검요령 습득과 작동상태를 수시로 확인 점검한다.

② 가스용기의 설치 시 위치의 적합성과 안전캡이 부착되어 있는지를 점검한다.

③ 가스용기 압력계의 정상작동여부를 점검한다.

④ 가스레인지 연결부분의 가스누설 유무를 점검(비눗물 사용)한다.

⑤ 가스공급 호스의 노화 파손이나 손상 유무를 점검한다.

⑥ 가스폭발의 위험성 및 폭발방지에 관한 요령을 익힌다.

6) 보일러 가스 중독의 위험

① 보일러와 연통(굴뚝)의 균열 부분이 있는지 점검한다.
② 가스감지기의 정상작동여부를 점검한다.
③ 환기장치의 적합성, 설치 및 환기상태를 점검한다.

7) 기타 여러 가지 위험요인

① 선풍기의 안전망 설치여부 및 상태를 점검한다.
② 날카로운 못이나 칼, 가위 등 다칠 위험이 있는 물체가 아이들의 손이 닿는 곳에 방치되어 있지 않은지 점검한다.
③ 동전·약품·성냥·라이터·풍선·비닐 등 아이들에게 유해하거나 위험 할 수 있는 물질이 잘 관리되고 있는가 점검한다.
④ 승강기의 탑승방법, 조작방법, 비상 시 응급대처요령 등이 잘 습득되어 있는지 점검한다.
⑤ 등·하교 시의 교통안전, 놀이터에서의 안전, 자전거나 인라인스케이트, 퀵보드 등을 탈 때의 안전 교육이 잘 되어 있는지 점검한다.

3 가정 안전을 위한 제언

가정은 인간에게 가장 편안하고 안전한 곳이어야 한다. 가족 구성원을 비, 바람, 들짐승으로부터 안전하게 지켜주어야 한다는 것은 가정의 가장 기본적인 의미이다. 그리고 가족 구성원들은 가정의 안전을 지키고, 안전을 예방하고자 하는 노력이 있을 때 우리의 가정을 안전하게 지킬 수 있고 나아가 이 사회의 안전이 보장될 것이다.

가정에서의 소홀하기 쉬운 위험요소를 살펴보면 다음과 같다.

① 가구는 넘어지지 않도록 안전한 장소와 위치에 배치한다.
② 계단에는 난간 손잡이를 설치한다.
③ 손에 닿지 않는 곳은 사다리를 사용한다.
④ 전기기구의 코드는 걸어 다니는 곳에 설치하지 않는다.

⑤ 바닥의 과다한 광택은 미끄러질 확률이 높아 위험하다.
⑥ 엎질러진 물이나 기름은 즉시 닦아낸다.
⑦ 물건을 운반할 때 시야가 보이도록 한다.
⑧ 계단이나 통행이 빈번한 통로는 밝게 한다.
⑨ 부서진 마루나 마모된 바닥은 미리 수선하고 위험하거나 날카로운 모서리는 안전하게 대책을 세워 위험을 방지한다.
⑩ 샤워장이나 욕조에는 혹시 모를 위험에 대비해 손잡이를 설치하고 비누나 미끄러운 것을 바닥에 놔두지 말고 있는 즉시 치운다.

4 주거공간별 안전수칙

1) 방과 거실

① 이층 침대는 가급적 사용하지 않는 것이 좋다. 침대의 높이는 어린이들이 혼자서 오르내릴 수 있을 정도가 좋다. 또한 어린 아이의 침대에 충분한 높이의 보조 난간을 설치한다.
② 실내에 있는 가구도 때로는 사고를 유발한다. 책장, 옷장, TV 기타 무거운 물건들이 아이들을 향해 넘어진다면 심한 부상을 당하거나 때로는 목숨을 잃을 수도 있다. 따라서 높고 크며 무겁기까지한 책장은 벽에 붙여 고정하여 두고, 높은 곳에 아이들의 시선을 끄는 물건을 올려놓지 않는다. 어린이들이 높은 곳에 있는 물건을 꺼내기 위해 책장이나 장식장에 올라가다가 가구와 함께 넘어질 수 있기 때문이다.
③ 벽에 무거운 물건을 걸지 않는다. 특히 어린아이의 손이 닿는 곳에는 아무것도 걸지 않는다. 그림 액자를 포함하여 벽에 걸린 무거운 물건이 안전하게 걸려 있는지 수시로 점검한다.
④ 쉽게 움직일 수 있는 물건은 테이블 위에 놓아서는 안 된다. 왜냐하면 물건이 아이들의 머리위에 떨어질 우려가 있기 때문이다.
⑤ 창문의 모양에 따라 안전 고리를 설치하고 2층의 창문에는 반드시 안전망이나 난간을 설치한다.

⑥ 창틀위에 어린이용품을 올려놓지 않는다. 아이들이 이것을 꺼내기 위해 기어 올라가 사고가 날 수 있다.

⑦ 가위, 칼, 송곳, 못, 톱 등 날카로운 물건이나 공구는 어린이 손이 닿지 않는 곳에 보관한다.

⑧ 어린이 방에서 사용하지 않는 콘센트는 아이들이 젓가락과 같은 뾰족한 것으로 찔러 감전되지 않도록 막아놓는다.

⑨ 전열기구를 사용하지 않을 때는 밸브를 잠가두거나 플러그를 빼두어야 한다.

⑩ 거실 탁자 위에 담배나 라이터 등을 놓아두지 않는다.

2) 주방

① 주방의 바닥은 미끄럽지 않도록 광택제를 사용하지 말고, 물기가 있을 때는 즉시 닦아 낸다.

② 씽크대 문을 열고 닫을 때 아이들의 손가락이 문에 끼지 않도록 하고 모든 수납장과 서랍은 안전 잠금장치를 하거나 어린아이들이 손쉽게 열 수 없는 버튼용 개폐방지 손잡이를 부착한다.

③ 칼이나 포크, 가위, 채칼, 열려있는 깡통 등 날카로운 물건은 어린이들의 손이 닿지 않는 곳에 보관하고 위험한 물건임을 아이들에게 알려주어 만지지 않도록 한다.

④ 어린아이가 가스레인지나 인덕션 등을 만지지 않도록 하며 항상 중간 밸브를 잠그고 가스누설 자동 차단장치를 반드시 설치하거나 안전장치를 하여야 한다.

⑤ 어린아이들이 쓰레기통을 뒤질 수 있으므로 재활용 쓰레기통의 예리한 물건 등은 바로바로 버리는 습관을 들여야 한다.

⑥ 튀김요리를 할 때는 아이들의 접근을 막도록 하며 기름을 식힐 때는 장소를 잘 선정하여 화상 사고를 미연에 방지하도록 한다.

⑦ 엄마가 일하는 곳과 일정 거리 떨어진 곳에 어린아이의 놀이장소를 마련하되 아이도 엄마를 마주 볼 수 있고 엄마도 일하면서 아이를 살펴볼 수 있는 장소를 선택한다.

⑧ 주방에는 만일의 화재나 사고를 대비하여 간이 소화기를 비치한다.

3) 욕실(화장실)

(1) 미끄러져 넘어짐

미끄러운 욕실바닥, 물, 비누 등이 욕실에서 미끄러져 넘어질 수 있는 위험요인들이다. 욕실의 벽이나 욕조 바로 옆에 안전봉을 부착하여 미끄러질 때 잡을 수 있도록 하면 사고를 예방할 수 있다.

(2) 전기의 위험

전기로 인한 쇼크와 감전은 욕조와 샤워실에 있는 사람이나 샤워 후 젖은 상태에서 전기 스위치를 켜거나 전기제품을 사용하다가 발생한다. 젖은 바닥에 서 있거나 욕조 안에 있을 때는 절대 전기제품이나 조명시설을 만지지 않아야 한다.

(3) 화상

아이들이 냉온수 수전 레버를 마음대로 조작해서 갑자기 뜨거운 물이 쏟아지지 않게 조심하도록 주의 시켜야 한다.

(4) 익사

어떠한 이유라도 아기나 어린아이들을 욕실에 남겨두지 않아야 한다. 어린이들은 아주 적은 양의 물에도 익사할 수 있고 변기 속으로 머리부터 빠지면 어른들의 도움 없이 혼자 벗어날 능력이 없기 때문에 욕실 문을 항상 닫아두고 혹시라도 아이들이 욕실에 들어가지 않도록 주의하여야 한다. 누군가가 발견하기도 전에 익사할 수 있으므로 항상 주의하여야 한다.

(5) 자상 또는 창상 (베임 또는 찔림)

유리컵, 면도날 등 만지면 베이거나 찔릴 수 있는 물체들은 잘 관리하고 가능하면 안전한 다른 제품으로 바꾸어 사용하며, 유리컵은 바닥에 떨어져 깨지면 심한 부상을 입을 수도 있으므로 깨지지 않는 플라스틱 컵이나 금속으로 된 제품으로 바꾸어 사용하고, 다 쓴 면도날은 즉시 치워서 아이들의 손이 닿지 않도록 하여야 한다.

(6) 유해물질이나 약품

의약품, 구강청정제, 알코올, 수면제 등의 약품은 어린이들의 손에 닿지 않도록 잘 보관하고 화장품이나 어린이의 호기심을 유발할 수 있는 용기 등을 욕실 수납장에 넣어 아이들이 변기를 밟고 그것을 꺼내려다 부상당하는 일이 없도록 가능하면 욕실에 불필요한 것들을 보관하지 않는다.

4) 계단

① 계단은 항상 밝게 조명되어야 하며 불필요한 물건이나 물이 흘러있지 않아야 한다.
② 높이가 다른 계단이나 너무 낡은 계단은 매우 위험하다. 계단의 높이가 다르거나 그 마모 정도가 심한 상태라면 보수를 서둘러야 한다.
③ 계단에 양탄자를 깔 경우는 계단의 크기가 줄어든다. 또한 양탄자가 낡으면 낡은 천에 걸려 넘어질 수 있으므로 계단 표면에는 아무것도 깔지 않는 것이 좋다.

5) 창문·발코니

창문이나 발코니에서 발생하는 어린이 안전사고는 참으로 심각한 상태이다. 발코니에서는 가급적 어린이 혼자 놀지 않도록 하며, 발코니에는 아이가 딛고 올라설 수 있는 의자나 상자 등을 치우도록 하여야 한다. 창문이나 발코니에서 일어나는 대부분의 추락 사고는 시설의 안전상태가 불량하여 일어난다.

① 아주 어린 영아도 닫힌 창문이나 문을 열 수 있으므로 문이나 창문에는 잠금장치를 하여 어린아이가 함부로 창문을 열 수 없게 한다.
② 발코니는 밖이 잘 내다보이므로 아이들의 호기심을 자극한다. 따라서 발코니에서 아이들이 물건을 높고 올라가는 것을 막기 위해 발판이 될 수 있는 물건은 두지 않는다.

6) 승강기·에스컬레이터

우리는 일상생활 중 아파트와 빌딩, 병원, 백화점 등에서 승강기와 에스컬레이터를 많이 이용하고 있으며, 승강기와 에스컬레이터 없는 생활은 상상할 수 없을 만큼 그 중요성이 갈수록 커지고 있다. 생활 속에서 승강기와 에스컬레이터를 많이 이용하게 되면서 사고 또한 빈번히 발생하고 있다. 따라서 승강기와 에스컬레이터를 이용할 때 유의해야 할 사항을 살펴본다.

(1) 승강기 안전 이용 수칙

우리는 일상생활 중 아파트와 빌딩, 병원, 백화점, 지하철 등에서 승강기를 많이 이용한다. 이제 승강기 없는 생활은 상상할 수 없을 만큼 그 의존성이 높아지고 있다. 이토록 중요한 승강기를 올바로 이용하지 않으면 고장이나 사고가 발생할 수 있기 때문에 다음과 같은 이용 수칙을 꼭 지켜야 한다.

- 정원 및 적재하중의 초과는 고장이나 사고의 원인이 되므로 엄수하여야 한다.
- 조작반의 인터폰 및 비상정지스위치 등에 대해 장난하지 말아야 한다.
- 승강기 내에서 뛰거나 구르는 등의 행동을 하지 말아야 한다.
- 어린이와 노약자는 가급적 보호자와 함께 이용하도록 하여야 한다.
- 문턱에 이물질이 끼거나 틈새에 물이 들어가지 않도록 해야 한다.
- 화재 시에는 승강기를 타지 말고 비상계단을 이용해야 한다.
- 도어개폐 시 출입문에 기대면 손이나 옷자락이 딸려 들어가므로 조심해야 한다.
- 반려동물과 동반 시 리드줄이 끼이지 않도록 주의해야 한다.
- 정전이나 고장 등으로 승강기 안에 갇히면 인터폰으로 구조를 요청하고 보수업체, 119구조대 등의 구조를 받을 때까지 침착하게 기다린다.

한국승강기안전관리원

(2) 승강기 안전 문화

승강기는 많은 사람이 이용하는 공동 시설물이므로 올바른 이용수칙과 함께 에티켓을 준수하여야 한다. 특히 승강기를 "타거나 내릴 때 질서 지키기", "어린이와 노약자에게 우선 양보", "뒤에 오는 탑승자를 위해 버튼 누르기" 등의 기본적인 에티켓을 지키면 본인은 물론 이용자 모두가 상쾌하게 이용할 수 있고 사고예방에도 도움이 된다.

- 승강기를 타고 내릴 때는 질서를 지킨다.
- 어린이와 노약자가 먼저 타고 내릴 수 있도록 양보한다.
- 승강기 버튼으로 장난치지 말고 승강기 안에 휴지나 오물을 버리지 않는다.
- 승강기 안에서 떠들지 말고 주변인에게 불쾌한 행동을 삼가한다.
- 승강기 안에서 발을 구르는 등 충격을 주지 않는다.
- 뒤에 타는 이용자를 위해 열림 버튼을 눌러준다.
- 정원이 초과되면 맨 나중에 탄 승객이 내린다.

(3) 승강기 고장 시 안전구조

평소에 제대로 운행되던 승강기가 갑작스러운 정전이나 고장이 발생해 승강기 안에 갇히게 되는 경우가 있다. 이럴 때 당황하여 조급한 마음에 출입문을 열고 탈출을 시도하다가 승강기 통로 아래로 추락하는 사고를 당할 수 있다. 이용하던 승강기가 갑작스러운 정전이나 고장을 일으켰을 때는 절대로 당황하지 말고 침착하게 승강기 내에 부착되어 있는 인터폰으로 관리사무실 또는 119 등에 승강기관리번호를 알려 전문가로부터 안전한 구조를 받아야 한다.

- 정전 등의 이유로 실내조명이 꺼지더라도 당황하지 말고 인터폰으로 연락한다.
- 임의로 판단하여 탈출을 시도하지 말아야 한다.
- 구조의 요청으로 구출되는 경우 반드시 구출자의 지시에 따라야 한다.
- 출입문을 강제로 개방하지 말아야 한다.

(4) 에스컬레이터 안전수칙

백화점, 대형 할인매장 등의 유통시설과 지하철역 등에 설치, 운행되는 에스컬레이터와 무빙워크의 이용에 따른 안전사고가 갈수록 늘어나고 있다. 특히 어린이들이 안전수칙을 제대로 지키지 않아 많이 발생하는 에스컬레이터 사고는 발판의 가장자리에 옷자락이나 신체의 일부가 끼여서 일어나는 사례가 대부분이지만, 서로 교차하는 지점의 삼각부에 머리를 부딪쳐 부상을 입기도 한다. 따라서 다음과 같은 안전이용수칙을 지켜 사고를 예방해야 할 것이다.

- 옷이나 물건 등이 틈새에 끼이지 않도록 주의해야 한다.
- 핸드레일 밖으로 몸을 내밀지 말아야 한다.

- 디딤판 위에 앉지 말아야 한다.
- 어린이나 노약자는 보호자가 손을 잡고 타야 한다.
- 사고 발생 시에는 비상정지버튼을 조작하여 작동을 멈추게 해야 한다.

CHAPTER 08

식품·의약품·생활화학제품 안전

1 식품 안전관리

최근 우리나라는 경제성장에 따른 국민소득의 향상에 힘입어 생활양식과 의식구조의 급격한 변화를 겪고 있다. 이에 여성의 사회진출 증가, 레저산업의 발달 및 편의식 선호 등으로 외식이 증가하는 등 포만성, 위생성, 영양성, 기호성, 사회성, 기능성 및 편리성을 추구하는 식생활 문화가 확산되고 있다. 이처럼 국민의 식생활 및 식재료 구매 패턴이 변화함에 따라 소비자 수요를 충당하기 위한 유제품, 육가공식품류 등 가공식품류의 사용이 급증하면서 식품의 조리 및 보존단계에서 식중독 등으로 식탁의 안전이 위협받고 있다.

식품은 일반적으로 농산물이나 축산물, 수산물, 임산물 등의 재료 자체이거나 1차 산물의 가공 또는 제조한 제품이므로, 공산품과 달리 물리·화학적 성질이 다양하다. 따라서 식품의 안전성을 단편적 과학적인 기준으로 관리하는 것은 한계성을 지닐 수밖에 없다. 식품의 안전관리는 영양가의 손실이나 성분상의 변질이 없는 양질의 식품을 부족함 없이 위생적으로 안전하게 섭취하기 위하여 식품의 재료에서 제조·가공·유통·저장을 거쳐 최종 소비되기까지 모든 단계에서 위해요소에 대해 철저히 관리해야 하며, 특히 미생물은 증식속도가 빠르므로 소비단계에서도 철저한 관리가 필요하다.

1) 식생활 안전 위협요인과 식중독

우리 집 식탁의 안전을 위협하는 요인으로는 위해 미생물인 세균성·바이러스성·자연독성의 생물학적 요인, 표백제·색소·보존료·감미료 등 식품첨가물 오·남용에 기인한 환경호르몬 같은 화학적 요인, 그리고 랩·합성수지 용기 등 석유화학제품 소재의 잔류부산물·머리카락이나 유리 조각 같은 이물질이 포함된 물리적 요인뿐만 아니라, 최근에는 내분비계장애추정물질, 유전자 재조합식품, 광우병·조류독감 등 감염가축물질 등 새로운 유전적 변이형태의 위협요인으로 구분할 수 있다.

식중독이란 세균·바이러스·곰팡이와 같은 미생물이나 중금속·알레르기 유발 물질· 독성물질과 같은 화학물질에 오염된 식품을 섭취하여 배가 아프거나 구토, 설사 등 건강상의 각종 이상 증상이 나타나는 질환이다. 일부 소비자는 잔류농약이나 식품첨가물이 식생활 안전을 위협하는 가장 큰 요인으로 인식하지만, 실제로는 세균이나 바이러스 같은 미생물 오염이 95% 이상을 차지한다.

〈그림 8-1〉 식품안전 위해요인

연중 식중독은 5월부터 9월 사이로 기온이 많이 올라가는 시기에 주로 나타나는데, 기온이 상승하면 각종 미생물의 번식이 왕성해지면서 식품의 부패 세균과 함께 식중독을 일으키는 위해 세균이 증식하여 식중독 발생이 증가한다.

〈그림 8-2〉 식중독 예방 요령

2) 식생활 안전관리

오늘날 가공식품의 범람 및 학교 급식 등 대량 급식체제의 구비에 따른 식품안전에 대한 관심이 커짐에 따라, 식품안전관리체계는 위해성 평가시스템으로 체계가 전환되어 식품의 원자재 생산에서부터 제조·가공·보존·조리 및 유통단계를 거쳐 가정의 식탁에서 음식을 섭취하기 이전까지의 각 단계에서 위해물질이 혼입되거나 오염되는 것을 사전에 차단하는 HACCP시스템을 운영하고 있다.

(1) HACCP

해썹(HACCP)은 위해요소분석(Hazard Analysis)과 중요관리점(Critical Control Point)의 영문 약자로서 해썹 또는 식품안전관리인증기준이라 한다. 위해요소분석이란 '어떤 위해를 미리 예측하여 그 위해요인을 사전에 파악하는 것'을 의미하며, 중요관리점이란 '반드시 필수적으로 관리하여야 할 항목'이란 뜻을 내포하고 있다. 즉, 해썹(HACCP)은 위해방지를 위한 사전 예방적 식품안전관리체계를 말한다.

해썹(HACCP) 제도는 식품을 만드는 과정에서 생물학적, 물리적 위해요인들이 발생할 수 있는 상황을 과학적으로 분석하고 사전에 위해요인의 발생여건을 차단하여 소비자에게 안전하고 깨끗한 제품을 공급하기 위한 시스템적인 규정을 말한다.

〈그림 8-3〉 식품의 위해요소분석 및 공정 관리

한국의 HACCP은 식품, 축산물, 사료의 세 종류로 나뉘며 식품과 축산물은 식품의약품안전처에서, 사료의 경우 농림축산식품부에서 담당하여 관리하고 있다.

- 식품의약품안전처 :식품의 원료 관리 및 제조·가공·조리·유통의 모든 과정에서 위해한 물질이 식품에 섞이거나 식품이 오염되는 것을 방지하기 위하여 각 과정의 위해요소를 확인·평가하여 중점적으로 관리

• 농림축산식품부: 축산물의 원료관리, 처리·가공 및 유통의 전 과정에서 위해 물질이 해당 축산물에 혼입되거나 오염되는 것을 사전에 방지하기 위하여 각 과정을 중점적으로 관리

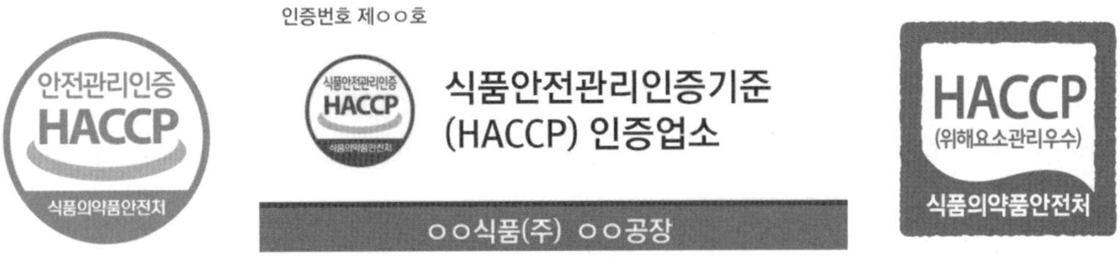

〈그림 8-4〉 식품안전관리 인증 표시

결론적으로 해썹(HACCP)은 식품의 원재료부터 제조, 가공, 보존, 유통, 조리단계를 거쳐 최종소비자가 섭취하기 전까지의 각 단계에서 발생할 우려가 있는 위해요소를 규명하고, 이를 중점적으로 관리하기 위한 중요관리점을 결정하여 자율적이며 체계적이고 효율적인 관리로 식품의 안전성을 확보하기 위한 과학적인 위생관리체계라고 할 수 있다.

하지만 식품안전에 대한 기준은 사람마다 각양각색으로 나타나며, 환경오염과 대량생산, 유통, 소비단계에서 식품원료의 오염으로 인해 완전무해식품은 존재하기 어렵다. 따라서 식생활의 모든 영역에서 절대적 안전은 있을 수 없으며, '위험하지만 그 위험이 무시될 수 있거나 손실보다는 이득이 더 크기 때문에 받아들일 수 있는 위험'을 의미하는 수준으로 위해요소를 방지하여, 건강상 이상이 없는 허용 가능한 위험기준을 지킬 수 있는 안전관리가 필요하다.

3) 식생활 안전 가이드

가정에서의 안전한 식생활을 위한 '우리집 HACCP 식생활 안전가이드 10'을 소개하면 다음과 같다.

(1) 식품안전을 위한 똑똑한 장보기

육류, 어류, 채소류 등 신선식품은 유통기한을 확인하여 싱싱하고 안전한 식자재를 구매한다.

(2) 냉장고 바르게 사용하기

식품표시 중 보관사항을 확인하여, 냉장·냉동이 필요한 식품은 흙 등의 이물질을 제거한 후 랩이나 용기에 밀봉하여 바로 냉장고에 보관한다.

(3) 생선과 고기 올바른 냉동·해동하기

냉동된 생선과 고기의 종류에 따른 올바른 해동방식(냉장해동, 냉수해동, 전자레인지, 실온 해동)을 선택하되, 실온해동이나 냉수해동은 온도의 상승에 따른 미생물 증식이 일어나지 않도록 오랜 시간 해동하지 않는다.

(4) 과일, 채소 제대로 세척하기

과일이나 채소에 남아 있는 잔류농약, 이물질을 효과적으로 제거하기 위해 물에 1분여 동안 담근 후, 물을 버리고 세척용기에 새로운 물을 받아 손으로 세척하고 흐르는 물로 헹구면 잔류농약 등 이물질이 제거된다.

(5) 도마, 칼, 행주 바로 사용하기

도마는 식품별로 구분하여 사용하며, 표면이 긁히고 오래된 것은 교차오염이 훨씬 잘되기 때문에 새것으로 교환을 한다. 식품을 교환하여 사용하고자 할 때는 10초 이상 물로 헹구고, 항상 청결한 조리대를 유지하며 오염되고 습기 찬 행주는 새것으로 바꾼다.

(6) 올바른 구이 요리하기

돼지고기, 닭고기, 생선 등을 불에 구울 때, 고온이나 불꽃에 의하여 검게 타거나 그을리면 그 부분에 ‘헤테로사이클릭아민(HCA)’이란 발암성 물질이 생성되므로, 고기를 구울 때 자주 뒤집어 타는 부분이 없도록 조리한다.

(7) 올바른 튀김 조리하기

튀김조리는 산소에 노출된 상태에서 고온 조리되므로 식용유의 산패 등 변질로 몸에 좋지 않은 물질이 생성될 수 있으므로, 너무 높지 않은 온도로 조리하며, 한번 사용한 기름은 여러 번 재사용하는 것을 피해야 한다.

(8) 채소 올바르게 조리하기

채소는 비타민과 미네랄이 풍부하여 그대로 섭취하여도 좋지만, 채소의 단백질 합성을 위해 비료 등 토양유기물로부터 흡수된 질산염 등을 제거하기 위해 끓는 물에 데쳐서 조리하여야 한다.

(9) 남은 반찬과 국 보관하기

반찬은 가급적 한 끼 분량만 조리하고, 조리된 반찬은 6시간 이내로 섭취하며, 먹고 남은 국과 찌개류는 팔팔 끓인 후 신속하게 냉각하여 냉장 보관한다.

(10) 올바른 손 씻기

식품을 조리하기 전에 물과 세척제를 사용하여 손에 있는 미생물을 효과적으로 제거하여 안전한 식생활 유지를 위한 습관을 만든다.

〈그림 8-5〉 국민공통 식생활지침

2 의약품 안전관리

의료 수준의 발달과 건강에 대한 관심의 고조로 가정에서 사용하는 의약품의 종류와 양이 나날이 증가하고 있다. 이와 더불어 복용을 중지하거나 유통기한이 경과한 의약품, 기타 사용하지 않는 폐의약품이 생활 속에 노출됨에 따라 의약품의 오남용에 따른 약물중독 등 건강상의 부작용 및 환경상 유해한 물질을 함유한 유해폐기물로서 건강한 생활환경을 저해하는 요인으로 작용하고 있다.

가정 내 폐기되지 않은 폐의약품은 화학구조가 매우 복잡한 물질로 다양한 작용기능, 물리화학적 특성 및 생물학적 특성을 지니고 있다. 특정한 약리효과를 위해 생산된 생리활성 물질인 의약물질은 대부분 그 작용이 강력하다. 또한 의약물질이 지닌 독성뿐 아니라 환경 중 의약물질의 지속성을 지니고 있음에도 불구하고, 가정에 방치될 경우 의약품을 가족, 친구 등이 복용하는 오남용에 따른 인체 유해성과 자연환경계로의 유입에 따른 생태계의 교란 등 폐의약 화학물질 노출에 따른 위험성 또한 중요하게 고려해야 한다.

1) 의약품의 분류 및 종류

의약품은 사용자의 약물남용, 오용, 과용을 방지하기 위하여 국가가 부여한 일정한 자격요건을 갖춘 의사나 약사에 한해서만 판매와 취급이 가능하도록 규정되어 있다. 또한 의약품의 취급은 전문성, 적시성, 편리성, 경제성 등을 고려한 효용성에 따라 다음과 같이 두 가지로 나눌 수 있다. 의사의 처방전을 받아 사용하여야만 하는 전문 의약품과 의사의 처방전 없이 소비자가 직접 약국에서 구입하고 사용해도 안정성에 크게 영향을 받지 않는 일반 의약품, 그리고 그 외에 의약부외품으로 나누며 성격은 그림 8-6과 같다.

또한 우리 가정에서의 의약품 관련 물질은 '원래의 목적으로 사용할 수 없어 폐기되어야 하는 의약품'을 말하는 폐의약품은 약의 상태, 발생장소, 복용 가능 여부에 따라, 사용할 수 없는 의약품(unused), 사용 목적이 끝나 더 이상 사용이 필요 없는 의약품(unwanted), 사용기간이 만료하여 사용할 수 없게 된 의약품(expired)으로 분류하며, '일반 가정 및 기타 장소에서 사용할 수 없는 의약품' 인 불용의약품의 종류는,

- 가정에 장기간 방치되어 변질, 부패된 의약품
- 가정 내에 보관 중이지만 어떤 용도로 사용되는지 모르는 의약품

- 복약 도중 병세 호전 등의 이유로 복약하지 않을 경우 발생하는 의약품
- 가정 내에 보관 중인 사용(유효)기한 경과 의약품 등이다.

전문의약품	사용자의 체형 및 특정 질환 등 인체상 약기작용이 의사의 감독하에 사용되어야 하는 의약품으로, 의사의 감독하에 사용하지 않을 시 의료상의 장애가 우려되는 의약품이다. 마약, 향정신성 의약품, 독·극약 등 의사의 처방전을 받아 사용하는 의약품을 말한다.
일반의약품	부작용의 범위가 비교적 적고 그 유효성과 안전성이 확보된 의약품으로, 일반 국민이 자가요법으로 직접 적절하게 판단하여 사용할 수 있고, 적응증이 대체로 경미한 의약품이다. 종합감기약, 해열진통제, 소화제, 소독제 등의 가정상비약을 말한다.
의약부외품	생활속 해충, 구취 및 체위 방지, 위생 용도로 사용되는 모기약 등 살충제, 구충제, 발모제, 탈모제, 염색제 등의 생활용도상 필요한 부가적 의약품을 말한다.

출처: 한국소방안전교육원

〈그림 8-6〉 의약품의 분류

2) 위험성 및 안전관리

폐의약품이 폐기되지 않은 채 가정에서 방치될 경우, 경제적으로 의료자원의 낭비에 따른 공공의료재정의 손실, 약물부작용 등에 의한 건강의 위해성을 초래한다. 2019년 식품의약품안전처에서 보고된 의약품 부작용은 총 262,983건으로 오심(구역) 42,579건(16.2%), 가려움증 27,317건(10.4%), 두드러기 20,604건(7,8%), 구토 20,133건(7.7%), 어지러움 18,860건(7.2%) 등의 순으로 나타났다.

또한 2019년 대한약사회 조사결과 조사대상 5,236명 중 3,656명(60.82%)이 가정 내에 복용하지 않는 약을 보관하는 것으로 파악됐으며, 이 중 복용하지 않는 약의 종류가 '처방약' 1,039명(19.8%)으로 가장 많았고, 다음으로 일반상비약 904명(17.3%), 영양제 616명(11.8%) 순으로 나타났다. 약과 사용설명서를 함께 보관하는지 여부에 관련해서 1,757명(33.6%)은 함께 보관하지 않는 것으로 파악됐고, 처방받은 약의 내용 또는 날짜 표기 여부와 관련해 표기하지 않는다는 응답자는 응답자가 2,275명(41.6%)으로 나타나 많은 국민이 의약품을 제대로 보관하지 않는 것으로 파악됐다.

이 결과는 환자의 복약 순응도가 낮은 것으로, 결론적으로 의약품의 오남용을 일으킬 수 있는 개연성이 충분하다는 것을 시사한다. 또한 싱크대나 변기에 무단 폐기된 불용의약품은 수질환경, 토양환경의 오염원으로 생태계를 교란시키는가 하면 수년 후에는 인체에 위험요소로 대두된다.

사용 중인 일반의약품의 화학적 변질 등을 막기 위해서는, 다음과 같이 보관한다.

- 알약 : 원래의 의약품 용기에 넣어 건조하고 서늘한 곳에 보관
- 시럽제 : 특별한 지시사항이 없을 시 실온에 보관
- 안약 : 직사광선을 피해 서늘한 곳에 보관, 개봉 후 1개월 이내 사용
- 좌약 : 15℃ 이하 서늘한 곳, 햇빛이 비치지 않는 곳에 보관
- 연고 : 실온에 보관, 개봉 후 6개월 이내 사용

위와 같이 보관하여 의약품의 효용성을 높이고 불용성을 방지할 수 있도록 주의한다.

가정용 상비의약품 등은 어린아이의 호기심을 자극하지 않도록 눈에 잘 띄지 않는 곳에 손에 닿지 않도록 보관하며, 폐의약품 혹은 불용의약품은 가까운 약국으로 반납·수거하도록 함으로써 경제적 효과 및 자연환경계로의 방출을 방지하여야 한다.

3 생활화학제품 안전관리

"생활화학제품"이란 가정, 사무실, 다중이용시설 등 일상적인 생활공간에서 사용되는 화학제품으로서 사람이나 환경에 화학물질의 노출을 유발할 가능성이 있는 것을 말한다. 생활화학제품에 대하여 위해성 평가를 한 결과 위해성이 인정되는 제품은 "안전확인대상 생활화학제품"으로 지정하여 관리하고 있다.

1) 분류 및 종류

「생활화학제품 및 살생물제의 안전관리에 관한 법률」에 따라 "안전확인대상 생활화학제품"으로 지정 고시된 제품의 종류는 다음과 같다.

이러한 제품은 화학물질의 함유량, 용기·포장 또는 내용물의 누출로 인한 유해성이 우려되는 경우 그 용기 또는 포장에 관한 기준 등이 포함된 안전기준을 정하고 있고 그 기준을 준수한 제품임을 확인할 수 있는 안전기준 확인 마크를 표시하도록 하고 있다.

〈표 8-1〉 안전확인대상 생활화학제품의 종류

분 류	품 목
세정제품	1. 세정제 2. 제거제
세탁제품	1. 세탁세제 2. 표백제 3. 섬유유연제
코팅제품	1. 광택 코팅제 2. 특수목적코팅제 3. 녹 방지제 4. 윤활제 5. 다림질보조제
접착·접합제품	1. 접착제 2. 접합제
방향·탈취제품	1. 방향제 2. 탈취제
염색·도색제품	1. 물체 염색제 2. 물체 도색제
자동차 전용 제품	1. 자동차용 워셔액 2. 자동차용 부동액
인쇄 및 문서관련 제품	1. 인쇄용 잉크·토너 2. 인주 3. 수정액 및 수정테이프
미용제품	1. 미용 접착제 2. 문신용 염료
살균제품	1. 살균제 2. 살조제 3. 가습기용 항균·소독제 4. 감염병예방용 방역 살균·소독제
구제제품	1. 기피제 2. 보건용 살충제 3. 보건용 기피제 4. 감염병예방용 살충제 5. 감염병예방용 살서제
보존·보존처리제품	1. 목재용 보존제 2. 필터형 보존처리제품
기타	1. 초 2. 습기제거제 3. 인공 눈 스프레이 4. 공연용 포그액 5. 가습기용 생활화학제품

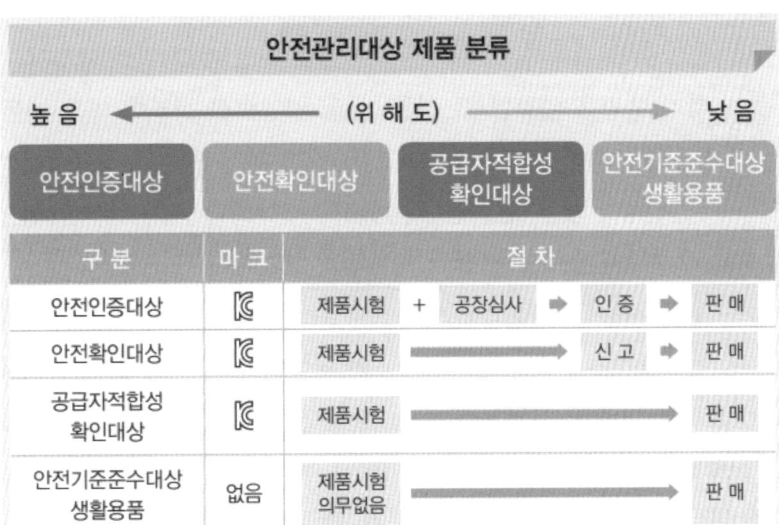

출처: 산업통상자원부 국가기술표준원

〈그림 8-7〉 안전관리대상 제품 분류

환경부는 제1차 생활화학제품 및 살생물제의 관리에 관한 종합계획(2021～2025년)에서 빠르게 변화하는 생활화학제품 시장에 맞춰 안전기준을 정비하고 2021년 현재 39개의 안전확인대상 생활화학제품을 2025년 50개 품목으로 확대해 나가면서 평가·검증을 강화하는 등 안전관리체계를 고도화하는 정책을 발표하였다. 환경부는 화학제품안전법 의거 기업이 생활화학제품의 주요성분 등을 공개하도록 하고 있는데, 생활환경안전정보시스템 초록누리에는 약 15만개 제품의 주요성분은 물론 사용상 주의사항 등 소비자가 꼭 알아야 하는 제품의 정보를 공개하고 있다.

초록누리에서는 생활화학제품 주요성분 등 기본적인 안전정보는 물론 "생활화학제품 안전관리 자발적 협약"을 통해 기업이 자발적으로 전 성분을 공개한 제품 정보까지 한 번에 확인할 수 있도록 되어 있다. 더욱이 엘지생활건강, 불스원 등 국내 22개 기업은 생활화학제품 내 주요성분 외에도 제품에 들어있는 모든 성분을 "생활화학제품 안전관리 자발적 협약"을 통해 공개하고 있으므로 초록누리 앱과 웹사이트에서 확인이 가능하다.

또한 '화학물질저감 우수제품'은 가습기 살균제 사고 재발방지를 위해 2017년부터 진행된 환경부·기업·시민사회의 '생활화학제품 안전관리 자발적 협약'을 토대로 올해 만들어진 민간 심사제이다. '화학물질저감 우수제품'은 '생활화학제품 안전관리 자발적 협약' 참여 기업이 제조·수입·판매하는 제품 중에서 원료 전성분 및 원료 안전성 평가 결과를 공개하거나 공개 추진 중임을 입증할 수 있는 제품, 영업비밀 성분이 없는 제품, 심사지침에 따른 기준을 충족하는 제품만 신청할 수 있다. 적합 판정을 받기 위해서는 유해물질을 대체·저감하는 등 안전성이 높은 원료를 사용했다는 심사위원회의 엄격한 심사를 거쳐야만 '화학물질저감 우수제품'으로서 시장에 판매될 수 있다.

안전성이 높은 원료 사용으로 믿고 구매할 수 있는 화학물질저감 우수제품과 안전기준확인 마크가 부착된 제품을 고르는 슬기로운 소비생활이 필요하다. 안전하게 제품을 고르고 안전하게 사용하는 방법을 살펴보면, 다음과 같이 정리할 수 있다.

① 안전기준확인마크, 신고번호를 꼭 확인하고 제품을 구입한다.

② 사용 전 꼭 사용방법과 주의사항을 먼저 확인한다.

③ 제품에 표시된 사용량을 초과하지 않는다.

④ 사용 용도와 제형에 맞게 사용한다.

⑤ 사용기한이 표시되어 있는 제품은 기한 내 사용한다.

⑥ 향이 있는 제품 중에는 알레르기 유발물질이 포함되었을 가능성이 높으므로 호흡기나 피부 과민성이 있는 사람은 조심한다.

⑦ 어린이가 있는 경우 어린이보호포장을 확인하고 손이 닿지 않는 곳에 보관한다.

⑧ 기존 용기 그대로 사용하고 다른 용기로 절대 옮겨 담지 않는다.

⑨ 제품의 보관 방법을 잘 지킨다.

⑩ 제품 안전정보를 체크하려면 초록누리를 확인한다.

2) 위험성 및 안전관리

주변의 모든 화학물질이 인체에 나쁜 영향을 미치지는 않지만, 수많은 화학물질에 쉽게 노출되고 인체 내의 투입 경로 또한 다양하게 관찰되고 있다. 음식물·음료·의약품 등을 통한 경구흡수, 호흡기를 통하여 폐에 도달하는 경기도흡수, 코와 목의 기도점막에서 흡수되는 점막흡수, 피부를 통하여 흡수되는 경피흡수 등의 경로를 통해 체내 독성이 축적되고 전달되어 혈액순환계, 뇌 신경계, 호흡기계 등이 장애를 일으키거나 심하면 사망사고까지 유발하는 맹독성 물질로 적용할 수 있다.

한국소비자원 2018년 어린이 안전사고 동향분석 자료에 따르면, 가정 및 보육·교육시설에서 발생한 어린이(0~14세) 중독사고로 가정 내에서 비교적 쉽게 노출될 수 있는 의약품이나 살충제, 표백제 등과 같은 화학제품을 어린이가 먹거나 마셔서 발생하는 사고는 55건이며, 중독사고를 일으키는 위해 품목으로는 의약품 188건(35.5%)이 가장 많았고, 가정용 청소 및 세탁품 61건(11.5%), 의약외품 50건(9.5%)으로 위 세가지 품목이 전체의 56.5%를 차지하였다

가정에서 표백제 등의 독극물 흡입사고가 발생하면, 먼저 독극물 치료센터 혹은 구급대에 도움을 요청하며 의심되는 독극물의 종류와 용기를 가지고 동행한다. 환자의 의식이 불명할 경우 환자의 호흡을 확인하면서 심폐소생술 등의 인공호흡을 시행하고, 환자가 구토를 할 경우 기도폐쇄에 의한 질식 방지를 위하여 옆으로 눕힌다.

사고예방을 위하여 각종 생활화학 가정용품은 어린이 등의 손에 닿지 않는 곳에 보관하는 한편, 품목별로 용기에 게시된 취급 및 저장방법을 잘 숙지하고 화학물질의 누출을 방지하는 안전마개, 위험표지문, 응급처치 라벨 등이 떨어지지 않도록 관리한다. 또한 유효기간 등이 경과하여 변종 부생성물이 생성되었을 경우, 곧바로 폐기 처분하여야 한다.

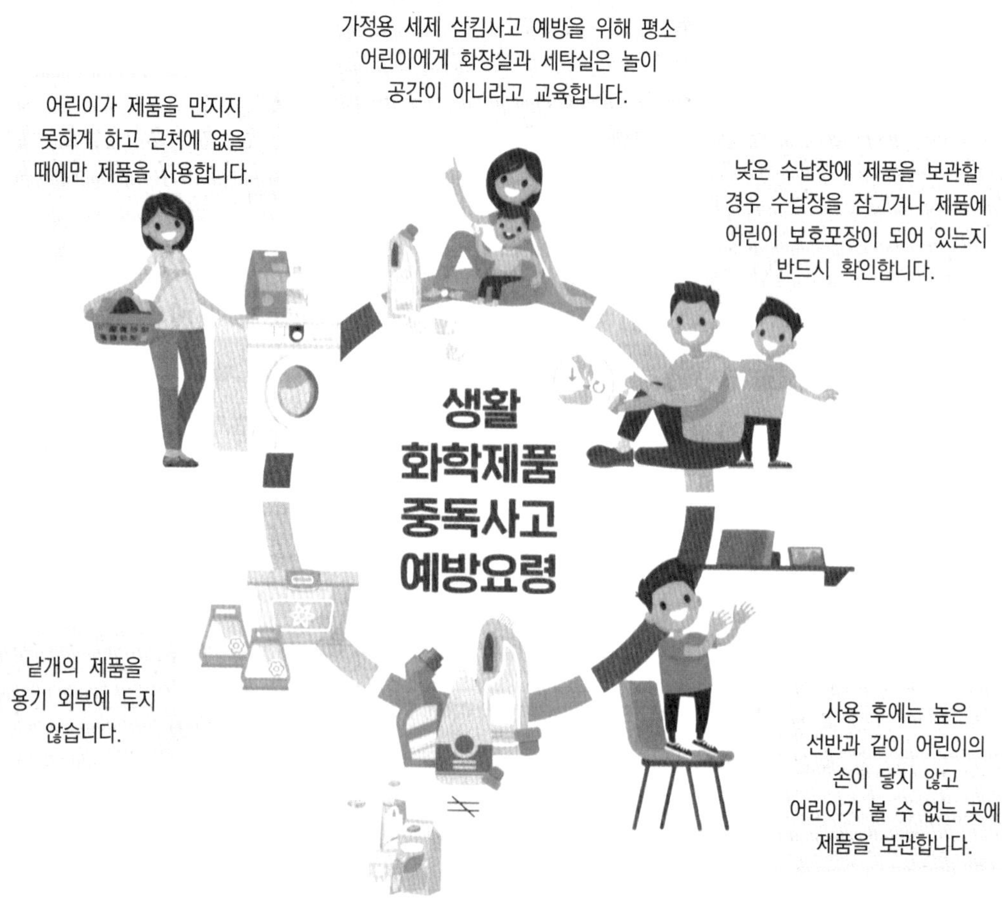

〈그림 8-8〉 생활화학제품 중독사고 예방요령

CHAPTER 09

생활범죄 예방

1 청소년범죄의 예방

1) 청소년의 일탈 행위

(1) 청소년의 약물남용

부모의 입장에서 자신의 아이가 약물을 사용하고 있다는 사실을 처음 알게 되었을 때 당황하게 될 것이다. '어쩌다 내 아이가 이렇게 되었을까'하고 당장 어떻게 도와야 할지를 몰라 혼란스러울 수도 있지만 이때 부모의 첫 반응이 아이들에게는 매우 중요하다.

① 너무 겁을 내거나 과도한 반응을 하지 않는다.

약물을 사용한 것을 알게 되었을 때 무조건 야단을 치거나 소리를 지르는 등은 도움이 되지 않는다. 침착하고 확고한 반응을 보이는 것이 가장 효과적이며, 무엇보다도 부모가 믿음직스럽고 자기를 도와줄 수 있는 사람이라는 느낌을 주는 것이 중요한 것이다.

② 자책에 빠지지 말고 자세를 가다듬는다.

자녀가 약물을 사용했다고 해서 부모 노릇이 실패로 끝났다고 생각하지 말아야 한다. 부모가 죄책감에 압도당해서는 상황처리에 도움이 되지 않기 때문에 자책에 빠지지 않고 자세를 가다듬어야 한다.

③ '넌 나쁜 애'라는 느낌을 주는 자극적인 표현은 삼가한다.

화가 난 나머지 자극적인 말을 내뱉으면 그것이 차후에 자녀와의 관계에서 지도해 나가는데 도움이 되지 않기 때문에 자극적인 언행은 삼가는 것이 좋다.

④ 차분하게 대화를 시도한다.

차분하게 마음을 터놓고 대화를 하는 것이 가장 효과적인 문제 해결의 시작이다. 지나치게 겁을 주면 일시적으로는 효과가 있을지 모르지만, 상호간의 신뢰를 깨트리고 오히려 대화를 막아버리게 된다.

이야기를 시작할 때는 "왜 약물을 하게 되었니?"와 같이 "왜?"라고 묻는 대신에 "네가 약물을 하게 된 데는 아마도 충분한 이유가 있었을 것이다. 그 이유가 어떤 건지 나에게 이야기해주겠니?"라고 대화를 유도하는 것이 효과적이다.

⑤ 약물에 취해있는 동안은 맞서지 않는다.

약물에 취해있는 동안은 비정상적인 상태인 만큼 자극적인 언행을 삼간다. 의식불명이나 반의식 상태에 있으면 즉시 의료기관이나 응급실로 데리고 가는 것이 좋다. 의료적인 처치를 하는 것도 중요하지만 약물 사용은 그만큼 심각한 질병이며 쉽게 지나칠 문제가 아니라는 것을 확실하게 알릴 필요가 있다.

⑥ 이미 중기 단계를 넘어섰다면 전문기관에 의뢰한다.

이미 중기 단계를 넘어섰다면 이 단계에서는 부모 혼자의 힘으로는 돕기 힘들기 때문에 전문기관에 의뢰하여 도움을 받는 것이 좋다.

1388 청소년사이버상담센터

(2) 청소년의 자살

(가) 원인

청소년의 자살 행동은 정신질환적인 특성이라기보다는 분노, 좌절, 충동성 등 심리적 갈등이나 정서적 요인에 의해 주로 유발된다고 할 수 있다. 청소년기의 자살 시도는 현실 도피적인, 충동적인 문제 해결 방식을 반영하고 있음을 시사하며, 또한 대부분의 자살 기도자들은 자살에 대해 사전에 어떤 형태로든 주변사람들에게 언급하고 있다.

이러한 자살 기도 청소년들은 지나치게 초조해하거나 안절부절못한 행동을 하며, 주의가 산만해진다. 식욕과 수면 패턴이 변화하여 우울 증상을 보이고, 학교에서 문제를 일으키거나 범법 행위와 같은 사고를 자주 낸다. 친구들을 만나지 않고, 좋아하던 행동을 중단하며, 약물이나 알코올에의 탐닉하기 시작한다. '죽고 싶다'라든가 '내가 없어졌으면' 등의 자살과 관련된 말을 자주하고 자기가 소중하게 여기던 물건을 남에게 주는 등 행동의 변화와 함께 갑작스런 성적의 저하가 나타나므로 이를 통해 어느 정도 예지할 수 있다.

(나) 대처 방법

주변 사람들을 통해 적절한 시기에 적극적인 방법으로 위기상황에 개입하게 된다면 청소년 자살은 충분히 예방할 수 있다. 따라서 평상시에 부모님이 자녀에게 애정과 관심을 지속적으로 표현해 주는 것이 가장 중요하다.

우리 청소년들이 자신을 사랑하는 사람이 있고 또 자신의 죽음으로 인해 슬픔을 이기지 못할 사람이 있다는 것을 인식한다면 한 번쯤은 자살에 대해 다시 생각해 볼 수 있으며 행동으로 옮기는 일은 그만큼 감소할 것이다.

(3) 왕따

(가) 원인 및 유형

"왕 따돌림"의 준말로 개성이 무시당하고 친구가 없는 상태, 주위로부터의 일방적 배제로 혼자 외톨이가 된 상태, 즉 집단 따돌림을 말한다. 다수의 학생들이 개인이나 소수의 학생들을 대상으로 의도적으로 따돌리고 괴롭히는 경우뿐 아니라 지나치게 자기중심적이거나 내성적인 성격 등 개인의 문제로 집단 구성원들과 어울리지 못하는 경우도 포함된다.

왕따를 한번 경험한 학생은 다시 당하지 않기 위해 옳고 그름의 판단 없이 다른 친구 왕따 시키기에 동참하게 되며, 피해 학생이 저항하지 않거나 이를 수용하는 자세를 보일 경우 가해 학생들의 행위는 더욱 잔인하고 대담해진다. 주로 주도권을 쥔 학생들에 의해 시작되고 자존심 강한 여학생의 경우 더욱 심각한 정신적 피해를 입게 된다. 또한, 다른 학생들은 자신도 피해자가 될 수 있다는 두려움으로 왕따 학생에게 도움을 주지 않고 모른 채 하는 경우가 대부분으로, 상황이 노출되지 않는 경우가 많아 심각해질 때까지 진행된 이후에 발견되므로 심각성이 크다.

왕따의 특성으로는 학교에서 안색이 나쁘고 기운이 없어 보이며 심부름을 도맡아 하고 못난 놈, 멍청이, 냄새난다 등의 말을 들어도 반항하지 않고 아부하듯 웃으며 결석과 지각이 잦은 등의 행동과 특성을 보인다. 친구들이 따돌리는 방법은 말 걸지 않기, 다른 학생들과 어울리지 못하도록 막기, 약점 들추기, 모함하며 비난하기, 돌려가며 따돌리기, 계속 시비걸기, 편가르기 등으로 어린 학생들이 감당하기 힘들 정도일 경우에는 학교 가기를 겁내는 경우까지 있다.

왕따 자녀를 둔 부모는 자녀와 많은 대화를 나누는 것이 중요하지만 이보다 앞서 친구 사이에서 내 아이의 위치를 파악할 필요가 있다. 또한 너는 더 할 수 없이 귀한 존재라며 용기를 북돋아 주고 함께 이야기를 나누고 대책을 마련하도록 한다. 아울러 너를 괴롭힌 사람은 가만두지 않겠다는 식으로 아이에게 힘을 실어줄 필요가 있으며, 가해학생 부모에게도 직접 알려서 함께 해결방안을 모색하는 적극성을 보여야 한다. 후환이 두려워 '쉬쉬' 하는 사이에 아이의 몸과 마음은 상처받고 지쳐버려 어떤 우발적인 행동을 할지 모르기 때문이다.

(나) 왕따 예방법

- 자신을 되돌아보기 : 왜 따돌림을 당하는지 자신을 돌이켜 보는 것이 중요하다.
- 마음 편히 담담하게 받아들이기 : 너무 소극적으로 또는 신경질적인 반응을 보이는

것보다는 담담히 받아들이는 것이 좋다.

- 자기 할 일 착실히 하기 : 어떤 따돌림도 영원히 지속되는 것이 아니라 시간이 지나면 잊혀질 수 있기 때문에 자신의 공부나 특기를 충실히 다진다면 스트레스 받는 일을 줄일 수 있을 것이다.
- 자책하지 말기 : 스스로 자신을 부끄러워할 필요가 없다. 한때 따돌림을 당하는 것이 인생 전체가 배척당하는 것이 아니기 때문이다.
- 친구 찾기 : 다가가기 편하거나 진심으로 대해 줄 친구에게 관심을 표현하고 친하게 지낼 수 있도록 노력한다.
- 부모님에게 상의하기 : 너무나 힘들어 혼자 감당할 수 없을 때는 부모님에게 사실을 털어놓고 상의한다. 이 세상에서 자신을 가장 사랑하고 아껴줄 수 있는 사람은 부모님임을 잊지 말아야 할 것이다.

(4) 청소년 가출

(가) 원인 및 유형

청소년은 일단 가출하고 나서 잘못된 길로 빠지게 되면 돌이키기가 매우 어렵고, 한 번의 가출은 또 다른 가출로 반복되는 경우가 많다. 가출을 예방하기 위한 노력은 무엇보다 가정에서부터 시작되어야 한다. 솔직하고 깊이 있는 대화를 통하여 이들이 무엇을 원하며, 어떤 어려움을 겪고 있는지를 민감하게 알아차리고, 필요한 도움을 줄 수 있어야 한다.

아이들은 가출하기 전에 여러 가지 방법으로 자신이 가출할지도 모른다는 신호를 보낸다. 우리 아이들에게 해당되는 사항들이 있는지 체크해 본다.

- 부모와 점점 대화가 없어진다.
- 집에 있는 것이 따분하다고 짜증을 자주 부린다.
- 집이 답답하다는 호소를 한다.
- 귀가 시간이 점점 늦어지고 가끔 외박도 한다.
- 늦게 귀가하여 어디서 누구와 함께 있었는지를 물어보면 얼버무리거나 거짓으로 말한다.
- 방과후 학원이나 독서실에 간다고 해서 확인해 보면 없는 경우가 많다.
- 친구 집에서 잔다고 해서 확인해 보면 없는 경우가 많다.
- 부모가 말을 붙이면 건성으로 대답하거나 아예 대답하지 않는다.
- 부쩍 필요 이상의 용돈을 달라고 요구한다.

- 집에 들어오기 싫다고 투덜거리며, 툭하면 집 나가겠다고 위협한다.
- 사귀는 친구들이 주로 불량스러운 아이들이 많고, 중퇴·자퇴했거나 가출한 경험이 있는 친구들과 자주 어울린다.
- 밤늦은 시간에 친구들이 전화해서 불러내면 핑계를 대서라도 꼭 나가려 한다.
- 학교를 자주 빠진다.
- 학교에 다니기 싫다는 소리를 자주 한다.
- 방과후 비디오방, 게임방, 당구장 등 유흥업소 출입이 잦다.
- 공부에는 별 관심이 없고, 학교는 그냥 형식적으로 다닌다.
- 쉽게 돈을 벌 궁리를 하면서, 유흥비를 마련하려고 한다.
- 방문을 자주 잠근다.
- 가방을 자주 싼다.
- 돈을 벌 수 있는 구체적인 방법을 구상한다.

(나) 대처 방법

가출경험이 있는 청소년은 재가출을 하는 경우가 많은데, 이는 가출에서 돌아온 다음의 재적응 과정을 제대로 도와주지 못했기 때문이다. 따라서, 가출경험이 있는 아이가 다시 가출을 못하도록 하기 위해서는 새로운 생활을 다시 하려는 아이의 마음을 부모가 먼저 알아주는 것이 필요하다. 가족구조가 바뀌지 않으면 아이는 다시 가출하려고 할 것이다. 때로는 잘 되지 않겠지만 부모가 노력하고 있다는 것을 아이가 알면 재가출을 예방할 수 있을 것이다.

(5) 학교 폭력

(가) 원인 및 유형

학교폭력의 개념은 다양하게 정의되고 있으나, 학교 내·외에서 주로 학생들에 의해 가해지거나 당하는 신체적·물리적·정신적·성적 폭력으로, 학교 안팎에서 발생하는 금품갈취, 폭력서클에 의한 폭력행위, 단순폭행, 구타 등의 신체적·물리적 폭력, 집단 따돌림, 욕설, 협박 등 심리적·언어적 폭력행위, 성폭력이 주를 이룬다 할 수 있을 것이다.

학교폭력에 대하여 보통 아이들 싸움으로 생각하면 대수롭지 않게 생각하는 경우가 있으나 요즘의 학교폭력은 지속성과 지속가능성으로 인한 심리적, 정서적인 피해는 사회 폭력과는 비교할 수 없을 만큼 심각한 실정이다. 학교나 학생사회는 우리가 생각하거나 알려진 것 이상으로 복잡해지고 있으므로 자녀들과 대화를 통해 그 흐름을 파악하는데 노력을 기울여야만 대처할 수 있다.

학교폭력은 피해자나 가해자 대부분이 내일의 주인공인 청소년들로 그들의 신체적, 정신적 피해와 비행은 완치됨이 없이 곧 다음세대로 이어질 가능성이 많아 적극 대처해야 한다는 정책적 고려와 이들의 다양한 욕구 및 예민한 감수성 등에 적절히 대처, 교화·개선을 통하여 범죄 발생을 감소시키고 우리의 청소년을 평온한 교육환경에서 공부할 수 있도록 보호해야 한다는 사회적 요청 때문에 일반 범죄와 달리 취급할 필요가 있다.

〈표 9-1〉 학교폭력의 유형, 특징 및 발생 원인

학교폭력의 특징	· 집단화·흉포화·잔인화 · 책임감과 죄의식의 부재 · 여학생 폭력의 증가 및 저연령화 · 정신적 폭력의 증가
학교폭력의 유형	· 금품갈취, 협박이나 폭행을 수반한 단순폭력 · 불량써클 결성이나 집단 싸움 · 성폭력 · 집단따돌림, 괴롭힘, 상대 안하기, 하기 싫은 일 시키기 · 기타 은근히 욕하기, 시비걸기, 장난을 빙자한 가혹행위
학교 폭력의 발생원인	• 인성적 문제 · 분노 조절 능력 미약 · 욕구불만, 낮은 자존감, 강한 공격성 • 가정에서의 부모 역할미흡 · 대화의 부족, 공부 위주의 가정교육 · 맞벌이 가정이나 결손 가정의 경우 애정과 관심의 결핍 · 1자녀 가정의 경우 지나친 과잉보호 • 입시위주의 학교교육 · 인성교육·전인교육의 부재 · 교사의 학교폭력 대응방법 미숙 · 학교 부적응 학생에 대한 지도 부재 • 폭력을 조장하는 사회 분위기 · 매스컴을 통한 성인들의 폭력장면 노출 및 폭력미화 · 물질만능주의 만연 · 유해매체·유해환경의 급증

- 폭력 피해 사실을 진단하는 지혜
  - 비싼 옷이나 운동화, 안경 등을 자주 잃어버리거나 망가뜨린다.
  - 몸에 다친 상처나 멍 자국을 자주 발견하게 된다.
  - 교과서나 가방, 공책 등에 '죽어라' '죽고 싶다'와 같은 낙서가 쓰여 있다.
  - 용돈이 모자란다고 하거나 말도 없이 집에서 돈을 집어 간다.
  - 풀이 죽어서 돌아와 풀썩 주저앉거나 자기 방에 틀어박혀 나오지 않는다.
  - 입맛이 없다며 평소에 잘 먹던 음식에도 손을 대지 않는다.
  - 두통이나 복통 등 몸이 좋지 않다며 호소하며 학교 가기를 싫어한다.
  - 친구에게서 전화 오는 것조차 싫어한다.
  - 갑자기 전학을 보내달라고 한다.
  - 갑자기 성적이 떨어진다.
  - 잘 때 식은땀을 흘리면서 잠꼬대나 앓는 소리를 한다.

(나) 학교 폭력 발견 후 대처 방법

위와 같은 사례들이 발견된다면 먼저 피해 청소년에게 관심을 기울여 폭력을 당하고 있는지의 여부를 확인해야 한다. 학교폭력을 당하고 있다면 시기는 언제부터인지, 폭력의 정도는 얼마나 심한지, 구체적으로 파악하여 일회적이고 가해자의 행동이 위험성이 없다면 가해자의 부모나 학교와 상담하여 선도위주로 문제를 해결하고 폭력에 수반되는 공갈이나 협박, 금품갈취 등이 있다면 경찰에 신고하여 적극적으로 피해학생을 보호해 주는 것이 좋다. 또한 폭력으로 인해 피해 청소년이 겪었을 마음의 상처를 치료해 주고 자신감을 되찾을 수 있도록 세심한 배려를 해주어야 한다.

2 성범죄의 예방

1) 성폭력

성폭력이란 강제로 행해지는 강간, 성추행, 성희롱, 음란전화 등 성적인 폭력을 말하며, 강간의 경우 피해자의 80%가 근친, 이성 친구, 직장상사 및 동료, 선후배, 이웃집 아저씨 등 잘 아는 사람에 의해 발생하고 있다.

(1) 성폭력의 발생원인

(가) 성에 대한 무지·그릇된 성교육의 현실

- 가정과 학교의 성교육이 생물학적, 보건적 내용에 치우치며, 여학생의 경우 순결만 강조하고 남성 중심의 성교육이 이루어지고 있으며, 실질적인 성교육은 이루어지지 않고 친구나 선배 등 또래집단으로부터 단편적인 정보를 입수하고 있는 실정이어서 성에 대한 왜곡된 정보와 지식에 노출되어 있다고 보아야 할 것이다.

(나) 대중매체·음란물에의 노출

- 대중매체의 선정성과 폭력성이 난무하며, 음란물이 강간 등의 성폭력을 미화하는 경향이 있다.
- 잘못된 성의식, 부정적·남성 중심적·유희적 가치관
- 피해 여성이 먼저 유혹한다는 등으로 인식하거나 여성의 거절의사를 거절로 받아들이지 않는 경향이 있다.

(2) 성폭력 예방과 대처

어린이나 청소년은 범죄에 대한 상황판단이나 대처능력이 어른에 비해 상당히 뒤떨어져 있다. 부모들이 성폭력 범죄를 예방하는 방법이나 성폭력 피해를 당할 경우나 사후의 대처 방법을 평소에 교육시켜두는 것이 좋다.

(가) 성폭력 피해 예방법

- 외출 시 만날 사람, 장소, 시간 등을 집안 어른에게 알리도록 하고, 등·하교 길에 인적이 드물고, 어두운 골목길은 피하며, 모르는 사람의 차에 함부로 타지 않는다.
- 남의 집을 방문하여 이성과 함께 방에 있게 되는 경우에는 방문을 항상 열어두도록 하며, 이성과 교제 시 인적이 드물고 어두운 골목길은 함께 다니지 않도록 하고 상대방이 이성을 잃어간다고 느낄 때는 즉시 헤어질 수 있도록 일러둔다.

(나) 성폭력 피해 상황의 대처 방법

- 그 자리에서 빨리 도망가는 것이 가장 좋다.
- "불이야"하고 큰 소리를 지르거나 호루라기를 불어 다른 사람들의 관심을 끌어야 하며, 구토나 소란, 나쁜 병에 걸린 척을 하여 도망칠 기회를 만든다.
- 아는 사람이 성폭력을 가하려 할 경우에는 거절의사를 분명히 밝혀야 한다.

• 상대방의 눈, 목, 배 등을 힘껏 공격하여 그 자리를 모면하고, 지나가는 사람 등의 도움을 요청한다.

(다) 성폭력 피해 후의 대처 방법

• 부모나 선생님께 즉시 도움을 요청하도록 일러두고, 성폭력 관련 전문기관의 도움을 받는다.
• 피해 직후 12시간 이내에 병원으로 가서 치료받은 후 진단서를 발급받고, 상처부위는 사진을 찍어 보관한다.
• 경찰에 고소, 신고하는 등의 법적 조치를 취한다.
• 성폭력의 모든 책임은 가해자에게 있으므로 피해자는 자신을 비하하거나 자책하지 말고 용기를 잃지 않도록 부모님이 다독거려 주어야 한다.

2) 부모의 성교육 지침

(1) 부모의 모범적인 생활이 우선이다.

부부간에 화목하고 아이를 사랑하는 밝은 가정환경이 밝고 건강한 성의 기초가 되는 것이다. 매일 부부 싸움을 하면서 혹은 아버지가 어머니를 무시하면서 어떻게 성교육을 할 수 있겠는가? 남성과 여성이 인격적으로 동등하다는 것이 전제되어야 올바른 성교육이 이루어지는 것이다. 성교육은 인격 교육이며 가치관 교육이다.

(2) 부모 자신이 먼저 변화해야 된다.

부모의 변화 없이는 자녀를 교육하기 어렵다. 술 먹고 TV만 보면서 공부하라거나 말 잘 들으라는 것은 안 통한다. 성교육 또한 교육이기 때문에 교육자로서 인정받을 만한 모범적인 행동이 있어야 한다. 청소년들을 대상으로 한 조사에서 아이들이 음란물을 보았다고 답변한 곳은 '집'이 가장 많다고 응답하여 자기 집 혹은 친구 집에서 부모들이 제대로 간수하지 않은 음란물을 보고 있다는 것이다. 따라서, 부모들이 우선 올바른 성문화를 유치해야 한다.

(3) 아이의 연령에 따른 성 지식이 있어야 한다.

성교육은 부모가 미리 준비되어 있다가 계기가 있을 때 자연스럽게 이루어지는 게 좋기 때문에 평소에 준비해 둘 필요가 있으며, 사회현상에 대해, 아이들 심리에 대해, 성문화 흐름에 대해 종합적으로 알고 있을 때 실질적인 교육이 될 수 있다. 따라서 몸 관리 교육과 성폭행에 대해 입장정리가 되어 있어야 하고, 성행동에 대한 교육이 효과 있게 이루어지려면 부모가 먼저 정리가 되어 있어야 하며, 아이들이 접하는 컴퓨터, 휴대폰, TV나 만화 등 성문화 환경에 관심을 가지고 관찰하면서 아이의 올바른 성개념 정립을 위해 도와야 할 것이다.

(4) 성문화를 개선하고 성교육을 제도화하도록 한다.

자신의 아이만 보호할 수 있는 시기는 이미 지났다고 해도 과언이 아니다. 아이들은 부모 손안에서만 놀게 할 수는 없는 것이다. 발을 동동거리며 애태우지 말고 적극적인 행동을 취해야 한다. 아이들의 성문화를 조사하여 고발하고 모여서 정책을 제시하는 등 우리 사회의 바르지 못한 성문화를 고쳐야 한다.

성폭행이나 성범죄를 방지하기 위해 지역이나 단지별 자치적인 방범 활동을 벌인다든지 행정적인 조치를 요구하는 등 지방자치시대에 스스로가 참여하는 사회적인 해결 방법도 모색해야 할 것이다.

3 가정폭력

1) 가정폭력의 정의

배우자(사실상 혼인관계에 있는 자 포함) 또는 배우자 관계에 있었던 자, 자기 또는 배우자와 직계존비속 관계에 있거나 있었던 자, 계부모(繼父母)와 子의 관계 또는 적자(嫡子)와 서자(庶子)의 관계에 있거나 있었던 자, 동거하는 친족관계에 있는 자 등 가정 구성원 사이의 신체적, 정신적 또는 재산상 피해를 수반하는 행위를 가정폭력이라고 한다.

2) 가정폭력의 유형

(1) 아내학대·남편학대

① 배우자(사실 혼인관계 및 배우자 관계에 있었던 자 포함)를 폭행, 집안 등에 가두어 두거나 또는 집안 물건을 부수거나 신체·주거를 수색하는 경우

② 부양이 필요한 배우자를 돌보지 않고 유기하거나 학대를 하는 경우

③ 배우자에 대해 모욕적인 언사나 명예를 훼손하는 이야기를 하는 경우

(2) 노인학대

① 가족 구성원이 부모 등 노인을 폭행 또는 집안 등에 가두어 두거나 집안 물건을 부순 경우

② 가족 구성원이 부모 등 노인을 돌보지 않고 유기하거나 학대를 하는 경우

③ 가족 구성원이 노인을 폭행, 협박하여 금품을 갈취하거나 신체·주거를 수색하는 경우

④ 가족 구성원이 부모 등 노인에 대해 모욕적인 언사나 명예를 훼손하는 이야기를 하는 경우

(3) 아동학대

① 부모 또는 가족 구성원이 자식 등 아동을 폭행 또는 집안에 가두어 두는 경우

② 부모 또는 가족 구성원이 자식 등 아동을 돌보지 않고 유기, 학대를 하거나 만16세 미만의 자를 생명 또는 신체에 위험한 업무에 사용할 사람에게 인도하는 경우

③ 부모 또는 가족 구성원이 자식 등 만18세 미만의 아동에게 구걸을 시키거나 아동을 이용하여 구걸하는 경우

④ 가족 구성원이 아동을 폭행, 협박하여 금품을 갈취하거나 신체·주거를 수색하는 경우

⑤ 부모 또는 가족 구성원이 자식 등 아동에 대해 모욕적인 언사나 명예를 훼손하는 이야기를 하는 경우

3) 가정폭력 범죄의 법적 조치

(1) 가정폭력 범죄에 대한 응급조치(제5조)

진행 중인 가정폭력범죄에 대하여 신고를 받은 경찰관은 즉시 현장에 임하여 다음과 같은 조치를 취하여야 한다.

① 폭력행위의 제지 및 범죄수사

② 피해자의 가정폭력과 관련 상담소 또는 보호시설 인도(피해자의 동의가 있는 경우)

③ 긴급치료가 필요한 피해자의 의료기관 인도

④ 폭력행위의 재발 시 제8조의 규정에 의해 임시조치를 신청할 수 있음을 통보

(2) 임시조치(제29호)

경찰관은 수사 중에 응급조치에도 불구하고 가정폭력범죄가 재발할 우려가 있다고 인정하는 때에는 피해자 또는 가정구성원의 주거 또는 점유하는 장소(공간)로부터 퇴거 등 격리, 피해자의 주거나 직장 등에서 100미터 이내 접근금지와 같은 임시조치를 신청할 수 있다.

(가) 가정보고사건으로 처리

가정폭력사건은 일반형사사건 처리와는 달리 담당경찰이 가정폭력범죄로서 사건의 성질·동기·결과·행위자의 성행 등을 고려하여 동법 제40조의 보호처분에 처함이 상당하다고 인정할 때에는 그에 대한 의견을 밝혀 사전을 가정보호사건으로 검찰로 송치하게 되며, 가

정보호사건으로 법원에서 최종 처리될 경우 피의자에 대해서는 일반형(징역, 벌금형 등)이 아닌 보호처분(제40조)이 내려지게 된다.

(나) 보호처분(제40조)

판사는 심리의 결과 보호처분이 필요하다고 인정한 때는 결정으로 다음의 처분을 할 수 있다.

- 행위자가 피해자에게 접근하는 행위의 제한
- 친권자인 행위자의 피해자에 대한 친권행사의 제한
- 보호관찰 등에 관한 법률에 의한 사회봉사·수강명령
- 보호관찰 등에 관한 법률에 의한 보호관찰
- 가정폭력방지 및 피해자보호 등에 관한 법률이 정하는 보호시설에의 감호 위탁
- 의료기관에의 치료위탁
- 상담소 등에의 상담위탁

4 방범 대책

사회의 고도화 등에 따라 각종 범죄가 증가하고 있으나 한정된 경찰력만으로 모든 범죄를 완전히 예방하기에는 현실적으로 한계가 있다. "나도 범죄의 피해자가 될 수 있다"는 생각을 가지고 스스로 지키는 자위방범체제를 강화할 수 있도록 일상생활 주변에서 발생하는 범죄에 대비한 방범대책을 알아본다.

1) 가정에서의 방범 대책

(1) 범행 대상이 되기 쉬운 집

① 대문이 열려있거나 자물쇠가 밖으로 채워져 있는 집

② 초인종을 눌러도 대답이 없거나 전화를 걸어도 받지 않는 집

③ 초저녁에 불이 꺼져있는 집

④ 대문·출입문 또는 현관문 앞에 정기 배달물(택배, 우유, 신문 등)이 쌓여 있는 집

⑤ 아파트 공동현관 우편함에 우편물이 쌓여 있는 집

여성가족부는 가정폭력, 성폭력 등 여성 폭력 피해자의 긴급한 구조와 보호, 상담이 필요한 경우 언제든지 피해상담을 받을 수 있도록 긴급전화 1366을 365일 24시간 운영하고 있다.

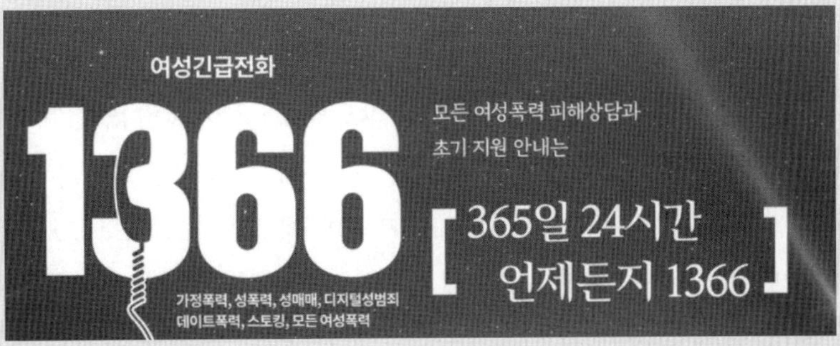

출처: 한국여성인권진흥원

1366 전화 또는 여성긴급전화 1366 홈페이지를 통해 온라인 상담도가능하다. 특히 다문화가정의 이주여성의 경우 13개 언어로 365일 24시간 운영되는 다누리콜센터(1577-1366)를 통해 가정폭력피해에 대한 긴급 지원을 받을 수 있다.

(2) 가정 방범 대책

① 강도는 흉기를 소지하고 침입하기도 하지만, 주로 침입한 주택의 부엌칼 등을 이용하므로 흉기가 될 만한 과도 등은 깊숙한 곳에 보관, 사용하는 것이 좋다.

② 야간에 도둑이 침입한 경우 가벼운 기침을 하거나, 선잠에서 깨는 것처럼 하품을 하며 이불을 뒤척이면 도둑은 불안을 느껴 도망가는 경우가 많다.

③ 강도가 침입했을 경우 그들의 요구대로 따르되 자극적인 말은 삼가고 인상착의를 자세하게 기억해야 한다. 또한 범죄를 당한 경우에는 범죄현장을 손대지 말고 현장을 그대로 보존하고 신속히 112신고를 해야 한다.

④ 귀중품(귀금속·현금 등)은 은행에 예치하는 것이 좋고, 집안에 둘 때는 적당한 곳에 분산 보관하는 것이 안전하며, 귀중품의 특징을 기록하여 별도로 간직하고 귀중품에 자기 또는 가족만이 알 수 있는 부호를 표시하는 것도 좋은 방법이 될 수 있다.

⑤ 온 가족이 한 방에서 TV를 볼 때도 집밖의 인기척에 귀를 기울이고 문단속을 확인한다.

⑥ 부득이한 사정으로 집을 비울 때는 이웃이나 경비원, 파출소에 부탁하고, 밤에는 실내등이나 라디오를 켜 놓는 것이 안전하다. 또한 집을 여러 날 비울 때에는 배달물(택배, 우유, 신문 등)을 넣지 않도록 사전에 연락하여 빈집임을 모르게 해야 한다.

⑦ 가스 안전점검, 행정복지센터 공무원 등을 사칭하거나 아파트 하자보수 등을 다니는 것처럼 가장하여 침입하는 경우도 많으므로 낯선 사람을 함부로 집에 들이지 말아야 한다.

⑧ 도둑은 어두운 곳을 골라 침입하므로 부근에 방범등을 설치하고, 담장이나 창문에 철제 방범 창살이나 경보시설을 설치하며, 집 주위 으슥한 곳은 주위를 밝게 하여 도둑의 침입을 방지한다.

2) 금융기관 자위방범 대책

① 자체경비 인력·장비의 지속적 보강
- 금융기관 점포별로 방범책임자를 지정

② 방범체제·방범설비·현금호송업무·방범훈련 계획, 지도
- 점포별 경비원 2명, 가스총 3정 이상 보유하고 규모 및 취약점에 따라 보강
- 모든 영업장에 무인 기계경비시스템을 설치하고 폐점이후 안전관리를 강화

③ 현금 호송 시 안전대책 강화
- 호송경비 전문회사를 이용하거나 경비원 포함 3명 이상이 현금호송을 실시
- 호송업무는 가급적 남자 직원으로 지정

④ 입·집금장소가 여러 개소인 경우 자체 현금호송팀을 구성하여 안전 확보
- 필요장구 및 안전장비 사용
- 가스분사기, 휴대폰 등 방범·통신장비를 반드시 휴대
- 현송 전문차량 및 현송용 전자안전가방을 사용
- 통신수단을 구축하여 긴급 무선연락망을 운용

⑤ 위기 상황에 대비한 방범훈련 실시
- 전 직원을 대상으로 비상 신고 장치, CCTV 등 무인 기계경비시설의 조작요령을 수시 교육
- 사건발생 시 신고조·관찰조·범인대응조·추적조·현장보존조 등 직원별 임무를 부

여하여 주기적으로 모의훈련을 실시

3) 방범시설 설치

(1) 경비시스템 구축

경비시스템에 의한 방범에는 사람에 의한 인력경비와 방범기기에 의한 기계경비가 있으며, 주간에는 인력경비, 야간에는 방범기기를 활용한 무인 기계경비시스템을 운용하는 것이 보다 효율적이다.

(2) 무인 기계경비시스템

경비 전문업체에서 경비대상을 정밀 진단한 후 각종 감지기 등을 설치하여 범인 침입 시 감지기가 자동 작동하면 경비업체 상황실에서 즉시 순찰차량을 출동시켜 대응하는 시스템이다. 필요시 112와 119에 지원요청도 가능하다.

(3) CCTV 등 첨단 방범장치 설치, 운영

- 점포 내 출입문·로비, 점포 외부의 현금자동지급기에 설치
- 비상벨 설치 및 점포 주요 지역과 관리 사각지대에 CCTV 설치
- 점포 규모에 따른 카메라의 수, 정보 저장 장치 확보 및 관리·운영 철저
- 범인수사·검거자료로 활용할 수 있도록 화질의 선명도 유지

4) CCTV 관리 유의사항

① 저급한 카메라, 모니터, 녹화기 등은 화질이 좋은 고화질 제품으로 교체

② 객장규모에 따라 필요한 수량의 카메라 추가설치

- 카메라 1대의 감시 폭은 최대 4.5M를 넘지 않도록 설치
- 카메라 위치는 높지 않게, 가능한 한 사람 얼굴 높이의 정면에 설치
- 카메라에 역광이 들지 않게 설치하고, 역광이 있을 때는 차양막 설치

③ 녹화된 자료 저장이 가능한 충분한 양의 저장 장치 확보

- 고해상도의 디지털 장비 사용
- 조명이 없는 곳에는 적외선 카메라 적용

- 저장용량이 충분한 저장장치 사용으로 채증 효과 극대화

④ CCTV 관리 철저

- 관리책임자를 지정하여 이상 유무를 수시 확인
- 전문 업체를 선정하여 시공 및 주기적 A/S를 실시

5 일상생활에서의 범죄 예방 대책

1) 소매치기

(1) 수법

소매치기는 사람이 많은 곳에서 예리한 면도칼 따위로 몰래 찢거나 호주머니의 금품을 감쪽같이 꺼내가는 경우도 있고, 동전과 같은 물건을 떨어뜨려 시선을 돌리게 한 후 목걸이 등을 따는 수법 등이 있다. 사람이 많이 몰리는 역·버스터미널·백화점·상가, 혼잡한 버스·지하철 내에서 한눈을 팔거나 주위가 산만해지는 경우를 노리고 있다.

(2) 대비책

① 부득이 많은 돈을 가지고 다닐 때는 여러 곳에 나누어 넣고 주위를 자주 살펴본다.

② 소매치기는 공연히 시비나 싸움을 걸고 싸우는 순간, 공범이 말리는 체하면서 돈을 빼내가는 수가 있으니, 누군가 시비를 걸어오면 빨리 그 자리를 벗어나는 것이 현명하다.

③ 버스 안에서 소매치기를 발견하였거나 당하였을 때는 침착하게 기사에게 알려 승객이 내리지 못하도록 하고, 가까운 경찰관서나 경찰관에게 신고해야 한다.

2) 들치기

(1) 수법

사람이 많은 곳에서 손님과 이야기하는 사이 또는 자신들끼리 싸움을 하여 시선을 집중시킨 후 감시가 소홀한 틈을 타 몰래 들고 가는 수법이다.

(2) 대비책

① 사람이 많은 곳에서 핸드백이나 가방 등을 잘 챙기도록 하고, 자리를 비울 때는 아는 사람에게 부탁하는 것이 좋다.

② 피곤하여 졸거나 휴대폰·신문·잡지 등을 보는 사이에 몰래 들고 가는 경우도 있으므로 주의하여야 한다.

3) 날치기

(1) 수법

핸드백·돈지갑 등을 들고 서 있거나 보행 중일 때, 오토바이 등을 타고 뒤따라가 낚아채는 수법이 있고 특히 금융기관에서 현금을 인출해갈 때 뒤따라가 골목길, 모퉁이 등 한적한 곳이나 횡단보도, 정류장 등 혼잡한 곳에서 핸드백 등을 낚아채어 인근에 대기하고 있던 오토바이나 승용차로 도주하는 2인조 날치기가 많다.

(2) 대비책

① 걸어갈 때는 핸드백을 길 안쪽으로 옮겨 잡거나 어깨끈을 대각선으로 메고 손으로 잡는 습관을 갖는 것이 좋다.

② 너무 친절하게 접근하는 사람을 경계하고, 외출할 때에는 값비싼 귀금속을 소지하지 말아야 한다.

③ 금융기관에서 현금을 인출하거나 맡길 때는 더욱 주의해야 하고, 특히 고액의 현금을 입·출금할 경우 동료와 함께 회사 등의 전용차로 가는 것이 안전하며, 필요한 때에는 은행 경비원이나 경찰관의 도움을 요청하는 것이 좋다.

4) 노상강도

(1) 수법

으슥한 골목길 등에서 지나가는 사람의 뒤통수를 치거나, 정면에서 흉기로 위협하거나 술 취한 사람을 상대로 금품을 강탈하는 경우 또는 수면제가 든 음료수를 마시도록 하거나 마취제를 이용하는 수법도 있다.

(2) 대비책

① 밤거리를 혼자서 다니는 것은 노상강도의 표적이 될 수도 있다.

② 술에 취했을 때는 걸어서 귀가하는 것을 삼가야 한다.

③ 대낮이더라도 인적이 드문 골목길, 지하도, 지하주차장 등 한적한 곳은 피하는 것이 좋고 여러 사람이 지나갈 때 함께 가는 것이 좋다.

④ 모르는 사람이 음료수 등 음식을 줄 때는 "예, 고맙지만 배가 아파서"라고 하는 등 적당한 말로써 거절해야 한다.

5) 승용차 운전 시 범죄피해

(1) 수법

일부러 접촉사고를 유발하여 차량을 세운 후 강도로 돌변하거나, 차량에 고의로 부딪힌 후 합의금을 요구하는 경우도 있으며, 음주운전 차량을 물색 후 고의로 사고를 유발하고 합의금을 받아내는 등의 수법이 있다.

(2) 대비책

① 인적이 드문 골목이나 밤길에 혼자 차를 운행하는 것은 가급적 피한다.

② 인적이 드문 곳에서 접촉사고가 났을 경우 즉시 문을 열고 나오지 말고 차의 유리창문을 약간만 열고 상대방 운전자나 동승자의 태도를 살핀 뒤 안전이 확인되면 나오는 것이 좋다.

③ 한적한 곳에서 다른 차가 위협 운전을 하거나 이유 없이 시비를 걸때는 상대방의 태도를 면밀하게 살핀 뒤 차량을 길가에 정차시킨 후 경찰에 도움을 요청한다.

④ 차를 비울 때는 차안에 옷이나 핸드백, 카메라, 현금 등 귀중품을 두지 말고 차문은 항상 잠근다.

⑤ 운행 중이나 주정차 때에도 차문은 꼭 잠그는 습관을 들인다.

⑥ 출발할 때에는 차 주위에 사람이 있는지 자세히 살핀다. 고의로 부상을 입고 협박하여 돈을 받아내는 자해공갈단이 있다.

⑦ 음주운전은 살인행위이기도 하지만 범죄자의 표적이 될 수 있는 만큼 음주운전은 절대로 해서는 안 된다.

6) 기타 차량 관련 범죄

(1) 수법

버스, 택시를 기다리는 사람을 태워주겠다고 유인하여 강도 행위를 하거나 택시 승객이 강도로 돌변하기도 하며, 주차시켜 둔 차에 범인들이 미리 들어가 있다가 운전자가 승차하자마자 흉기로 위협하여 현금 등을 강탈하는 수법도 있다.

(2) 대비책

① 모르는 사람이 차를 태워주겠다고 할 때는 함부로 승차시키지 말고 자연스럽게 거절해야 한다.

② 운전 중에는 차문을 잠그고 밖에서 열지 못하도록 하는 것이 안전하다.

③ 주차하는 경우에는 필히 후사경을 접어놓아야 하며, 차문의 잠금 상태를 확인한 후 주차장을 떠난다.

④ 차량을 발로 차서 시비를 거는 경우나 접촉사고일 때는 먼저 상대를 파악한 후 안전이 확인되거나 경찰관이 올 때까지 기다리는 것이 안전하며, 상대방의 차량번호를 확인해 두어야 한다.

7) 지하철 범죄

(1) 수법

지하철 내에서 혼잡한 틈을 이용하여 성추행을 하거나 수상한 행동으로 시선을 유도한 후 소매치기를 시도하기도 하며, 술에 취해 졸고 있는 사람을 상대로 금품을 절취한다.

(2) 대비책

① 지하철 이용 시에는 지갑 등 귀중품을 남자는 상의 안주머니, 여자는 핸드백에 넣어 앞쪽에 들고 있는 것이 좋으며, 바지 뒷주머니는 제일 위험하다.

② 선반 위에 가방 등을 올려놓을 경우 관심을 가지고 지켜보는 것이 좋다.

③ 여러 사람이 주위에 몰려들어 수상한 행동을 할 경우 다른 칸으로 이동하거나 경찰관에게 신고한다.

④ 성추행을 당한 경우에는 범인에게 즉시 불쾌한 반응을 보여 적극적으로 대처해야

하며, 휴대전화로 112에 문자메시지 또는 음성으로 즉시 신고한다.

8) 부녀자 유인, 납치

(1) 수법

인신매매의 80% 이상이 허위 광고를 이용하거나 좋은 자리에 취직시켜 준다고 유혹하는 경우이다. 또 지나가는 여성에게 갑자기 부부행세를 하거나 가출한 동생을 강압적으로 데려가는 오빠행세, 가출한 정신병자를 병원으로 데려가는 가족행세를 하는 수법 등이 있다.

(2) 대비책

① “고액보수 보장”을 운운하는 등에 속지 않도록 하고, 화려한 옷차림이나 지나친 노출은 삼가야 한다.

② 길을 가는데 갑자기 뺨을 때리거나 오빠 등 가족행세를 할 때는 소리를 질러 위급상황임을 알리고 도움을 청하여 경찰관에게 신고하도록 부탁한다.

③ 평소 주머니나 핸드백에 호루라기를 넣고 다니다가 긴급한 때에 호루라기를 불어 도움을 요청하는 것도 피해를 막는 방법이다.

④ 혼자 택시를 탈 경우, 가급적 뒷좌석을 이용하고 타기 전에 차량번호를 확인한다.

9) 어린이유괴

(1) 수법

속임수, 유인, 강제적인 납치 등으로 유괴하여 부모에게 금품을 요구하거나 보복수단으로 삼는 수법이다.

① 과자를 사주거나 돈을 주는 방법으로 접근한다.

② 부모님, 선생님이 찾는다는 등 속임수를 쓴다.

③ 물어볼 것이 있다거나 길을 묻는다면서 사람이 없는 골목으로 유인한다.

④ 부모님과의 원한 관계로 보복수단으로 이용한다.

⑤ 부모님에게 돈을 요구할 목적으로 강제적으로 차에 태운다.

(2) 대비책

① 평소 자녀에게 모르는 사람이 주는 돈·과자·음료수 등은 받지 않도록 일러두며, 모르는 사람이 길을 물으면 알려만 주고 따라가지 않도록 일러둔다.

② 저녁 늦게까지 바깥에서 놀지 못하도록 하고 귀가시간을 지키도록 일러둔다.

③ 외출할 때에는 집에 행선지를 알리도록 하고, 유치원이나 학교에 갈 때 친구 등 여럿이 안전한 큰길로 다니도록 하며 혼자서는 놀지 않도록 일러둔다.

④ 낯선 사람이 자동차를 태워주겠다고 하더라도 타지 않도록 하고, 모르는 사람이 따라가자고 하면 큰소리를 치거나 아동안전지킴이집 등에 도움을 요청하도록 일러둔다.

⑤ 어린이가 외출할 때나 놀 때는 고가의 의류나 화려한 옷을 입히지 않도록 한다.

⑥ 친구가 모르는 사람에게 끌려갈 때는 어른들에게 빨리 알린다.

10) 학교주변 폭력배

(1) 수법

학교·학원·독서실 주변 골목길 등에서 등·하교하는 학생들에게 시비를 걸어 폭행하거나 금품을 갈취하는 수법이다.

(2) 대비책

① 한적한 시간에 으슥한 골목길을 혼자 다니지 않는 것이 좋다. 학교주변 범죄는 학교에서 약간 떨어진 주택가나 골목길 등에서 방과 전·후와 초저녁 사이에 가장 많이 발생한다.

② 불량배들이 모여 있는 곳은 어른이나 다른 학생들과 함께 지나가도록 한다.

③ 귀가시간을 약속하여 부모들이 마중 나가는 것도 좋은 방법이다.

④ 고가의 옷을 입고 다니거나 필요 이상의 많은 돈을 가지고 다니지 않도록 한다.

⑤ 폭력배로부터 금품갈취 등 피해를 입었을 경우 경찰관서에 알려 다른 피해자가 생기지 않도록 해야 한다. 도한 학교폭력신고상담센터의 도움을 적극적으로 받아 대처한다.

도란도란
학교폭력예방누리집
학교폭력신고전화 117

11) 스마트폰 안전사용수칙

(1) 의심스러운 애플리케이션 다운로드하지 않기

스마트폰용 악성코드는 위·변조된 애플리케이션에 의해 유포될 가능성이 있다. 따라서 의심스러운 애플리케이션의 다운로드를 자제한다.

(2) 신뢰할 수 없는 사이트 방문하지 않기

의심스럽거나 알려지지 않은 사이트를 방문할 경우 정상 프로그램으로 가장한 악성프로그램이 사용자 몰래 설치될 수 있다. 인터넷을 통해 단말기가 악성코드에 감염되는 것을 예방하기 위해서 신뢰할 수 없는 사이트에는 방문하지 않도록 한다.

(3) 발신인이 불명확하거나 의심스러운 메시지 및 메일 삭제하기

멀티미디어메세지(MMS)와 이메일은 첨부파일 기능을 제공하기 때문에 스마트폰 악성코드를 유포하기 위한 좋은 수단으로 사용되고 있다. 해커들은 게임이나 공짜 경품지급, 혹은 유명인의 사생활에 대한 이야기 등 자극적이거나 흥미로운 내용을 전달하여 사용자를 현혹하는 방법으로 악성코드를 유포하고 있다. 발신인이 불명확하거나 의심스러운 메시지 및 메일은 열어보지 말고 즉시 삭제한다.

(4) 비밀번호 설정 기능을 이용하고 정기적으로 비밀번호 변경하기

단말기를 분실 혹은 도난당했을 경우 개인정보가 유출되는 것을 방지하기 위하여 단말기 비밀번호를 설정하여야 한다.

또한 단말기를 되찾은 경우라도 악의를 가진 누군가에 의해 악성코드가 설치될 수 있기 때문에 비밀번호 설정은 중요하다. 제품출시 시 기본으로 제공되는 비밀번호(예 : 0000)를 반드시 변경하여 사용하며, 비밀번호를 설정할 때에는 유추하기 쉬운 비밀번호(예 : 1111, 1234 등)는 사용하지 않도록 한다.

(5) 블루투스 등 무선인터페이스는 사용 시에만 켜놓기

국외에서 발생한 스마트폰 악성코드의 상당수가 무선인터페이스의 일종인 블루투스(Bluetooth) 기능을 통해 유포된 것으로 조사되고 있다. 따라서 블루투스나 무선랜을 사용하지 않을 경우는 해당 기능을 비활성화(꺼놓음)하는 것이 필요하다. 이로써 악성코드 감염 가능성을 줄일 뿐만 아니라 단말기의 불필요한 배터리 소모를 막을 수 있다.

(6) 이상증상이 지속될 경우 악성코드 감염여부 확인하기

웹 사이트 접속 또는 애플리케이션 실행 후 스마트폰이 오작동하거나, 바탕화면 변조 및 저장된 개인정보가 삭제되는 등 이상증상이 발생하면 스마트폰 매뉴얼에 따라 조치하여야 한다. 그럼에도 이상증상이 지속될 경우 스마트폰 악성코드에 의한 감염일 가능성이 있으므로 백신 프로그램을 통해 단말기를 진단하고 치료하여야 한다. 또한 악성코드 감염이 확인된 경우 한국인터넷진흥원(KISA), 이통사, 제조사, 백신업체 등에 신고하여 악성코드의 확산이 방지될 수 있도록 시민의식을 발휘해 주는 것이 필요하다.

(7) 다운로드한 파일은 바이러스 유무를 검사한 후 사용하기

스마트폰용 악성프로그램은 인터넷을 통해 특정 프로그램이나 파일에 숨겨져 유포될 수 있으므로, 프로그램이나 파일을 다운로드하여 실행하고자 할 경우 가급적 스마트폰용 백신 프로그램으로 바이러스 유무를 검사한 후 사용하는 것이 좋다.

(8) PC에도 백신 프로그램을 설치하고 정기적으로 바이러스 검사하기

동기화 프로그램을 통해 스마트폰과 PC간 데이터 백업 및 복사, 음악파일 전송, 운영체제 패치 등의 작업을 수행할 수 있다. 이러한 과정에서 PC에 숨어있는 악성코드가 스마트폰으로 옮겨질 수 있으므로 스마트폰은 물론 PC에 백신 프로그램 설치 및 정기점검이 꼭 필요하다.

(9) 스마트폰 플랫폼의 구조를 임의로 변경하지 않기

스마트폰 플랫폼 구조를 변경(예 : Jailbreak)하여 사용할 경우, 기본적인 보안기능 등에 영향을 주어 문제가 발생할 수 있으므로 이용자 스스로 스마트폰 플랫폼의 구조를 변경하지 않도록 한다.

(10) 운영체제 및 백신 프로그램을 항상 최신 버전으로 업데이트하기

해커들은 스마트폰 플랫폼의 보안 취약점을 이용해 악성코드를 유포하고 백신프로그램의 탐지를 회피하기 위한 다양한 공격기법을 사용하고 있다. 따라서 자신이 사용하는 운영체제 및 백신프로그램을 항상 최신 버전으로 업데이트하여 사용하여야 한다.

6 전자금융범죄

1) 피싱

(1) 피싱이란?

피싱(Phishing)은 전화·문자·메신저·가짜사이트 등 전기통신수단을 이용하여 피해자를 기망·공갈함으로써 이용자의 개인정보나 금융정보를 빼낸 후, 금품을 갈취하는 사기 수법을 말한다. 피싱사이트로 의심되거나 확인된 경우에는 해당 사이트를 한국인터넷진흥원 인터넷침해대응센터로 신고하여 추가적인 피해를 예방해야 한다.

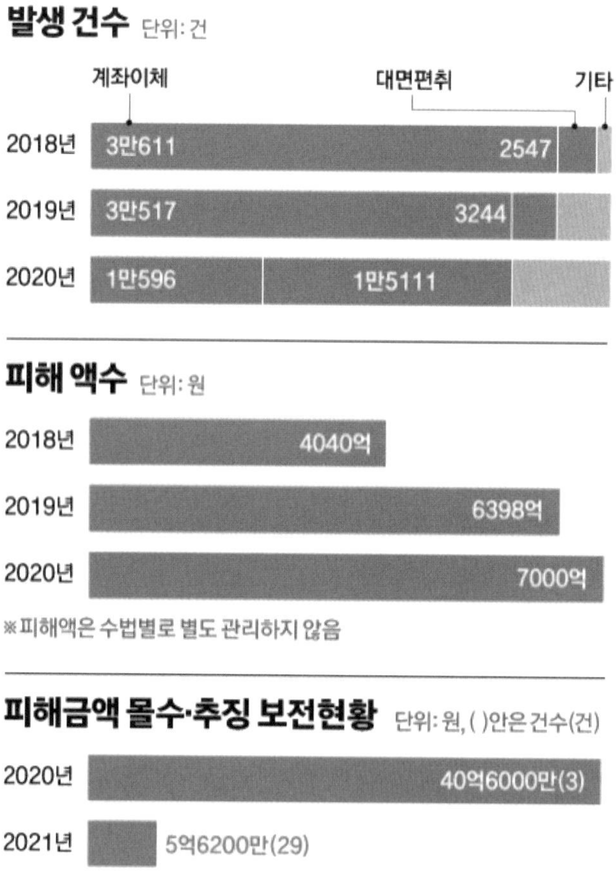

〈그림 9-1〉 보이스피싱 피해현황

(2) 피싱의 개념 및 유형

"피싱(Phishing)"은 '개인정보(Private data)를 낚는다(Fishing)'라는 의미의 합성어로, 전화·문자·메신저·가짜사이트 등 전기통신수단을 이용하여 피해자를 기망·공갈함으로써 이용자의 개인정보나 금융정보를 빼낸 후, 금품을 갈취하는 사기 수법을 말한다. 피싱 사기는 전화뿐만 아니라 문자, 메신저, 인터넷 사이트 등 다양한 전기통신수단을 통해 이루어지고 있다.

〈표 9-2〉 피싱 사기의 유형

구 분	내 용
보이스피싱	유선전화 발신번호를 수사기관 등으로 조작하여 해당기관을 사칭하면서 자금을 편취하거나 자녀납치, 사고빙자 등 이용자 환경의 약점을 노려 자금을 편취하는 수법
문자피싱	스마트폰 환경에서 신뢰도가 높은 공공기관 및 금융회사의 전화번호를 도용하면서 정상 홈페이지와 유사한 URL로 접속토록 유도하여 개인정보나 금융정보를 편취하는 수법
메신저피싱	SNS, 모바일(또는 PC) 기반 메신저 등 신규인터넷 서비스의 친구추가 기능을 악용하여 친구나 지인의 계정으로 접속한 후 금전 차용 등을 요구 하는 수법
피싱사이트	불특정 다수에게 문자, 이메일 등을 보내 정상 홈페이지와 유사한 가짜 홈페이지로 접속을 유도하여 개인정보 및 금융정보를 편취하는 수법

출처: 방송통신위원회, 「전기통신망을 통한 피싱(Phishing) 대책 마련」 참조

(3) 피싱에 대한 대처

피싱사기로 인해 금전적인 피해가 발생한 피해자는 「전기통신금융사기 피해 방지 및 피해금 환급에 관한 특별법」 제3조에 따라 경찰서나 금융회사 콜센터를 통해 지급정지를 요청한 후 해당 은행에 경찰이 발급한 '사건사고 사실확인원'을 제출하여 피해금 환급신청을 한다.

〈표 9-3〉 피싱 사기의 대처 방법

지급정지·피해신고	• 경찰청 ☎112 • 금융회사 콜센터
피해상담 및 환급금 환급안내	• 금융감독원 국번없이 ☎1332
피싱사이트 신고방법	• 한국인터넷진흥원 인터넷침해대응센터의 〈신고센터118〉를 통해 신고하기 • 한국인터넷진흥원 상담센터 국번없이 ☎118

출처: 대구경찰청

〈그림 9-2〉 보이스피싱 피해예방법

2) 스미싱

(1) 스미싱이란?

"스미싱(Smishing)"이란 문자메시지(SMS)와 피싱(Phishing)의 합성어로, 스마트폰에 악성프로그램을 설치하여 피해자가 모르는 사이에 소액결제가 이루어지거나 개인정보 및 금융거래정보를 빼내가는 사기 수법을 말한다.

(2) 스미싱에 대한 대처

스미싱으로 의심되는 문자를 받았다면 경찰청 사이버안전국(☎182)으로 신고하고, 해당 이동통신사의 고객센터(☎114)에 소액결제서비스 차단을 신청하여 본인도 모르게 소액결제가 되지 않도록 해야 한다.

3) 파밍

(1) 파밍이란?

"파밍(Pharming)"은 피싱(Phishing)과 조작(Farming)의 합성어로, 악성프로그램에 감염된 PC를 조작하여 정상 사이트에 접속하더라도 가짜사이트로 접속을 유도하여 금융거래정보를 빼낸 후 금전적인 피해를 입히는 사기 수법을 말한다.

〈표 9-4〉 파밍 사기의 유형

파밍 유형	사기수법 사례
가짜 은행 사이트	악성프로그램에 감염된 피해자PC가 가짜 은행사이트로 접속, 보안승급이 필요하다고 하면서 보안카드번호 전체 입력 유도
팝업창	악성프로그램에 감염된 피해자PC가 가짜 은행사이트로 접속, 'OTP무료 이벤트' 팝업창이 뜨면서 계좌번호·보안카드번호 입력 요구
가짜 쇼핑몰 결제창	인터넷 쇼핑몰에서 옷을 구매하면서 실시간 계좌이체 선택, 결제를 위해 '인터넷뱅킹'을 누르는 순간 악성프로그램에 감염된 피해자 PC가 피싱사이트로 유도, 보안카드번호 전체·계좌비밀번호 등 입력
이메일 첨부파일	신용카드 회사 명의로 된 이메일 명세서를 받고 첨부파일을 열람, 악성프로그램에 감염됨에 따라 주민번호와 보안카드번호 전부 입력
가짜 대법원 사이트	악성프로그램에 감염된 피해자PC가 가짜 대법원사이트로 접속, ⅰ) 계좌번호·보안카드번호 입력 요구, ⅱ) 납부화면에서 대법원이 사용하지 않는 방식인 계좌이체방식 사용, 또는 ⅱ) 가상계좌 이용 시 대법원이 지정하지 않은 예금주의 가상계좌로 납부 요구 ➜ 정상적인 대법원 가상계좌 예금주 : "대법원 전자소송", "OO공탁소"(예: 서울중앙공탁소·부산지방공탁소)
웹하드 / 파일공유 사이트	파일공유 사이트에 게시된 최신 동영상을 내려 받자 피해자 PC가 악성프로그램에 감염, 인터넷뱅킹 이용 시 평소와는 다르게 계좌번호·공인인증서 비밀번호·보안카드번호를 전부 입력

출처: 경찰청 보도자료, "'파밍(Pharming)' 등 신종금융사기 주의!", 2013. 6.

(2) 파밍에 대한 대처

파밍 사기로 인해 금전적인 피해가 발생한 피해자는 「전기통신금융사기 피해 방지 및 피해금 환급에 관한 특별법」 제3조에 따라, 신속히 경찰서나 금융회사 콜센터를 통해 지급정지 요청을 한 후 해당 은행에 경찰이 발급한 '사건사고 사실확인원'을 제출하여 피해금 환급신청을 한다.

〈표 9-5〉 파밍 사기의 대처 방법

지급정지·피해신고	• 경찰청 ☎112 • 금융회사 콜센터
피해상담 및 환급금 환급안내	• 금융감독원 국번없이 ☎1332

7 스마트폰 보안

1) 스마트폰 보안의 필요성

최근 스마트폰 사용이 급증하고 이와 관련된 보안위협 가능성이 커짐에 따라 스마트폰 이용자들을 위해 국가정보원은 과학기술정보통신부, 한국인터넷진흥원 등과 함께 '스마트폰 보안수칙 10'을 소개하였다. 이는 일반에 널리 보급된 스마트폰을 통한 해킹이나 피싱 등 문제가 날로 증가하는 가운데 사용자가 스마트폰 보안에 대한 경각심을 가져달라고 강조한 것이다.

PC와 마찬가지로 악성코드 감염, 침해사고 발생 등의 위험성을 안고 있는 스마트폰은 악성코드에 감염될 경우 정보 유출, 데이터 변조, 금전적 피해, 기기 오작동, 사생활 침해 등의 피해를 입을 수 있으며, 단말기가 이용자 모르게 해커에 의해 조종되거나 공격도구로 악용될 수 있기 때문이다.

2) 스마트폰 보안수칙 10

① 스마트폰 운영체제와 모바일 백신 최신으로 업데이트하기

- 신규 버전이 아닌 경우 신종 해킹 등에 노출되기 쉽기 때문이다.

② 공식 앱 마켓이 아닌 다른 출처의 앱 설치 제한하기

- 출처를 알 수 없는 앱은 깔지 않는 것이 좋다.

③ 스마트폰 앱 설치 시 과도한 권한을 요구하는 앱은 설치하지 않기

- 공식 마켓에서 내려받은 앱이라고 하더라도 설치 시 과도한 권한을 요구하는 앱은 깔지 않는 것이 좋다.

④ 문자 또는 SNS 메시지에 포함된 URL 클릭하지 않기

- 문자나 소셜네트워크서비스(SNS) 메시지에 포함된 인터넷주소(URL)를 되도록 클릭하지 말아야 한다. 최근 악성 URL을 클릭해 해킹 등 피해를 당하는 사례가 속출하고 있기 때문이다.

⑤ 스마트폰 보안 잠금(비밀번호 또는 화면 패턴)을 설정하여 이용하기

- 스마트폰의 도난이나 분실 시, 문자 메시지, 카카오톡, 모바일 결제, 3G 데이터 사용 등 허락 없이 자신의 개인정보를 보거나 폰의 불법 사용의 가능성이 크다.

⑥ 스마트폰 WiFi 연결 시 제공자 불분명한 공유기 이용하지 않기

- 공공장소 등에서 제공자가 불분명한 와이파이 이용은 자제해야 한다.
- 스마트폰으로 WiFi를 연결해 특정 포탈 사이트 접속 시 관련 앱의 업그레이드 설치를 요구한다면 절대 설치하지 말아야 한다.

⑦ 루팅, 탈옥 등을 통한 스마트폰 플랫폼의 구조 임의변경 금지

- 루팅(Rooting)이란 사용자 권한을 획득하는 것을 의미한다. 안드로이드 운영체제의 사용자 권한을 '슈퍼유저(superuser)'로 바꿔 프로그램 삭제에서부터 cpu 클럭까지 조정할 수 있는 권한을 가질 수 있게 된다.
- 탈옥(Jailbreak)이란 애플에서 아이폰(혹은 아이팟, 아이패드) 내부 시스템 파일에 사용자가 접근하지 못하도록 막아놓은 것을 해제하는 것을 말한다. 초기 사용자들이 아이폰을 해킹할 때 아이폰 시스템을 '감옥'에 비유했기 때문에 해킹한 상태를 '탈옥'이라고 이름 붙였다.
- 스마트폰 탈옥과 루팅은 시스템 전권을 가지고 있는 최고 관리자 권한을 획득해 제조사에서 허용하지 않는 트윅(기본 애플리케이션 삭제, 숨겨진 기능 활성화 등)과 커스텀롬을 적용할 수 있기 때문에 순정보다 훨씬 빠른 속도로 개선된 스마트폰 사용이 가능하다. 하지만 탈옥과 루팅은 시스템 전권을 가지고 있는 최고 관리자 권한을 활성화하고 사용하는 것이기 때문에 보안상 허점이 많아진다는 점을 유의해야 한다.

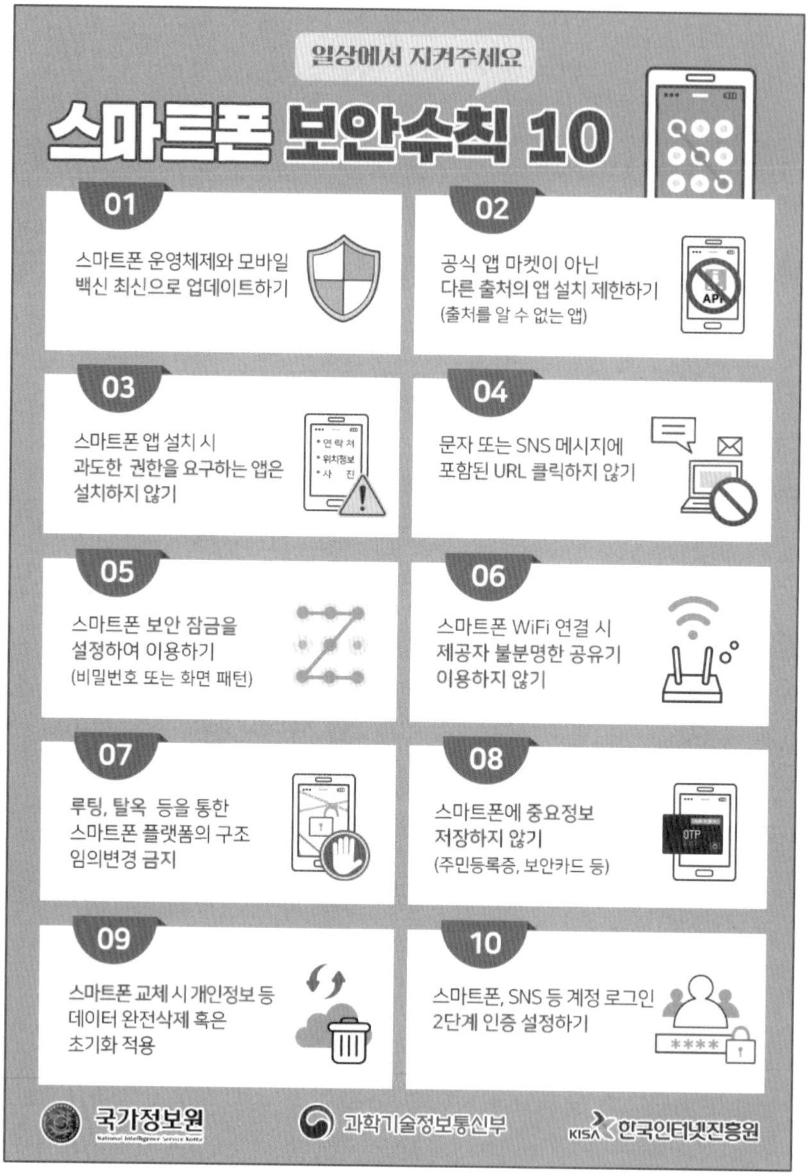

〈그림 9-3〉 스마트폰 보안수칙

⑧ 스마트폰에 중요정보(주민등록증, 보안카드 등) 저장하지 않기

- 해킹 등에 노출될 경우 큰 피해가 발생될 수 있다.

⑨ 스마트폰 교체 시 개인정보 등 데이터 완전삭제 혹은 초기화 적용

- 최근 기존에 사용하던 스마트폰을 폐기하기보다 중고폰으로 되파는 경우 개인정보의 노출 가능성이 한층 높아진다.

⑩ 스마트폰, SNS 등 계정 로그인 2단계 인증 설정하기

• 2단계 인증을 설정하여 계정에 로그인하면 계정을 더 안전하게 보호할 수 있다.

8 112 범죄신고 안내

1) 112 신고 제도

① 112제도는 사건 발생 시 경찰의 도움을 애타게 기다리는 시민의 요청에 신속히 대처하기 위하여 제한된 경찰인력·장비를 최대한 신속히 범죄현장으로 총집결하여 필요한 조치를 하도록 하는 자동화된 시스템이다.

② 112 신고를 접수하여 현장조치가 끝날 때까지 통제역할을 수행하는 112 신고센터와 실제로 현장에 출동하여 범인을 검거하는 112순찰차를 중심으로 운영된다.

③ 112 신고센터는 각 경찰서별로 설치·운영되고 있으며, 대도시의 경우 시·도경찰청 또는 권역별로 중심이 되는 경찰서에 통합 112 신고센터를 설치·운영하고 있으며, 신고를 받은 112순찰차는 범죄발생 시 즉시 출동할 수 있는 체제를 갖추고 있다.

④ 112 신고가 접수되면 신고내용이 컴퓨터에 자동 입력되어 신고자의 위치와 전화번호가 모니터 화면에 나타나고, 범죄현장으로부터 가장 가까운 곳에 있는 112순찰차, 형사기동대 또는 파출소에 우선 연락하여 3분~5분 이내에 현장출동 조치한다. 또한 112 신고접수에서부터 상황전파, 현장출동, 도착시간, 조치결과까지도 녹음 또는 컴퓨터에 입력된다.

2) 112 신고 요령

① 범죄행위를 목격하였거나 피해를 당하면 즉시 신고한다.

② 신고할 때에는 언제, 어디서, 어떻게 피해를 당했으며, 범인의 신상·휴대품·특징·인원수, 도주방향 및 도주 시 이용수단, 그리고 신고자의 주소·성명·전화번호 등을 침착하게 신고한다.

출처: 경찰청 홈페이지

〈표 9-4〉 112 신고 방법

3) 112 신고가 편리하고 좋은 점

① 112 신고는 국번없이 신고가 가능하다. 휴대폰 신고도 지역번호 없이 112로 가능하며, 공중전화의 긴급통화를 이용하면 동전이 없어도 가능하다.

② 112는 범죄뿐만 아니라 다른 긴급신고도 접수하여 성실하게 처리한다.

③ 112 신고는 컴퓨터로 처리되므로 파출소나 경찰서에 신고하는 것보다 더 신속하게 경찰의 도움을 받을 수 있다.

4) 허위, 장난 전화 금지

2019년 112 신고 접수는 18,976,334건으로 하루 평균 51,990건으로 집계되었다. 이중 허위 신고는 총 4,531건으로 월평균 377건이며, 이중 3,862명이 검거되어 처벌비율이 85.2%에 이르고 있다. 이러한 허위신고는 막대한 경찰력의 낭비와 업무에 지장을 초래하고 있으므로 절대 삼가야 하며, 범인을 현장에서 검거하는 데에 필요한 신고가 되도록 적극 협조해야 한다.

〈표 9-6〉 연도별 112신고 접수 현황(단위 : 건)

구분	2014	2015	2016	2017	2018	2019
신고접수	18,778,105	19,104,883	19,567,083	18,953,131	18,730,627	18,976,334
전년대비 증감률	-1.8%	+1.7%	+2.4%	-3.1%	-1.2%	+1.3%

생활 안전 관리

LIFE SAFETY MANAGEMENT

CHAPTER 10

테러 예방

1. 생활테러
2. 테러의 수법
3. 테러 예방 행동 수칙
4. 뉴테러리즘
5. 테러의 신고 요령

1 생활테러(묻지마 범죄)

1) 묻지마 범죄의 위험성

묻지마 범죄(무동기 범죄)라는 용어는 일반적으로 피의자와 피해자와의 관계에 아무런 상관관계가 존재하지 않거나, 범죄의 동기가 뚜렷하지 않고 불특정인에게 폭력이 행해지는 범죄행위를 말한다. 묻지마 범죄가 위험한 이유는 불특정인이 불특정 다수를 상대로 여러 가지 이유에서 발생되는 분노의 상태에서 범죄를 자행하기 때문에 일반 국민 누구나가 예외 없이 범죄의 피해자가 될 수 있다는 점에 그 위험성이 크다고 할 수 있다.

묻지마 범죄의 구성 요건은 다음과 같다.

① 범죄의 동기가 모호하거나 명확하지 않다.

② 범죄자와 피해자 간에 아무런 상관관계가 존재하지 않거나 대립적인 관계에 있지 않다.

③ 불특정의 대상을 상대로 행해지는 폭력적 범죄행위가 존재한다.

2) 묻지마 범죄의 유형

2014년에 한국형사정책연구원이 발간한 '묻지마 범죄자의 특성 이해 및 대응방안 연구' 보고서에 따르면 '묻지마 범죄'는 가해자의 특성에 따라 불만 및 분노형과 정신 장애형으로 분류했다.

(1) 불만 및 분노형

- 사회에 대한 불만이 있거나, 자신의 처지를 비관하여 묻지마 범죄 자행
- 불만형 범죄자의 경우 살인미수죄가 가장 많고, 그 외 살인예비나 음모, 상해 등의 죄가 나타났다.
- 분노형 범죄자의 경우 상해죄가 대다수이며, 그 외 폭행이나 재물손괴, 공갈, 협박 등의 죄가 나타났다.

(2) 정신장애형

- 조현병 등 정신 장애가 있거나, 마약이나 본드 등의 환각 물질 흡입으로 인해 묻지마

범죄 자행

- 정신장애형 범죄자의 경우 살인미수죄와 상해죄가 많은 것으로 나타났고, 그 외 소수 나타난 죄명은 살인과 폭행, 방화, 재물손괴, 공갈, 협박 등이다.

3) 묻지마 범죄 대응책

묻지마 범죄의 유형을 들여다보면 약육강식의 경쟁사회에서 낙오된 사람들의 분노 축적, 반사회적 성격장애, 가족해체현상 등과 같은 정신적 스트레스를 극복하지 못하고 불특정 다수의 일반 국민을 대상으로 범죄를 자행하는 양상을 보이고 있다.

누구라도 언제 어디서든 피해 당사자가 될 수 있는 묻지마 범죄에 대처하기 위해서는 범죄의 양형문제도 물론 중요하겠지만 예방이 그 무엇보다도 중요한 만큼 업무적 관계 혹은 대인관계에서 부적응자는 없는지를 살피고 찾아내서, 미리 심리상담이나 정신과 치료 등과 같은 솔루션을 제공하고, 정부와 지방자치단체, 사회단체, 시민들이 유기적 연계를 통해 소외계층 지원책 및 사회 부적응자들의 전문치료시설, 예방차원에서 실질적인 인성교육 등의 대책을 강구하는 것이 묻지마 범죄를 예방하는 지름길이 될 것이다.

2 테러의 수법

최근 국제사회에서 발생되고 있는 테러는 9.11 테러에서 경험한 바와 같이 피해 규모가 초대형화 되었고, 테러대상이 무차별화 되고 있을 뿐 아니라 국경을 초월하여 자행되는 특성을 보이기 때문에 그 예방도 극히 어려운 실정이다. 특히, 아프가니스탄 전쟁과 이라크 전쟁이후 이슬람권 전반에 걸쳐 반미감정이 높아지면서 미국과 동맹국들에 대한 테러위협이 급격히 높아지고 있다.

알 카에다는 언론을 통해 전세계 이슬람 교도들에게 아프가니스탄전 및 이라크전 파병국에 대한 지하드(聖戰)를 촉구해왔는데, 우리나라는 두 전쟁에 모두 지원군을 파병하고 있는데다 국내에 테러조직들이 노리는 미국공관과 미군시설 등 관련시설이 전국에 산재되어 있다. 지난 2004년 3월 11일 스페인 총선 직전에 발생한 열차 폭탄테러는 이라크 파병군 철수를 공약으로 내세운 야당의 집권에 결정적 영향을 미친 사건으로, 알카에다가 파병국 본토에서 정책이슈 변화를 유도하기 위한 테러를 자행하기 시작한 신호탄으로 평가

받고 있다.

최근 알 카에다를 비롯한 테러조직들은 상대적으로 경비가 허술하고 접근이 용이한 철도·나이트클럽·호텔 등 다중이용시설을 테러대상으로 삼는 경향이 있으나, 이러한 시설에 근무하는 근무자들이 세심하게 주의하고 부단한 점검을 실시하여 조그마한 의심사항이라도 즉시 신고하는 습관을 생활화한다면 테러로부터 무고한 생명의 희생을 막고 나아가 국가안보를 지키는 결정적 역할을 하게 될 것이다.

아프리카 초원에서 풀을 뜯고 있는 수많은 소떼는 주변에 사자가 어슬렁거려도 별로 개의치 않다가 공격이 개시된 후 비로소 도망을 치기 시작하지만 그 때는 이미 늦은 때가 되고 만다. "설마 내가?" 혹은 "설마 내가 근무하는 이곳이 테러를 당하랴?"라고 흔히 생각하게 되는데, 테러는 그러한 '설마' 속에 가장 잔인하게 다가올 수 있다는 것을 잊지 말아야 한다.

다중이용시설을 대상으로 한 테러에는 폭탄테러(폭파협박, 우편폭탄 테러 포함), 총기류·중화기를 이용한 공격, 항공기·트럭 돌진테러, 시설점거 및 인질억류, 화생방 테러 등이 있다.

1) 폭탄테러

폭탄테러에는 시설물에 직접 폭발물을 설치하여 시한장치나 원격조종으로 폭파시키는 수법이 있으며, 차량에 폭발물을 싣고 시설물에 돌진하거나 몸에 폭탄띠를 두르고 있다 스위치를 눌러 자폭하는 '자살폭탄테러'도 알 카에다 등 과격 이슬람 테러조직이 선호하는 테러수법이다.

테러를 실행에 옮기지는 않으면서 전화나 편지, 이메일을 통해 항공사·호텔 등 다중이용시설에 폭파협박을 함으로써 업무를 방해하거나 종사원들의 불안심리를 증폭시키는 사례도 매우 많다. 이외에도 소포나 카드 등으로 위장한 우편폭탄을 송부하여 인명살상을 기도하기도 한다. 폭탄은 폭발물의 성능에 따라 매우 작은 형태로 제작이 가능하고 총기류와 달리 외관상 특정하기 어려워 일반적으로 겉으로 보아 식별이 어렵다는 특징이 있다.

2002년 10월 인도네시아 발리 나이트클럽 테러, 2004년 3월 스페인 마드리드 열차테러 등 대규모 인명피해를 낸 테러는 거의가 폭탄을 이용한 테러였다. 우리나라에서는 2002년 군에서 습득한 기술로 사제폭발물을 제작하여 변심한 애인이 근무하는 빌딩 여자 화장실에 설치했다가 청소부를 다치게 한 사건, CGV 체인 극장 입주 백화점에 사제폭발물을 설치한 사건, 영화제작사 대표가 우편배달된 사제폭발물에 화상을 입는 사건 등 사제폭발물을 이용한 유사테러가 발생했다.

국내 폭파협박 전화 또는 신고사건은 주로 항공사·공항청사·지하철 역사·63빌딩, 롯데월드타워 등 다중이용시설을 대상으로 한 경우가 많았다. 당국은 허위 협박사건에 따른 피해를 예방하기 위해 적극적으로 협박범 및 허위신고자 검거에 주력하여 최근 허위신고 처벌은 2015년 2,734건, 2016년 3,556건, 2017년 4,192건, 2018년 3,959, 2019년 3,862건으로 처벌률이 85.2%에 이르고 있고, 구속 또는 불구속 입건된 피의자는 2019년 948명으로 나타났다.

2) 총기류·중화기를 이용한 공격

총기류를 이용한 총격테러는 테러조직들이 폭탄테러 다음으로 많이 선호하는 테러수법이다. 치안과 정쟁이 불안하고 불법 총기류가 범람하는 후진국·분쟁지역에서 주로 발생하며, 선진국에서는 주로 정치인 등 저명인사와 요인 암살에 사용되고 있다. 1999년 2월 탈북자 이한영 피살, 2003년 11월 이라크 파견 오무전기 근로자 4명 사상, 특히 2022년 7월 8일 발생한 아베 신조 전 일본총리 암살사건 등은 모두 총격에 의한 테러였다.

최근 국내에서 총기류를 이용하여 자행된 유사테러로서는 2002년도에 민간인 4명이 수방사 군부대에 잠입하여 초병으로부터 K2 소총을 탈취한 후 농협에서 금품을 강탈하다 2명에게 총상을 입힌 사건이 있었고, 2003년도에는 부산에서 러시아 마피아가 총격살해 되는가 하면 백양터널 인근에서 승합차량 2대가 조준사격을 받는 사건이 발생했다.

아프가니스탄이나 이라크처럼 종전 후 제대로 회수되지 못한 로켓·박격포 등 중화기를 이용한 공격도 많은 인명 피해를 초래하는데, 국내에서는 발생 가능성이 희박할 것으로 생각된다.

3) 항공기·차량 돌진테러

9.11 테러는 알 카에다 조직원들이 항공기를 납치하여 상징성이 있는 건물에 돌진함으로써 항공기와 탑승자는 물론 대상건물까지 붕괴시키는 수법을 보인 사상 초유의 사건이었다.

차량에 폭발물을 싣고 경찰서 등 국가시설이나 호텔·나이트클럽 등 일반인이 출입하는 시설에 돌진하여 차량과 함께 폭파시키는 수법은 알 카에다 테러의 전형적인 수법이 되고 있다.

2002년 4월 튀니지 제르바섬에서는 알 카에다 요원이 천연 가스 수송트럭을 탈취하여 유대교회당에 돌진하는 테러도 있었다. 이 테러범은 1997년~1998년에 우리나라에서 불법 체류하다 강제 퇴거된 적이 있는 튀니지인 청년이었다.

4) 시설점거 및 인질억류·납치

주로 치안이 불안한 지역에서 발생하며 테러자금 확보 또는 인질 몸값을 노리는 경우가 많으며 간혹 수감 중인 동료테러범의 석방을 요구조건으로 내거는 경우도 있다.

시설물 점거 시 테러범과의 협상이 원만하게 진행되지 못할 경우 진압·구출작전에서 다수의 인명피해가 발생할 가능성이 높으며, 납치사건은 몸값 지불 후 풀려나는 사례가 많은 편이다. 체첸 분리주의 반군에 의한 부덴노프스크 병원 인질사건(96.9)과 모스크바 극장 인질사건(02.10) 때는 진압작전 과정에서 테러범은 물론 많은 인질들이 희생되었다.

5) 화생방 테러

화생방 테러에는 치명적인 유독가스 등을 살포하는 화학테러, 세균이나 기타 병원체를 살포하는 생물테러 및 방사능물질을 살포하는 방사능 테러 등이 있다. 화생방 테러는 피해자의 신체에 동시다발적으로 특이한 증상이 나타나기 전에는 발생 여부조차도 인지하기 어려운 취약점이 있다.

대표적인 사건으로는 1995년 3월 옴 진리교 교주의 사주로 일본 동경시내 지하철 18개소에 사린가스가 무차별 살포되어 10명이 사망하고 무려 5,500여명이 부상하는 희대의 화학테러 사건을 들 수 있다.

9.11 테러 직후인 2001년 10월 플로리다주 'The Sun'紙 사진편집인이 탄저병에 감염된 것을 시작으로 같은 해 10월까지 뉴욕·워싱턴·뉴저지주 등지에서 16명의 추가 환자가 발생하여 이중 4명이 사망하였고, 2004년 2월에는 미국 상원건물 우편실에서 맹독성 물질인 라이신이 발견되기도 하였다.

국내에서는 아직 화생방 테러사건이 일어나지 않았으나 9.11 테러이후 550여건의 탄저균 오인으로 인한 신고소동이 있었다.

3 테러 예방 행동 수칙

1) 폭탄테러

(1) 일반 폭탄테러

폭탄으로 추정되는 물건이 발견될 시에는 절대 손을 대지 말고 경찰에 신고한 후 신속히 대피해야 하며, 휴대폰이나 라디오는 전자파가 폭발물 기폭장치를 작동시킬 수 있으므로 사용하지 않는 것이 좋다.

폭발음이 바로 옆에서 들리면 즉시 바닥에 엎드려 정황을 살피되, 엎드릴 때 양팔과 팔꿈치를 옆구리에 붙여 폐·심장·가슴을 보호하고, 귀와 머리를 손으로 감싸 목뒷덜미·귀·두개골을 보호해야 하며, 폭발이 2~3회 연쇄적으로 일어날 수 있으므로 몇분 정도 시간이 경과될 때까지 엎드려 있다가 피하되, 되도록 멀리, 큰길의 한가운데 등 개활지 쪽으로 피하는 것이 좋다.

폭탄이 설치된 차량에서 탈출할 경우, 차량으로부터 500m 밖으로 신속히 대피하여 견고한 방어막 뒤에 은신해야 하며, 현지 경찰 등 당국에서 설치한 경계선(폴리스라인)을 넘어가는 행위는 절대로 피해야 한다.

(2) 자살폭탄테러

(가) 자살폭탄테러 발생 시

신속하게 테러현장을 탈출, 넓은 공간이나 보호받을 수 있는 지역으로 대피하고, 고층빌딩 밑이나 유리창 및 자동차 주변에 피신하지 말며, 주변에 경찰이 있을 경우 지시에 따라야 한다.

(나) 자살폭탄테러 종료 시

경찰이 현장에 미도착시 즉각 신고하고, 경찰이나 구조요원의 지시에 순응해야 하며, 테러현장에는 숨겨진 새로운 폭발물이 터질 수 있으므로 신속히 현장을 이탈해야 한다.

또한, 구급차가 운행할 수 있도록 길을 만들어 주고 인명구조 활동을 전개하면서 현장에서 폭발물로 의심되는 물건 발견하거나 테러범 인상착의 또는 차량번호 등 사소한 사항이라도 지체없이 해당기관에 신고해야 한다.

(다) 우편 폭탄테러

우편폭탄은 얇게 만들기 위해 플라스틱 폭탄을 이용하고, 뇌관도 아스피린보다 조금 큰 정도를 스프링 장치를 해서 개봉시 터지게 만든다.

책이나 담배 같은 소포는 물론 엽서, 편지로도 위장하는데, 폭발물로 의심되는 우편물은 충격을 주거나 절대 개봉치 말고 사람의 손이 닿지 않는 안전한 장소에 격리시킨 후 경찰에 신고해야 한다.

다음과 같은 우편물은 특히 조심해야 한다.

- 겉봉에 "○○만 개봉할 것"·"비공개" 등의 표시가 있거나, 반송 주소가 누락되어 있는 경우
- 우표가 과다하게 붙었다든지, 소인이 발송지와 다를 경우
- 주소가 틀리거나 조잡한 필체 등으로 쓰여진 경우
- 내용물이 움직이거나 출렁거리는 소리가 들리는 경우, 편지봉투가 구겨져 있거나 크기가 보통 봉투보다 큰 경우
- 소포에서 시계소리 등 이상한 소리가 들릴 경우
- 촉감이 보통 편지나 소포와는 달리 딱딱한 경우가 있는데 이는 플라스틱이나 금속제품이 들어있기 때문임
- 끈·비닐테이프 등이 지나치게 많이 붙어있는 경우
- 폭발물 제조에 사용된 일부 화학약품에서 물기가 배어 나오거나 이상한 냄새가 날 경우

(라) 협박 전화

협박전화를 받으면 침착하게 대처하면서 협박내용을 경청하고 녹음할 수 있으면 반드시 녹음을 해둔다. 전화를 끊지 말고 전화 건 사람이 계속 말을 하도록 시간을 끌어야 하며, 전화를 건 사람이 무의식중에 제공하는 단서, 즉, 성별, 연령, 발음, 억양 등 신상정보와 기적, 뱃고동, 공단기계음 등 배경소리에 주목해야 한다.

전화 건 사람의 의도나 협박동기 등에 관한 단서는 즉시 기록하고 통화가 끝나면 바로 해당기관에 신고하여 도움을 받아야 한다.

2) 총기류·중화기를 이용한 공격

(1) 총격 테러

총기 난사시 일단 엎드린 후 동정을 살피는 것이 최선이다. 안전한 장소로 피한다고 갑자기 일어나 뛰면 표적이 될 수 있으며, 꼭 이동해야 할 경우 낮은 포복 자세를 유지해야 한다.

총격을 받을 경우 자세를 낮추어 경비요원이나 작전요원의 시계(視界)를 방해하지 말아야 하며, 상황이 끝나면 경찰과 구급차를 부르고 부상자를 구조해야 한다.

(2) 박격포·로켓 공격

경고 또는 안내에 따라 신속히 행동해야 하며, 방공호 등 엄폐 가능한 곳으로 피하는 것이 최선이다. 엄폐장소를 찾지 못할 경우 바닥에 바짝 엎드리는 것이 좋다. 통상 5발 단위로 연속 공격이 가해지는 점을 유의해야 한다.

실내의 경우 창문에서 떨어진 곳에서 몸을 숙이고 엄폐물로 몸을 가리거나 깊숙한 방 또는 복도로 피신해야 하고, 실외의 경우 즉시 엄폐물을 찾아 신속히 피신하고 안내방송을 지속 청취하며 지시에 따라 행동해야 한다.

3) 항공기·트럭 돌진테러

9.11 미국테러 당시 알 카에다 요원들이 여객기 4대를 납치하여 빌딩 등에 충돌한 시간은 불과 1~2시간으로 대처시간이 절대적으로 부족하므로 납치범들에 의한 항공기 납치징후 등 이상동향을 발견했을 경우 즉시 경찰 등 보안기관에 신고해야 한다. 9.11 테러에서는 서류절단용 칼만으로 여객기를 납치한 후 여객기 자체를 테러무기로 삼았으므로, 총기·폭발물 등 전통적인 테러장비 외에도 테러가 감행될 수 있다는 점을 명심해야 한다.

실제, 주유소 및 기름·LPG 운반차량 등 일상 주위에 널려 있는 위험시설·장비가 탈취되면 모두 테러장비가 될 수 있어 관리에 주의를 기울여야 한다. 트럭 등 차량을 탈취하거나 렌트한 후 자살돌진하는 유형의 테러에 대비키 위해서는 시설물의 벽과 지붕을 보강하고 접근로에 타이어킬러·모래함 등 차단장비를 구비해야 한다.

차량을 시설 부근에 주차시켜 두고 시한장치나 원격조종으로 폭파시키는 수법도 흔히 쓰이므로 아래와 같은 수상한 차량에 대해서는 항상 경계심을 가지고 눈여겨 보아야 할 필요가 있다.

- 상징성이 큰 건물 주변에 버려진 차량
- 주차장이 아닌 곳에 주차한 차량
- 분실된 차량이나 가짜 번호판을 부착한 차량
- 윈도우가 가려졌거나 테이프로 봉해진 차량
- 렌터카
- 드럼통·나무통(배럴) 등을 적재한 차량

4) 시설점거 및 인질억류·납치

(1) 억류·납치 시 대처요령

- 만일 인질로 억류되었거나 납치 감금을 당했다면 저항하지 말고 순순히 지시에 응하고 급작스러운 행동을 피해야 하며, 탈출에 자신이 없으면 탈출을 시도하지 않는 것이 좋다. 특히 2002년 1월 파키스탄에서 이슬람 단체에 납치된 월스트리트저널 기자가 탈출을 시도하다 목이 잘려 살해된 사례도 있다.
- 납치된 사람이 여럿일 때는 눈에 잘 띄지 않도록 처신하고, 납치범에게 위협적인 인상을 쓰는 것은 금물이며, 납치범과 눈이 마주치는 것도 피해야 한다.
- 납치범들이 무엇인가를 물어올 때는 답은 되도록 짧게 자연스러운 자세로 대답하고, 화를 내서는 안 되며, 납치범과 대화가 가능하다면 그들과 대화를 하는 것이 좋으며 우호적 관계를 유지하도록 노력해야 한다.
- 납치범이 무엇인가 지시할 때는 공손하게 순응하고, 그들을 자극할 수 있는 언행을 삼가하며, 육성녹음 요구 시 기꺼이 응하도록 한다.
- 어떠한 상황에서건 외부에서 구출을 위한 모든 수단이 동원되고 있으므로 자제력을 잃지 말고 절망감을 가져서는 안 되며, 눈을 가리면 주변의 소리·냄새·피랍로 경사와 거리·범인 음성 등 기억하여 차후 탈출로 등 자신이 유리하게 활용할 수 있는 여건을 파악해야 한다.
- 건강 유지를 위해 운동을 계속하고, 주는 것은 모두 먹고, 몸이 아플 때는 약을 요구하도록 한다.
- 석방시기가 임박할 때도 자제력을 잃지 않도록 하며 갑작스러운 태도 변화를 보여서도 안 되며, 구출작전이 전개될 때는 즉시 엎드려야 한다.

(2) 무력진압 시 대처요령

당국은 인질구출을 위한 협상이 실패하거나 구출전망이 희박하다고 판단 시 마지막으로 무력진압을 단행하는데, 이때 특공대원들이 문을 박차거나 섬광탄으로 폭파시킨 후 순간적으로 진입하여 납치범들을 제압하므로 갑작스런 소리나 빛 또는 섬광이 나면 무조건 엎드려 있어야 하며 상황이 완전히 끝나고 특공대원이 일으킬 때까지 움직이지 말아야 한다.

5) 화생방 테러

(1) 생물테러

생물 테러의 증상은 고열·구역질·복통·설사·콧물·인후염·피부발진 및 피부염·안구충혈·무기력증 등 여러 가지가 있으나 즉시 나타나지 않고 시일을 두고 나타나므로 조기에 대처하는 것이 가장 중요하다.

생물테러 징후가 보이면 방송이나 보건당국의 인터넷 홈페이지를 통해 관련 정보를 수시로 파악하도록 하고, 인근지역에 생물테러 경보가 발령되었을 경우, 질병의 확산을 방지하기 위해 보건 및 청결 상태 등을 유지하고 보건당국의 지시를 따라야 한다.

생물테러 의심물질을 발견했을 경우, 손수건·휴지 등을 여러 겹으로 겹쳐 코와 입을 가리고 호흡하면서 즉시 그 자리를 피해야 하며, 비누와 물로 손을 깨끗하게 씻고 당국에 신고해야 하며, 테러에 사용되는 물질들은 이미 치료제가 개발되어 있기 때문에 조기에 치료하면 치유가 가능하므로 침착하게 행동하도록 한다.

(2) 화학테러

근육·경련·피부 화끈거림·호흡곤란·균형감각 상실 등 신체에 이상징후가 나타나거나 주변 동물이나 나무의 갑작스런 죽음 등 화학테러의 징후가 포착되면 신속히 오염지역과 오염원을 확인해야 한다.

단시간 내 오염지역에서 벗어나는 것이 가장 중요한데, 오염물질이 건물 내에 있을 경우 오염된 곳을 통과하지 않도록 주의하면서 건물에서 빠져나오도록 하며, 오염지역을 통과하지 않고는 건물에서 나올 수 없거나 맑은 공기를 마실 수 없는 경우, 오염물질에서 가능한 멀리 떨어지도록 해야 한다.

건물 밖에 있을 경우 오염되지 않은 맑은 공기를 신속히 확보하고, 오염지역을 벗어날 수 있는지, 건물내 대피소로 이동해야 할지를 빠른 시간 내에 판단해야 한다.

촘촘한 면제품 등으로 코와 입을 가려 화학물질이 걸러진 공기를 호흡하는 것이 중요하며, 어린이가 있을 경우 가용한 모든 물품으로 적합한 보호장구를 만들도록 해야 하며, 화학물질에 노출되었다고 판단될 경우 소지하고 있는 물건으로 코·입·눈·상처부위 등을 보호하고, 신속하게 옷을 벗고 비누로 깨끗이 씻되 피부를 문지르면 오염물질이 피부를 통해 침투될 수 있으므로 주의해야 한다.

(3) 방사능 테러

방사능 테러 경보가 발령될 경우 신속히 코와 입을 가리고 방사능에 오염되지 않은 건물 안으로 피신하고, 실내에 있을 경우 건물이 방사능에 오염되었는지를 확인하고 오염되지 않았다면 바깥으로 나오지 말고 그대로 있는 것이 좋다.

건물내 방사능 유출 경고가 있을 경우 코와 입을 가리고 신속히 바깥으로 나와 오염되지 않은 건물이나 대피소로 피신해야 하며, 건물이나 대피소에 들어가서는 창문을 잠그고 에어컨·히터·환풍 장치를 끄도록 한다.

방사능에 노출되었다고 판단되면 신속하게 오염된 옷을 벗고 온몸을 깨끗하게 씻어야 하며, 현지 관계당국이 어떤 사태가 발생하였는지, 어떻게 행동해야 하는지 등에 대한 지침을 주지 않을 수도 있으므로 TV·라디오·인터넷 등을 통해 관련정보를 입수하도록 한다.

4 뉴테러리즘

2001년 9월 11일에 미국 뉴욕에서 발생했던 항공기 납치 및 자살 테러로 인해 뉴욕의 110층짜리 세계무역센터(WTC) 쌍둥이 빌딩이 붕괴되고 버지니아주의 미국 국방부 펜타곤이 공격당해 시설의 일부가 파괴되었으며, 이로 인해 약 2,996명이 사망하였고 최소 6천명 이상의 부상자가 발생하였다. 이러한 일명 9.11테러를 기점으로 뉴테러리즘이 태동하였으며, 9.11이전의 테러를 과거 테러리즘, 9.11 이후의 테러를 뉴테레리즘이라 일컫고 있다.

1) 과거 테러리즘 특징

① 과거 테러리즘은 이념적 갈등이나 정치적 자결권 확보를 위한 민족주의적 저항, 종족 간의 갈등, 종교의 주체성 확립 등 민족해방 투쟁 또는 이념에 의한 갈등이 주요 원인이었다.

② 1991년 12월 공산주의 대표 주자인 소련이 해체되면서 공산권 붕괴로 인한 이념적 지표가 상실되었으며 이로 인한 이념목적의 테러리즘은 급감하는 추세를 보였다.

2) 현대 테러리즘의 특징

① 현대 테러리즘은 종교적 이념에 의한 광신적 테러리즘과 맹목적 파괴자의 범죄적 테러리즘이 만연하였다.

② 소수민족 분리독립, 종교적 문화단층에서 오는 순교적 테러리즘 등 이슬람 과격분자들에 의한 대 서방 적대감을 표출하는 수단으로써 테러리즘이 발생하였다.

3) 뉴테러리즘의 양상

① 뉴테러리즘은 테러리즘의 범위나 수단이 국제화되었으며, 대량살상 능력을 가진 생화학전 무기를 테러에 사용하게 되었다.

② 특정인을 겨냥한 테러가 주류였던 과거 테러리즘과는 달리 불특정 다수를 상대로 한 무차별적 공격 양상을 보이고 있다.

4) 뉴테러리즘의 특징

① 얼굴 없는 테러리즘이 자행되고 있다.

- 극단주의자들의 대 서방에 대한 반감, 특히 미국에 대한 적대감으로 인해 요구조건도 없고, 정체도 밝히지 않은 가운데 테러리즘을 감행하고 있다.

② 테러리즘이 전쟁의 한 형태로 나타나고 있다.

- 무차별적인 인명살상의 기도로 전쟁에 버금가는 상상을 초월하는 피해가 속출하고 있다.

③ 테러리즘 조직의 무력화가 어렵다.

- 테러조직이 세계 여러 국가, 여러 지역에 걸쳐 결성된 이념 결사체로서 테러조직의 중심이 다원화되어 있기 때문에 조직의 일망타진이 어렵다.

④ 테러리즘 장비를 현장에서 획득하여 사용한다.

- 항공기, 주유소, LPG운반차량 등 테러에 필요한 시설과 장비를 현장에서 즉각적으로 획득하여 사용하기 때문에 사전에 테러의 징후를 찾아내기가 쉽지 않다. 이는 일반적인 장비의 지배권만 탈취하게 되면 기존 테러 장비 이상의 효과를 낼 뿐만 아니라 현장에서 즉각적으로 취득하여 사용하기 때문에 테러에 대처할 수 있는 시간이 절대적으로 부족하다.

⑤ 생화학무기의 사용

- 생화학무기에 의한 테러는 다른 무기들보다 훨씬 더 강력한 효과를 발휘할 수 있고, 그 무기의 사용에 대한 위협만으로도 테러집단이 목표로 하는 국가나 집단의 대중적 불안감을 극대화 시켜 사회적 대혼란을 초래할 수 있을 뿐만 아니라, 이로 인해 사회질서가 심각하게 교란되어 붕괴현상으로까지 이끌어 갈 수 있다는 특성을 가지고 있어 테러수단으로써 관심이 증폭되고 있다.

⑥ 단시간 내에 테러리즘 공포의 확산이 가능하다.

- 매스커뮤니케이션의 발달로 테러리즘 현장의 생중계가 가능하게 되었고 이로 인해 실시간으로 테러의 공포를 확산시킬 수 있게 되었다. 이는 테러 피해국가나 조직의 최고 통치자에게 엄청난 압력을 행사할 수 있게 되었음을 의미한다.

5 테러의 신고 요령

테러를 예방한다는 것은 쉬운 일이 아니지만 테러사건으로 초래될 인명과 재산피해를 감안하면 이를 예방하는데 기울이는 노력은 아무리 강조해도 지나치지 않다. 특히, 다중이용시설에 근무하는 관계자는 자신의 안전뿐만 아니라 직장과 수많은 이용객들의 인명을 지키기 위해서도 테러 예방에 많은 관심과 노력을 기울여야 할 것이다.

테러 예방은 우리들의 작은 관심과 경계의식에서 시작되며, 우리들의 신고가 소중한 인명과 재산피해를 방지하고 나아가 국가를 위해 큰 역할을 한다는 사실을 명심할 필요가 있다. 테러 예방에 있어서 가장 중요한 것은 의심나는 사람, 특히 거동이 수상한 외국인에 대해서는 혼자서 상상하지 말고 의심이 드는 즉시 관리자나 보안관계자와 상의하여 사소하고 하찮은 내용이라도 신고하는데 주저하지 말아야 한다.

1) 신고 수단

일반전화기를 이용하여 신고할 경우 111(국정원), 112(경찰), 119(소방) 등 신고번호만 눌러 통화하면 되고, 공중전화기의 경우에는 동전이나 전화카드가 없어도 빨간색 '긴급버튼'을 누른 후 신고번호를 입력하면 통화가 된다. 휴대폰의 경우에도 일반전화기와 마찬가지로 국번을 누를 필요 없이 신고번호를 바로 눌러 통화하면 된다.

마침 주변에 순찰중인 경찰관 등 보안요원이 있을 때는 거동 수상자가 눈치 채지 못하도록 보안요원을 은밀히 접촉하여 상황을 설명해 준다.

긴급한 사항이 아닐 경우 인터넷을 이용하여 신고나 상담을 할 수도 있는데, 국정원 홈페이지(www.nis.go.kr)로 들어와 좌측 상단 "111 신고센터"의 "테러" 아이콘을 눌러 신고내용을 입력하면 된다.

2) 신고 내용

우선 자신의 이름과 소속(직업), 현 위치를 밝히고, 의심스럽게 생각되는 내용과 이유를 가급적 6하원칙(언제·어디서·누가·무엇을·어떻게·왜)에 따라 자세히 신고하는 것이 좋다.

현장의 위치를 설명할 때는 자신이 위치한 건물이 대형건물일 경우 층수 및 눈에 띄기 쉽거나 찾기 쉬운 약국, 안내데스크 등 인근 시설물을 차분히 알려주어야 한다.

거동이 수상한 사람을 신고할 때는 그 사람의 옷차림(종류 및 색깔), 외견상 특이점(콧수염, 흉터 등), 행동 상 수상한 점을 마음속으로 정리해서 신고하되 여건상 가능하다면 신고내용을 간단히 메모한 후 가장 의심스러운 부분을 강조해 주는 것이 좋다.

물품이나 차량을 신고하는 경우에는 크기와 색깔, 재질(목재, 비닐 쇼핑백 등), 차량번호와 차종 등을 가급적 상세히 알려주어야 한다.

3) 신고 시 유의사항

신고를 할 때는 가급적 현장을 이탈하지 말고 대상자 또는 내용물이 의심스러운 물품·차량 등을 감시할 수 있는 곳에서 자신의 휴대폰을 사용하는 것이 좋다.

신고 대상이 거동 수상자일 경우 대상자를 감시할 수 있는 현장에서 신고를 하되 그 사람의 눈과 마주치는 일이 없이 자연스럽게 다른 곳을 주시하면서 신고를 하여야 하며 간헐적으로 대상자의 움직임을 살피는 것이 좋다.

의심스러운 물품이나 차량 등을 발견했을 때는 현장상황에 따라 대상과 일정 거리를 유지하고 가급적 벽이나 기둥 등 엄폐물 뒤에 몸을 숨긴 채 휴대전화를 이용하여 신고하되, 보안요원이 도착할 때까지 일반인들이 물품에 손을 대거나 접근하는 것을 막아야 한다.

백색가루 등 생화학 테러 의심물질인 경우 물수건 등으로 코와 입을 막고 시설물 내 일반인을 우선 대피시킨 후 신고를 하도록 한다.

생활 안전 관리

LIFE SAFETY MANAGEMENT

CHAPTER 11

산악활동 안전

1. 우리나라 산악지형의 특성
2. 산악기상
3. 등산 장비
4. 등산 전후의 스트레칭
5. 등산 보행법
6. 산악사고의 원인과 특성
7. 조난 대책

1 우리나라 산악지형의 특성

우리나라는 선캠브리아기로부터 중생대까지 변성퇴적암류를 비롯하여 화강편마암과 화강암 등의 고기층(古期層)을 저반으로 안정지괴의 상태에서 오랫동안 침식과 습곡 및 단층운동으로 현재의 지형상태가 이루어졌다. 전체적으로 태백산맥과 함경산맥(백두대간)을 중심으로 서해사면은 경사가 완만하게 낮아지면서 서해에 이르고, 동해사면은 급경사를 이루는 경동 지형적인 특색을 이루므로 산지 및 평야 지형의 발달과 분포, 하천 흐름의 양상이 뚜렷하다.

우리나라의 산들은 장기간의 침식과 풍화작용으로 북동부의 장년기 산지를 제외하면, 거의 곡선형 노년기 산지, 혹은 침식잔구들이다. 우리나라의 약 70% 이상을 차지하는 산지 중 2,000m 이상의 고산은 주로 북위 40°이북에 위치하고 있고, 이남은 저산성 산지로 되어 있으며, 전체적으로 1,500m 내외의 개마고원, 1,000m 내외의 태백 및 소백 산지를 제외하면 500m 내외의 저산지를 이루고 있다.

야외지질과 화학성분에 의해 구분해 보면, 설악산, 북한산, 도봉산 속리산, 대둔산 등 우리나라 산은 대부분 화강암 덩어리이며 우리나라 면적의 35%가 화강암으로 이루어져 있다. 중부지방에는 동북에서 서남방향으로 길게 연속되는 화강암 지대가 있으며 경상분지와 남해안을 따라 불규칙한 형태의 화강암체들이 일정한 방향이 없이 여기저기 산재하고 있다.

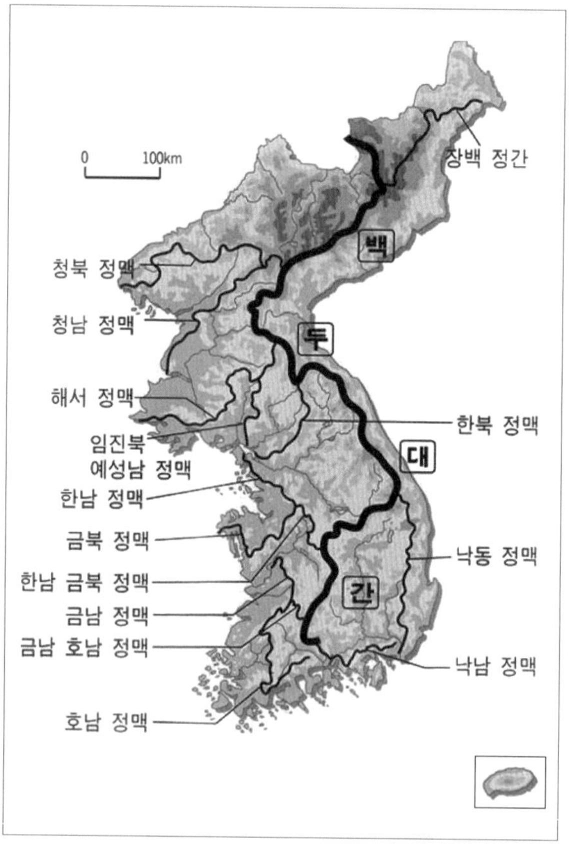

우리나라의 해안선은 국토면적에 비해 남북 방향으로 길이가 긴 특징이 있는데, 동해안은 태백산맥과 함경산맥(백두대간)의 영향으로 비교적 단조로운 해안선을 이루는 반면, 서해안과 남해안은 해안선이 매우 복잡한 형태를 이루고 있다.

2 산악기상

1) 산곡풍(山谷風)

산악지대에서는 1일을 주기로 햇볕에 의한 산 경사면의 가열이 원인이 되어 일어나는 산곡풍 현상이 있다. 대낮에 산기슭에서 계곡을 통해 산꼭대기로 올라가면서 부는 바람을 「곡풍」, 야간에 산꼭대기에서 골짜기로 내려가며 부는 바람을 「산풍」이라 한다. 산악지대에서는 오후에 곡풍이 상승하여 구름이 생겨서 소나기가 올 때도 있으며, 겨울철에는 좁은 산골짜기에서 하루 종일 강한 곡풍이 불 때가 있다. 산곡풍의 특성을 보면 산풍보다 곡풍이 현저하며, 지상보다 60～90m 상공에서 더 강하다. 또한 곡풍은 일출 후 30분 후부터 일몰 후 30분까지 불게 되며, 남향경사에서는 7m/s까지 달할 때도 있으나 북향 경사에서는 아주 약하다.

2) 푄(Föhn)현상

산맥을 경계로 정상으로 향하는 동안 공기는 단열 팽창하여 많은 구름이 생기고 비나 눈이 내리며 건조하게 되고, 산의 정상을 지나 경사면을 타고 내려오면서 공기는 단열 압축되어 다시 온도가 올라가게 되는데 이 결과로 공기는 지면에 고온 건조한 바람을 불게 한다. 이것이 비를 동반한 경우의 푄현상으로 이때 풍하측에서 산쪽을 보면 산의 위쪽에만 구름이 걸려 있는 일이 있다. 그런데 푄이 불면 산의 풍하측에는 여태까지 있던 찬 공기와 푄에 의한 따뜻한 공기가 합쳐져 여러 가지 형태로 섞여지기 때문에 특히 푄이 불기 시작한 때는 매우 불안정한 대기 상태가 된다. 이 때문에 푄 자체의 풍속으로 산을 넘을 때 생긴 바람의 소용돌이가 증폭되고, 굉장한 돌풍이 일어나는 일도 있다.

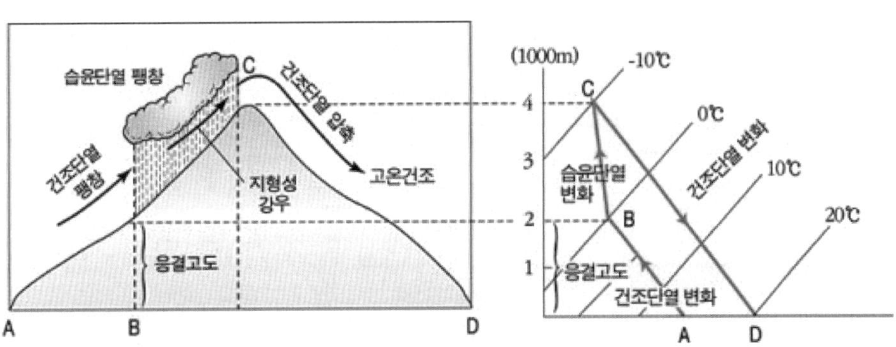

우리나라의 푄현상은 북서계절풍이 탁월한 겨울철에는 태백산맥 동사면으로 나타나고, 오호츠크해 기단의 영향을 받는 늦봄부터 초여름까지는 영서 지방에 나타난다. 우리나라에서는 늦은 봄에 오호츠크해 고기압이 동해 해상으로 하강해 오는 수가 많으며 이와 같은 기압배치는 비교적 지속성이 크기 때문에 바람은 동해에서 서해로 불게 되는데 태백산맥의 영향을 받게 되어 동해 해상에서는 안개가 심하고 동해안에서는 날씨가 흐리어 비오는 날이 계속되는 한편 서해에서는 날씨가 좋고 대기가 건조해서 지면에서는 증발이 심해진다. 이때 부는 편동풍은 이상 건조하여 농작물에 심한 한해를 가져와 푸른 농작물을 말려 죽인다는 뜻에서 녹새바람(놉새바람)이라고 한다. 특히 영서 지방에서 봄에 높새가 불면 여름과 같은 이상고온 현상이 나타나고 산불이 나기 쉬우며, 초여름에 불면 농작물이 말라버리기도 한다. 연중에 걸쳐 살펴보면 우리나라는 편서풍 지대에 속하기 때문에 태백산맥의 서쪽이 푄현상의 풍상측이 되고 그 동쪽이 풍하측이 되는 경우가 많아서 동해안의 연평균 기온이 서해안보다 높게 되는 원인이 된다. 어쨌든 푄이 불기 시작하면 엄중한 주의가 필요하고 렌즈구름이 급속히 접근해 올 때는 돌풍의 가능성을 생각해야 한다.

3) 뇌우

위험한 기상 현상 중의 하나인 뇌우(雷雨, thunderstorm)는 불안정한 기층 내에 습한 공기가 가열되고 상승하여 강한 상승기류가 있을 때 적란운이 발생하면서 천둥, 번개와 함께 소나기가 내리는 현상을 말한다. 그 상승력도 엄청나며, 많은 비와 함께 격렬한 공기 소용돌이, 그리고 전기적 불균형 상태를 가져와 번개로 이어진다. 뇌우가 점차로 커지면서 품고 있는 습기를 아래로 쏟아 부으며 하강기류와 돌풍성이 심한 바람을 동반한다.

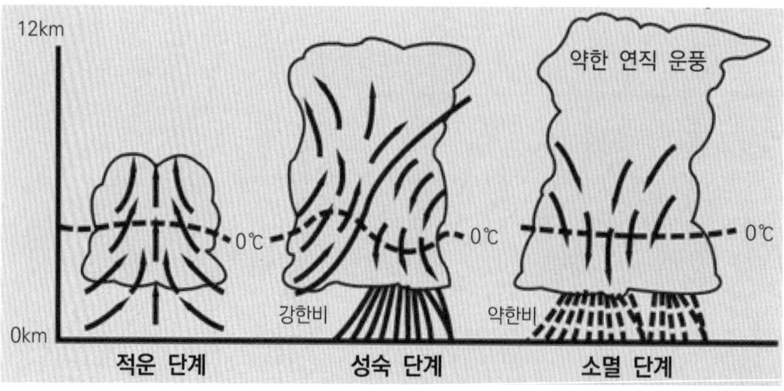

뇌우의 발생 과정상에서 뇌우가 발전한 후기 단계는 정말로 위험한데, 뇌우가 일어나는 곳에서 돌풍을 가진 전선을 발생시키며, 강한 바람을 일으킬 수가 있고, 번개에 감전될 수도 있으며, 우박 세례를 받을 수도 있다.

뇌우의 격렬함 정도는 그 구름의 크기와 수직구조, 그리고 그 어두운 정도로 어느 정도 예측할 수 있다. 구름이 크고, 쌓인 높이가 크며 어두울수록 더욱 위험한 뇌우가 발생될 수 있다. 습도가 높은 지역에서는 뇌우가 안개층 속에 자리잡을 수도 있는데, 그 특성이나 존재 여부 등을 알아내기란 쉽지 않지만 천둥이 바로 뇌우의 존재를 알리는 표시이므로 빨리 그 자리를 피해야 한다.

4) 체감온도

체감온도는 외부에 있는 사람이나 동물이 바람과 한기에 노출된 피부로부터 열을 빼앗길 때 느끼는 추운 정도를 나타내는 지수이다. 인체가 느끼는 체감온도(體感溫度, sensible temperature)는 단순히 기온에 의해서만 결정되는 것은 아니고, 풍속, 습도, 일사 등과도 밀접한 관계가 있다.

〈표 11-1〉 체감온도에 따른 증상과 대처법

구분	체감 온도	가능 증상	대처 요령
낮음	10℃～-10℃	•추위를 느끼는 불편함 증가	•긴 옷이나 따뜻한 옷을 착용
보통	-10℃～-25℃	•노출된 피부에 매우 찬기운이 느껴짐 •보호장구 없이 장기간 노출되면 저체온에 빠질 위험이 있음	•방풍 기능이 있는 겹옷이나 따뜻한 옷을 착용 •모자, 벙어리장갑, 스카프 착용
추움	-25℃～-45℃	•10～15분 이내 동상 위험이 있음 •보호장구 없이 장기간 노출시 저체온에 빠질 위험이 큼	•방풍 기능이 있는 겹옷이나 따뜻한 겹옷을 착용 •노출된 모든 피부를 덮고, 모자, 벙어리장갑, 스카프, 목도리, 마스크 착용 •피부가 바람에 직접 노출되지 않도록 함
주의	-45℃～-59℃	•노출된 피부는 몇 분내에 얼게 됨 •야외활동시 저체온 위험이 매우 큼	•방풍 보온 기능이 있는 매우 따뜻한 겹옷을 착용 •노출된 모든 피부를 덮고, 모자, 벙어리장갑, 스카프, 목도리, 마스크 착용 •야외활동은 짧게 하거나 취소함
위험	-60℃ 이하	•야외환경은 생명에 매우 위험 노출된 피부는 2분내 동상	•실내에 머무름

기온이 높아도 건조하면 견디기 쉽고 습하면 견디기 어려우며, 일반적으로 온난한 곳에서는 습도나 일사의 영향이 크고 한랭한 곳에서는 풍속의 영향이 크다. 풍속이 1 m/s 증가할 때마다, 체감온도는 대략 1.6℃ 정도 낮아지며, 영양상태가 나쁘거나, 신체조건이 나쁘면 더 춥게 느껴진다. 기온이 37℃ 이상일 때는, 바람이 강할수록 더 덥게 느껴진다. 기온이 -10℃일 때 풍속이 10 m/s이면 체감온도는 -30℃가 되어 노출된 피부는 1분 안에 얼어버릴 염려가 있다. 이런 날은 동상에 각별히 주의해야 한다. 여자는 피하지방이 남자보다 두꺼워 체내의 열이 밖으로 적게 방출되므로 여자가 남자보다 추위에 강하다.

3 등산 장비

1) 등산장비의 종류

(1) 개인장비

배낭·배낭커버·등산화·헤드램프·알파인스틱·크램폰(아이젠)·스패츠·우의·메트리스·침낭·침낭커버·의류·장갑·모자·고글·수통·보온병·개인식기 등

(2) 취사장비

스토브(버너)·연료·쿠킹세트(코펠)·양념세트·물주머니·다용도칼·도마·라이터·식기세척용화장지 등

(3) 야영장비

텐트·그라운드시트(방수시트)·그늘막(Tarp)·눈삽·끈 등

(4) 등반장비

지도/지도케이스·나침판/GPS/고도계·로프(자일)·무전기·표식기 등

(5) 기타

비상약품·필기구·카메라·등반계획서·대원연락처·신분증·잡주머니·휴대폰·라디오 등

2) 등산 장비 선택 요령

생활을 일시적으로 산으로 옮기는 등산에 있어 의류와 장비는 매우 중요하다. 등산 의류와 장비는 대자연 속에서 인간의 생명을 유지시켜 주는 도구이기 때문이다. 더욱이 산은 일상적인 주거공간에 비해 혹독한 자연 조건과 기상 변화에 따른 수많은 위험을 간직하고 있다. 따라서 등산 의류와 장비는 안전하고 쾌적한 산행에 필요한 기능성과 내구성을 모두 지니고 있어야 한다.

그러나 우리는 실제 산행에 필요한 의류와 장비를 원하는 대로 모두 가져갈 수는 없다. 의류와 장비의 성능을 감소시키지 않은 범위 내에서 무게와 부피를 최소화하기 위한 선택을 해야만 한다.

수많은 장비와 의류들 중에서 어떤 것을 선택할 것인지에 대한 가장 좋은 해답은 직접 사용해 보고 경험을 축적하는 것이지만, 그러기에는 시간과 경제적인 어려움이 따른다. 그래서 모든 장비는 산행 경력을 늘려 가면서 새로운 경험과 지식이 쌓일 때마다 신중하게 하나씩 차근차근 준비하는 것이 좋다.

① 산행 수준에 맞는 것을 고른다.
② 가능한 가볍고 작은 것을 고른다.
③ 비슷한 제품들의 품질과 가격을 비교하여 적정하게 고른다.
④ 필수 기능에 초점을 맞춘다.
⑤ 미래를 내다보고 구입한다.
⑥ 산행의 범위를 넓게 보고 구입한다.
⑦ 꼭 필요한 것만 가져간다.

3) 등산복장

(1) 등산 시 옷 입는 방법

산행에서 찬 공기, 비, 바람 등은 체온을 떨어뜨려 위험한 상황에 빠뜨리기 때문에 신체를 보호하고 적정한 체온을 유지하기 위해서는 용도와 목적에 맞는 옷을 여러 벌 준비해서 그때마다 옷을 하나씩 벗거나 입어서 달라진 조건에 신체가 적응하도록 조절해야 한다. 그래서 산행 시에는 얇은 옷을 여러 겹 입는 것이 좋다. 걸을 때는 땀과 열이 많이 발생하므로 겉옷을 입지 않는 것이 좋다. 출발하기 전에 춥다고 해서 겉옷이나 우모복을 껴입으면,

운행 중에 발생하는 땀과 열에 의해 몸과 속옷이 젖어 멈추었을 때 더욱 추위를 느끼게 되고 젖은 옷도 쉽게 마르지 않는다.

출발할 때는 약간 추울 정도로 가볍게 입고 땀과 열을 배출시켜야 쾌적한 상태를 유지할 수 있다. 휴식을 취하거나 걷기를 멈췄을 때 겉옷이나 우모복을 입어서 보온을 해주는 것이 좋다. 바람이 심하게 불거나 눈이 내릴 때는 방풍·방수 기능의 겉옷을 입는다.

등산복은 '어떻게 입을 것인가?'가 가장 중요하다. 내복, 보온 의류, 겉옷의 기능을 잘 이해하고 기후와 등반 상황에 맞게 적절하게 입어야 한다.

에너지 보존기술 레이어링 시스템

"외부의 악조건과 내부의 체온 변화에 따라 신체가 항상 쾌적한 체온을 유지하도록 적절하게 옷을 벗었다, 입었다 하는 기술"

레이어링 시스템 - Layering System

- 1st Layer (속옷 - base Layer)
- 2nd Layer (보온옷 - Insulation Layer)
- 3rd Layer (겉옷 - Protection Layer)

운행 중에는 고어텍스 자켓을 배낭에 휴대하고 악천후시, 보온 필요시 착용한다.

(2) 모자

머리로 빼앗기는 열은 전체 체열 손실의 절반이나 될 정도로 많다. 그러므로 '발이 시리면 모자를 써라.'라는 말이 있듯이, 체온을 유지하기 위해서는 제일 먼저 모자를 써야 한다. 그러나 머리를 필요 이상 보온하면 오히려 컨디션이 나빠진다.

단순 보온을 위한 모자로 바라클라바(Balaclava)는 머리뿐만 아니라 얼굴과 목 부분까지 보온을 해주며, 필요에 따라 접어 올려 사용할 수도 있다.

더운 날씨에 햇볕을 가리고, 빙하 지대나 만년설의 강한 자외선으로부터 머리를 보호하기 위해서는 고어텍스나 면 소재의 중절모(Hat)를 쓴다. 중절모는 비옷에 달린 모자보다 목 부분의 통기성이 좋다. 목 뒷부분에 반다나(Bandanna)라는 큰 손수건이 달린 모자도 같은 목적으로 사용할 수 있다. 이런 모자들은 바람에 날리는 것을 막기 위한 끈이 달려 있어야 한다.

모자 하나가 여벌의 스웨터보다 유용할 수 있다. 그러므로 등반할 때는 모자를 두 가지 이상 가져가 상황에 맞게 머리를 보호해야 좋은 컨디션을 유지할 수 있다.

(3) 장갑

손가락은 혈액순환의 끝 부분에 있기 때문에 체온을 유지하기 어려워 발가락과 함께 동상 위험이 가장 높다. 겨울철에는 건조한 날씨에도 젖은 로프를 조작하거나, 빙벽과 눈이 있는 암벽을 오를 때 장갑이 젖을 수 있다. 젖은 장갑을 끼고 추위에 노출되면 동상에 걸릴 위험이 더욱 커지므로 장갑은 항상 말라 있어야 한다.

단순 보온을 위한 장갑은 젖어도 보온 효과가 있는 울이나 플리스를 주로 사용하는데, 플리스가 더욱 가볍고 물기를 쉽게 짜내고 빨리 말릴 수 있다. 벙어리 장갑(Mitten)은 손가락이 달린 장갑보다 보온 효과가 높지만 사용이 불편하다.

고어텍스로 된 덧 장갑은 내부의 보온 장갑을 눈과 바람으로부터 보호하여 보온 효과를 높이고, 보온 장갑의 건조 상태를 오랫동안 유지시켜 준다. 보온 장갑이나 덧 장갑은 눈이 묻어 있는 장비를 조작할 때 미끄럼을 막는 고무 소재를 덧붙인 것도 좋지만, 너무 투박하면 조작 능력을 떨어뜨린다.

장갑 역시 등반 상황에 맞게 여러 종류의 장갑을 가져가야 한다. 특히 마른 보온 장갑은 반드시 여벌로 휴대해야 한다. 조리 등의 캠프 생활과 장비 조작에 사용할 얇고 질긴 장갑을 따로 준비하면 편리하다.

(4) 양말

등산용 양말은 발을 따뜻하게 하고 걸을 때 적당한 탄력을 주며, 등산화와의 마찰로 발에 상처가 나는 것을 막는다. 등산화는 발에서 나는 땀 배출을 어렵게 하기 때문에 양말이 땀을 잘 흡수해야 한다. 고어텍스 등산화도 땀을 외부로 완전히 배출해 주지 못한다.

모 양말은 보온력이 좋고, 탄력이 있으며 젖어도 따뜻하지만, 건조가 늦고 줄어들며 쉽게 닳는다. 최근에는 합성섬유를 혼합하여 모의 단점을 보완하고 있다. 합성섬유 양말은 모직물만큼 따뜻하지는 않지만 훨씬 부드럽고 더 빨리 마를 뿐만 아니라 질기다. 실크 양말은 단열 효과가 높고 감촉이 좋고 가볍지만, 내구성이 약해 양말을 겹쳐 신을 때 속 양말로 사용하는 것이 좋다. 면양말은 감촉이 좋고 땀을 빨리 흡수하지만, 잘 마르지 않고, 젖은 상태에서 보온력이 급격히 떨어지고 잘 늘어나며 물집과 동상에 걸리기 쉽다.

가벼운 산행에는 양말을 한 겹만 신지만, 일반적으로 등산 양말은 두 겹을 겹쳐 신는다.

속 양말은 실크나 합성섬유로 된 얇고 부드러운 재질이 좋다. 그러면 땀이 나도 발은 젖지 않고 바깥 양말로 땀을 전달한다. 험난한 지형을 오랫동안 걷거나 매우 추운 날씨에는 양말을 겹쳐 신는 경우가 있는데, 혈액순환을 방해해 오히려 보온 효과를 떨어뜨릴 수 있다.

새로 구입한 등산화를 신거나 딱딱한 등산화를 오랫동안 신을 때는 뒤꿈치와 발가락을 두껍게 하거나 쿠션을 좋게 한 양말로 물집이 생기는 것을 어느 정도 막을 수 있다.

목이 무릎까지 올라오는 양말은 다리 전체를 압박해서 혈액순환을 방해하기에 발이 시리고 동상에 걸리기 쉽게 만든다. 종아리는 가장 추위에 강한 부분이기 때문에 굳이 목 긴 양말을 사용할 필요가 없다.

4) 등산화의 종류

등산에 있어서 등산화의 중요성은 달리 말할 필요가 없다. 등산의 형태만큼이나 등산화의 종류도 다양하다. 등산화는 전통적으로 가죽으로 만들었는데 요즘은 가죽의 장점을 살리고 단점을 보완한 새로운 소재와 제조 공법으로 만들어지고 있다. 그러므로 자신의 등반에 알맞은 소재와 기능을 갖춘 등산화를 발에 맞게 골라 신어야 한다.

(1) 등반에 따른 등산화의 바른 선택 요령

눈이나 얼음이 없고 춥지 않은 곳에서는 부드러운 가죽이나 가죽과 섬유 원단을 사용해 유연하고 가볍고 빨리 마르는 경등산화가 적당하다. 이때도 자갈이 많은 험한 길을 오랫동안 걷는다면 바닥 창이 두꺼워야 발바닥을 보호할 수 있다.

바닥 고무창의 재질 중에는 바위에서 마찰력이 다소 떨어지는 우레탄 재질의 경등산화도 있는데, 일반 등산에는 큰 문제가 없지만 암릉 등반이나 가벼운 암벽 등반에는 적절하지 않다. 고무 창 재질 중 암벽화 창으로 사용하는 부틸(Butyl)을 바닥 창으로 사용한 경등산화가 바위에서 마찰력이 좋아 등반력을 높여준다.

눈과 얼음이 있는 곳에서는 보온이 되고 눈이 녹아 안으로 침투되지 않도록 두껍고 방수처리가 잘 되어 있어야 한다.

고어텍스를 사용한 등산화는 방수가 되면서도 통기성을 유지하도록 만들었지만, 발에서 나는 땀을 충분히 밖으로 내보낼 수는 없다. 더운 날씨에는 공기가 잘 통하는 원단으로 된 경등산화보다 오히려 땀이 많이 나고 더워서 좋지 않다.

영하의 날씨가 아니라면 우연히 비를 만나는 상황을 대비해 방수 기능을 선택할 것인가, 시원하고 쾌적한 것을 우선 고려할 것인가를 고민해야 한다. 눈과 얼음이 있는 영하의 날씨에서도 고어텍스가 모든 것을 해결해 주지는 않는다. 그러므로 기본 기능을 잘 갖춘 등산화에 고어텍스 재질이 보강된 등산화를 선택하는 것이 좋다.

(2) 발에 맞는 등산화

발에 잘 맞는 등산화를 선택하는 것은 좋은 등산화를 선택하는 것 이상으로 중요하다. 등산화를 구입할 때는 발이 약간 부어 있는 저녁 시간이 좋다. 실제 등산 중에 사용하는 양말을 신고 등산화를 신어 본다. 그리고 등산화 끈을 잘 조여서 무거운 배낭을 메고 계단처럼 등산할 때와 비슷한 장소를 걸어 보아야 한다. 이때 내리막길에서 발가락이 앞으로 쏠리지 않는지 신경 써야 한다.

발목을 잘 잡아 주고 편안하면서도 발전체가 꼭 맞아야 한다. 등산화가 너무 커서 발이 신발 안에서 놀게 되면 오르내릴 때 체력 소모가 많고 신발에 닿는 부분이 고통을 받게 된다. 또 너무 꽉 죄는 등산화는 혈액순환을 방해해 동상을 일으킨다.

가죽이나 섬유 원단으로 된 등산화는 신을수록 약간 늘어나고 플라스틱 이중 등산화는 늘어나는 정도가 작다는 점도 고려해야 한다. 고산 등반에서 사용할 신발은 높은 고도에서 발이 붓는다는 사실을 감안해야 한다.

(3) 등산화 관리

더러워진 등산화는 잘 세척해야 한다. 먼지와 진흙은 시간이 지나면서 가죽을 상하게 한다. 세척할 때는 중성 비누로 사용하고 직사광선을 피하고 환기가 잘되는 곳에서 신문지를 넣어서 말린다. 등산화를 만들 때 접착제를 사용한 부분이 많으므로 모닥불이나 뜨거운 열에 직접 노출되지 않도록 한다.

특수하게 가공 처리한 가죽 등산화는 제품에 적혀 있는 방법대로 잘 관리한다. 가죽과 원단을 혼합하여 만들어진 등산화는 방수성이 약하므로 실리콘 스프레이 방수제를 뿌려 사용하기도 한다.

5) 배낭

배낭은 용량에 따라 크게 세 가지로 용도를 구분한다. 대략 20~35리터 공간을 가진 소형배낭은 당일산행으로, 40~60리터 공간을 가진 중형배낭은 산에 세워진 숙박시설 즉 산장 같은 곳을 이용한 주말산행용으로, 60~100리터 공간을 가진 대형배낭은 천막을 휴대하는 장기 야영산행용으로 사용된다.

요즘 배낭은 거의 방수처리된 원단을 이용해 배낭을 제작하고 있으나, 강수량이 많을 경우 바느질한 틈으로 빗물이 스며들기도 한다. 이를 방지하기 위해 방수처리된 천으로 만든 레인커버(rain cover)나 배낭커버(pack cover)라는 것을 씌워서 사용하기도 하지만 쉽게 구할 수 있는 대형 비닐봉투를 배낭 안에 넣고 내용물을 담는 방법도 좋다.

올바른 배낭 선택 요령

① 브랜드보다 몸에 맞는 배낭을 선택한다.
② 당일용과 캠핑용을 따로 준비한다.
③ 배낭의 크기는 표시된 것과 다를 수 있다.
④ 필요한 조임벨트는 반드시 있어야 한다.
⑤ 대형 배낭일수록 '등판높이'와 '멜빵높이'를 조절하는 기능이 있어야 한다.

에너지 절약기술 - 짐꾸리기

✔ 가벼운 것 아래쪽, 무거운 것 위쪽
✔ 무거운 짐이 등쪽, 가벼운 짐이 바깥쪽
✔ 오른쪽과 왼쪽의 균형을 맞춰서
✔ 장비를 배낭 밖에 매달지 말 것
✔ 배낭 위 당김끈을 최대로 당겨 밀착시킴

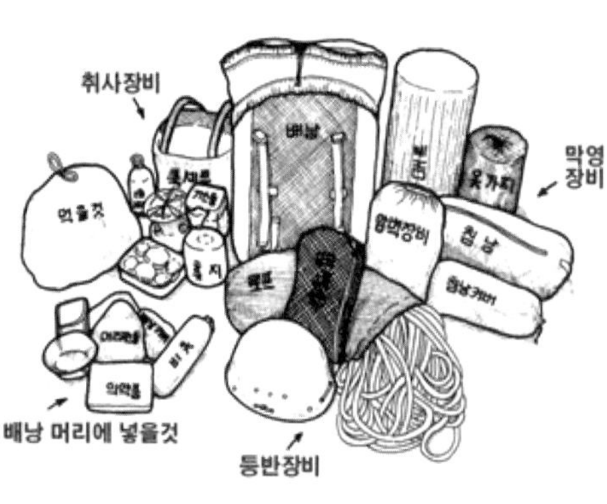

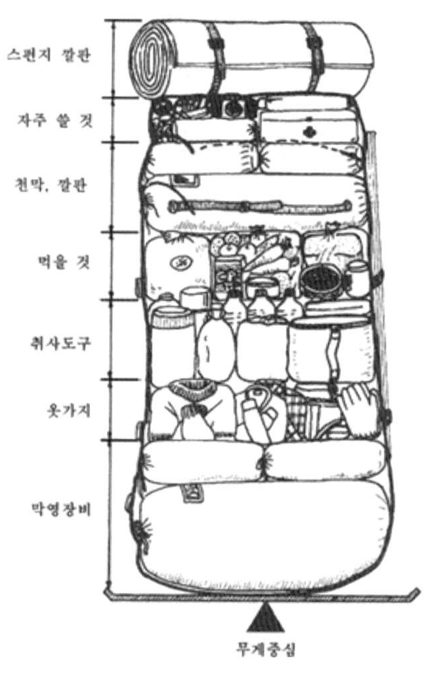

4 등산 전후의 스트레칭

등산의 처음과 마무리는 스트레칭이 필수이다. 갑자기 무리하게 움직이면 몸에 탈이 날 수도 있기 때문이다. 일상생활 중에 활동량이 적은 직업이나 좌업생활을 많이 하는 사람이 익숙하지 않은 산행을 하는 경우 갑자기 자극을 주면 근육이나 인대가 늘어나거나 심하면 끊어질 수도 있어 준비운동이 어느 때보다 중요하다. 등산을 하기 앞서 잠깐 시간을 내어 몸을 풀면 부상을 막는데 도움이 된다.

앞의 그림은 등산을 시작하기 전에 신체각 부위를 풀어주고 부상을 방지하며, 산행을 마친 후 골격계의 이완과 과로한 근육의 피로를 빨리 회복시켜주는 스트레칭 동작을 소개한 것이다.

등산을 한 다음 날이면 여지없이 근육이 뭉쳐 고생을 하게 된다. 운동 후 24~48시간 후에 나타나는 이 통증을 지연성 근육통이라고 한다. 지연성 근육통은 24~72시간까지 휴식을 취하면 통증은 사라진다. 유연성 위주의 관절 운동과 가벼운 스트레칭만 잘하면 지연성 근육통을 예방할 수 있다. 가벼운 근육스트레칭은 근육손상을 최소화 해준다.

특히 등산 이후에는 근육에 쌓인 젖산, 근육파열 등으로 근육통이 생길 수 있다. 발의 피로를 풀어주지 않은 상태가 지속되면 종아리 근육이 짧아져 발바닥부터 종아리가지 족저근막염이 올 수 있다. 스트레칭으로 종아리 근육을 늘려주고 발바닥의 족저종아리 근육 통증을 없애주면 훨씬 피로감이 덜 하다. 등산 후 다리가 아프더라도 충분한 스트레칭을 하거나 발목이나 무릎을 풀어주는 마무리 운동을 반드시 해야 한다.

5 등산 보행법

등산은 걷기가 기본이기 때문에 등산을 처음 시작하는 사람은 익숙하게 걷는 방법부터 익혀야 한다. 전문등산이라고 하는 암벽등반이나 빙벽등반도 결국 암벽이나 빙벽에서 걷는 것이기 때문에 걷는 법은 등산에서 가장 기본이 되는 기술이다.

1) 안전하게 걷는 법

① 경사가 급한 길을 오를 때 뒷발을 앞발과 직각이 되게 디디면 마찰력이 커져 미끄러지지 않는다.

② 경사가 급한 곳에서는 나무, 바위모서리 같은 지형지물을 잡고 오른다. 이때 뿌리가 흔들리는 나무나 썩은 나무, 푸석바위, 물기가 있는 바위 등은 주의해야 한다. 되도록 잡지 않는 것이 좋으나 이용 시에는 가능한 작은 힘이 걸리게 하고 발에 의지하는 것이 좋다.

③ 경사진 바윗길을 오를 때는 발 앞굽을 구부려 체중을 싣고 바위면의 요철을 잘 살펴

보고 딛는다. 손을 사용할 만큼 경사가 급할 때는 손놀림에 의해 발에 실린 무게중심이 흐트러지지 않게 조심한다.

④ 잔돌이 많은 경사진 길을 오를 때는 무게중심을 약간 앞에 두고 발목과 허리를 부드럽게 움직이며 리듬을 타고 오른다. 무게의 중심은 경사가 급할수록 앞꿈치로 옮긴다.

⑤ 계단길을 오르내릴 때는 계단에 발전체를 딛는다. 오르막일 경우에는 무게중심을 약간 잎에 두어야 균형잡기가 쉽고 피로해지지 않는다. 내리막의 경우에는 무게중심을 낮추고 두서너발 앞을 내다본다. 계단길을 오르내릴 때 발 앞꿈치만 디디거나 뒤꿈치만 디디면 발이 쉽게 피로해지고 몸의 중심이 흔들려 넘어질 수도 있다.

⑥ 쇠줄이 설치된 바윗길을 오를 때는 한쪽 줄을 두 손으로 모아잡거나 팔을 벌려 두 줄을 잡고 오른다. 이때 줄을 잡은 손이 항상 위쪽에 있어야 중심 잡기에 좋다.

⑦ 흙길을 내려갈 때는 발바닥 전체를 땅에 딛는다. 무게중심을 발의 중심보다 약간 앞에 두고 시선은 발 디딜 곳을 본다. 보폭을 짧게 하여 무게의 중심이동을 작게해야 안정감이 있다.

⑧ 경사가 급한 바위면을 오를 때는 상체를 세우고, 내려갈 때는 상체를 앞으로 숙여야 미끄러지지 않는다. 난간이 설치된 바윗길을 내려갈 때는 쇠기둥 밑부분에 발을 걸치고 쇠줄을 가볍게 잡고 내려간다. 가급적이면 손보다 발에 의지하는 것이 좋다.

⑨ 경사진 오르막 눈길에서는 앞꿈치로 사면을 차 디디며 가고 내리막에서는 뒤꿈치를 박는다. 이 때문에 겨울철에는 바닥이 잘 구부러지지 않는 중(重) 등산화가 필요하다.

⑩ 산을 오를 때는 등산화 끈을 약간 느슨하게 매고, 산을 내려올 때는 등산화 끈을 꼭 조이게 매는 것이 발이 앞으로 밀리지 않아 좋다.

2) 산행 대형

① 선두는 길을 잘 알고, 걷는 속도가 일정한 사람을 세운다. 선두가 길을 잘 모르면 진행이 느려지고, 걷는 속도가 너무 빠르면 대원의 페이스를 흐트릴 수 있다.

② 일행 중 가장 약한 사람을 대열 두 번째쯤에 세운다. 선두와 후미는 일정한 거리를 유지하면서 수시로 연락이 가능해야 한다.

③ 산행 중 리더는 대원의 체력상태를 파악하여 속도와 휴식, 간식, 점심시간 등을 조절

하고 만일의 사태에 대처할 수 있어야 한다.

④ 전체의 보행능력은 체력이 가장 약한 사람을 기준으로 해서 일정과 운행계획을 세워 무리한 운행에서 오는 사고를 방지한다.

⑤ 대원은 리더의 지시 없이 대열을 이탈하거나 추월 또는 낙오해서는 안 된다.

⑥ 능선이나 계곡의 덤불을 지날 때 자신이 건드리고 지나간 나뭇가지가 뒷사람을 때리지 않도록 조심하고 자신도 앞사람이 건드린 나뭇가지에 맞지 않도록 한다. 특히 메고 있는 배낭에 의해 나뭇가지가 튕기는 일이 많으므로 앞뒤에 있는 사람이 서로 주의해야 한다. 배낭에 부착된 장신구가 나뭇가지에 걸려 보행에 불편을 주기도 하므로 이들은 되도록 배낭에 넣는 것이 좋다.

3) 걸음걸이 중 호흡

무릇 모든 운동은 호흡이 중요하다. 모든 육체적 활동은 호흡만 제대로 맞으면 몸안의 에너지가 완전히 소진될 때까지 계속 움직일 수 있으나, 호흡이 맞지 않으면 체력이 남아있어도 곧바로 지쳐 버린다. 즉 호흡과 걸음걸이, 맥박이 서로 맞아야 체력소모가 적으며 꾸준히 계속 걸을 수 있는 것이다. 그러기 위해서는 걸어가면서 호흡과 동작을 스스로 자신에 맞도록 맞추어 리듬에 따라 호흡과 동작을 하는 것이다.

또한 힘들지 않는 산행에서는 호흡이 그리 중요치가 않다. 그러나 산행이란 것이 대부분 힘이 든다. 이럴 때는 압박호흡으로 체력소모를 줄일 수가 있다. 입(술)을 최대한도로 작게 벌려 내쉬는 공기가 억지로 빠져나가는 듯한 느낌으로 호흡하는 것이다.

입을 크게 벌리고 헐떡이는 것보다 입술을 적게 벌리고 ~푹 ~푹 하는 식으로 내뿜는 숨이 훨씬 힘을 모아줄 것이다. 입을 크게 벌려 내쉬면 에너지가 그대로 빠져나가는 느낌이 든다.

4) 산행 중 휴식

산행 시 계획에 의거 운행하고 쉬어야 한다. 쉬고 싶다고 수시로 쉬면 운행의 효율도 떨어질뿐더러 결국은 오르고자 하는 의지마저도 약해질 수 있다. 산행은 50분~1시간 정도 산행 후 10분 쉬는 것을 원칙으로 해야 한다.

산행시간이 너무 길면 무리가 따르고 또 쉬는 시간이 너무 길면 다음 운행에 오히려 지장을 초래한다. 그러므로 운행 및 쉬는 시간은 반드시 지켜가며 산행하도록 하고 쉬는 시간은 가장 편하게 그리고 허기가 지지 않도록 수시로 칼로리를 보충하도록 한다.

5) 산행 중 음식 섭취 요령

산행 중 갈증에 목말라 물을 먹고 싶은 대로 들이키면 다음 운행에 지장을 초래하고 때로는 탈진상태로 되기도 한다. 즉 마신 물은 몸속을 차갑게 하고 이에 반해 산행 때 몸은 더워져야 하는데 이때 서로의 체온이 맞지가 않아 곧바로 지쳐 버리게 된다. 그러므로 물은 쉬는 시간에 목을 축이고 갈증을 달래는 정도로만 마시도록 한다.

단, 쉬는 시간이 길거나 식사를 할 때 등은 충분히 마셔도 좋다. 산에서는 운동량이 상당하기 때문에 몸속의 에너지는 쉽사리 소비되고 만다.

간식 등은 칼로리를 생각하여 준비하고, 꾸준히 허기지기 전에 먹어두는 것이다. 먹는 만큼 더 걸을 수가 있다. 간식으로는 다루기 쉽고 열량이 풍부한 약과, 양갱, 건포도, 육포, 사탕 등과 치즈, 소시지 등도 좋다. 과일로는 여름에는 특히 오이, 참외 등이 겨울에는 밀감, 사과 등이 입에 맞으며, 미숫가루도 좋다

6) 올바른 산행 요령

보통 산에 오래 다닌 사람들은 새벽같이 일어나서 운행을 시작한다. 특히 겨울 산에서는 더욱 그렇다. 이는 부지런해서가 아니라 경험을 통해 얻은 지혜다. 새벽에는 만약의 경우라도 밝은 낮이 기다리고 있으나. 저녁에는 만일 잘못되면 어두운 밤이 기다리고 있어 위험해지기 때문이다.

산에서는 누가 언제 어떠한 상황에 처하게 될지 모르기 때문에 항상 비상사태를 염두에 두는 습관을 갖는 것이 좋다. 이에 대한 대비로 비상식량 및 랜턴, 여벌의 의류 등을 준비하면 된다.

대다수의 사람들이 지도 없이 산행을 하는 경우가 많은 듯하다. 산행에 있어 지도를 보면서 하는 것과 그냥 하는 것과는 천지차이다. 지도를 살피면서 하는 산행은 한번만하고 나도 그 산에 대하여 대부분을 알게 되지만, 지도 없이 하는 경우는 그렇질 못하다. 이는 지피지기면 백전백승이라는 말과도 상통한다. 또 지도를 가지고 산행하면 흥미 또한 더할 수 있다. 그리고 비상시에는 대처할 수 있는 방법이 나온다. 알고 있는 산이라도 지도를 가지고

가는 습관을 들여야 하며, 이와 더불어 독도를 위한 나침반을 준비할 필요가 있다. 지도에는 지형뿐만 아니라 문화유산 등도 표시되어 있어 찾아볼 수 있는 기회를 제공한다.

6 산악사고의 원인과 특성

1) 등산과 사고

주 5일제 근무와 웰빙 시대를 맞아 등산인구는 폭발적으로 늘어났다. 그러다 보니 주말이면 전국의 산들은 등산객으로 몸살을 앓고 있다. 등산은 도시 생활에서 탈출하고 싶은 욕망을 충족시켜 주고 건강관리에도 최고의 운동이지만 자칫 방심하다가 대형사고로 연결되기 십상인 게 바로 산행이다. 산악사고는 산 나름대로 특징이 분명한데 반해 사고 유형은 다양하다. 일반 산악사고는 무리한 산행으로 인한 사고가 대부분이나 북한산은 화강암으로 이루어진 바위산으로 바위에서의 추락사고가 많다. 하지만 산악사고의 원인은 지형 때문이라기보다 산에 대한 인식 부족에서 오는 '안전불감증'이 주원인이다.

2007년 한 해만 해도 산악 국립공원 16곳에서만 1,326건의 등산사고가 발생하여 36명이 사망하였다. 그 중 북한산 국립공원지역에서는 262건의 사고에 17명이 사망하였다. 특히 북한산에서는 175건의 사고로 15명이 소중한 생명을 잃었다. 이 숫자는 119나 경찰에 의해 공식적으로 구조된 숫자일 뿐이다. 국토의 70%가 산지인 대한민국 전체 산악지형에서의 사망자는 집계조차 못하고 있다.

물리적으로는 같은 등반의 코스라도 등반자의 신체조건, 그날의 컨디션, 기상여건, 바위 상태 및 정신적 요소 등에 따라 복합적이고 가변적이라서 항상 같은 경우의 등반코스는 없다. 이런 점을 생각할 줄 아는 가이드라면 많은 인원을 데리고 다닐 생각은 하지도 않을 것이다. 하면 할수록 어렵고 항상 새로운 것이 등반이다. 배우고 연구하는 열린 마음 자세로 기술을 습득해도 끝이 없다. 더군다나 각 등반자의 상태까지 체크하기는 더 어려운 일이다.

등반자 간 로프를 연결해서 등반하는 것을 우리는 일반적으로 확보(belay)라고 말한다. 암릉등반을 위해서는 자기 확보를 어떻게 할 것인가를 가장 먼저 생각해야 한다. 왜냐하면 확보는 바로 기본 중의 기본이기 때문이다. 위험 구간에서 대기할 때에는 반드시 나무 및 돌부리에 자기 확보를 하고 등반자를 봐주는 것이 기본이다. '설마 떨어지겠나'라는 생각이

화를 자초한다. 바위에 오르다가 미끄러지거나 떨어지는 것은 충분히 일어날 수 있는 일이다. 그러나 이런 일이 발생할 때 안전하고 충분한 확보를 하고 있다면 극단적인 불상사로 이어지는 것을 막을 수 있다.

북한산 산악사고의 내용 중 발목 골절사고가 60%를 넘는다. 산행하면서 체력 안배는 정상까지 오를 때 40%, 하산시 30%를 소모하고, 나머지 30%는 위급상황에 대비해 남겨 두어야 안전산행이 될 수 있다. 대부분의 등산객은 이런 생각을 하지 않고 산을 오르며 80% 넘게 체력을 소모해 하산 중 다리가 풀리면서 미끄러지거나 실족해 각종 신체 부위의 골절이 발생한다. 암릉에서는 등산화의 접지력을 이용하거나 여러 홀드를 잡으며 올라가지만 추락하면 하산시에는 마찰력에 의해 급제동이 되면서 발목이 꺾여 쉽게 골절상을 당한다.

중요한 점은 골절로 인해 사망하는 경우는 드물고 대부분이 쇼크로 저체온증을 불러와 결국 사망에 이르는 경우가 많다는 점이다. 특히 산에서는 도시와 달리 신속한 응급서비스를 받지 못하기 때문에 평소에 기본적으로 일행이 응급처치와 후송법을 알아야만 자신과 동료의 생명을 지킬 수 있다는 것을 명심해야 한다.

안전한 산행을 위해서는 기본적인 매듭법을 숙지하고, 장비 사용의 반복적인 연습을 통해 숙달된 실력이 필요하다. 더불어 자신의 실력을 과신하지 않고 항상 겸손한 자세로 산을 대해야 한다. 또한 위험한 암릉에서는 항상 자기 확보를 생각하며 안전이 최우선으로 뒷받침되어야 한다.

일본의 국립공원은 기상특보에도 통제하지 않는다. 시민들의 성숙한 안전의식을 믿고 스스로가 위험에 대해 준비하고 대처할 능력이 있다고 믿기 때문이다. 물론 실제로도 그러하다. 고도의 집중력을 요구하는 암벽과 암릉 등반에서 장비 미착용 및 음주는 자살행위라는 사실을 다시 한 번 명심해야 한다.

2) 산악사고의 특성

산악사고와 조난의 원인은 크게 자연적 위험과 인위적 위험으로 나눌 수 있으며, 그 원인에 따라서 직접원인과 간접원인으로 나누기도 한다. 위험에는 우리가 충분히 피할 수 있는 위험이 있고 어찌할 수 없는 위험이 있다. 하지만 대부분의 산악사고와 조난은 위험에 대비해서 미리 준비하고 훈련하고 신중하게 대처해 나간다면 사고를 예방할 수 있는 경우가 많다.

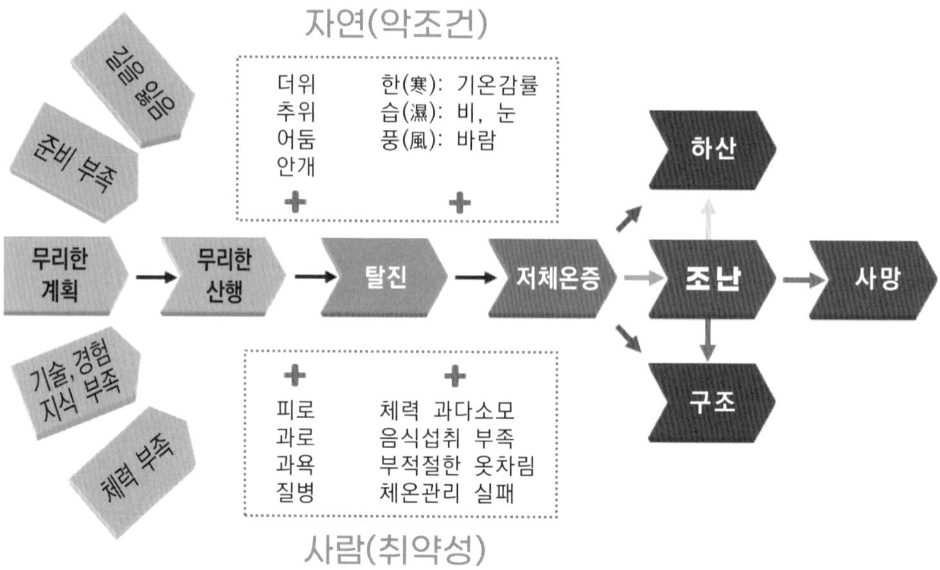

산은 지형·지세가 험준하고, 날씨가 급변하는 등 지리·기상적인 여건과 등산객 개인의 신체적 조건 및 부주의와 안전수칙 위반 등으로 각종 안전사고가 빈번하게 발생할 수밖에 없다.

무주의 기온이 20℃일 때 적상산 정상에 시속 20km의 바람이 불 때의 체감온도는?

등산 중 인명사고가 발생했을 때 평소 응급처치법을 익혀둔다면 부상자의 고통을 덜어주고 생명을 구할 수도 있다. 따라서 위급 시 행동요령, 갑작스런 심장발작 시 신속히 행해야 하는 심폐소생술, 하산 시 빈번히 발생하는 골절에 대한 처치, 열사병, 저체온증, 동상과 같은 열과 냉에 의한 손상에 대처할 수 있도록 응급처치법을 잘 배워둘 필요가 있다.

7 조난 대책

1) 산행계획의 고지

계획한 산행에 대해 대원의 성명, 성별, 연령, 혈액형, 소속, 주소, 전화번호와 등반루트, 일정, 캠프장소등을 기록한 산행계획서를 작성하여 소속단체, 가족, 대상지의 관리사무소에 1부씩 제출하여 조난 시 구조에 쉽게 대처할 수 있도록 해야 한다.

2) 조난 시의 행동

- 발생상황을 정확히 판단하고 앞으로 벌어질 상황도 예측한다.
- 서두르거나 당황하지 말고 대처할 일들을 침착히 정리한다.
- 불필요한 체력의 소모를 피하고 더 이상의 사고발생에 주의해야 한다.
- 자체구조를 먼저 판단하고, 불가능이라고 판단될 때는 신속히 주의의 구조를 요청한다. 이때 구조자는 2중 조난의 위험에 대비해야 한다.
- 부상자에게 필요한 적절한 응급처치를 신속히 실시한다.
- 살려는 의지를 지니고 동료를 서로 위로한다.

3) 구조요청 신호

구조요청신호는 국제적으로 통일되어 있다. 신호수단은 깃발, 호루라기, 등불, 해드램프, 야호소리 등을 이용할 수 있다.

- 구조요청신호 : 1분에 6회 짧게 신호 – 1분 쉬고 – 1분에 6회 짧게 신호 ……
- 구조응답신호 : 1분에 3회 길게 신호 – 1분 쉬고 – 1분에 3회 길게 신호 ……

4) 조난 시의 연락

- 조난상황을 정확히 전달하도록 기록해 둔다.
- 신속하고 확실하며 연락자의 안전을 기한다.
- 연락자의 조난에 대비하여 방한용구, 덧옷, 식량, 랜턴 등을 준비한다.
- 신호방법을 미리 결정해서 공유한다.

- 조난소식이 필요이상 확대되어 와전되지 않도록 주의한다.

5) 산악안전 주의사항

산악활동은 장거리, 장시간 행동하므로 위험성이 있고 급경사면의 오르내림, 나무숲에서의 행동 등 체력소모가 많다. 특히 발 부상은 치명적으로 보행에 곤란을 초래하여 동료에게 부담을 주게 되므로 안전에 충분한 배려가 필요하다.

- 등산길을 선행하는 대원은 후속 대원에게 나뭇가지가 튕기거나 낙석, 붕괴, 낙하 등 위험을 알린다. 나뭇가지가 튕겨 되돌아올 경우는 안면을 보호하기 위하여 보호안경을 사용한다.
- 등산길에는 계단차이, 요철 등에 주의하고 도로의 가장자리 부분이 붕괴되거나, 발을 잘못 딛어 추락하는 사고를 방지하기 위하여 등산로 중앙이나 산 쪽으로 보행한다.
- 장시간 활동할 경우는 휴식과 교대를 번갈아 하여 피로경감, 주의력, 집중력 지속에 노력한다.
- 급경사면의 등산길에 낙석위험이 있는 경우는 반드시 위쪽에 주의하면서 행동한다. 또한 낙석이 발생한 때는 큰소리로 아래쪽의 대원에게 알리고 경사면의 직하를 피해 횡방향으로 행동한다.
- 활동 중 천둥이나 번개가 발생하면 낙뢰사고의 위험이 있으므로 산 정상, 능선에서 곧바로 벗어나고 신체에서 금속물체를 제거하며 가능하면 건조한 장소에서 낮은 자세를 취한다.
- 직사열광을 받으며 장시간 활동할 경우 열사병 등을 방지하기 위하여 나무그늘 등의 시원한 장소에서 휴식을 취해 수분을 보급한다.
- 독사, 곤충 등으로부터 신체를 보호하기 위하여 노출부가 없도록 하고 풀숲과 수림에 들어가지 않도록 한다.
- 눈이 얼어붙은 등산길에는 아이젠 등으로 미끄럼을 방지하고 상황에 따라서는 대원 상호간 로프로 확보한다.
- 바람, 눈 등으로 시계가 나쁜 경우 아래쪽을 보지 못할 수 있으므로 지형도, 컴퍼스를 활용하여 목표가 된 산의 특징, 지형 등을 비교하여 현재 위치를 확인한다.
- 방한복, 식량, 개인장비 등을 완벽히 준비하고 대원의 체력을 고려한 보행속도를 유지하고 대열을 흐트러뜨리지 않는다.

생활 안전 관리

LIFE SAFETY MANAGEMENT

CHAPTER 12

수상안전

1. 익수사고의 발생 원인
2. 익수자의 상태
3. 익수자 구조법
4. 수상안전 수칙

많은 사람들이 물과 관련된 스포츠와 오락활동에 참여하고 있기 때문에 물에 빠져 생명을 잃는 익수사고가 종종 발생하고 있다. 대부분의 익사사고의 원인을 보면 안전규칙을 위반하거나 무시함으로써 발생하고 있는데, 익수사고의 구체적인 발생 원인과 익수자를 구조하는 방법, 그리고 위험상황 시 행동요령 등에 대하여 알아본다.

1 익수사고의 발생 원인

천재지변으로 인한 피해 중 홍수에 의한 피해가 가장 많으며 특히, 7~8월에 집중적으로 오는 비의 양으로 물이 있는 곳에는 어떠한 곳이든지 익사사고가 발생할 수 있다. 익수사고 통계에 의하면 하천, 강변, 우물, 저수지, 수체구 그리고 심지어는 잠깐 고인 물에서도 익사사고가 발생하고 있으며 익사자의 약 50%에 해당하는 사람들이 수영 미숙으로 인해서 사망하고 있는 것이다. 이 같은 사실에 비추어 볼 때, 익사자의 대부분이 수영불능자이거나 초보자이기 때문에 자기 자신을 보호할 수 있는 충분한 수영능력은 모든 사람에게 필요하다.

또한, 감시와 보호를 받지 않는 하천이나 강에서 익사사고의 약 90%가 발생하고 있어서 보다 많은 교육과 계몽이 필요하며, 특히, 어린아이들이 수영하는 경우는 언제나 수영자를 감시하는 보호자가 있어야 한다.

익수사고의 발생 원인을 살펴보면 다음과 같다.

① 헤엄칠 줄 모르는 자가 익수하는 경우
자기 키 이상의 물에 모험삼아 들어간다던가 물속의 깊은 곳에 발이 빠진다던가, 물살이나 물결로 인하여 몸의 균형을 잃고 쓰러진 뒤에 다시 발을 디딜 수 없게 되었다던가, 혹은 피로, 허약, 심장마비, 뇌빈혈 등의 원인으로 말미암아 익수하게 된다. 특히 바다에서 파도에 휩쓸려 사고를 일으키는 경우가 자주 있다.

② 초보자급(약간 헤엄칠 줄 아는 자)이 일으키는 익수원인으로 자기의 능력을 과신한 나머지 깊은 쪽으로 헤엄쳐 나가 피로, 경련, 공포증을 일으켜 익수하는 일이 많다.

③ 수영에 능숙한 자가 익수하는 경우
그렇게 흔하게 있는 일은 아니나 그래도 때때로 일어난다. 그 주원인을 보면 판단의 잘못, 과로나 경련, 위경련, 뇌빈혈, 뇌일혈 등과 같은 일시적으로 운동의 자유를 잃게 하는 질병 또는 충격, 이외에 얕은 곳에서 다이빙하여 머리를 밑바닥에 부딪친다든지, 높은 곳에서 다이빙을 잘못하여 배나 등쪽으로 떨어진다든지 할 경우이다.

④ 헤엄칠 줄 모르는 자가 작은 배나 보트를 타다가 전복되는 사고를 일으키는 경우
만약, 옷 입은 채로 배가 전복되어 물에 빠졌을 경우 수상에서 신발, 하의, 상의 순으로 탈의로 몸의 자유로움을 확보해야만 한다.

2 익수자의 상태

헤엄치다 물에 빠진 사람들의 상태를 보면 대개 다음과 같다

① 심장마비, 허약증이나 어떤 충격으로 의식을 잃거나 손발이 마비되었을 때 또는 격렬한 위경련 등일 때는 구조를 요청할 틈도 없이 간단히 물속으로 들어가 버린다.

② 과로했거나 패닉(극도의 공포현상) 등으로 익수 직전에 있는 사람은 보통 몇 분 동안 물위에 떠 허우적거리고 있기 때문에 물에 빠졌다는 것을 곧 알 수 있다. 그리고 물위에 떠 있다 해도 본인의 체력에 따라 격렬하게 또는 약하게 허우적거리는 정도가 다르다. 이러다가 마침내는 떠올랐다가 내려갔다 하다가 위 속에 물이 차고 폐내의 공기가 없어지면 수면 아래로 가라앉아 밑바닥으로 내려가기 시작한다.

③ 일반적으로 믿고 있는 사실중에 “익사하는 사람은 물속으로 내려가기 전에 두 번 올랐다가 세 번째 내려가면 그것이 마지막이다” 라는 것이 있지만 꼭 그렇게 되는 것은 아니고 그때의 익수자의 상태에 따라 다르며, 수면으로 띄울만한 폐의 공기가 없어져 버리면 수면 아래로 가라앉아 밑바닥으로 내려가기 시작한다.
그 반면 그가 내려갈 때마다 폐 내에 약간의 공기나마 보유하고 있고 손발을 유

효하게 쓸 수만 있다면 그가 수면에 나타날 수 있는 기회는 있을 수 있다.

④ 익수자는 폐로부터 공기가 나가고 손발의 효과적인 운동이 끊어지고 몸의 비중이 물의 비중보다 무겁게 될 때 아래로 내려가기 시작한다. 신체가 내려가는 속도는 그 비중에 정확히 비례하며, 흐르는 물속이라면 신체는 비스듬히 내려간다. 내려감에 따라 흉곽에 수압이 가해지면 폐와 기도 내의 공기는 엷은 거품의 줄기가 되어 코로부터 나오게 된다. 처음 인후는 경련으로 닫혀있지만 마지막에는 그것이 풀리고 남아 있는 공기가 한 번 크게 거품으로 나온다. 가라앉은 직후이면 이 두 가지 현상은 익수자가 가라앉아 있는 위치를 알려주는 표시가 된다. 흐르는 물에서는 거품은 비스듬히 올라온다.

〈표 12-1〉 고통 받거나 익사하는 경우와 일반적인 수영 행동의 비교

행위	수상활동자	지친수상활동자	의식있는 구조대상자	의식없는 구조대상자

숨쉬기	규칙적	숨을 쉬며 도움요청	숨을 쉬려고 노력함 도움요청이 불가능함	호흡 중단
팔, 다리동작	적절한 조화	입영을 하며 손을 흔듬	팔로 물을 누름 다리 동작이 없음	무동작
몸의 자세	수평	상황에 따라 변함	수직	등을 위로 하여 떠있거나 가라 앉음
이동자세	현격한 전진	약간의 전진 점차 미약해짐	없음, 20~60초 내에 물속으로 들어감	없음

일반적으로 「깊은 곳에서는 익수자는 아주 가라앉지 않고 중간에 떠있다」고 말하고 있지만 결코 그런 것은 아니며, 얕은 곳이던 깊은 곳이던 간에 익수자의 비중이 물의 비중보다 크면 결국 몸은 물 바닥에 가라앉고 마는 것이다. 중간에 떠 있다고 하면 그곳에서 비중의 평형이 잡혀졌다는 것을 의미한다. 물 바닥에서는 몸은 엎드리거나 누운 자세로 되어 있다.

⑤ 위경련으로 익수한 자는 두 무릎을 턱까지 당겨 옆으로 누운 자세로 있는 예가 많다. 또 익수자가 수중에 내려간 직후 곧게 혹은 비스듬히 서 있는 것을 발견할 수 있는데 이것은 수중에 내려간 직후이기 때문이며 언제까지나 이 모양으로 있지 않는다.

⑥ 몸이 밑바닥에 닿으면 흐름이 없는 곳에서는 대개 수 시간 그곳에 머물러 있게 될 것이다. 본인의 비중이 무거울 동안은 흐름이나 물살 때문에 물 바닥의 이리 저리를 이동할 것이며 또 용솟음치는 세찬 물결로 때로는 수면으로 나타날 수도 있지만 비중이 무거울 동안은 즉시 가라앉고 만다. 얼마 안 있어 몸이 부패하고 체내에 가스가 차고 비중이 가벼워지면 익사체는 수면에 뜨게 된다. 물속에 잠겨 몇 시간쯤 지나야 뜨는가는 이 가스 발생이 언제냐에 따라 다르다. 가스발생은 본인이 공복이냐, 만복이냐 또 체질이 어떠냐가 관계되므로 일괄적으로 몇 시간 만에 뜬다고 단정할 수 없다.

⑦ 헤엄칠 수 없는 자가 물에 빠져 있는 곳을 보면 물가가 바로 깊어서 설 수 없는 곳이며, 대개 물가에서 2m 이내의 물바닥에 가라앉아 있고 헤엄칠 수 있는 자가 물에 빠지는 것은 물가에서 50m 이내의 곳이 많고 보트 등의 사고는 위 지역 바깥쪽에서 일어난다.

3 익수자 구조법

물에 빠져들고 있는 사람을 발견했을 때 감정에 사로잡혀 준비 없이 뛰어드는 것은 위험할 뿐만 아니라 또 다른 희생자를 내는 결과를 가지고 올 수 있기 때문에 누구든지 자기에게 구조하는 능력이 있는가, 어떤 방법으로 구조할 것인가를 순간적으로 생각하고 적절한 구조 방법을 결정하여 구조에 임해야 한다.

익수자의 약 절반은 물가의 2m 이내에서 익사하고 있는데, 헤엄칠 수 없는 사람이 물에 빠지면 그곳에서 곧 익수하기 때문에 물가에서 약간만 팔을 뻗치면 그 사람을 구조를 할 수 있는 것이다.

헤엄쳐야 할 경우 충분한 구조법의 지식이 없으면 구조자 자신이 위험에 빠지는 일이 있기 때문에 주의하지 않으면 안 된다. 가령 구조법을 충분히 알고 있는 사람일지라도 헤엄쳐 구조하는 것은 최후의 수단이며 달리 방법이 있으면 그 방법에 따라야 한다는 것이 익수자 구조의 철칙임을 명심해야 한다.

익수자를 구조하는 요령은 다음 상황과 같이 구조자와 익수자와의 거리에 따라 구조방법은 달라진다.

① 수영을 하지 않고 구조하는 방법
손이 닿는 위치에 조난자가 있을 경우 옆사람을 붙잡는 것을 피하고 언제나 물가의 단단한 물체를 잡고 뻗은 팔로 조난자의 팔목을 움켜잡고 천천히 잡아당긴다.

② 손이 미치지 않는 곳에 조난자가 있을 때
셔츠, 수건, 나뭇가지와 같은 물건들을 사용하여 팔을 뻗어 미치는 거리를 연장시켜서 조난자가 물건의 한쪽 끝을 붙잡게 하여 천천히 안전지대로 끌어들인다. 좀 더 먼 거리에 익수자가 있을 때는 낚시대나 장대와 같은 길다란 물건을 이용하며, 이때 조난자가 구조자를 물속에 끌어들이지 않게 조심해야 한다.

③ 조난자가 먼 곳에 있을 경우
밧줄, 링부이, 타이어튜브, 혹은 무엇이건 뜨는 물건을 조난자에게 부딪치지 않게 던져준다. 물건을 던져줄 수 없을 만큼 먼 거리에 조난자가 있을 경우 보트, 배를 이용하여 조난자에게 가까이 가서 붙잡을 물건을 내민다.

1) 구조방법

(1) 주위에 도움요청을 부른다.

익수자를 발견하면 우선 큰 소리로 근처 사람을 부르는 것이다. 2~3세의 유아가 성인에게 알려서 하천에 떨어진 어린이를 구한 예가 있다.

(2) 맨손으로

물에 빠지는 자의 대부분은 헤엄을 치지 못하거나 초보자들이다. 그와 같은 자가 안변에서 멀리 떨어져서 빠진다고는 생각되지 않는다. 즉 안변 가까이에서 빠지는 사람이 많다는 것이다.

① 물가에 엎드려서

물가에 엎드려서 손을 내민다. 팔을 뻗쳐 구조할 경우 무턱대고 하면 익수자에 딸려 들어가 수중에 빠져 위험을 당할 수가 있으므로 직각으로 엎드려 균형을 잡고 한 손은 바닥을 눌러 딸려 가지 않게 한 다음 자기 몸이 익수자의 몸과 직각이 되게 한다. 보조자가 있으면 구조자의 다리를 눌러주면 좋다.

② 수중에서 물건을 매달려서

물에 박힌 나무의 가지, 말뚝, 풀(pool)의 단벽 등에 한 손으로 매달려서 한 손을 내민다.

③ 수중에서

수저 같은 상황인 경우 또는 익수장에 대하여 옆으로 항하고 다리를 벌리며 충분히 힘을 준 뒤 한 손을 내민다. 보조자가 있으면 안변으로부터 익수자쪽으로 횡일열로 손을 마주잡고 연결하여 선단에 있는 자가 익수자를 붙잡도록 한다. 손을 잡을 때는 손목을 서로 쥐도록 하면 손은 떨어지지 않는다.

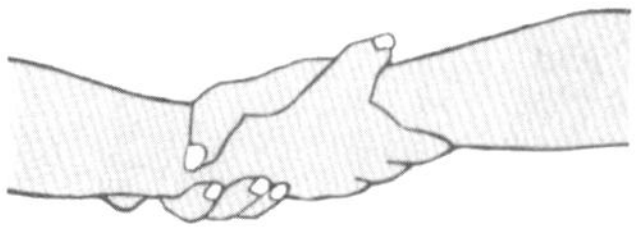

(3) 보트 사용

보트와 같은 작은 배는 우수한 구조용구이다. 익수자에게 접근하거나 안변으로 운반하는데 스피드가 있고 필요하면 배안에서 인공호흡도 할 수가 있다. 구조자의 안전은 최고로 확보된다. 그러므로 풀 이외의 수영장에서는 어떻게 하든지 상비하여야 한다. 또한 수영지도자는 익수자 구조를 위해 노(Oar) 사용법 및 보트조종법 등을 배워 둘 필요가 있다.

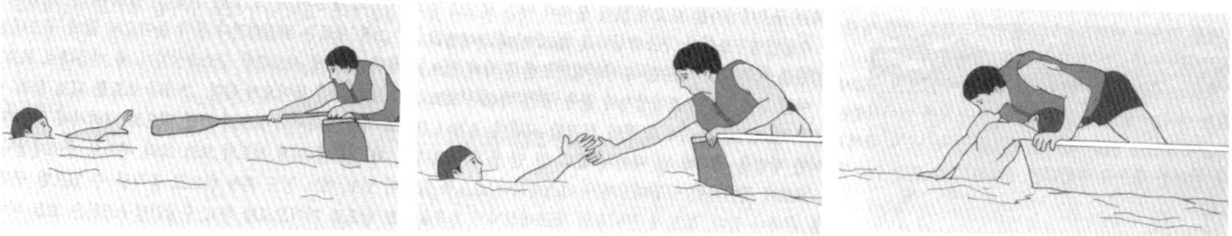

(4) 구명구 사용

구명구는 첫째, 장대와 같은 것을 내밀어서 잡게 하는 것, 둘째 던지는 부위와 같은 것을 던져줘서 잡게 하는 것, 셋째, 구명의나 어류형 부위와 같은 것을 붙잡고 뜨게 하는 것, 넷째, 구명동의와 같이 구조자가 몸에 붙이고 자신을 뜨게 하는 것 등이 있다.

수영장에서는 정규의 구명구를 상비하여 두는 것이 좋으나 신변 가까이에 있는 물건에 조금 손질함으로써 부환 역할을 할 수 있는 구명구를 비치할 수 있다.

① 윤이 달린 장대

나무 장죽 끝에 직경 20~30센티미터의 윤을 붙인다. 윤 부분에는 헝겊으로 감고 굵기로 해두는 것이 좋다. 내밀면서 윤에 매달리도록 한다.

② 던지는 부이등

던지는 부륜은 소형의 구명부륜에 로프를 결부시킨 것을 우선 익수자를 향하여 전후개악으로 서서 로프 끝을 한 발로 밟고 로프를 윤으로 하여(크기는 고르게 하지 않는 것이 좋다. 그 3분의 1을 왼쪽 손에 나머지 3분의 2를 부이와 함께 오른쪽 손에 쥔다.

그 다음에 하수투로 부이와 3분의 2의 로프를 던져(부이는 익수자의 1미터정도 저편에 달하도록) 로프나 부이를 잡게 하고 서서히 잡아당긴다.

터치볼용 볼과 같은 것도 이와 동일하게 사용할 수 있다. 단 볼로부터 1미터 정도 떨어진 곳을 잡고 빙빙 돌리다가 던지는 것이 다르다.

③ 어뢰형 부이 등

어뢰형 부이는 어전형 부이의 일단에 윤형으로 한 로프를 붙이고 끝에 긴 로프를 붙인다.

구조자는 윤형 로프에 한쪽 어깨를 끼고 헤엄치며, 익수자의 주변로프에 매달리게 하고 구조자도 익수자의 배후로 붙어 로프로 잡고 지상의 사람들에게 신호를 보내어 로프를 끌게 한다.

물론 이용의 고무나 비닐의 부륜을 상기의 부이의 대체할 수 있다. 또는 익수자에게 로프를 붙이지 않고 구조자가 헤엄치면서 끌어도 좋다.

④ 구명동의

구명동의는 구조자의 피로를 경감시키기 위하여 사용하는데 동의 부력으로는 익수자가 구조자에게 꼭 매달리게도 할 수 있다. 채부는 원래 수영지도를 위한 용구인데 허리에 감거나 어깨로부터 반대쪽 허리에 걸고 구명동의로 대용한다.

(5) 근처 물건을 사용

구명구처럼 유효하지는 않으나 이에 준하여 활용되는 것은 생각만 해보면 얼마든지 주변에 있다.

① 장대

손을 내밀었는데 10센티미터 부족할 때 불과 30센티미터의 장대가 생명을 좌우한다. 이러한 종류에는 낚시대, 나무막대기, 선판, 자, 어류뜨게, 단죽 등과 같은 것이 있다.

② 로프

로프를 꼬아 던지는 점에서는 불만족하나 물건에 따라서는 멀리 갈 수 있다는 점에서 로프는 장대보다 유효하다. 이런 것에는 끈이나 밧줄, 띠 밴드, 의복, 손수건이나 타월과 같은 것들이 있다. 상의는 한쪽 소매의 끝을 쥐고 다른 쪽 소매에 매달리게 하며, 바지도 동일하다. 띠나 수건 등에 세로로 등분하면 2~3배의 길이가 된다. 끈이나 밧줄 등의 끝에 돌이나 나무 조각을 달면 목표도 좋아지고 멀리까지 도달할 수 있으며, 그런 것이 없을 때에는 밧줄이나 끈 끝에 매듭을 만든다.

③ 부이

아무리 근소한 부력이라도 활용해야 한다. 이 종류에는 물놀이 부륜, 볼(망에 든 채로, 그렇지 않으면 쥘 때가 없다), 장대(대나무는 부력이 크다), 배의 선판, 보스턴 백(자크를 잠그고 하향으로 한다), 빈 PET병 등과 같은 것이 있다.

2) 접근 및 운반방법

(1) 익수자에게 접근하는 방법

익수자가 가사이전의 경우에는 구조자는 익수자에게 잡히기 쉬우므로 후방으로부터 접근하거나 잠수로 접근하며 부득이한 경우에 한하여 정면으로부터 접근하는 것을 원칙으로 한다. 가사이후의 경우에는 상기와 같은 우려가 없으므로 여하한 방법으로 접근해도 좋다. 될 수 있는 한 빨리 접근해야 한다. 단 접근한 뒤에 운반한다는 큰 일이 있으므로 불필요한 피치를 올려서 과도한 에너지 소모는 피하도록 유의해야 한다.

익수자에게 접근하면 일시 정지하여 입영을 하면서 익수자의 배후로부터 한쪽 손을 걸고 2~3회를 횡영긁기로 긁으며 헤엄친다. 턱에 손을 걸었을 때에 목에 건 팔의 전완부의 가운데쯤이 익수자의 어깨에 꼭 붙도록 팔꿈치를 꾸부린다.

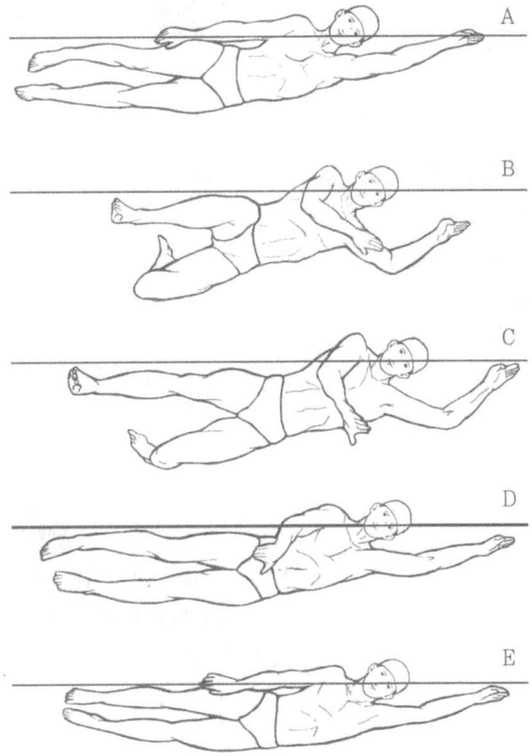

〈그림 12-1〉 횡영(트러젠) 구조영법

(2) 수중에서의 운반법

헤엄치며 익수자를 운반하는 데는 세 가지 방법이 있다. 이와 같은 것은 모두 접근방법의 촉발에 계속되는 것이다. 그리고 여기에서도 편의상 왼손을 턱에 건 것으로 한다.

① 머리카락을 붙잡고

물을 긁는 오른손으로 익수자의 머리카락을 잡는다. 될 수 있는 한 손가락을 벌리고 익수자의 후두부로 전두부까지 손바닥을 머리에 문질러 대듯이 가져가고 손을 좀 놓는 것 같이하여 머리카락의 모근을 꼭 잡는다.

턱에 건 왼손을 떼고 그 손으로 물을 긁으며, 좌하의 횡영자세가 된다. 만약 좌하횡영이 서투를 때에는 처음에 턱에 걸고 있는 왼손을 오른손으로 바꾸어하면 좋다.

② 두부를 가지고

물을 긁고 있는 오른손은 익수자의 얼굴 좌측에 대고 턱에 걸고 있던 왼손을 얼굴 좌측에 대며 양손을 붙잡는다. 익수자의 양 눈을 구조자의 양손을 가리고 엄지가락을 눈썹 위에 가운데 손가락을 턱에 댄다. 구조자도 익수자와 같이 배유자세로 된다. 양팔을 뻗치고 가위다리 또는 각유자세의 개구리 다리를 사용하여 다리만으로 헤엄친다.

③ 가슴을 안고

- 물을 긁고 있던 좌완을 익수자의 오른쪽 어깨로부터 왼쪽 겨드랑이 밑으로 돌려서 가슴을 껴안는다. 구조자의 오른쪽 겨드랑이 밑에 익수자의 바른쪽 허리에 올려놓도록 한다.
- 턱에 걸고 있던 왼손을 떼고 물을 긁으며 왼쪽을 밑으로 한 횡영이 된다. 만약 좌횡영이 서투르면 처음에 턱에 걸고 있던 좌수를 떼고 그대로 익수자의 왼쪽 어깨로부터 오른쪽 겨드랑이 밑으로 집어넣고 가슴을 껴안고 오른쪽을 밑으로 한 횡영으로 한다.

(3) 운반 방법

의식을 잃은 사람을 운반하는 것 같이 간단하지는 않다. 체중의 사람을 혼자 나른다는 것은 큰일이다. 여기에서는 그와 같은 최악의 조건하에서 하는 방법을 기술한다.

① 육지로 끌어올릴 때

- 배꼽 정도 깊이의 물에서 익수자를 반듯이 눕게 한다.
- 구조자는 익수자의 양손목을 쥐고 서서히 후퇴하면서 잠수하여(잡고있는 손을 놓지 않으면 익수자는 수상에서 회전하여 엎어지게 된다.) 구조자의 등을 익수자의 가슴에 엎고 잠수한 뒤의 동작은 될 수 있는 한 재빨리 해야 한다.

- 육지로 운반한다. 그 동안 필요하면 누르고 있는 한쪽 손(익수자)의 손목으로부터 먼 쪽 손을 떼도 좋다.
- 다음에 육지에 내려놓는다. 우선 구조자는 약간 앞으로 숙인 자세로 등에 업은 익수자를 조금 추켜올리며 계속하여 한 손씩 손을 놓는 뒤로 도려서 익수자의 무릎 밑에 집어넣어 손목을 쥔다. 그리고 이 형은 내려놓은 지점뿐 아니라 긴 거리를 운반할 때도 좋다.
- 구조자는 익수자를 업은 자세로 한쪽 무릎씩 땅에 대고 무릎을 꿇고 앉는다.
- 한 손씩 무릎 밑으로부터 손을 빼고 다시 손목을 잡는다.
- 팔의 힘을 배면 익수자의 엉덩이는 땅에 닿는다.
- 왼손(오른손인 경우 좌우는 바꾸어진다.)을 놓고 익수자의 오른손을 잡고 있는 손을 바꾸어 쥔다.
- 구조자는 몸을 돌려서 익수자와 마주 본다.
- 구조자는 오른발을 익수자의 좌측에 내딛고 오른손으로 익수자의 두부를 떠받치며 가만히 눕힌다.

② 보트에 끌어올릴 때

방법은 전술한 육지로 끌어올릴 때의 경우와 동일하나 보트는 불안정하므로 다음과 같은 주의가 필요하다.

- 배의 앞뒤에서 끌어올린다.
- 구조자는 될 수 있는 한 자세를 얕게 하는 것 이외에 보트의 안정을 유지하며 행한다.
- 구조를 위하여 입영할 때는 배의 바닥을 차고 뛰어들면 보트가 이동하여 그만큼 헤엄치며 운반하는 거리가 멀어질 수 있음을 알아야 한다. 보트의 구조에 따라서는 끌어올린 익수자를 엎드려 놓지 못하는 곳도 있을 것이다. 그 경우에는 익수자의 손목을 잡을 때 교차되도록 오른손으로 바른쪽 손목을 잡는다. 익수자를 끌어올렸을 때 익수자는 반회전하여 뒤로 향하게 된다.

3) 구조 시 주의사항

(1) 사람이 물가에서 2~3m 정도의 거리에 헤엄쳐 가서 빠져 있을 때는 그 익수자의 등 뒤로 헤엄쳐가서 팔을 뻗쳐 그 머리털이나 옷깃을 잡아 팔을 충분히 뻗친 채 그대로

끌고 나온다. 구조자가 여력이 없을 경우 익수자를 헤엄치면서 끌어 보아도 잘 나가지 않는 법이다.

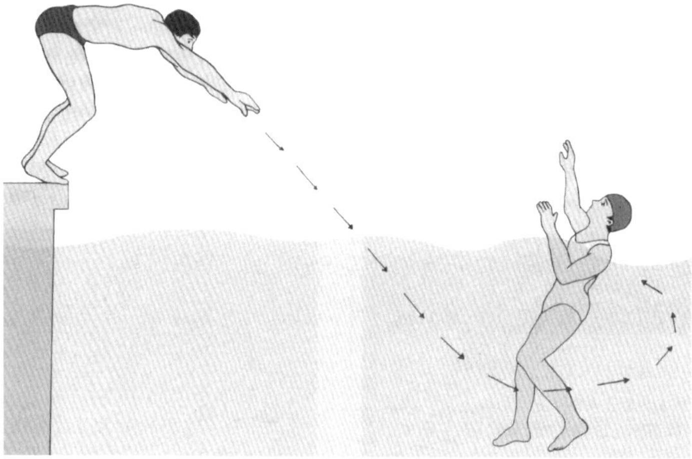

〈그림 12-2〉 익수자 접근 방법

이런 때는 부득이 익수자를 놓고 즉시 물가로 헤엄쳐 돌아와야 한다. 무리하게 끌고 가려 하면 힘이 빠진다던지, 익수자에게 붙잡히게 되어 오히려 자기가 익수하게 되는 위험을 당하게 된다. 이는 한 사람의 희생으로 끝날 것이 두 명의 희생을 낳는 원인이 된다.

머리털이나 옷깃을 끌 때는 충분히 팔꿈치를 뻗쳐 헤엄쳐야 한다. 팔꿈치를 굽히면 익수자를 수중에서 팔에 매달아 드리우는 결과가 되어 헤엄치기가 어렵고 또 익수자의 몸이 반전하기 쉬어 붙잡히게 될 위험마저 있는 것이다.

(2) 헤엄에 자신이 있어도 구조법을 모르는 사람은 먼 곳에 빠져 있는 사람을 구조하려고 할 때는 반드시 판자, 장대, 막대 등을 가지고 가서 한쪽 끝을 내밀어 익수자로 하여금 잡게 하여 끌고 나와야 한다. 혹은 상의나 셔츠, 부륜 등도 이용될 수 있으며 언제나 익수자에게 직접 접촉하지 않도록 주의해야 한다.

익수자는 자기가 죽기 때문에 거의 미친 사람 같이 되어 무엇이던지 손에 붙잡히기만 하면 반드시 그것을 꼭 잡고 놓지 않으려고 하며 또 그것을 눌러 위로 올라가려고 하면서 허우적대는 것이다. 이것은 숨쉬기가 어려우므로 자연히 그렇게 하는 것이기 때문에 붙잡혔으면 익수자를 수중으로 끌고 들어가야 한다. 이렇게 하면 익수자는 반드시 붙잡은 손을 놓는 법이다.

가령 익수자 구조법에 익숙하고 헤엄도 잘 치는 사람일지라도 30m 이상이나 익수자를 껴안는다든지 끌면서 헤엄친다는 것은 여간 어려운 일이 아니다. 경험이 없는 사람 중에는 「뭐 30m 정도」라고 생각할지 모르나 익수자를 구조한다는 것은 실제로 곤란하며 위험한 일이다. 이것을 모르기 때문에 매년 수영을 잘하는 많은 사람이 구조에 나서 익사하고 있는 것이다.

4) 의식 없는 사고자의 구조

(1) 구조직후 응급처치

- 구조요원 또는 119에 아직 신고 되어 있지 않다면 즉시 신고한다.
- 가장 먼저 인공호흡을 실시한다.(구조하면서 수중에서도 곧바로 실시해야 한다.)
- 물을 빼고자 복부나 등을 누르는 행위는 하지 않는다.

※ 사고자의 위 속에 있는 물과 음식물을 오히려 역류시켜 기도를 막을 수 있으며, 구토물이 기도를 통해 폐에 흡수될 가능성이 있기 때문에 물을 빼는 것이 더 위험 할 수 있다. 또한 인공호흡이 늦어지게 되므로 그만큼 사고자의 소생가능성이 작아진다. 이후의 응급처치 요령은 일반적인 심폐소생술과 동일하다.

(2) 체온손실 응급처치

- 머리, 목, 가슴, 사타구니 등의 체온 손실이 많다.
- 환자를 마른 상태의 따뜻한 곳으로 옮긴다.
- 젖은 옷을 벗기고 따뜻한 물병이나 따뜻한 물에 적신 수건으로 가슴부위를 따뜻하게 해준다.
- 몸을 담요나 슬리핑백으로 감싸주고 추운 곳에 노출되지 않도록 하며 머리와 목을 따뜻하게 감싸준다.

(3) 체온손실에 따른 신체증상

- 체온이 떨어지면 피부에서 차가운 기운을 느끼기 시작하며, 혈액순환이 감소되고 신체의 주요 기관의 활동이 저하된다. 혈액순환이 잘 되지 않으면 먼저 손과 발이 차가워지는 것을 느끼게 된다. 무의식적으로 근육의 떨림이 시작되고, 몸에서 열이

발산된다.

- 체온이 더 떨어지면 신체내부가 추워지기 시작하고, 신체외부의 혈액의 흐름이 더욱 감소되면 인체기관의 온도유지를 위해 신체는 격렬한 방법을 택하게 된다. 떨림이 감소되거나 정지되며 내부기관 조직에 영향을 미치기 시작한다. 체온저하에 따라 중추신경의 반응이 감소되면 신체조종이 곤란하며, 의식을 잃게 되고 즉각적이고 정확한 처치를 하지 않으면 생명을 잃게 된다.

4 수상안전 수칙

수상안전을 위해서는 먼저, 위험상황이 발생했을 때 절대 당황하지 않는 것이 중요하고, 신중히 생각하고 대처하고 최소한의 힘을 사용함으로써 에너지의 소모를 줄여야 한다.

1) 수상안전을 위한 일반적인 지침

- 혼자서 수영하지 말아야 하며, 자기를 도와줄 능력을 가진 사람과 함께 수영할 것.
- 자신의 능력 한도 내에서 수영할 것.
- 정해진 규칙을 준수할 것.
- 어린이는 보호자의 감시 하에 수영하게 할 것.
- 음주 후 수영은 금한다.
- 인명 구조원이 배치되어 감시되는 지역에서만 수영할 것.
- 부유물(공기매트, 튜브)에 의지하여 깊은 곳에 가지 말 것.
- 구명조끼를 착용하고 수상 스포츠(제트스키, 모터보트 등)를 실시할 것.

2) 위험 시 행동요령

(1) 경련(쥐)

수중에서의 경련은 손가락, 발가락, 팔 혹은 다리에서 일어나며 피로와 과도한 운동 때문에 일어난다. 수영자가 당황하지 않으면 위험하지 않으므로 영법을 변경하거나 문지르거나 주무르면 좋다. 가장 중요한 것은 근육을 펴주는 것이다.

(2) 조류

수영자가 조류에 휩쓸렸을 때는 조류를 거슬러 뚫고 나오거나 조류와 싸워 이겨내려고 시도해서는 안 되며, 조류를 대각선으로 가로질러서 수영한다.

(3) 잡초, 수초

몸부림치거나 빨리 동작을 하려고 해서는 안 되며, 조심스럽게 천천히 동작을 하여 더 복잡하게 얽히는 것을 피해야 한다.

(4) 위경련

식사 직후 과격한 운동을 하는 것이 대부분으로 식사 후에는 충분한 휴식과 소화 후에 물에 들어간다.

(5) 수중에서 옷 벗기

먼저, 숨을 힘껏 들여 마신 다음 해파리 뜨기 자세에서 바지와 상의를 차례로 벗는다. 물이 지나치게 차갑거나 안전지대가 가까울 경우는 옷을 벗지 않아도 된다.

(6) 옷을 이용하여 뜨는 법

올이 가늘고 성글게 짜여진 옷감으로 만들어진 의복, 셔츠, 바지 등은 물에 젖었을 때 공기를 채워 넣을 수 있다. 먼저, 셔츠의 목 쪽에 공기가 새지 않게 조인 다음, 숨을 크게 들이키고 둘째와 셋째 단추사이로 공기를 불어넣으면 셔츠의 등 쪽에 물거품 모양이 형성되어 뜰 수 있다.

(7) 물에 떠있기

최소한의 노력으로 장시간 떠있게 하는 기술로 공기를 들여 마신 후 호흡을 멈추고 팔과 다리 힘을 풀고 자연스럽게 늘어뜨리고 뒷머리가 수면에 뜨게 얼굴을 숙이고 뜬 채 입이 약간 수면위로 올라올 정도만 머리를 들어 동시에 입과 코로 호흡한다. 팔과 다리 동작에 너무 힘을 주거나 턱이 수면 위에 올라오게까지 해서는 안되며, 다시 휴식자세로 환원한다.

(8) 여러 명이 물에 떠있기

여러 사람이 물에 떠있게 될 상황에서는 열손실을 줄이고 체온을 유지하며, 혼자 이탈되지 않도록 모여 있는 것이 중요하다.

CHAPTER 13

선박안전

1. 유·도선 탑승 안전
2. 선박사고의 대처 요령
3. 연안활동사고의 대처 요령

최근 우리나라의 해상 교통 환경이 다변화되고, 해양활동 수요가 급증함에 따라 선박 및 연안 활동 안전사고는 지속적으로 증가하고 있다. 해양에서 선박에 화재가 발생하거나 보트의 침수·좌초·전복, 해상추락 사고, 선내 작업 중 부상, 응급 환자 발생 등 긴급한 상황이 발생하게 되면 골든타임 안에 빠르게 구조하거나 이송하는 것은 육상 사고에 비해 매우 제한적일 수 있다. 대체적으로 선박사고는 충돌, 좌초, 전복·침수, 악천후 시의 사고 등이 발생하고 있으며, 선박운항 관련 인원은 안전운항을 위한 기본 수칙을 준수해야 한다.

선박이용 시에는 탑승자는 선박안전 일반사항을 잘 숙지하여야 하며, 만약의 사태를 대비하여 탑승 후에는 미리 배의 구조와 출구, 탈출 장비, 구명조끼, 구명보트의 위치를 반드시 숙지해두며, 특히 객실, 화장실, 식당 등 주로 머무는 곳에서 외부로 나가는 경로를 기억해두는 것이 좋다.

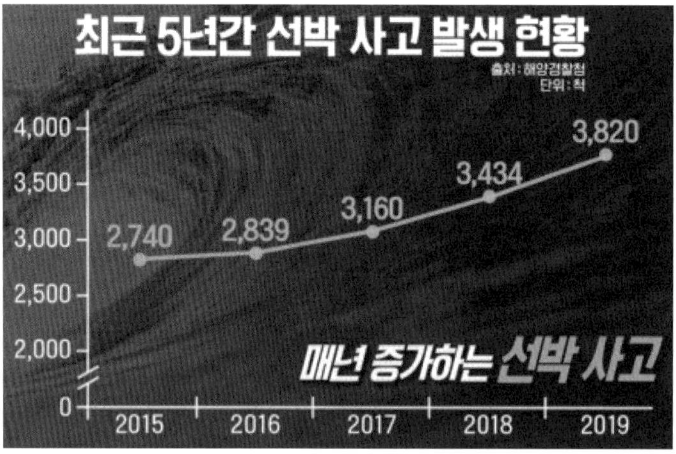

1 유·도선 탑승 안전

1) 유·도선의 정의

- 유선 : 유선 및 유선장을 갖추고 수상에서 고기잡이, 그 밖의 유락을 위하여 선박을 대여하거나 유락하는 사람을 승선시키는 것을 영업으로 하는 것
- 도선 : 도선 및 도선장을 갖추고 내수면 또는 해수면 (대통령령으로 정하는 바다목)에서 사람 또는 사람과 물건을 운송하는 것을 영업으로 하는 것

2) 유·도선 이용객이 해서는 안 되는 행위

- 정원을 초과하여 승선을 요구하는 행위
- 유·도선 사업자, 선원 기타 종사자의 구명조끼 착용지시 기타 안전운항이나 위해 방지를 위한 주의사항이나 지시에 위반하는 행위
- 유·도선 내에서 술을 마시거나 기타 선내의 질서를 어지럽히는 행위
- 인명구조용 장비나 유·도선의 설비를 파손하여 장비나 설비의 기능을 손상시키는 행위
- 음란행위 기타 선량한 풍속을 해치는 행위
- 「위험물 선박운송 및 저장규칙」에서 규정된 화약·폭약·탄약 등 폭발물, 고압가스와 인화성 액체류 등을 선내에 반입하거나 운송하는 행위

3) 유·도선 사고발생 시 행동 요령

- 선박사고가 발생하면, 큰 소리로 외치거나 비상벨을 눌러 사고발생 사실을 알린다.
- 위험한 상황이 되었을 경우에는 의자 밑 또는 선실에 보관되어 있는 구명조끼를 입고 선장 또는 승무원의 지시에 따라 탈출한다.
- 선박에서 탈출한 후 사망하는 사람들의 사망원인 1순위는 익사가 아닌 체온저하이다. 따라서 물속에서는 침착하게 팔을 서로 끼고 가능한 한 다리를 올려 당기고 머리는 물 밖으로 세워 최대한의 열 손실을 줄여야 한다.

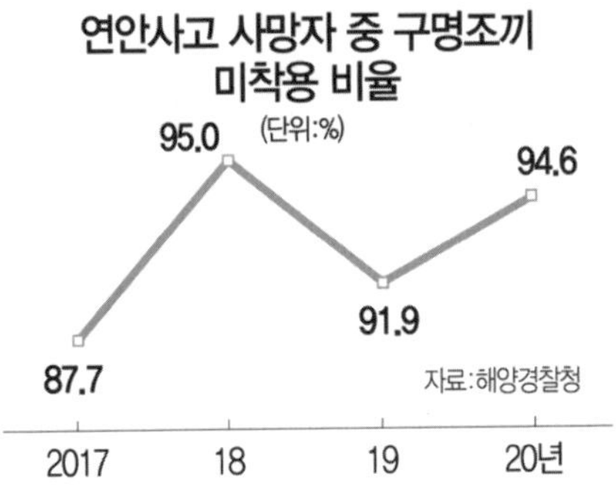

구명뗏목으로 탈출하는 경우
질서있게 탑승한 후 구조를 기다립니다.

구명조끼를 입고 물속에 뛰어드는 경우
팔을 서로 끼고 다리를 올려 당기고, 머리는 물 밖으로 세워
최대한 체온을 유지합니다.

2 선박사고의 대처 요령

1) 좌초 시 대처 요령

- 즉시 기관을 정지하고, 좌초된 부분의 손상 유무 및 침수가 되는지 확인한다.
- 침수가 되지 않을 시 : 주변의 저질이나 수심을 확인 후 보트 훅 또는 예비노 등을 이용하여 수심 깊은 곳으로 이동 후 기관을 사용 이탈한다.
- 침수 시 빌지 펌프, 양동이, 물바가지 등 모든 가용수단을 동원하여 물을 배출하고 파손부위를 응급조치한다.
- 자력으로 빠져나갈 수 없을 때는 관계기관에 구조요청을 한다.

2) 충돌 시 대처 요령

- 즉시 기관을 정지하고 인명 안전 및 선체의 손상 위치와 정도를 확인한다.
- 침수 시 응급처치 후 침수할 염려가 있을 시 타 선박에 승선자를 이동 조치한다.
- 구조요청을 하고, 사후 사고처리를 위해 충돌장소, 일시, 상대선의 손상 정도, 선주명, 선명, 조종자의 성명 주소 등을 확인한다.

3) 어망 및 부유물 등에 의한 사고의 대처 요령

- 즉시 기관을 정지하고, 선체 나 추진기(프로펠러)에 어망이나 로프가 감겼을 시 보트 훅 또는 추진기를 들어 올려 감긴 것을 처리 후 이탈 소유자 및 유관 기관에 통보한다.
- 제거할 수 없는 경우 구조요청을 한다.

4) 화재발생 시 대처 요령

(1) 정박 중

- '불이야' 하며 승선원 및 주변 선박에 상황을 전파한다.
- 소화기, 모포 등으로 초기진화 하며, 진화가 불가능한 경우 관계기관에 화재신고를 한다.

(2) 항해 중

- '불이야' 하며 승선원 및 주변 선박에 상황을 전파한다.
- 발화지점이 풍하 쪽으로 향하도록 조종 후, 기관을 정지한다.
- 소화기, 모포 등으로 초기진화 하고, 연료 등 위험물을 발화지점에서 멀리 이동시킨다.
- 수심이 낮은 곳으로 좌초시키거나 접안 후 소화작업을 실시한다.
- 불이 선박전체로 확대되면 구명조끼를 착용하고 퇴선하여 보트 가까운 곳에서 구조를 기다린다.

(3) 정박 중

- 침수 개소를 확인 및 침수상황을 확인한다.
- 침수개소의 손상 상황에 적합한 방수 및 파손부위를 응급처치한다.
- 배수 작업실시 및 응급처치 불가한 경우 유관 기관에 요청한다.

5) 항해 중 침수 시 대처 요령

- 기관을 중립위치에 놓고 침수장소-상황 및 파손 정도 등을 확인한다.
- 침수 개소를 확인하면 침수장소가 풍하 측으로 향하도록 조종한다.
- 파손부위에 침수구에 나무(쐐기)나 헝겊을 채워 파손부의를 막는다.
- 파손부위가 큰 경우 모든 수단(빌지펌프, 양동이, 물바가지)을 동원하여 물을 배출하고 파손부위 응급처치 및 구조요청을 한다.
- 응급처치 후 적절한 속력으로 가까운 선착장으로 이동한다.

6) 선박(보트) 전복 시 대처 요령

(1) 선박 전복에서 물에 빠진 경우

- 물 밖으로 나온다. 공기 중에서 보다 물속에서의 체온손실이 많기 때문이다.
- 옷을 많이 입는다. 물에 빠졌을 때 옷을 벗어서는 안 되는데, 옷을 두겹 정도 더 껴입으면 열손실이 속옷만 입었을 때보다 1/4 감소한다.
- 체온 유지를 위해 수영이나 불필요한 동작은 하지 않는다.

- 수온 0℃에서 보통 정상적인 성인일 경우, 수영이 가능한 거리는 약 1해리 (1,852m) 정도이다.

(2) 파도가 갑자기 높아져 위험할 때

- 물을 안 먹으려고 애쓰기보다는 다소 마시게 되더라도 체력소모를 줄이도록 편안한 상태를 유지하는 것이 안전하다.
- 머리는 수면상 위에 내밀고 큰 파도가 덮칠 때는 깊이 잠수 할수록 안전하다.
- 체력이 다하여 움직일 수 없거나 지쳤을 때 배영, 선헤엄 등으로 휴식을 취하면서 파도에 몸을 맡기는 것이 안전하다.

7) 조난선박 및 불시착 항공기 탈출

(1) 조난선박 탈출

위험한 상황이 되었을 때 의자 및 또는 선실 내에 보관된 구명조끼를 입고 질서를 유지하면서 침착하게 출입문을 통하여 외부로 탈출한다.

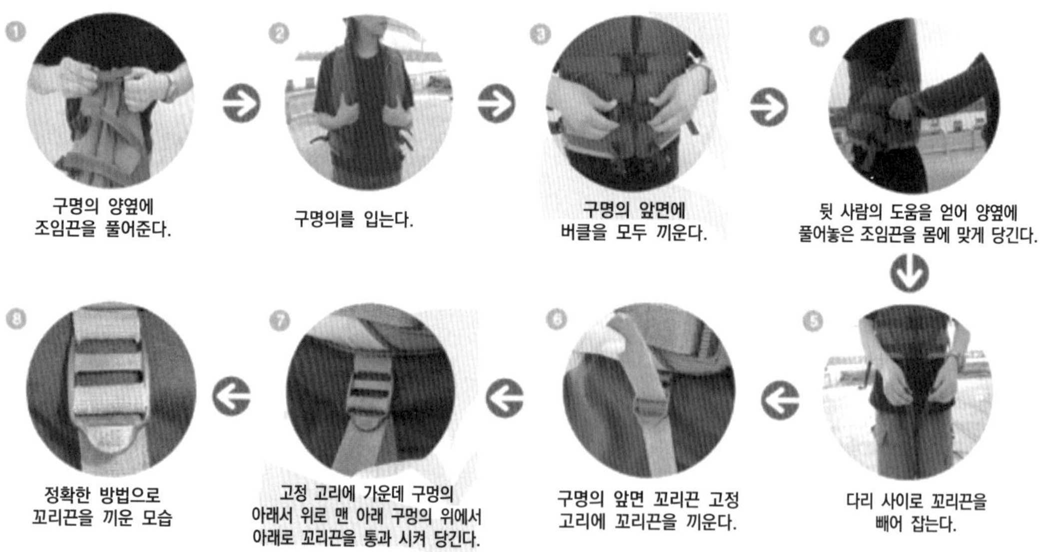

〈그림 13-1〉 구명조끼의 올바른 착용 방법

구명뗏목으로 탈출이 가능할 경우 탑승용 사다리를 이용하는 것이 가장 바람직하지만, 긴박한 조난상황으로 신속한 탈출을 위해 불가피한 경우에는 구명뗏목으로 뛰어내려 탑승할 필요가 있는데, 이때 구명뗏목의 중앙으로 뛰어내릴 경우 구명뗏목 캐노피의 반동 충격으로 바다로 빠지거나 탈출자나 다른 탑승자가 부상을 입을 수 있어 구명뗏목의 가장자리 쪽으로 뛰어내리는 것이 바람직하다.

(2) 해상 불시착 항공기 탈출

의자 밑에 보관되어 있는 구명조끼를 착용하고 객실승무원의 지시에 따라 질서를 유지하면서 침착하게 외부로 탈출한다. 침수중에 기체 내부에서 구명조끼에 부력이 작용하면 움직일 수 없거나 탈출이 불가능할 수 있기 때문에 구명조끼의 팽창은 바다로 직접 입수할 경우에 기체 이탈 직전에 작동시킨다. 출입구에서 비상탈출 슬라이드가 팽창되면 신속하게 슬라이드를 통해 외부로 탈출하며, 동절기 차가운 바다는 저체온증과 심장마비로 생존하기 매우 어렵기 때문에 신체나 의복이 젖지 않게 구명뗏목에 탈출하는 것이 중요하다.

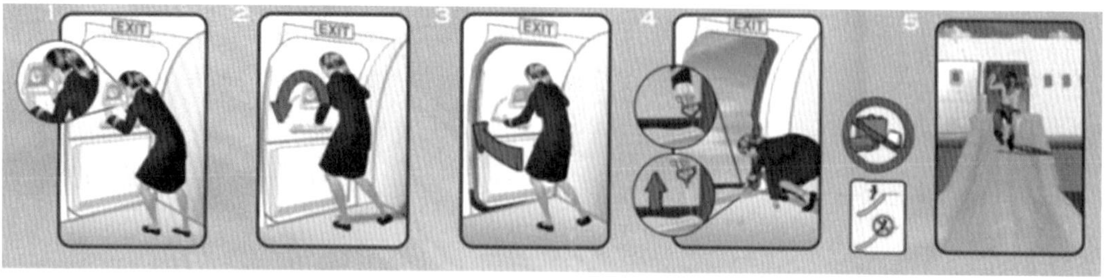

〈그림 13-2〉 비상시 항공기 출입구 개방 및 슬라이드 탈출

해상으로 입수한 경우 가능하면 탈출자 전원을 연결하여 한 곳에 위치하게 하는 것이 좋다. 이는 상호교감으로 안정감 유지 및 수색구조 당국의 용이한 발견을 위해 중요하다. HELP(Heat Escape Lessning Posture) 및 Huddlie 자세는 익수자의 체온을 보호하기 위해 익수자 상호간 껴안거나 익수자의 신체 상·하부를 편안한 자세로 밀착하는 것으로, 두 다리를 꼬고 웅크린 자세에서 손은 구명조끼를 감싸 체온을 유지하면서도 구조대의 눈에 띄기 쉽다. 파도가 많이 치는 경우에는 배영 자세로 드러눕는 것이 바닷물의 밀도가 높아 부력으로 사람 몸이 뜨기 때문에 체력을 유지하는데 좋다.

3 연안활동 사고의 대처 요령

1) 갯바위 등 바다낚시 사고 예방 대책

- 구명조끼를 착용한다.
- 기상 상황을 수시로 확인하고 휴대폰 등을 활용하여 들물 시간 알람을 설정 미리 사고에 대응할 수 있도록 한다.
- 낚시 도중 수시로 주변 상황을 살핀다.
- 갯바위 등에 미끄러지지 않는 신발(안전화)을 착용한다.
- 출입이 금지된 장소에는 절대로 들어가지 않는다.
- 위험에 처했을 때 도움을 받을 수 있도록 호루라기나 랜턴 등을 휴대하고 체온 보온용으로 담요를 준비하는 것도 좋다.
- 가족과 주변 사람에게 행선지와 일정을 미리 알려준다.

2) 갯벌 해루질 사고 예방 대책

- 구명조끼를 착용한다.
- 진입로로부터 멀리 떨어진 곳은 출입하지 않는다.
- 절대로 혼자 들어가지 않는다.
- 들물 시간을 확인하고 휴대폰 등에 알람을 설정하여 미리 대응할 수 있도록 한다.
- 갑자기 안개가 끼면 밀물 시간과는 관계없이 즉시 갯벌에서 나온다.
- 갯골을 넘어가지 않는다.
- 갯벌에 발이 깊이 빠진 경우 반대방향으로 엎드려 기어 나오며, 옆 사람의 도움을 받는다.
- 맨발로 들어가지 않는다.

생활 안전 관리

LIFE SAFETY MANAGEMENT

CHAPTER 14

응급처치

1 응급처치의 개념

1) 응급처치의 필요성 및 목적

최근 우리 주변에서 일상생활 중 평소 건강해 보이던 사람들이 갑자기 심장마비로 사망하는 경우가 빈번히 발생하면서, 심정지의 원인 및 예방에 대한 관심이 높아지고 있다. 뿐만 아니라 여가활동이나 스포츠에 참가하는 사람들은 빈번한 신체접촉과 다양한 장비를 이용하여 활동이 이루어지는 만큼 안전사고의 발생 가능성이 높기 때문에 참가자와 지도자들은 활동 중 부상을 입었을 때 적절한 조치를 취할 수 있는 능력이 있어야 한다. 특히 일시적으로 호흡이 정지하거나 심장이 멈추었을 때 신속한 조치가 이루어지지 않으면 생명을 잃게 되는 경우가 발생할 수도 있다.

일반적으로 응급처치는 상해를 입거나 급병이 생겼을 때 의사의 치료를 받기까지의 즉각적이고 잠정적인 조치라고 할 수 있다. 응급처치를 통해 위급한 상황에서 응급환자나 사고자의 통증을 경감시키고, 손상의 악화를 방지하여 장래를 경감시키고 회복을 촉진하며, 소중한 생명을 구할 수 있다. 응급환자나 사고자의 생명은 목격자의 구조능력과 응급처치 요령에 의해 좌우될 수 있으므로 환자나 사고자의 상태에 대한 정확한 판단을 내려 적절하고 유효한 처치를 하는 것이 중요하다.

따라서 응급처치방법을 제대로 숙지하고 있으면 위급한 상황에서 적절하게 대처할 수 있으며, 생활 속에서 위험과 안전에 대한 높은 의식을 갖게 되어 사고 및 질병의 예방에 큰 도움이 될 수 있다. 따라서 안전관리의 실제적인 측면에서 응급처치에 대한 지식은 누구나 기본적으로 알고 있어야 하며, 평소 응급처치에 대한 이론과 기능을 잘 이해하고 익혀두어 응급상황에서 당황하지 않고 침착하게 행동할 수 있어야 한다.

2) 응급처치의 일반적인 원칙

위급상황에 처하면 무엇을 해야 하는지 누구에게 전화를 해야 하고 무슨 처치를 해야 하는지 알아야 한다. 특히 응급의료기관에 전화하는 것은 응급상황에 직면해 있을 때 해야 하는 가장 중요한 일이다. 응급의료요원이 빨리 도착하면 할수록 생명을 위협하는 위급상황에서 생존할 수 있는 가능성이 더 높아지기 때문이다. 응급상황에서의 행동요령은 다음과 같다.

(1) 위급상황의 인지

위급상황에 언제 어디서나 또 누구에게나 발생할 수 있다. 도움을 주기 전에 처치자는 발생한 위급상황이 어떠한 상태인지를 먼저 인지해야 한다.

(2) 행동결정

위급상황이 발생했다는 것을 인지하였다면 도움을 요청할 것인지 어떻게 도울 것인지 결정해야 한다. 발생한 상황이 위급하다고 하더라도 주변 사람들을 의식하거나 부상과 질병, 법적 책임 등에 대한 두려움 때문에 사람들이 응급처치에 임하지 못하게 된다. 만약 여러 사람들이 주위에 있어도 도와주지 않는다면 어떻게 도와줘야 하는지 말하고 119나 응급의료기관에 전화하도록 요청한다. 구급차의 도착을 기다렸다가 사고장소로 안내하고 주위 사람들을 안전한 장소로 대피시키고 교통정리를 하도록 하며 또 처치하는 것을 도와주도록 요구하고 담요나 다른 응급처치용품을 가져오도록 한다.

(3) 응급처치에 따른 감염 예방

대부분의 위급상황은 언제 어느 곳에서 발생하며 부상자나 환자의 상태를 모르고 처치할 수밖에 없기에 처치자는 항상 위험에 노출되어 있다. 부상을 당했거나 갑작스럽게 질병에 걸린 사람들은 이상하게 행동하거나 다루기 힘들지도 모른다. 부상과 질병으로 인한 피, 구토물, 냄새, 상처부위는 때때로 처치하기 어렵거나 처치자를 불쾌하게 만든다. 많은 사람들은 응급처치 하는 동안 질병에 감염될 가능성에 대하여 걱정하고 있지만 질병에 감염될 실제적인 위험은 훨씬 적다. 그렇지만 처치자가 상처를 입었거나 종기가 있다면 부상자의 분비물이 상처에 직접 접촉되어 질병을 옮길 가능성이 있다.

응급처치를 하는 동안에는 환자의 분비물과 직접적인 접촉을 피하고, 피가 흐르는 상처를 치료할 때는 소독장갑과 같은 보호장비를 사용한다. 응급처치 할 때 눈, 코, 입을 만지지 말고, 먹거나 마시지 않아야 하며, 피로 더렵혀진 물건을 직접 만지지 않는다. 가까운 곳에 구급상자를 준비하고 보호장비와 물품을 보관한다. 부상자의 상처 처치 후에는 비록 장갑을 끼었다고 할지라도 가능한 한 비누와 흐르는 따뜻한 물로 손을 깨끗하게 씻어야 한다.

3) 위급상황 시 행동요령

응급상황이 발생했을 때 누구나 처음에는 당황하기 쉽다. 먼저, 마음을 평안하게 하고

"내가 무엇을 할 수 있을까? 어떻게 하면 가장 효과적으로 도울 수 있을까?"를 스스로 질문해 본 다음 행동을 취한다. 위급상황에서는 현재 상황과 부상자를 확인하고, 119나 응급의료기관에 연락한 다음, 부상자를 돌보는 기본적인 단계에 따라 행동하면 된다.

〈그림 14-1〉 응급상황시 3단계 행동요령

(1) 현장조사(check)

부상자를 돕기전에 그 상황이 처치자와 다른 주위 사람들에게 안전한가 확인해야 한다. 다음의 상황을 잘 관찰하고 파악하면 위급상황에 대한 정보를 얻을 수 있다.

- 현장은 안전한가?
- 무슨 일이 일어났는가?
- 얼마나 많은 사람들이 다쳤나?
- 환자 주위에 긴박한 위험이 존재하는가?
- 도움을 받을 수 있는 사람이 있는가?
- 환자의 문제점을 무엇인가?

(가) 현장은 안전한가?

새어나오고 있는 화학물, 주행하고 있는 자동차, 불, 누출되는 증기, 떨어진 전기선, 연기, 극단적인 날씨와 같은 위험한 것들이 있는지 체크한다. 환기가 되지 않거나 신선한 공기가 없는 제한된 장소, 독성 가스가 있을 것 같은 공간, 붕괴된 건물, 가스 폭발할 가능성이 있는 곳 등에는 들어가지 않는다. 이러한 위험이 현장에 있다면 안전한 장소에서 119에 신고한다. 현장의 안전이 확보되지 않은 상태에서는 절대로 환자에게 가까이 접근하지 않는다. 위험요인을 제거할 수 있는 훈련받은 응급의료요원이 도착할 때까지 기다리면서 관찰한다.

(나) 무슨 일이 일어났는가?

사고를 일으킨 원인과 손상을 일으킨 기전 등을 현장 주위에서 찾아본다. 주위에 있는 물건들을 살펴보면 정보를 얻을 수도 있다.

(다) 얼마나 많은 사람이 다쳤는가?

현재 보이고 있는 환자이외에 다른 환자가 있는지를 살펴본다. 보이거나 신음소리를 내고 있는 사람이외에도 무의식 환자가 있음을 생각한다. 또한 영아나 작은 소아 등도 생각해야 한다. 한명을 넘어가는 경우 환자의 중증도에 따라 처치순위를 정해야 한다.

(라) 환자 주위에 긴박한 위험이 존재하는가?

불이나 홍수 또는 독성가스와 같은 긴박한 위험이 있는 경우를 제외하고 심각한 손상이 있는 환자를 이동시켜서는 안 된다. 다른 목격자에게도 환자를 함부로 이동시키지 말라고 말한다. 환자를 함부로 이동시키는 경우 2차 손상을 유발할 수 있다. 긴박한 위험으로 환자를 이동시킨다면 가능한 신속하고 주의를 기울여 이동시킨다.

(마) 우리를 도울 수 있는 다른 사람이 있는가?

주변 사람들이 많은 경우 일반인이 나서서 응급처치나 도움을 주기는 어렵다. 당신은 직접 목격자들에게 도움을 줄 수 있는지를 물어봐야 한다. 목격자들은 사고 발생 상황이나 가장 가까운 곳에 있는 전화기 등과 같은 정보를 알려줄 수 있다. 또한 가족이나 친구, 동료 같은 경우 환자의 병력에 대해서 말해줄 수 있다.

응급환자들은 너무 놀라거나 흥분되어 여러분들의 질문에 대답을 못할 수도 있다. 특히 소아나 무의식에서 의식이 회복된 환자의 경우 더욱 그러하다. 이런 경우 주위에 있는 사람들이 환자를 편안하게 하는데 도움을 줄 수 있다.

(바) 환자의 문제점은 무엇인가?

환자에게 다가가서 어떤 문제가 있는지를 찾아내야 한다. 먼저 환자의 의식이 있는지를 확인하라. 의식이 있다면 환자를 안심시키고 무슨 일이 일어났는지를 알아본다. 만약 환자가 조용히 움직이지 않고 바닥에 누워 있다면 무의식 상태일 수 있다. 무의식 상태는 생명이 위험한 응급한 상황이다. 만약 환자가 자극에 반응하지 않는다면, 그가 의식이 없다고 생각하고 주변의 누군가에게 119에 신고하라고 지시한다.

생명을 위협하고 있거나 위협하게 될지도 모르는 다른 부상 신호를 확인한다. 예를 들면 숨을 쉬지 않거나 숨쉬는 데 어려움이 있거나 혈액순환이 안 되거나 출혈이 심하거나 하는 등이다. 청각, 시각, 후각 등을 사용하여 환자를 확인해야 한다.

(2) 119 신고(call)

의식이 없고 생명을 위협하는 상황에 있는 환자를 위해 가장 중요한 것은 119에 신고하거나 응급의료기관에 전화하는 것이다.

〈그림 14-2〉 다양한 119 신고 방법

119 신고는 일반인이 환자를 도울 수 있는 가장 중요한 행동으로 신속히 행동하여야 한다. 119에 응급상황이 일어난 장소와 환자상태를 알려주어야 한다. 상담원이 전화를 끊을 때까지 통화를 계속해야 하며, 가능하면 주위사람에게 전화해 달라고 요청하고 환자에게 가야 한다. 주변에 도와줄 사람이 없다면 119나 응급의료기관에 먼저 전화한 후 처치한다.

119나 응급의료기관의 전화상담원이 물어보는 질문에 침착하게 답변하여 처치에 필요한 정보를 제공한다. 상담원은 응급상황이 발생한 장소, 사고의 내용 및 시간, 부상자의 수 또는 사고의 규모, 부상자의 상태, 처치한 내용 등을 질문할 것이다. 상담원이 환자를 처치하는 방법을 이야기해 줄 수도 있으므로 상담원이 전화를 끊을 때까지 먼저 끊지 않도록 하며, 통화가 끝나면 돌아와서 환자의 처치를 계속한다.

(3) 처치 및 도움(care)

어떤 위급한 상황에 대처할 때 자신과 다른 사람의 안전에 신경을 쓰고, 환자와 그 상황을 확인해서 위급시 행동단계에 따라 행동해야 한다. 먼저 사고 현장을 확인하고, 119에 사고 상황을 신고한 다음, 구급대가 도착할 때까지 환자를 돌보아야 한다.

환자를 돌보기 위해서는 다음과 같은 사항을 알아야 한다.

- 환자를 안심시킨다.
- 편안한 자세를 취하게 한다.
- 환자의 호흡과 의식을 확인한다.
- 저체온이나 고체온 상태에 빠지지 않도록 한다.
- 필요한 처치를 시행한다.
- 2차 손상을 주의한다.

응급환자나 사고자를 처치할 때, 먼저 무의식 상태와 같은 생명이 위험한 상황인지 확인해서 생명이 위급하지 않은 상황보다 항상 생명에 위협을 느끼는 위급상황을 먼저 처치한다. 응급의료요원이 도착하기를 기다리는 동안에 환자의 숨소리와 의식에 어떤 변화가 있는지 살피고, 환자가 편안하게 쉬도록 도와준다. 환자의 몸이 너무 차가워지거나 흥분하지 않도록 하며 환자를 안심시킨다.

만약 환자가 의식이 있고 말을 할 수 있으며, 숨을 쉬고, 움직일 수 있다면 처치자 자신을 소개하고, 도움을 주기 위해 환자에게 동의를 얻는다. 무슨 일이 발생했는지 또는 어느 부위가 아픈지 어느 곳이 심하고 고통스럽고 불편한가를 물어보고 간단하게 설명한다.

응급처치를 하기 전 처치원은 반드시 환자로부터 사전 동의를 얻어야 한다. 허락이나 동의 없이 신체에 접촉하는 행위는 위법이기 때문에 어떠한 경우에는 법적 소송에 휘말릴 수 있다. 따라서 환자의 사전 동의 없이 응급처치를 하는 행위는 위법이 될 수 있다

▷ 명시적 동의 : 환자가 의식이 있는 경우, 처치원은 자신의 이름을 말하고 응급처치 교육을 받았음을 밝히고 앞으로 행할 응급처치에 대해 설명을 해야 한다.

▷ 묵시적 동의 : 환자가 의식이 없는 경우에는 환자가 응급처치에 동의할 거라고 가정한 상태로 처치를 하여도 무방하다. 또한 처치원이 행동을 시작할 때 환자가 거부반응을 보이지 않으면 동의를 얻었다고 보아도 된다.

부상당한 아픈 사람을 응급처치하기 전에, 내가 누구인지, 얼마나 많은 훈련을 받았는지, 어떻게 도울 것인지를 환자에게 말하고 환자의 허락을 받아야 하며 처치를 거부하는 환자는 처치하지 않는다. 만약 환자가 유아 또는 어린이라면 부모나 보호자로부터 처치를 허락받아야 한다. 의식이 없거나 반응을 할 수 없는 환자로 생명이 위험한 상황이고 부모나 보호자가 없다면 허락은 묵시적으로 동의했다고 간주할 수밖에 없다.

3) 선의의 응급치료 면책

우리나라는 2008년 6월 13일자 일부개정된 응급의료에 관한 법률 제5조의 2항에 의거하여 다음과 같이 '선한 사마리아인법'을 규정하고 있다. '선한 사마리아인법'은 고통받는 사람을 기꺼이 도와주기 위하여 즉 도덕적 의무를 이행하다가 예기치 않은 피해가 발생하더라도 고의나 중대한 과실이 없을 경우에는 민·형사상 책임을 면제하는 것을 의미한다.

- **응급의료에 관한 법률[일부개정 2008.6.13 법률 제9124호], 시행일 2008.12.14., 선의의 응급치료에 대한 면책(법 제5조의2 신설)**

  응급의료종사자가 아닌 자, 다른 법령에 따라서 응급처치 제공의무를 가진 자가 아닌 자, 응급의료종사자 및 응급처치 제공의무를 가진 자가 업무수행 중이 아닌 때에 각각 응급의료 또는 응급처치를 제공하여 발생한 재산상 손해와 사상(사상)에 대하여 고의 또는 중대한 과실이 없는 경우 그 행위자는 민사책임과 상해에 대한 형사책임을 지지 아니하고 사망에 대한 형사책임은 감면한다.

이러한 선의의 응급치료에 대한 면책 조항의 신설은 자기 또는 타인의 부당한 침해에 대해 방어 할 수 있는 '정당방위'가 있고, 행동해야 하는 것을 행동하지 않음으로써 범죄가 성립되는 개념인 '부작위'와 같이 도움이 필요한 응급환자나 사고자를 구호하지 않고 방치하거나 모른 채함으로써 소중한 생명을 잃게 될 수 있어 생명존중의 사회로 나아가자는 취지에서 선한 사마리아인 법과 비슷하다고 할 수 있다.

✿ 선한 사마리아인 법이 해당되는 경우
- 생명이 위급한 상황에서 행동을 할 때
- 올바른 신념에 따라 행동을 할 때

- 보상을 바라지 않고 행동을 할 때
- 악의에 찬 행동을 하거나 지나친 과실을 범하지 않았을 때

4) 환자의 상태 확인

건강할 때는 체온, 호흡, 맥박이 항상 일정하지만 신체기능에 조금이라도 이상이 생기면 정상치가 변화하므로 응급상황이나 질병이 발생했을 때 체온, 맥박, 호흡을 측정·관찰하면 신체의 이상상태를 잘 알 수 있다.

환자가 의식이 있어 대답할 수 있으면 환자가 가장 편안하다고 하는 자세로 눕힌 다음 상태를 직접 물어본다. 의식이 없는 환자의 경우에는 먼저 기도를 열고 편안한 자세로 바로 눕힌 다음 호흡, 맥박, 체온 기타 외모에 나타난 증상으로 부상이나 병의 원인을 세밀히 조사한다. 의식이 없으나 호흡과 순환에 이상이 없으며 신체손상 등이 없어 보이는 환자는 토물에 의해 기도가 막히지 않도록 자세를 취해준다.

상처부위를 높이도록 하는 것이 일반적이며, 부상자의 뇌와 심장의 혈액 순환이 원활하도록 자세를 취해준다. 또 토하는 환자는 위속에서 나온 음식물로 인하여 기도가 막히는 것을 방지하기 위하여 환자의 얼굴을 옆으로 돌려준다.

피를 많이 흘리는 환자, 숨을 쉬지 않는 환자, 의식이 없는 환자, 중독환자 등은 다음과 같은 요령으로 상태를 조사한다.

- 숨을 쉬고 있는지 확인한다.

  건강한 성인의 호흡은 매분 16～24회 정도로 호흡하며 맥박과 호흡의 비율은 보통 4 : 1 정도 된다. 호흡에 변화를 일으키는 요인을 살펴보면 나이가 어리면 대체로 호흡이 빠르고 여자는 남자보다 약간 빠른 경향이 있다.

  운동 후에도 호흡이 빨라질 수 있으며 공포, 불안 등은 호흡을 빠르게 하고 피부를 덥게 하면 일시적으로 호흡이 빨라지고 얕아진다. 심하게 동통이 있는 경우 호흡수가 매우 빨라지며 출혈이나 충격이 발생한 경우 호흡이 빨라진다. 또한 체온이 0.5～1℃ 증가하는데 호흡은 매분 2회 정도가 증가한다.

  먼저 환자의 가슴부위가 상하로 움직이나 보고, 숨소리가 깊은가, 얕은가, 가쁘게 쉬는가를 듣는다. 환자의 내쉬는 숨이 구조자의 뺨에 느껴지나 보고, 숨을 안 쉬면 다시 기도를 열어주고 확인한다.

• 맥을 짚어본다.

맥박은 여러 가지 요인에 의해 변화하는데 연령에 따라 체격이 작으면 횟수가 많고 체격이 크면 적은 경향이 있으며, 음식물(특히 홍차나 커피)을 섭취하면 얼마 동안은 맥박이 증가한다. 또한 서 있는 자세에서도 맥박이 증가하고 앉아있으면 적어지며, 흥분, 공포, 불안한 경우에는 빨라진다. 체온이 상승하며 맥박은 빨라지는데 체온이 0.5~1℃ 올라갈 때 매 분 약 10번씩 빨라진다. 질병이 있을 때도 맥박이 증가하며 약물의 섭취에 따라 맥박이 변화할 수 있다.

맥은 손목에서 잘 느낄 수 있으며, 맥박이 아주 느리거나(어른이 50회/분 이하), 아주 빠르면(어른이 100회/분 이상) 위험한 상태이다. 맥박이 뛰지 않는다고 느낄 때는 동공(눈동자의 검은 부분)을 살펴본다. 동공을 살펴보는 것은 의식상태를 보는데, 의식이 없고 동공이 크게 벌어져 있으면 위험하다. 또한 의식이 없고, 동공의 크기가 오른쪽과 왼쪽이 다르면 뇌에 이상이 있다고 보아야 한다.

• 의식이 있는가 확인한다.

의식을 잃은 환자는 대체로 뇌에 이상이 있다고 보아야 한다. 머리의 외상, 뇌출혈, 약물중독 외에도, 심하게 다쳤거나 중한 환자는 의식을 잃는 경우가 많다.

• 손발이 움직이나 본다.

의식은 있는데 손발이 움직이지 않는 것은 신경계통에 이상이 있다고 보아야 하며, 한쪽의 손과 다리가 움직이지 않을 때는 뇌에 손상이 있다고 보아야 한다. 뼈가 부러진 경우에도 그 말단쪽이 움직이지 않을 때가 있다.

- 살을 꼬집어도 아픈 것을 느끼지 못하면 척수에 심한 손상이 있다고 보아야 하며, 양손, 양다리가 움직이지 않으면 목에 손상을 받았다고 본다. 양다리만 움직이지 않으면 허리에 손상이 있다고 보고 운반할 때에 이에 대한 주의를 해야 한다.

• 얼굴색, 피부색을 살펴본다.

혈색이 좋을 때는 맥박이 정상이고, 얼굴색이 좋으며, 피부가 따뜻한 느낌을 주면 혈액순환이 좋다는 것을 뜻하는 것으로 위험은 적다. 그러나 얼굴색, 피부색 특히 입술과 손톱색이 청홍색으로 변해 있으면 환자가 숨을 쉴 수 없는 상태, 심장이 멈추기 직전, 약품중독이며 모두가 위험한 상태이다. 얼굴색 피부색이 창백하고 피부가 차갑고 건조하면 피를 아주 많이 흘린 경우에는 심장발작 등으로 혈압이 낮아지고 심장의 운동이 적어져서 혈액순환이 안되는 증세이며, 얼굴색, 피부색이 붉으면 혈압이 높아진 것으로 연탄가스 중독, 일사병, 열사병 등에 걸린 것이다.

- 체온을 살펴본다.
  정상체온의 값은 일정치 않으나, 대체로 36~37℃로 정하고 있다. 이것은 사람마다 부위에 따라 차이가 있고 재는 시간에 따라서도 변동이 있다. 체온은 아침에 일어나기 전 4~6시경이 가장 낮으며, 오후 2~4시경이 가장 높다.

〈표 14-1〉 질병이나 손상의 증상·징후

식별방법	증상이나 징후
환자가 말하는 증상	통증, 불안감, 열감, 냉감, 감각소실, 이상감각, 갈증, 오심, 저린감, 자극이나 압박에 대한 통증, 어지러움증, 경직감, 의식소실, 허약감, 기억력소실, 어찔함, 뼈가 부러진 느낌, 의식을 잃을 것 같은 느낌
처치자가 확인할 수 있는 징후	불안하고 통증이 있는 표정, 비정상적인 흉부 움직임, 자극에 대한 반응, 언어자극에 대한 반응, 정상 움직임의 소실 화상, 상처, 출혈, 멍, 비정상적인 피부색, 근육 경련, 부종, 변형, 이물, 주사바늘 자국, 구토, 배뇨, 발한 및 축축함, 비정상 체온 불규칙하거나 시끄러운 호흡, 빨아들이는 소리, 자극이나 반응에 대한 응답, 삐걱거리는 소리

5) 처치 시 유의 사항

- 의사, 구급차, 가족에게 연락
  - 언제, 어디서, 누가, 어떻게 되었는가를 차분하고 간결하게 연락해준다.
  - 의사에게 연락이 되었을 때는 환자의 상태, 실시한 처치사항 등을 알리고, 다음 처치에 대한 지시를 받는다.
  - 가족에게 연락이 되었으면 자기 이름을 밝히고, 환자의 상태를 간략히 알려준다.
  - 가족에게는 되도록 불안감을 주지 않도록 하며, 환자를 옮긴 병원이름, 장소, 전화번호와 환자가 전달해 달라는 말을 전해준다.

- 도와줄 사람을 구한다.
  - 처치를 혼자서 다하기는 힘들기 때문에 보조자가 연락, 운반, 정리 등의 일을 해준다.

• 환자의 마음을 진정시킨다.
  - 환자는 안정을 요하므로 구경꾼이 구급처치에 방해가 되지 않도록 한다.
  - 환자를 옮길 때는 서두르지 말고, 환자의 상처를 건드리지 않도록 주의하여 옮긴다.

• 증거물, 소지품을 보관한다.
  - 의사의 진단과 사건의 해결에 참고가 되는 배설물, 토한 것, 남은 음식물이나 약 등 그리고 환자의 소지품을 보관한다.

• 야외에서 도움을 요청하는 신호
  - 야외에서 사고가 일어났을 경우에 확실히 사고의 상태를 알리는 것이 중요하다. 대개 공중에 있는 항공기나 또는 사고 장소보다 더 높은 장소에 있는 사람들에게 의복 또는 천조각 내지는 나뭇가지나 팔, 다리의 신체를 이용해 구조의 뜻을 전달할 수 있는 국제적인 신호가 있다.

Δ I X
N V Y

Δ : 이곳에 착륙가능
I : 의사가 필요하다(심한 부상)
X : 의사가 필요하다, 더 계속 버틸 수 없다
N : 아니오(필요없다)
V : 도움이 필요하다
Y : 예(그래요)

• **응급처치원이 지켜야 할 사항 5가지**
  - 자신의 안전을 확보한다.
  - 자신의 신분을 밝힌다.
  - 환자에 대한 생사의 판정은 하지 않는다.
  - 원칙적으로 의약품을 사용하지 않는다.
  - 어디까지나 응급처치로 그치고 전문의료요원의 처치에 맡긴다.

6) 쇼크환자의 처치

쇼크(shock)란 급성질환이나 상해의 결과로 순간적인 혈액의 흐름이 줄어 세포에 전달되지 않아 조직에 필요한 물질과 산소를 충분히 전달하지 못하여 주요 장기의 기능이 저하된 상태를 말한다. 쇼크의 원인으로 심한 출혈, 골절, 심한 화상, 패혈증, 심부전, 과민반응, 물에 빠진 경우, 그 밖의 가슴 또는 머리의 부상 등에 의해 생길 뿐만 아니라 정신적으로 일어나는 충격도 있다.

(1) 쇼크의 증상

증세는 대부분 서서히 나타나는데 일반적으로 얼굴이 창백해지고 식은땀이 나면서 어지럼증을 일으키고 토하거나 구역질을 한다. 또 맥박이 약하고 때로는 빠르게 되고 숨을 불규칙하게 쉬며, 심하면 의식을 잃는 경우도 있다.

쇼크 환자는 대부분 비슷한 증상을 보인다.

- 피부가 창백하고 차가움
- 빠른 호흡
- 빠르고 약한 맥박
- 과도한 목마름
- 메스꺼움과 구토
- 차츰 의식이 없어짐

(2) 쇼크의 예방 및 처치

• 환자의 자세

쇼크가 일어나면 심장과 뇌로 흐르는 피의 양이 적어지므로 머리와 몸을 수평으로 눕혀 혈류가 원활하게 하도록 환자를 바르게 눕히고 옷을 편하게 풀어준다. 이렇게 하면 가벼운 충격증세는 대개 빨리 가신다.

만약 머리에 부상이 없으면 하체를 20～30cm 정도 높여준다. 가슴에 부상을 당하여 호흡이 힘든 환자인 경우에는 호흡을 좀 더 쉽게 하도록 환자의 머리와 어깨를 높여서 눕힌다. 의식이 없는 환자를 무리하게 일으키거나 움직여서는 안 된다.

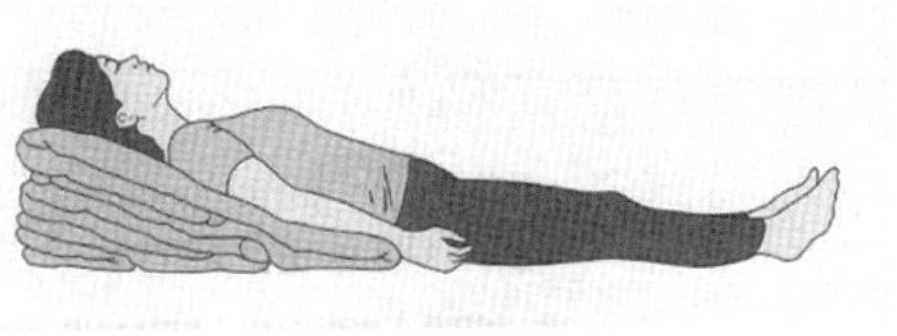

머리/가슴 부상시(상체거양)

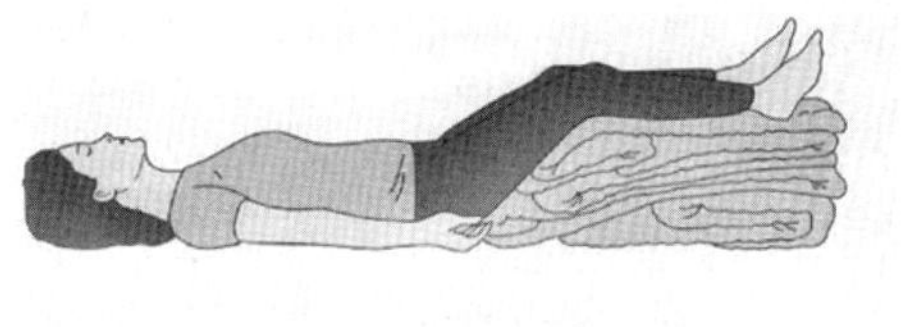

다리 부상시(하체거양)

〈그림 14-3〉 쇼크 환자의 자세

• 체온유지

환자의 체온을 정상적으로 유지하기 위해 힘쓴다. 환자의 몸이 식으면 충격이 악화되므로 체온을 유지할 수 있는 보온물품을 잘 깔고 덮어주거나 옷, 신문지 등 구할 수 있는 대용품을 사용해서 체온손실을 최소화한다. 날씨가 춥거나 환자를 그대로 두면 체온이 떨어질 염려가 있을 때에는 물병, 데운 돌 등을 헝겊으로 싸서 화상을 입지 않도록 주의하여 가온한다. 일사병, 열사병 등의 높은 열에 의한 환자는 시원하게 해준다.

• 음료

환자의 의식이 없거나 희미한 경우에는 기관으로 잘못 들어가 질식할 위험이 있기 때문에 원칙적으로 음료를 주지 않는다. 일사병이나 열사병, 심한 설사로 인한 탈수 등은 수분을 섭취하도록 하는 것이 좋다. 머리, 배, 가슴의 손상, 내출혈, 대출혈 등으로 응급수술을 해야 하는 환자에게는 절대로 음료를 주지 않는다. 다만 환자가 심하게 원할 때에는 깨끗한 천에 물을 적셔 입언저리에 대어 준다. 환자의 고통과 두려움은 스트레스를 증가시키고 쇼크의 진행을 빠르게 할 수 있으므로 환자가 편안히 쉴 수 있도록 도와주며, 지속적으로 기도, 호흡, 순환을 확인한다.

2 심폐소생술

1) 심장의 이상 증세

심장에 혈액을 공급하는 동맥을 관상동맥이라 하며, 좌측과 우측 2개의 작은 혈관으로 나뉘어져 심근에 퍼져 있다. 이러한 관상동맥에 동맥경화에 의한 협착이나 폐쇄가 진행된 경우에는 심근대사에 필요한 혈류가 부족하게 된다. 이와 같이 심근 혈류의 부족으로 야기되는 통증 증후군을 통칭하여 급성 관상동맥 증후군(협심증 또는 심근경색)이라 한다.

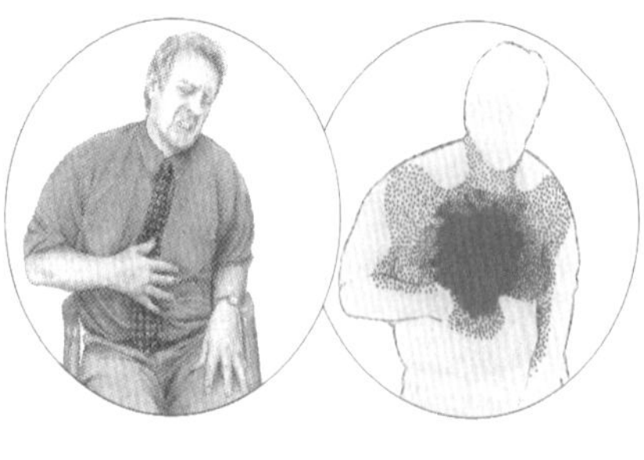

발작 시의 통증은 앞가슴 부위에서 왼쪽 어깨와 왼쪽 팔로 방사되며, 목, 턱에 이르기까지 통증이 미치기도 한다. 통증의 발작은 수초에 걸친 것도 있

으며 보통은 2~3분간 지속되는데 15분 이상 지속되면 협심증이 아니라 심근경색을 의심해야 한다.

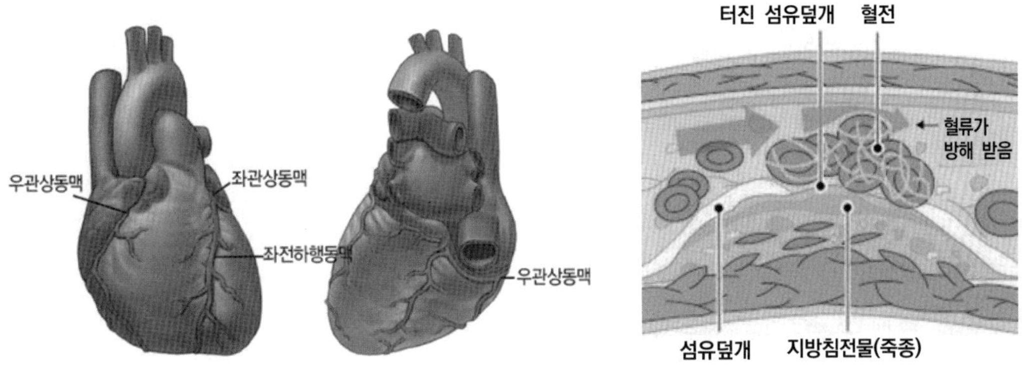

〈그림 14-4〉 심장 관상동맥의 협착

심장발작의 증상은 가슴에 통증을 느끼는 경우가 가장 많으며, 가슴의 통증은 왼쪽 팔, 어깨, 턱, 치아, 귓불까지 퍼져나간다. 또한 가슴이 답답하고, 눌리는 듯한 느낌이 나타나고 갑작스러운 호흡곤란, 소화불량과 유사한 오목가슴의 통증이 자주 발생하며, 목구멍에서 질식할 것 같은 느낌이 유발되기도 한다.

심장발작을 유발하는 위험인자는 흡연, 고혈압, 비만, 당뇨병, 혈중 콜레스테롤 수치 상승, 탄수화물, 지방, 소금 섭취량 과다, 좌식생활, 가족 중 관상동맥 혈관 질환자가 있는 경우, 피로, 과로, 스트레스, 추위, 바람에의 노출 등이다. 심장발작을 예방하기 위해서는 위험인자에서 열거된 병에 걸린 경우 즉시 치료하고 금연, 지방과 소금의 섭취량을 줄이고 체중을 줄이는 등 생활습관의 변화를 주어야 하며 협심증이 일어날만한 행동은 피하고 전문의와 상의한 후 규칙적으로 운동을 하여야 한다.

심장발작 환자의 응급처치는 환자를 심리적으로 안정시키고 운동의 최소화 조치를 취한 후 환자가 가지고 있는 협심증 약을 복용시킨다. 환자를 안정시키고 119 구급차를 이용하여 빠른 시간 내에 병원으로 이송하여야 한다.

2) 심폐소생술의 중요성

심정지(심장마비)란 다양한 원인에 의하여 우리 몸의 혈액순환을 담당하는 심장이 갑자기 멈춤으로 인하여 수분이내에 적절한 응급처치가 실시되지 않는다면 결국 사망하게 되는 상태를 말한다. 최근 우리나라는 생활방식의 서구화에 따른 심장혈관질환의 증가로 인하여 심근경색 등에 의한 심정지 발생 가능성이 급격히 높아지고 있다. 심정지의 주요 원인인 심실세동이 발생한 후 5분 이내에 제세동이 시행되면 매우 높은 생존율을 가져올 수 있다. 그러나 심정지가 발생한 후 응급의료인이 환자가 있는 현장에 도착하는데 까지는 최소한 5분이상이 소요된다. 심정지를 목격한 직후부터 심폐소생술을 시작함으로써 심정지 환자의 생존율을 높일 수 있다.

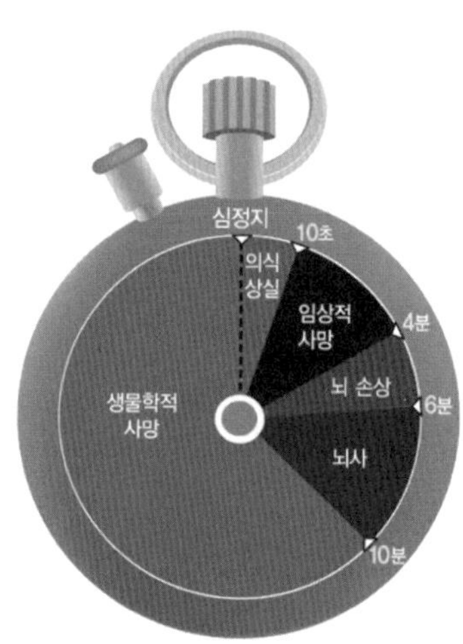

심폐소생술(cardiopulmonary resuscitation)은 심정지 환자의 멈춘 심장의 자발순환을 회복시켜 환자의 사망을 방지하는 일련의 응급처치 과정을 말한다. 심폐소생술은 인공호흡을 통해서 산소 공급과 이산화탄소의 배출을 담당하는 폐의 기능과 흉부압박을 통해서 전신의 세포에 필요한 물질과 산소를 공급하는 심장의 기능을 대신해 주는 응급처치방법이다.

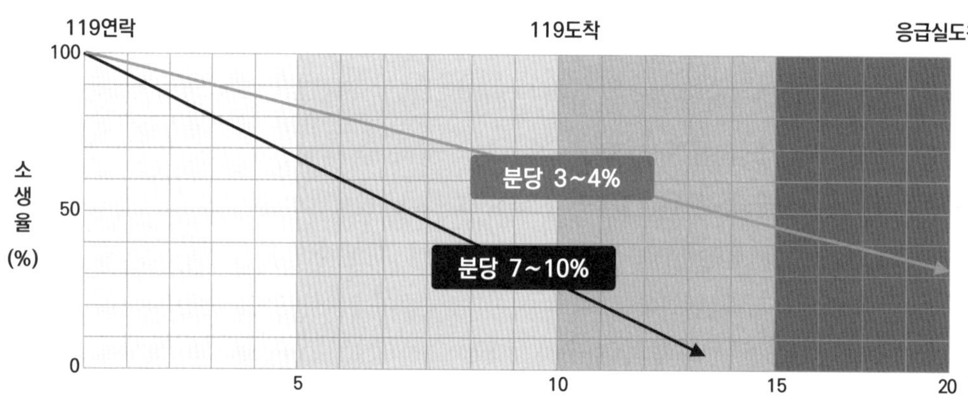

〈그림 14-5〉 심정지 후의 생존율 변화

심정지환자의 생존율을 높이기 위한 개념으로 1992년 미국 심장협회(AHA) 심폐소생술 지침에서 처음으로 병원 전 심정지 환자의 소생을 위하여 일련의 과정인 생존의사슬(chain of servival)을 강조하였다. 먼저 심정지를 예방하는 것이 중요하고, 심정지 발생시 목격자에 의한 신속한 심폐소생술 시행과 빠른 119 신고를 통한 빠른 전문 소생술의 실시가 이루어져야 한다.

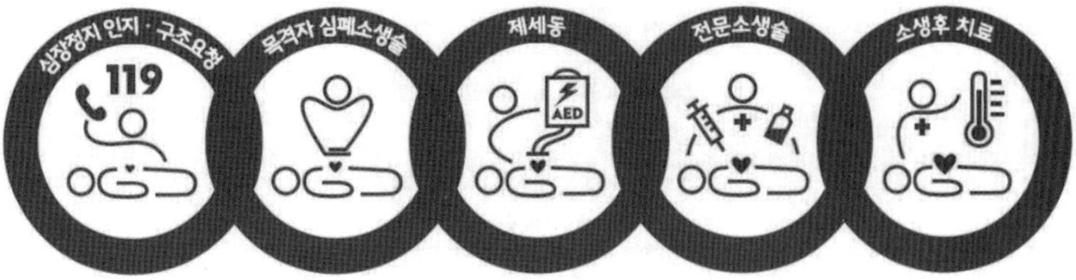

〈그림 14-6〉 병원 밖 심정지 환자의 생존사슬

심폐소생술을 시행하다가 15초 이상 중단하면 생존율이 급속히 저하되는 것으로 밝혀져 심폐소생술의 중단을 최소화하고, 심정지 시간이 4~5분 이상 지연된 경우에는 제세동을 시행하기 전에 심폐소생술을 시행하는 것이 생존율을 높일 수 있다. 이와 같은 근거를 바탕으로 2005년 11월 28일 미국심장협회(American Heart Association : AHA)는 심폐소생술의 중단을 최소화할 수 있도록 지침을 개정하고, 심정지로부터 4~5분 이상이 경과한 경우에는 제세동 시행전에 심폐소생술을 먼저 시작하도록 권장하였다. 또한 그 동안 심폐소생술에 대한 지침이 일반인이 수행하거나 기억하기에 다소 복잡하여 심폐소생술의 보급과 교육에 큰 장애가 되어왔던 점을 개선하고자 심정지 환자의 나이와 관계없이 소아 및 성인 모두 흉부압박과 인공호흡의 비율은 30:2로 권장되었다. 교육을 받지 않았거나 능숙하지 않은 일반인의 경우 인공호흡을 생략하고 흉부압박만을 시행하는 소생술을 시행하도록 권장되었다.

3) 심폐소생술 절차

심장정지가 의심되는 환자를 발견한 일반인 구조자는 현장이 안전한지 확인한 다음 환자에게 다가가 반응을 확인한다. 반응이 없으면 119 신고 및 자동심장충격기(일반인 구조자 대상으로 자동제세동기 대신 자동심장충격기 용어를 사용한다)를 요청하고 구급상황(상담)요원의 조언에 따른다. 환자의 호흡이 정상이라면 관찰하면서 구급대를 기다리고, 호흡이 없거나 정상이 아니라면 가슴압박소생술을 시작한다. 인공호흡을 교육받았고 시행할 의지가 있다면 30:2로 가슴압박과 인공호흡을 시행한다. 자동심장충격기를 사용할 수 있으면 음성지시에 따라 제세동을 시행한다. 제세동이 필요하지 않거나 제세동을 한 직후에는 바로 2분 동안 심폐소생술을 시행한 다음 자동심장충격기로 심장 리듬을 다시 분석한다. 심폐소생술은 구급대가 도착하거나 환자가 움직이거나 호흡이 정상화될 때까지 시행하여야 한다.

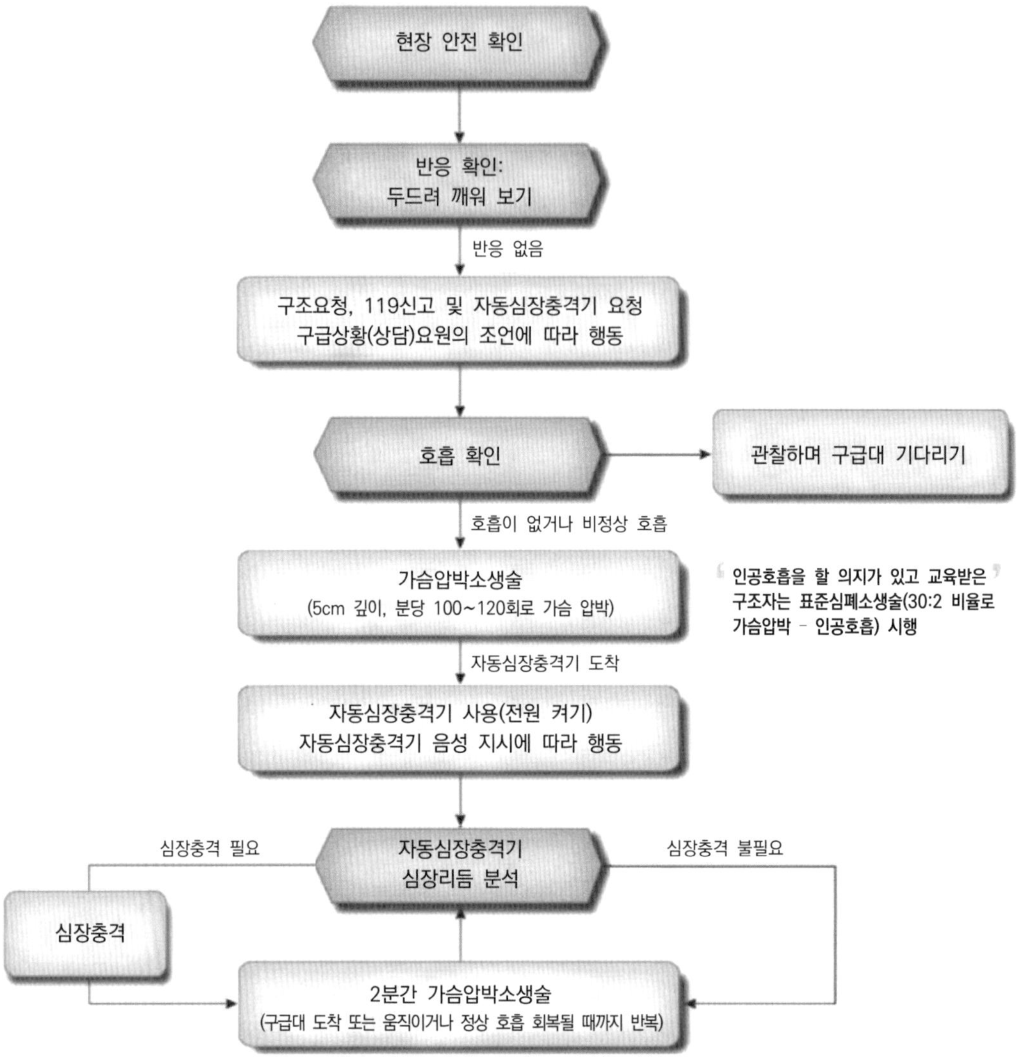

〈그림 14-7〉 심장정지 기본소생술 순서(일반인 구조자용)

(1) 의식확인 및 도움요청

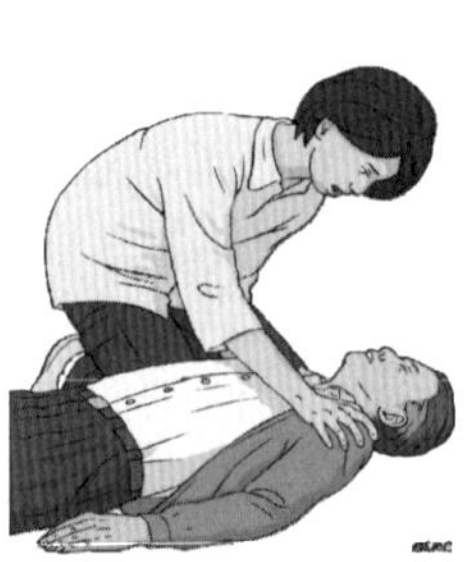

심장마비가 발생하면 환자는 갑자기 의식을 잃고 쓰러지게 되며, 드물게는 전신 경련이 동반되거나 헐떡거리는 호흡이 발생하기도 한다. 심장마비를 목격하거나 의식이 없는 환자를 발견하면 즉시 의식상태를 확인하고 119 구급대에 구조를 요청해야 한다.

먼저 의식을 확인하는 방법은 양쪽 어깨를 가볍게 두드리며 큰 소리로 '여보세요. 정신 차리세요 또는 괜찮으세요?'라고 외치면서 환자의 반응을 확인한다.

• 도움요청 및 119 신고

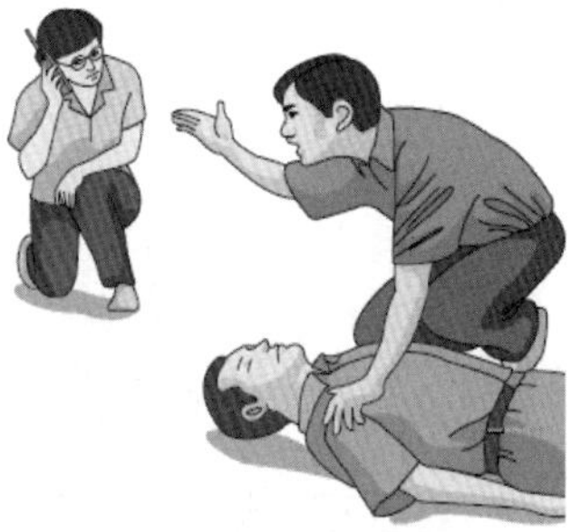

환자가 의식이 없다는 것이 확인되면 즉시 큰 소리로 주변사람에게 도움을 요청한다. 자신이 심폐소생술을 할 수 있으면, 주변 사람에게 119에 신고해달라고 요청한다.

성인에게 발생하는 비외상성 심정지의 주요 원인은 대부분 심실세동이며 심실세동의 가장 효과적인 치료는 제세동이다. 따라서 심정지가 의심되는 성인을 발견한다면 목격자는 즉시 119에 전화신고를 함으로써, 제세동기가 심정지 현장에 빨리 도착할 수 있도록 하여야 한다(전화 우선).

• 환자의 자세

효과적인 심폐소생술을 시행하기 위해서는 환자를 딱딱하고 평평한 바닥에 반듯하게 눕혀야 한다. 얼굴을 아래로 하고 엎드려 있는 환자가 의식이 없는 것을 확인한 경우에는 119 신고를 부탁한 뒤에 먼저 환자를 돌려서 반듯하게 눕혀야 한다. 이때에는 환자의 머리, 목, 어깨, 몸통 등을 하나의 축으로 여겨 비틀지 말고 통나무를 굴리듯이 동시에 돌려야 한다. 이때 구조자와 가까운 쪽의 팔은 머리위로 올리고 환자를 돌릴 때에는 환자의 머리가 일직선의 축으로부터 떨어지지 않도록 손으로 받쳐주어야 한다. 심정지 환자가 쓰러지면서 목(경추)에 손상을 받은 경우에 이와 같은 통나무 굴리기(Log roll)법을 이용하지 않고 환자를 이동시키는 것은 척추 손상을 악화시킬 수 있다.

(2) 가슴압박

심정지 환자에게 효과적인 가슴압박을 실시하기 위하여 구조자는 환자를 단단한 바닥에 바르게 눕힌 뒤에 환자의 옆에서 무릎을 꿇은 자세를 취한다. 환자의 가슴이 보이도록 환자의 의복을 벗긴 뒤에 구조자의 손꿈치를 환자의 양측 젖꼭지를 연결한 선과 흉골이 만나는 지점(가슴 중앙)에 위치한 다음 다른 한 손을 포개 어 놓는다. 이때 손가락은 서로 깍지를 끼고 압박 시에 환자의 흉벽에 닿지 않도록 주의하여야 하며, 팔꿈치는 곧게 펴고 팔이 바닥과 수직을 이루도록 하여야 한다. 손목 관절의 관절염으로 인하여 손목을 꺾지 못하는 구조자는 한 손으로 다른 손의 손목부위를 감싸서 가슴압박을 시행할 수 있다.

효과적인 가슴압박을 실시하기 위해서는 구조자의 체중을 이용하여 강하고 빠르게 압박하여야 하며, 성인 심정지 환자의 경우에는 분당 100~120회의 속도, 약 5~6cm 깊이로 가슴압박을 시행한다. 압박된 가슴의 불충분한 이완은 흉강 내부의 압력을 상승시켜 심장으로의 혈액 관류량을 감소시키기 때문에 구조자는 압박된 가슴이 완전히 올라오도록 노력하여야 한다. 그러나 이 때 올바른 압박의 위치를 유지하기 위하여 구조자의 손이 환자의 가슴에서 완전히 떨어지지는 않도록 한다.

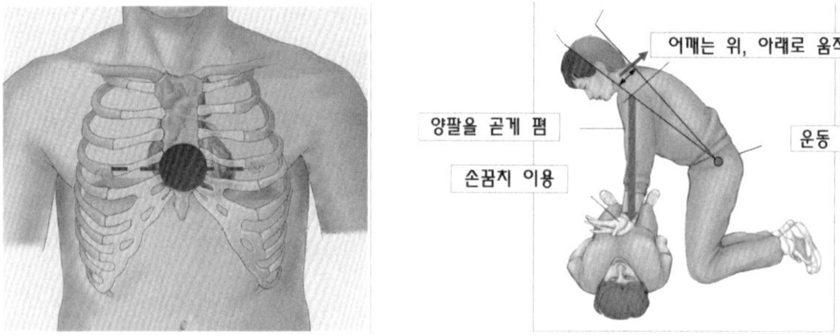

〈그림 14-8〉 심정지 환자의 가슴압박의 위치 및 압박 시행방법

심정지 환자의 가슴압박 중단은 심장으로의 혈류를 급격히 감소시키기 때문에 구조자는 가능한 한 가슴압박이 중단되는 것을 최소화하도록 노력하여야 한다.

심정지 환자의 맥박확인

맥박의 유무를 정확히 판정하는 것은 매우 어려운 일이기 때문에 일반인 구조자는 인공호흡을 시행한 다음에 맥박이나 순환의 징후를 확인하지 않고 바로 가슴압박을 시행한다. 실제로 응급의료종사자에 의하여 경동맥 확인이 시행된 경우라 할지라도 맥박이 없는 환자의 10%와 맥박이 있는 환자의 40%에서 잘못된 판정이 내려진다는 연구결과가 보고되었다. 따라서 일반인 구조자는 의식이 없는 환자에서 정상호흡이 관찰되지 않는다면 심정지 상태로 판단하고 바로 심폐소생술을 시행하여야 한다. 응급의료종사자는 5~10초에 걸쳐 신중하게 경동맥의 맥박을 확인하며, 맥박확인에 10초 이상을 소요하지 않도록 하여야 한다.

(3) 인공호흡

• 기도열기

심정지 또는 혼수상태인 환자는 근육의 긴장도가 저하되어 혀가 밑으로 쳐지기 때문에 기도폐쇄가 유발된다. 그러므로 심정지 환자에서는 머리 젖히고-턱 들어올리기 방법으로 기도를 개방해주어야 하며, 환자의 머리를 뒤로 젖히고 턱을 들어주면 하악골이 상승되어 이완된 혀의 근육이 더욱 당겨져 올라가므로 기도가 열리게 된다.

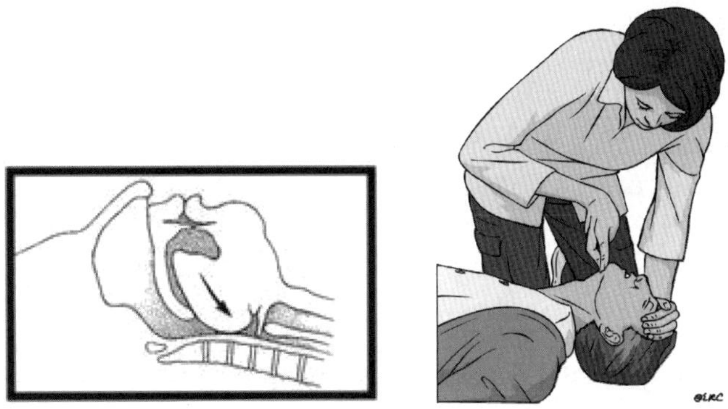

〈그림 14-9〉 혀에 의한 기도폐쇄 및 기도열기 방법

먼저 머리 젖히기는 한손을 환자의 이마에 대고 손바닥으로 압력을 가하여 환자의 머리가 뒤로 기울어지게 하는 것이다. 턱을 들어 올리는 방법은 손가락을 아래턱의 한쪽 뼈 부분에 둔 뒤에 치아가 거의 맞물리도록 턱을 위로 들어 올리는 것이다. 그러나 턱을 들어 올리는 손가락으로 턱 아래 부위의 연부조직을 깊게 눌러서 오히려 기도폐쇄를 유발하지 않도록 주의해야 한다.

구강에서 보이는 모든 이물질과 구토물은 기도폐쇄 및 흡인을 유발하므로 제거하여야 한다. 구강 주위로 흘러내린 액체와 반액체는 장갑이나 천 조각으로 감싼 손가락으로 닦아내고, 구강 내 고형물은 한 손으로 혀와 턱을 잡은 상태에서 다른 손 엄지와 집게손가락으로 집어낸다.

• 인공호흡

구조자는 환자의 기도를 열린 상태로 유지하면서 한손으로 환자의 코를 막고 입으로 환자의 입을 완전히 덮은 다음 1초 동안 가슴이 충분히 올라올 정도로 숨을 불어 넣어야 한다. 첫 번째 인공호흡으로 환자의 가슴이 올라오지 않는다면 기도열기(머리 젖히고 턱 들기)를 다시 시행한 뒤에 인공호흡을 시행하며, 가슴압박이 지연되는 것을 방지하기 위하여 2회 이상 초과하여 인공호흡을 시행하지는 않는다.

인공호흡을 시행할 때에는 구조자의 심호흡이 아닌 정상호흡으로도 충분하며, 이때 환자의 가슴이 올라오는 것을 확인하여야 한다.

구조자가 호흡을 한 뒤에 내뱉은 공기에도 산소가 17% 정도 포함되어 있기 때문에 혈액의 적절한 산소화를 유지할 수 있는 것으로 알려져 있다.

• 인공호흡 보호기구의 사용

일부 구조자들은 환자와의 직접적인 접촉을 꺼려서 인공호흡을 시도하지 않으려는 경향이 있다. 이런 경우에는 입과 입의 직접적인 접촉을 막아주는 보호기구들을 사용할 수 있다. 그러나 보호기구의 사용이 감염의 전파를 완전히 막을 수는 없는 것으로 알려져 있으며, 오히려 공기흐름에 저항을 가져올 수 있으므로 주의하여야 한다.

대표적인 보호기구로는 페이스쉴드(faceshiled)와 포켓마스크(pocket mask) 등이 있다. 페이스쉴드는 일회용으로서 인공호흡 시행 시에 환자의 입을 덮어서 직접적인 접촉을 피할 수 있게 하며, 최근에는 열쇠고리 형태로 항상 휴대할 수 있는 제품들도 상용화되어 사용되고 있다.

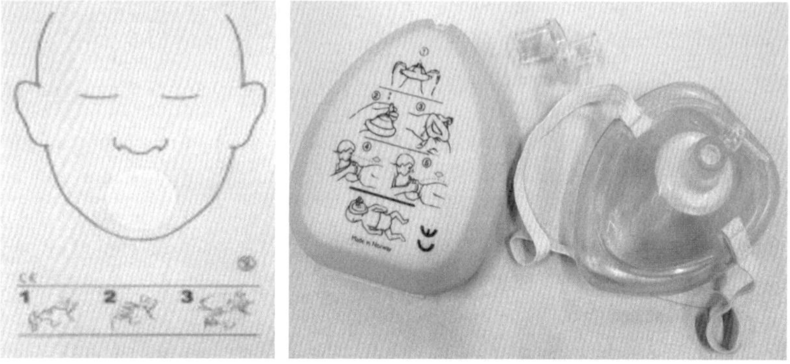

〈그림 14-10〉 CPR 페이스 쉴드 및 포캣마스크

포켓마스크는 환자의 얼굴에 밀착시키는 마스크 부위와 구조자가 입으로 호흡을 불어 넣는 일방향 밸브로 구성되어 있다. 포켓마스크는 구조자가 불어넣은 호흡이 마스크를 통하여 환자의 입과 코로 동시에 전달되는 매우 유용한 장비이며, 마스크의 크기에 따라 성인용과 소아용으로 구분된다. 그러나 이러한 보호기구들의 부적절한 사용은 인공호흡에 소요되는 시간을 지연시켜 기본 소생술의 질을 떨어뜨릴 수 있다. 그러므로 이를 사용하기 위하여 구조자들은 평소에 인공호흡용 보호기구의 사용방법에 대한 사전교육을 받아야 한다.

(4) 가슴압박과 인공호흡의 반복

가슴압박과 인공호흡은 각각 30:2의 비율로 반복해서 시행되어야 하며, 119 구급대원이 현장에 도착해서 환자를 인계받거나, 순환이 회복되어 환자가 움직이기 시작할 때까지 지속되어야 한다.

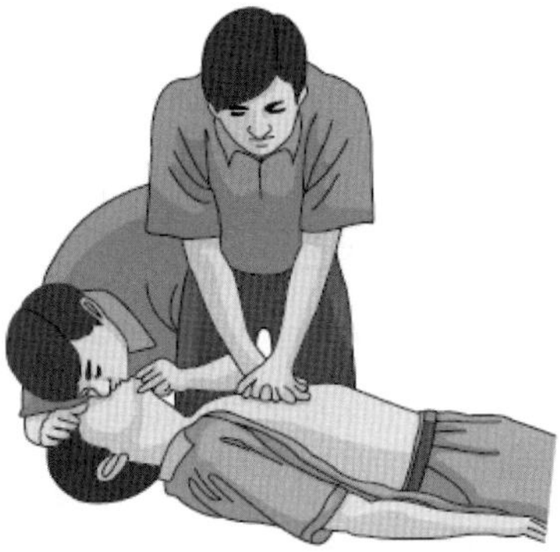

〈그림 14-11〉 가슴압박과 인공호흡의 반복 (30:2 비율)

4) 2인 구조자 심폐소생술

119 구급대원이 현장에 도착할 때까지 구조자 혼자서 심폐소생술을 시행하는 것은 매우 힘들다. 특히 구조자가 지치게 되면 가슴압박의 속도나 깊이가 부적절해지기 때문에 시행되어지는 심폐소생술의 질이 감소하게 된다. 그러므로 두 명 이상의 구조자가 존재하는 경우에는 2분마다(30:2 가슴압박과 인공호흡을 5회 실시한 이후) 가슴압박 시행자를 교대해 주는 것이 바람직하며, 각각의 임무를 교대할 때에는 가능한 가슴압박이 5초 이상 중단되지 않도록 하여야 한다.

구조자가 인공호흡 방법을 모르거나 시행하기를 원하지 않는 경우에는 심폐소생술을 시행하지 않는 것보다는 가슴압박만이라도 시행하여야 한다. 실제로 심정지 발생 초기에는 인공호흡보다 가슴압박의 중요성이 더욱 큰 것으로 알려져 있기 때문에 가슴압박만이라도 시행하여야 심정지 환자의 생존율을 높일 수 있다.

5) 회복자세

기본 소생술을 시행하고 있는 도중에 심정지 환자가 순환이 회복되어 움직임을 보인다면 구조자는 즉시 심례소생술을 중지하고 회복자세를 취해주어야 한다. 심정지 환자는 호흡과 혈액순환이 정상으로 회복되더라도 금방 의식을 회복하지 못하는 경우가 많다. 그러므로 구조자는 기도폐쇄와 흡인의 위험성을 줄이기 위하여 한쪽 팔을 바닥에 대고 머리를 팔에 기댄 상태로 다른 쪽 팔과 다리를 구부린 채로 환자를 옆으로 돌려 눕히는 회복자세를 취해주어야 한다.

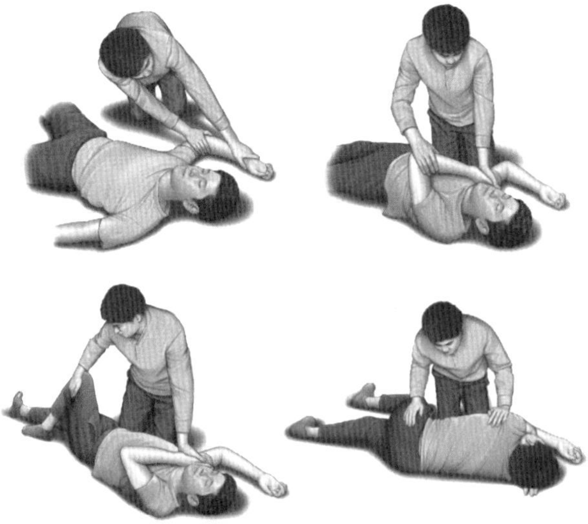

1. 부상자의 다리를 똑바로 펴고, 구조자에게 가까운 팔을 직각이 되게 팔꿈치를 굽히고 손바닥이 위로 가게 한다.
2. 반대편 팔을 가슴을 가로질러 잡아당겨 손등이 구조자에게 가까운 쪽의 볼에 닿도록 한다.
3. 다른 손으로 무릎을 세우고 발바닥은 땅에 닿도록 한 후 구조자 쪽으로 무릎을 당겨 돌린다. (볼에 있는 손이 떨어지지 않도록 한다)
4. 잡아당긴 다리의 무릎과 엉덩이가 직각이 되게 한다.

〈그림 14-12〉 회복자세를 취하는 방법

〈표 14-2〉 연령에 따른 심폐소생술 지침

구 분	성 인	소 아	영 아
연 령	만 8세 부터	만 1세-8세	만 1세 미만
심정지의 확인	무반응/ 무호흡 또는 심정지 호흡 (10초 이내 확인)		
심폐소생술 순서	가슴압박 - 기도열기 - 인공호흡 (C-A-B)		
가슴압박 위치	가슴 중앙 (양측 젖꼭지 사이)	가슴 중앙 (양측 젖꼭지 사이)	가슴 중앙 직하부 (양측 젖꼭지 사이 직하부)
가슴압박 방법	두 손으로	두 손 또는 한 손으로	두 손가락으로
가슴압박 깊이	약 5cm	가슴두께의 최소 1/3 (4-5cm)	가슴두께의 최소 1/3 (4cm)
가슴압박 속도	분당 100~120회 (압박 중단시간이 10초 미만이 되도록 함)		
가슴 이완	가슴압박 사이에는 완전한 가슴 이완 필요		
기도열기	머리 젖히고 턱 들어올리기		
인공호흡	가슴이 올라올 때까지 (1초 동안)		
반복 주기	가슴압박 30회 : 인공호흡 2회		
제세동	가능한 빨리 자동심장충격기 사용		
교육을 받지 않았거나 능숙하지 않은 경우	가슴압박 소생술(Hands-Only CPR) 시행		

3 자동심장충격기 사용

1) 제세동 시행의 중요성

심실세동(ventricular fibrillation)이란 여러 가지 원인들로 인하여 심장이 매우 빠르고 불규칙하게 수축함으로서 실제적인 심박출량을 만들어 내지 못하고 가늘게 떨고 있는 상태를 말한다. 이러한 심실세동은 병원 이외의 장소에서 갑자기 발생한 성인 심정지 환자들에게서 가장 흔히 관찰되는 심장 리듬이다. 심실세동의 치료는 심장에 강한 전류를 일시적으로 통과시켜 심실세동을 종료시키고 심장이 다시 정상적으로 박동하도록 하는 제세동술을 시행하는 것이다.

제세동의 성공 가능성은 심실세동 발생한 후 시간이 경과될 수록 분당 7~10%씩 감소하기 때문에 심실세동에 의한 심정지 환자의 생명은 얼마나 빨리 제세동 처치가 시행되느냐에 의해 결정된다고 할 수 있다. 목격자에 의한 심폐소생술의 시행은 시간경과에 따른 제세동 성공률의 감소 속도를 늦추어 생존률을 2~3배 이상 증가시키는 것으로 알려져 있으나, 심폐소생술만으로 심실세동이 정상 심장리듬으로 전환되지 않는 것으로 알려져 있다.

2) 자동심장충격기의 설치

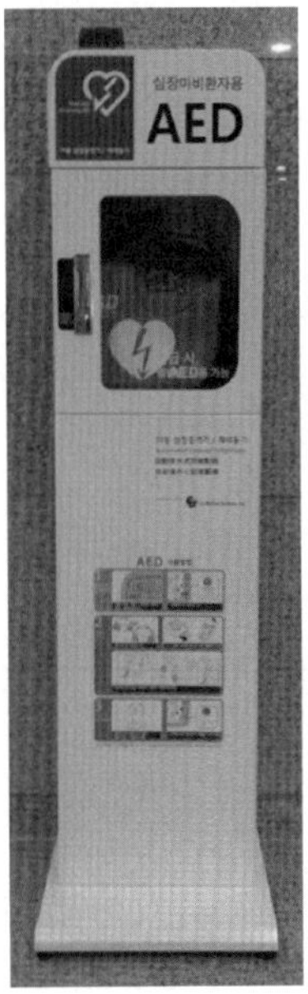

최근 심장 리듬을 자동으로 분석하여 필요한 경우 제세동을 시행할 수 있도록 유도해주는 '자동심장충격기(Automated External Defibrillator)'가 곳곳에 설치되면서 심정지 현장에서 목격자에 의하여 조기에 제세동 처치가 이루어질 수 있게 되었다. 이러한 자동심장충격기는 의료인뿐만 아니라 일반인도 교육을 받으면 쉽게 사용할 수 있으며, 심정지 발생이 많은 학교, 공공기관, 터미널, 공항, 호텔 등에 설치함으로서 심정지 환자의 생존률을 증가시키는 것으로 알려지고 있다.

우리나라는 2007년 12월 자동제세동기 설치 및 교육에 관한 내용이 법률에 명시됨에 따라 구급차, 철도차량, 항공기, 선박 등의 이송시설과 많은 사람들이 이용하는 공공시설 등에 자동심장충격기가 설치되고 있다. 그러나 심정지 환자의 생존률을 증가시키기 위해서는 궁극적으로 기본 소생술 및 자동심장충격기 사용에 대한 교육이 모든 일반인에게까지 확대되어야 할 것이다.

자동심장충격기는 작동방법에 따라 완전자동과 반자동으로 구분될 수 있다. 완전자동은 전원을 켠 후 환자의 흉부에 전극을 부착하면 더 이상의 외부 조작없이 심장리듬을 분석하고 필요한 경우에 에너지를 충전하여 스스로 제세동을 실시한다. 이에 반하여 반자동은 심장리듬을 분석하여 에너지를 충전한 이후에 제세동 시행 버튼을 누르도록 처치자에게 음성으로 지시하도록 되어있다.

3) 자동심장충격기의 사용 절차

자동심장충격기는 심정지 환자의 심장리듬을 자동으로 분석하여 제세동 시행의 필요성을 처치자에게 시청각 정보로 알려주며, 설정된 제세동 에너지를 충전하여 처치자로 하여금 제세동을 시행하도록 유도한다. 이러한 자동심장충격기는 의식과 정상적인 호흡이 없는 심정지 환자에게만 사용하여야 하며, 기본 소생술 시행 중에 자동심장충격기가 도착한다면 지체없이 심정지 환자에게 적용하여야 한다. 자동심장충격기를 적용할 때에도 다른 구조자가 함께 있다면 가능한 한 기본 소생술을 중단하지 않는 것이 바람직하다.

우리나라에는 반자동 형태의 제세동기가 많이 설치되어 반자동 심장충격기의 사용방법에 대하여 알아본다.

① 자동심장충격기의 전원 스위치를 켠다.
- 제세동을 실시한 이후에는 즉시 가슴압박을 실시하여야 하므로 자동심장충격기는 이에 방해가 되지 않도록 환자의 머리 옆에 위치시킨다.

② 자동심장충격기의 음성 메시지에 따라 정확한 위치에 두개의 전극을 부착한다.
- 전극은 심장에 최대의 전류를 전달할 수 있도록 위치시켜야 한다. 전극 표면의 그림을 따라 한 전극은 오른쪽 쇄골의 바로 아래에 위치시키고 다른 전극은 왼쪽 젖꼭지 바깥쪽 아래로 겨드랑이의 중앙선에 위치하도록 부착한다.
- 전극을 부착하는 부위에 물기나 외용 파스 등의 이물질이 존재한다면 전극을 부착하기 전에 제거하여야 하며, 가슴에 털이 많은 환자라면 전극부착 부위의 털을 제거한 뒤에 부착하는 것이 바람직하다.

③ 음성 메시지에 따라 전극의 커넥터를 자동심장충격기 본체에 연결한다.
- 커넥터를 본체에 연결하면 제세동기는 자동적으로 분석을 시작하며, 기기에 따라 분석 버튼을 따로 눌러야 하는 자동제세동기도 있으므로 주의하여야 한다.

④ “분석 중…”이라는 음성 메시지가 나오면 환자에게서 손을 떼도록 한다.
- 만약 다른 구조자가 기본 소생술을 시행하고 있는 중이라면 분석에 방해가 되지 않도록 중지할 것을 요청한다.
- “제세동이 필요합니다.”라는 음성 메시지와 함께 자동제세동기 스스로 설정된 에너지로 충전을 시작한다면 주위의 사람들에게 제세동을 시행한다는 사실을 알리고 환자에게서 떨어지도록 지시한다.

⑤ 제세동 버튼을 누른다.
- 처치자는 제세동 버튼을 누르기 전에 반드시 환자와의 접촉이 없는 지 다시 한 번 확인하여야 한다.

⑥ 제세동 실시 후에는 지체없이 가슴압박을 시작으로 기본 소생술을 다시 시작한다.
- 제세동 시행 후 2분이 경과하면 자동심장충격기는 다시 분석을 시행하므로 ④의 단계부터 순서대로 반복한다.
- “제세동 필요하지 않습니다."라는 음성 메시지가 나오면 지체없이 가슴압박을 시작으로 기본 소생술을 시작한다.
- 자동심장충격기의 적용은 기본 소생술의 시행과 함께 응급의료진이 현장에 도착할 때까지 지속되어야 한다.

우리나라에서 자동심장충격기를 체계적으로 등록하여 관리하고 있으며, 응급의료정보제공 홈 페이지(http://www.e-gen.or.kr) 및 스마트폰 앱을 통해 주변에 배치된 자동심장충격기를 검색하고 이를 가져올 수 있는 지리정보(길 찾기 서비스)를 얻을 수 있다.

〈그림 14-13〉 보건복지부 응급의료정보제공 앱

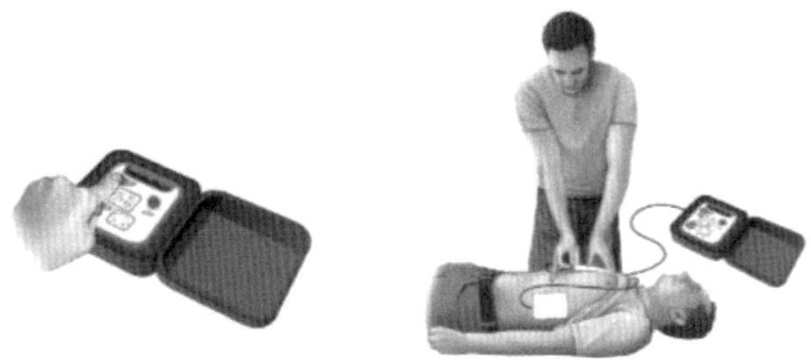

① 전원을 켠다 ② 두 개의 패드 부착

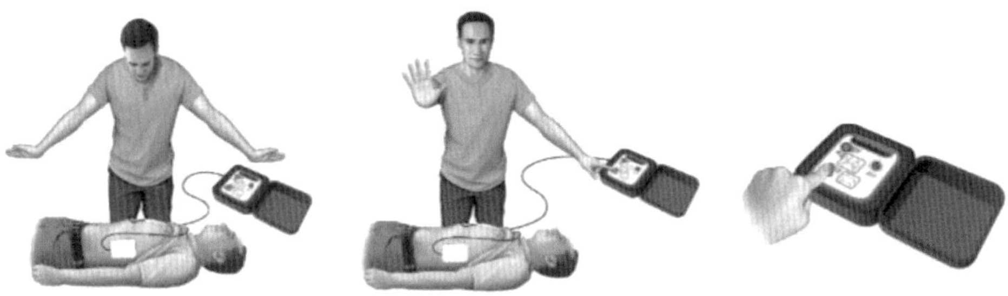

③ 심장리듬 분석 ④ 제세동 시행

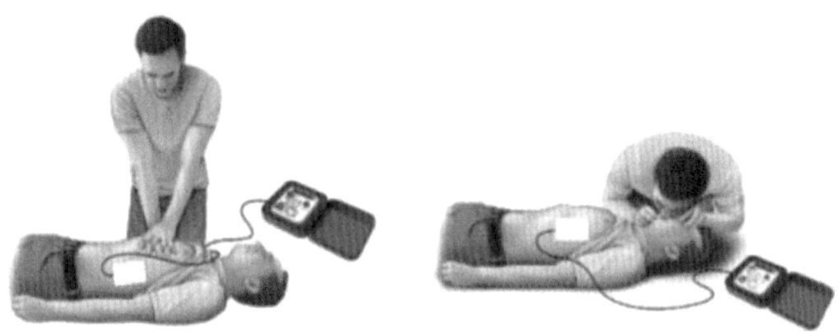

⑤ 즉시 심폐소생술 다시 시행

〈그림 14-14〉 자동심장충격기 사용 절차

4 기도폐쇄

1) 기도폐쇄의 원인과 증상

인간의 몸은 호흡을 통하여 지속적으로 산소를 공급해주어야 살 수 있다. 이러한 호흡은 코와 입을 통해 외부의 공기가 흉곽 안의 폐로 전달되어 가스교환이 이루어지는 과정을 말하며, 코와 입에서 폐로 공기가 전달되어지는 통로를 기도라 부른다. 기도폐쇄란 해부학적, 물리적 원인에 의해 기도가 부분적 막혀 호흡이 방해되거나 완전히 막혀 호흡할 수 없는 상태를 말한다. 이러한 기도폐쇄는 목의 부상이나 과민성 쇼크와 같은 의학적 응급상태에서 발생되며, 환자가 의식을 잃으면서 혀의 근육이 이완되어 후두 뒤쪽을 막거나 음식물, 구토물, 혈액, 점액 등의 이물질에 의해서 기도가 차단되어 나타난다. 특히 치아가 없는 노인, 의식이 저하된 환자, 소아에서 흔히 발생되며, 음식을 먹을 때 웃거나 이야기를 하는 경우에 발생될 수 있다.

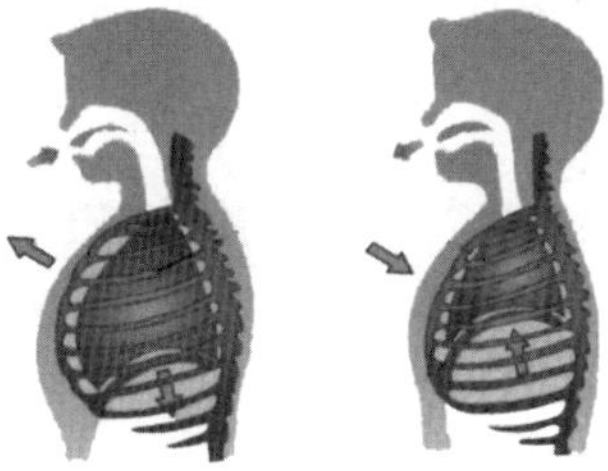

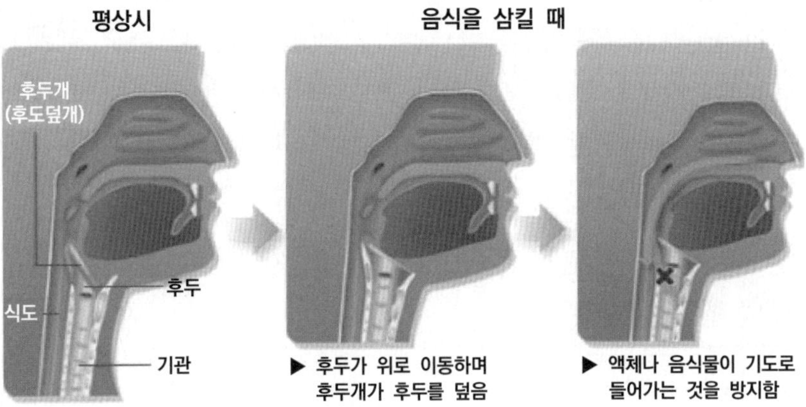

〈그림 14-15〉 후두개의 작용

일반적인 상황에서는 기도가 막히는 기도폐쇄가 발생하지 않지만, 다음의 경우에는 기도가 폐쇄될 수 있으므로 유의해야 한다.

① 소아나 고령자 : 이물질(떡, 젤리, 고기, 땅콩 등)을 삼키다가 기도가 막히는 경우
② 외상/사고 : 입안이 손상되어 부러진 치아나 출혈 등에 의해 기도가 막히는 경우
③ 의식이 없는 경우 : 혀가 뒤로 말리거나 구토물에 의해 막히는 경우

2) 기도폐쇄의 분류

(1) 부분 기도폐쇄

환자는 기침과 말을 하며 안절부절 하는 행동을 보입니다. 부분적으로 이물질에 의하여 기도가 폐쇄되어도 어느 정도 숨을 쉴 수 있으며, 호흡 시에 색색거리는 거친 소리가 나고 지속적인 기침이 유발된다.

호흡이 가능한 경우에는 이물질의 배출을 위하여 계속 기침을 하도록 유도하면서 환자 곁에서 지켜보면 된다. 하며, 계속해서 기침을 해도 이물질이 배출되지 않않거나 호흡곤란 등의 증상이 유발된다면 즉시 119에 신고하여 도움을 요청하고 완전 기도폐쇄에 준하여 응급처치를 실시하여야 한다.

(2) 완전 기도폐쇄

주로 성대 주위의 상기도가 이물질에 의해 막히면서 발생된다. 기도가 완전히 막히면 말을 하지 못하면서 당황한 환자는 양쪽 손으로 목을 감싸거나, 한 손으로 목을 감싸 쥐는 '촉킹-싸인(chocking-sign)' 동작을 취한다. 기도폐쇄로 호흡이 불가하고 혈액 속의 산소 농도가 저하되어 피부 및 점막의 색깔, 특히 얼굴과 입술이 파랗게 변하게 되는 청색증이 관찰된다.

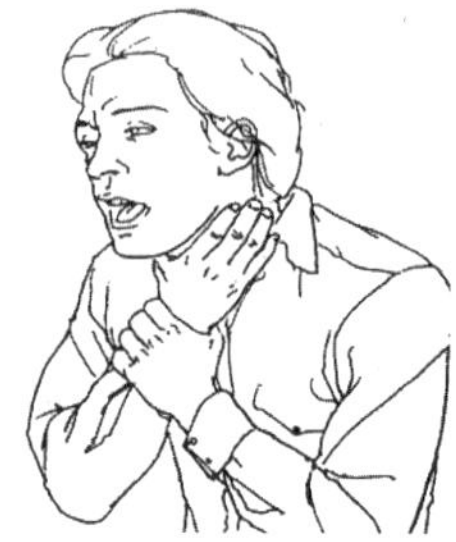

3) 기도폐쇄의 확인 방법

실신, 경련, 갑작스러운 호흡곤란, 청색증, 심장정지 또는 의식 소실을 유발할 수 있는 응급상황들과 기도폐쇄를 구별해 내는 것은 심장정지 환자의 생존율을 높이는 데에 중요하다. 이물질은 가벼운 또는 심각한 상태의 기도폐쇄를 일으킬 수 있다. 갑작스러운 호흡곤란 환자에게 기도폐쇄 소견이 보이면 즉시 응급처치를 시행하여야 한다. 환자가 기침, 청색증, 말하거나 숨쉬기 힘든 호흡곤란 등의 증상을 보이거나 자신의 목을 움켜잡는 징후를 보이면 환자에게 "목에 뭐가 걸렸나요?"라고 물어보아, 환자가 말을 하지 못하고 고개를 끄덕인다면 심각한 상태의 기도폐쇄로 판단하고 즉각적으로 처치를 해야 한다.

4) 기도폐쇄의 처치

환자가 가벼운 기도폐쇄 증상을 보이면서 기침을 크게 하고 있다면, 환자의 자발적인 기침과 숨을 쉬기 위한 노력을 방해하지 않도록 한다. 그러나 심각한 기도폐쇄의 징후를 보이며 효과적으로 기침을 하지 못하는 성인이나 1세 이상의 소아 환자를 발견하면 즉시 등 두드리기를 시행한다. 등 두드리기를 5회 연속 시행한 후에도 효과가 없다면 5회의 복부 밀어내기(하임리히법)를 시행한다.

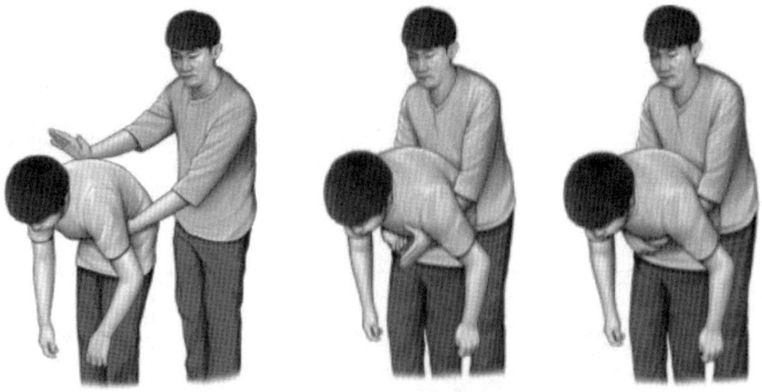

〈그림 14-16〉 등두드리기 법

기도폐쇄의 징후가 해소되거나 환자가 의식을 잃기 전까지 계속 등 두드리기와 복부 밀어내기를 5회씩 반복한다. 1세 미만의 영아는 복강 내 장기손상이 우려되기 때문에 복부 압박이 권고되지 않는다. 성인 환자가 의식을 잃으면 구조자는 환자를 바닥에 눕히고 심폐소생술을 시행한다. 임산부나 고도 비만 환자의 경우에는 등 두드리기를 시행한 후 이물이 제거되지 않으면, 복부 밀어내기 대신 가슴 밀어내기를 시행한다.

심장정지가 의심되는 의식이 없는 환자의 입안에 이물질이 보일 때는 구조자가 손가락으로 이물을 제거하는 것을 고려할 수 있다. 이 경우 손가락을 물리지 않도록 물림 보호대 등을 사용하는 것이 바람직하며, 이물질이 보이지 않을 때 손가락을 이용하여 맹목적으로 훑어내기를 시행하는 것은 권고하지 않는다.

5 연부조직 손상

1) 피부의 기능과 구조

피부는 우리 몸에 외부 감염원이나 이물질이 침입하여 신체나 건강에 이상을 일으키지 못하도록 울타리 역할을 하는 중요한 방어기관이다. 피부가 손상되었을 때 박테리아, 세균 침입으로부터 신체를 보호하고 표피의 외층은 얇은 피지층으로 덮여있어 방수의 효과가 있으며, 외부 충격에 신체를 보호한다. 또한 외부 온도가 변화함에 따라 혈액과 땀샘의 작용으로 체온을 36.5℃로 유지하고 조절하며, 외부 환경에서 전달되는 자극을 감각신경을 통해 감지하여 반응한다.

피부는 크게 세 부분으로 나뉘는데, 여러 층의 세포로 구성된 피부 표면의 표피, 표피의 심부에 위치하며 특수한 피부 부속물을 함유하는 진피, 그리고 가장 심부에 위치한 피하조직으로 구성되어 있다.

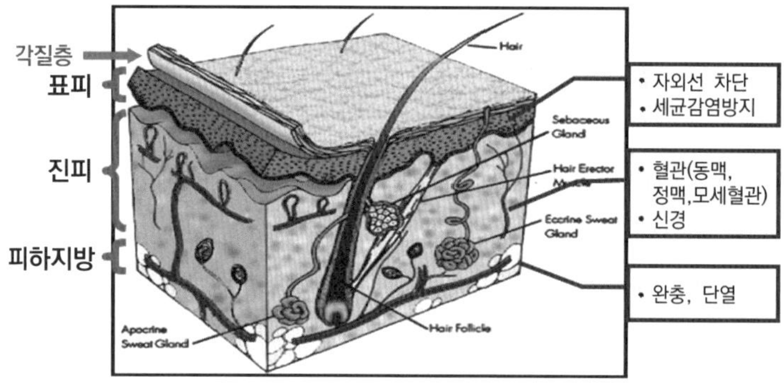

〈그림 14-17〉 피부 조직의 구조

2) 출혈

표피나 신체부위를 덮고 있는 점막층이 외부의 충격이나 물리적인 현상으로 손상되면, 손상의 정도에 따라 출혈이 생기며 손상된 연조직에 부종액이 동반하여 순환장애가 나타나기도 한다. 출혈이 되면 즉시 피가 나는 곳을 막고 그 부위를 높여주고, 환자를 안정되게 눕혀 준다. 체중이 65kg되는 사람은 약 5 ℓ 의 피를 가지고 있는데, 한번에 1/3 이상의 피를 잃으면 위험하다. 출혈이 심한 경우에는 병원으로 옮겨서 수술을 받게 될지도 모르기 때문에 피가 멎기 전에는 음료를 주어서는 안 된다.

- 출혈 환자의 응급처치
  ① 출혈이 심한가? → 출혈부위를 계속해서 손으로 압박한다.
  ② 쇼크증상을 보이는가? → 다리와 발을 지면에서 15~30cm 높게 위치시킨다. 호흡이 나빠지면 일으켜 세운다.
  ③ 신체의 일부분이 절단되었는가? → 절단 부위를 찾는다.
  ④ 속이 미식거리거나, 구토를 하는가? → 옆으로 눕힌다.
  ⑤ 신체에 이물질이 박혀 있는가? → 제거하지 않는다.

혈액은 심장박동으로 동맥, 모세혈관, 정맥 순환, 산소, 영양분, 노폐물 등을 운반, 백혈구와 항체 등을 통해 세균 감염 등의 질병으로부터 보호하며, 신체를 순환하면서 체온을 일정하게 유지하는 기능을 담당한다.

혈액의 구성은 혈구와 골수의 조혈모 세포로부터 적혈구, 백혈구, 혈소판으로 분화되어 생성되며, 혈장은 대부분 수분으로 구성되어 있고 단백 성분, 화학물질 및 전해질 등이 함유되어 있다. 체중 50-60㎏인 사람은 4-6ℓ 정도의 혈액을 보유하고 있다.

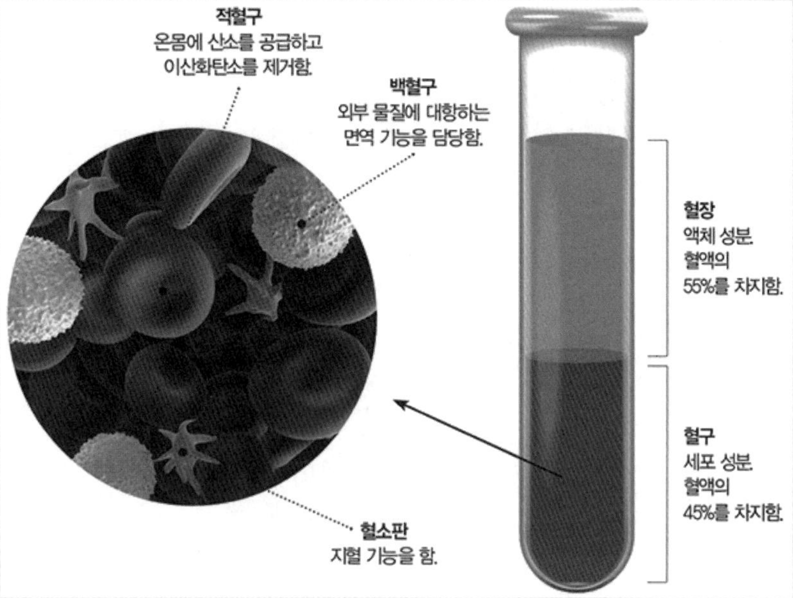

혈장은 대략 전체 혈액량의 반을 차지하며, 거의 물로 되어 있어서 정상 순환기능을 유지할 수 있을 만큼의 혈액량을 유지한다. 또한 혈장에는 에너지를 생산하거나 성장과 생존을 위한 영양소가 들어 있고, 배출해야 할 대사 노폐물을 운반한다.

백혈구는 면역계통의 질환과 싸운다. 즉, 신체 속으로 들어온 세균에 대항한다. 또한 신체가 감염에 대항 할 수 있는 항체를 만들어 낸다.

적혈구는 혈액의 고형 성분 중 대부분을 차지하며 팔이나 다리의 큰 뼈 속 골수에서 만들어진다. 적혈구의 수는 백혈구의 1천배가 넘는데, 한 방울의 혈액에 포함된 적혈구는 약 2억6천만 개 정도이다. 적혈구는 허파에서 받은 산소를 신체세포로 전달하고, 신체세포에서 생긴 탄산가스를 허파로 운반한다.

혈소판은 세포조각으로 되어 있는데 납작한 디스크 모양을 하고 있다. 혈소판은 서로 엉겨 붙는 경향이 있어서 혈액의 응고기전에 필수적이다. 혈소판은 상처부위에 응고물(피딱지)을 만들어 출혈을 멈추게 한다. 피딱지는 상처 치유를 위한 기본적인 것으로써, 이것이 만들어질 때까지는 인위적으로 지혈해야만 한다.

출혈을 멈추게 하는 방법으로 손상된 부위에 압박붕대나 멸균거즈를 대고 손으로 출혈부위를 직접 압박하며, 직접압박으로도 지혈이 되지 않을 때는 손상된 부위에서 몸통에 가까이 위치한 동맥 혈관 부위를 압박하여 출혈부위로 혈액이 흘러가는 것을 제한하는 간접압박을 병행하여 시행한다.

(1) 직접압박

거즈나 기타 깨끗한 헝겊을 두텁게 접어서 상처 위에 대고 붕대를 단단히 감아준다. 경우에 따라서는 아무 헝겊이라도 깨끗한 것을 접어서 상처에 대고 누른다. 만일 거즈를 대고 감았는데도, 피가 멈추지 않고, 상처에 댄 소독거즈 위로 피가 베어 나와 계속 피가 흐르는 경우는 피로 젖은 거즈를 제거하지 말고 그 위에 새 거즈를 계속 덧대고 누른다. 눈을 다친 상처, 이물질이 박혀 있는 상처, 그리고 머리뼈가 상한 경우엔 상처를 직접 누르는 방법은 쓰지 않는다.

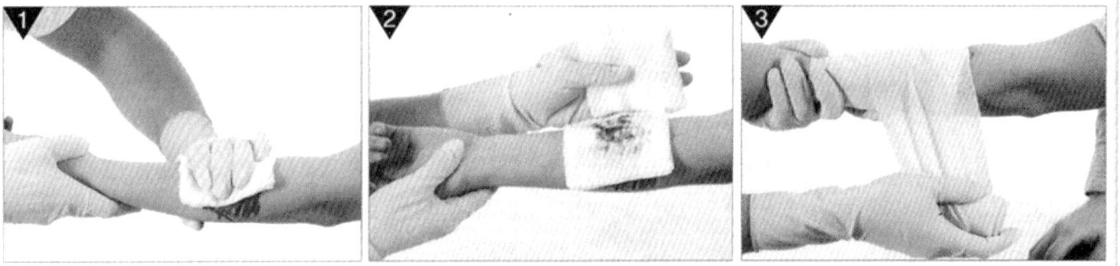

장갑이나 깨끗한 천을 이용하여 출혈부위를 약 10분 정도 압박한다. 피에 젖은 거즈는 제거하지 않고 덧댄다. 출혈이 계속되면 직접 압박하면서 상처를 심장부위보다 높이고 압박붕대를 감는다.

〈그림 14-18〉 직접 압박법

(2) 혈관 압박

동맥에 손상이 있으면 상처로부터 많은 피가 내뿜듯이 나오며 혈액손실이 커서 순환부족으로 인해 쇼크에 빠지고 환자상태가 더욱 심각해지므로 손상된 동맥으로부터의 출혈을 막는 혈관 압박이 꼭 필요하다. 동맥혈관의 압박은 손상된 곳과 심장 사이에서 동맥이 뼈 가까이 지나는 곳을 눌러 대출혈을 막기 위한 간접적인 지혈방법이다. 출혈 부위에 따른 동맥혈관 부위를 압박하여 지혈하는 방법은 다음과 같이 시행한다.

• 측두 동맥

- 머리 부분의 출혈이 심할 때에 귀 앞에서 두개골을 향하여 눌러 지혈시킨다.

• 안면 동맥

- 안면에 출혈이 심할 때에 턱밑 악궁에서 약 1cm 앞 쪽 즉 동맥이 하악골을 건너 간 부분을 향하여 압박한다.

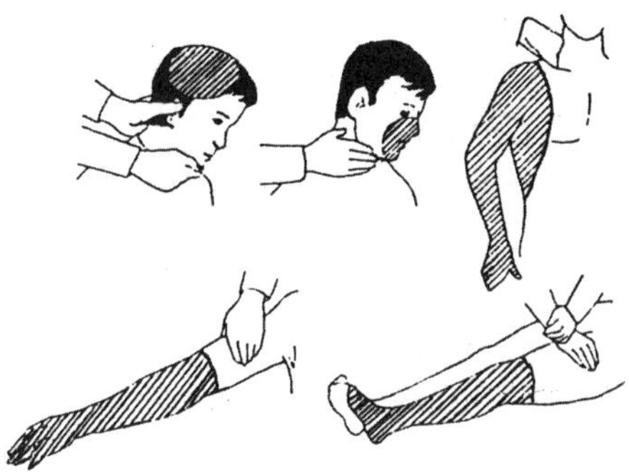

① 측두 동맥
② 안면 동맥
③ 쇄골하동맥
④ 상박 동맥
⑤ 대퇴 동맥

〈그림 14-19〉 출혈 부위와 혈관 압박지점

• 쇄골하 동맥

- 어깨에서 출혈이 심할 때에 쇄골 뒤쪽에서 제 1늑골에 향하여 지압한다.

• 상박 동맥

- 다리에서 출혈이 심할 때에 상박의 중간에서 엄지손가락을 밖으로, 나머지 네 손가락을 안쪽으로 하여 손아귀를 쥐어 압박한다.

3) 감염(Infection)

상처는 크고 작고를 불구하고 병균이 상처로 들어가면 염증이 생길 수 있기 때문에 상처를 통한 감염을 예방하는 것이 중요하다. 부상으로 인해 피부에 상처를 입었을 때 손상부위를 깨끗이 하는 것이 필요하며, 부상이 단순할 경우 집에서 치료할 수 있으나 의사에게 치료를 받는 것이 좋다. 상처를 입은 사람은 다음과 같이 처치한다.

- 손을 비누로 깨끗이 씻고 상처 부위에 직접 닿지 않도록 하며, 가능하면 일회용 장갑을 착용한다.
- 상처에 흙이나 더러운 것이 묻었을 때는 깨끗한 물로 상처를 씻은 다음 소독해 준다.
- 크지 않은 상처는 비누나 물로 닦으며, 대체로 비누는 병균을 제거하는데 효과적이다.

- 더러운 손이나 헝겊으로 상처에 대거나, 엉키어 뭉친 핏덩어리를 건드리지 않는다.
- 상처부위를 조심스럽게 세척하고 드레싱을 대어준다.
- 사용 물품은 분리하여 폐기한다.
- 상처가 붓거나 붉어지고, 통증이나 열이 있으면 감염을 의심하고, 즉시 의료인의 치료를 받도록 한다.

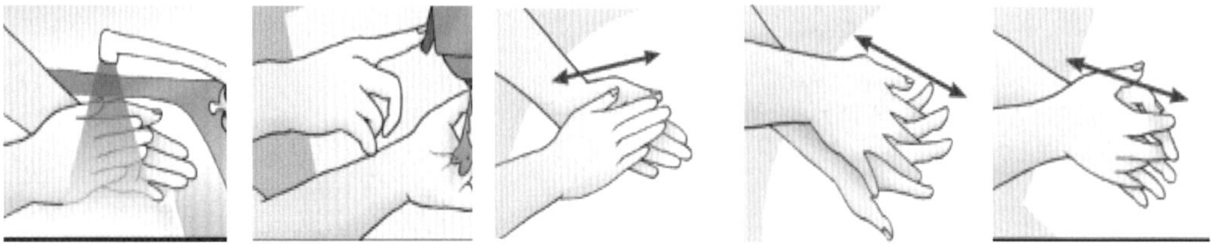

1. 흐르는 미지근한 물에 손과 팔목을 적신다
2. 충분한 양의 비누를 바른다
3. 손바닥과 손바닥을 마주대고 문지른다
4. 손가락을 깍지낀상태에서 손바닥으로 손등을 닦는다
5. 손가락을 깍지낀 상태에서 양 손바닥을 닦는다

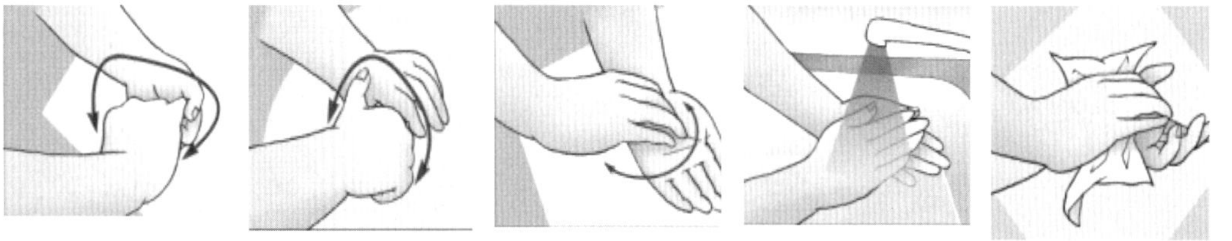

6. 두 손을 깍지낀 상태로 돌리면서 씻는다
7. 반대편 손으로 엄지 손가락을 쥐고 돌리면서 닦는다
8. 손톱 밑을 주의해서 씻는다
9. 흐르는 물에 비눗기를 완전히 씻어낸다
10. 종이수건으로 물기를 닦는다

〈그림 14-20〉 손씻는 방법(범국민손씻기운동본부)

파상풍

파상풍을 일으키는 clostirdium tantani균은 흙, 대변 등에서 흔히 발견되며, 중추신경계와 근육에 작용하여 인체에 치명적일 수 있다. 파상풍균은 상처를 통해서 몸 안에 침투하며, 깊거나 지저분한 상처는 감염의 위험성이 높다. 파상풍을 예방하기 위해서는 상처를 깨끗이 소독하여야 하며, 감염의 위험성이 높으면 적절한 예방접종을 하여야 한다. 기본예방접종을 한 경우에도 10년 마다 추가접종을 받아야 한다.

4) 각종 상처의 처치

(1) 긁힌 상처(찰과상)

피부나 점막이 심하게 마찰되거나 또는 몹시 긁으므로 생기는 상처이다.

- 긁힌 상처의 처치는 상처를 깨끗한 물로 흙이나 먼지는 씻어내고 소독된 거즈나 깨끗한 헝겊을 상처에 대고 붕대로 매어 준다.

(2) 베인 상처(절창)

칼, 면도 또는 유리조각과 같은 날카로운 물체에 의하여 베인 상처이다.

- 피가 많이 나는 경우는 즉시 출혈을 막고, 피가 적게 나는 경우는 조금 피를 짜서 균이나 더러운 먼지를 빼낸다.
- 상처부위가 더러우면 깨끗한 물로 씻어낸다.
- 거즈나 깨끗한 헝겊을 대고 붕대로 매어 준다.
- 상처 부분을 높이고 움직이지 않도록 한다.
- 계속 피가 나고 아프면 의사의 치료를 받아야 한다.

(3) 찔린 상처(자창)

뾰족한 물건에 찔린 상처는 대개 피가 많이 나지 않으므로 깨끗이 씻어 내기가 어렵고 공기가 상처로 잘 통하지 못하므로 병균이 잘 번식하여 일반적으로 다른 상처에 비하여 염증이 생길 위험이 많다. 특히 파상풍균이 침입하여 번식할 위험성이 많다.

- 찔린 상처의 처치는 피를 조금 흐르게 하여 균을 제거하도록 한다.
- 깨끗한 헝겊을 상처에 대고 붕대로 매어 준다.
- 빨리 의사의 치료를 받도록 한다.

(4) 벌레에 물린 상처

벌이나 그밖에 독이 있는 벌레에게 물리거나 쏘이면, 아프고 부으며 염증이 생기고 가려운 곳을 긁으면 곪을 수가 있다. 쏘인 부위에 통증, 종창, 작열감, 발열, 두드러기 등이 나타나며, 사람의 체질에 따라 전신적인 가려움증, 작열감, 두드러기, 혀의 부종, 기도폐쇄, 호흡곤란, 흉부압박감, 불안감, 복부통증 등과 같은 과민반응과 알레르기 반응이 복합된 반응이 전신에 나타날 수 있다. 따라서 야외활동을 할 때는 벌독 알레르기가 있는 사람은 특히 주의할 필요가 있으며, 진한 향수, 화장품, 원색의류를 피하고 긴팔 상의와 모자를 착용한다.

〈표 14-3〉 벌의 종류와 습성

	꿀벌	노랑말벌	호박벌	말벌
시기	3~9월	4~10월	4~8월	3~8월
벌의 종류			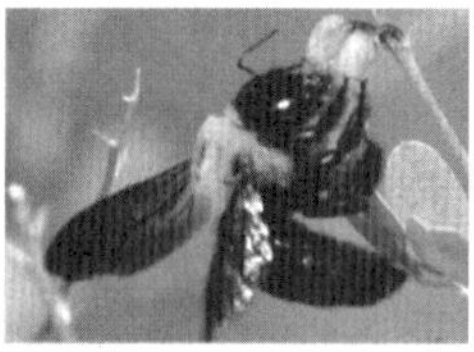	
모양	털이 많다. 노란색, 검은색 무늬	호박벌보다 작다. 노란색, 검은색 무늬	털은 성기고 짧다. 흑색, 백색, 노란색 무늬	털이 없고 허리가 좁다 흑색, 갈색, 노란색 무늬
습성	공격받을 때에만 공격 음료, 화장품, 향수	매우 공격적 단음료, 쓰레기, 소풍지역	단음료, 화장품, 향수, 헤어스프레이, 선크림	반복 침쏘기가 가능하다. 화장품, 향수, 썬크림
거주지	속이 빈 나무, 통나무의 벌집	바위 아래, 벽속, 땅속에 사방이 막힌 벌집	나무, 처마, 울타리에 매달린 벌집	아래쪽이 개방된 지붕 안쪽, 덧문 뒤, 통풍구

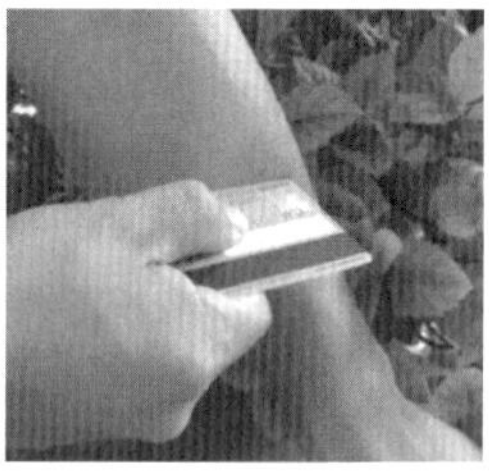

- 벌침이 피부에 남아 있으면 제거하되 독낭을 터트리는 핀셋이나 손톱을 사용하지 않도록 하며, 신용카드로 밀어서 제거한다.
- 침을 빼낸 부위는 비눗물로 세척하고, 암모니아수를 바른다.
- 찬물로 냉찜질을 해주거나 찬 물수건을 대어주면 통증을 가라앉힐 수 있다.

(5) 뱀에 물린 상처

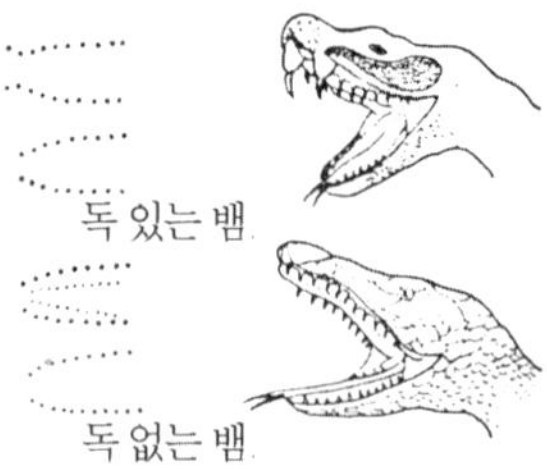

국내에는 약 14종의 뱀이 서식하며, 살모사, 까치살모사, 쇠살모사, 우혈목이 등 4종이 독을 가지고 있다. 일반 뱀은 크게 걱정이 없지만 독사에게 물리면 이빨자국이 약간 생기고 부어올라 매우 아프며 피하출혈이 생겨서 살갗이 시커멓게 된다. 현기증, 실신, 구토, 발열 등이 생기며 호흡이 곤란해져 사망하는 경우도 있다.

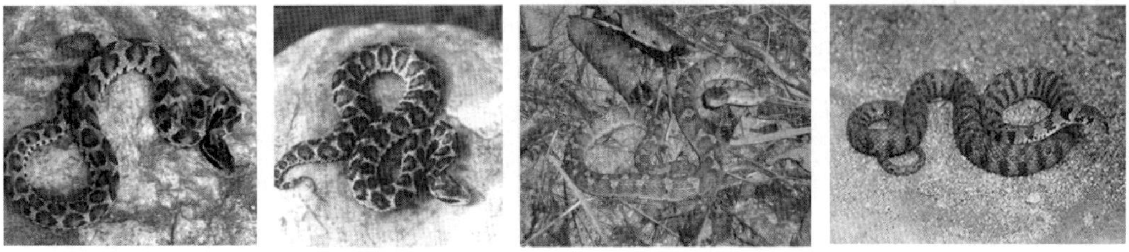

〈그림 14-21〉 우리나라의 독을 가진 뱀 종류

독이 번지지 않게 물린 곳에서 심장쪽으로 상처 바로 위를 꼭 매어 피 흐름을 억제한다음, 즉시 가까운 병원이나 보건소의 진료를 받는다.

- 환자를 안정시키고 최대한 움직이지 않게 한다.
- 상처부위를 절대 절개하지 않는다.
- 상처부위를 비눗물로 깨끗이 씻고, 물린 부위를 심장보다 낮게 한다.
- 물린 부위의 위쪽에서 가까운 신체부위를 5cm 이상의 넓은 천으로 약하게 묶는다. 너무 꽉 조일 경우 혈액순환 안 되서 2차 손상이 우려될 수 있다.

(6) 풀독(접촉성 피부염)

가시박, 돼지풀 등 생태계 교란식물을 접촉하여 피부에 알레르기성 염증이 발생한 것으로, 날카로운 나뭇가지 또는 풀잎에 피부가 긁혀서 피부발진과 가려움증이 유발되고 심한 경우 물집이 생기고 진물이 나오기도 한다. 가렵다고 환부를 긁으면 2차 감염이 유발될 수 있다.

- 먼저 시원한 물로 풀의 진을 씻어내고, 상처부위에 얼음 찜질을 한다.
- 착용한 옷과 신발을 세탁한다.
- 긴 옷, 장갑, 모자 등을 착용하여 접촉을 최소화한다.
- 알레르기가 있는 사람은 미리 의사의 처방을 받아 접촉성피부염 약(항히스타민 복용, 스테로이드 연고)을 소지하고 다닌다.

절단 손상

손가락 등 신체 일부가 찢기거나 베어졌다면 절단된 부분을 찾아서 이물질을 제거한 다음, 무균거즈나 깨끗한 천으로 감싸서 비닐봉지에 담는다. 비닐봉지를 얼음에 넣어 가능한 빨리 환자와 함께 병원에 간다. 특히 절단 부위가 물이나 얼음에 직접적으로 닿지 않도록 주의해야 한다.

입의 상처

입의 상처를 처치할 때는 환자가 호흡을 할 수 있도록 해주는 것이 중요하다. 피와 흔들리는 치아가 기도를 방해하여 호흡곤란의 원인이 될 수도 있다. 만약 환자가 입에서 피를 흘리고 있다면, 머리, 목, 척추 부상이 없다고 생각되면 머리를 전방으로 약간 숙이고 앉아 있도록 해서 피가 입으로부터 흘러나가도록 해준다. 이 자세가 불가능하다면 입에서 피가 흘러나가도록 회복자세로 하여 얼굴을 옆으로 돌려준다. 입술을 관통한 부상을 위해 입술과 잇몸사이에 둥글게 만든 드레싱을 놓는다. 입술의 외부 표면 위에 다른 드레싱과 직접 압박을 사용한다. 입술과 혀에 차가운 것을 대면 붓는 것을 막아주고 통증도 줄어든다.

코의 출혈

콧구멍 내부의 혈관에서의 출혈로 코를 맞았거나 재채기, 코를 후비거나 해서 생길 수 있다.

① 윗입술과 잇몸 사이에 둥글게 말은 거즈를 넣고 코를 손가락으로 눌러 압박을 가하고 환자는 윗입술에 넣은 거즈를 눌러서 지혈에 도움을 주도록 한다.
② 코피가 폐로 유입되지 않도록 가능한 환자를 앉은 상태에서 머리를 앞으로 숙이도록 한다.
③ 10분 후에 압박을 풀어주고 피가 멈추지 않으면 10분을 더 압박한다.
④ 코 위에 얼음물 주머니를 올려주면 지혈에 도움이 된다.

귀의 출혈

① 피나 액체가 흘러나오도록 손상 받은 쪽으로 귀를 기울인다.
② 소독 거즈로 귀를 덮고 접착성 테이프로 살짝 붙인다. 이때 귀를 마개로 막거나 혈액이 흐르는 것을 방해하지 않아야 한다.

6 화상과 체온 손상

1) 화상

화상은 과도한 열, 화학물질, 전기, 태양열, 방사능 등에 의해 피부조직에 손상이 유발되는 것을 말한다. 화상은 피부의 외피층을 파괴한다. 화상으로 피부가 벗겨지게 되면 감염이 유발될 수도 있고, 신체로부터 나오는 체액 손실이 발생할 수도 있다. 또한, 신체의 체온을 조절하는 기능을 손상시킬 수도 있다.

(1) 화상의 종류와 증상

- 1도 화상(표면화상, Superficial Burns)은 피부의 외피층만 손상된 것이다. 피부가 빨갛게 되고, 따끔거리는 통증이 있으며, 치료하면 흉터는 없다. 대부분의 일광화상이 표면화상이며, 표면화상은 특별한 흉터 없이 5~6일 안에 낫는다.
- 2도 화상(Partial-Thickness Burns)은 표피와 진피에 생기는 화상이다. 피부에 물집이 생기고, 심한 통증이 있으며, 흉터나 피부변색, 탈모가 생길 수 있다. 보통 3~4주 안에 나으며 흉터가 생길 수 있다.
- 3도 화상(Full-thickness Burns)은 피부는 물론, 피하지방, 근육, 뼈, 혈관, 신경 등 하층구조까지도 파괴될 수 있다. 상처부위가 갈색이 되거나 거무스름하게 보이며, 피하 조직들은 하얗게 보일 수도 있다. 이런 화상은 고통이 아주 심하거나 신경의 끝부분이 파괴되어 오히려 통증을 잘 못 느끼며, 흉터가 남는다.

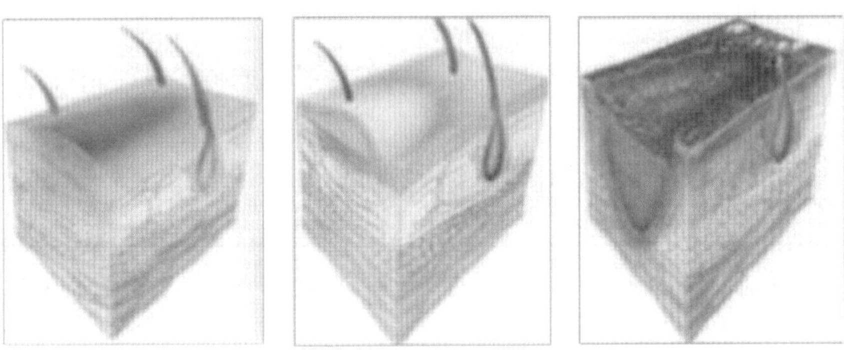

1도 화상 2도 화상 3도 화상

〈그림 14-22〉 화상의 정도

(2) 화상의 응급처치

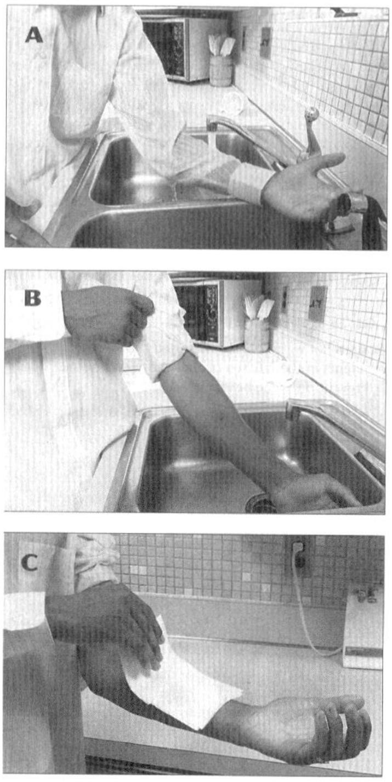

현장이 안전한지 확인한다. 불, 연기, 땅에 떨어진 전기줄, 화학적이거나 방사능적인 경고 신호가 있는지 살핀다. 현장이 불안전하다면 119나 경찰에 신고하고, 구조대가 도착할 때까지 기다린다.

만약 현장이 안전하다면, 환자에게 조심스럽게 다가간다. 환자가 호흡하는데 어려움이 있고 신체의 많은 부분에 화상을 입었다면 119에 신고하여 도움을 요청한다. 불꽃과 뜨거운 액체로 인해 화상을 입은 사람은 응급처치가 필요하며, 이때는 옷이 피부와 접촉해서 열을 유지하기 때문에 심각하다. 어떤 직물은 피부에 용해되거나 달라붙는다. 처음에 중요하지 않게 보이나 계속 악화될 수도 있다. 기억할 것은 화상은 출혈을 동반하지 않는다는 것이다. 만약 출혈이 있다면 다른 상처이기 때문이다.

만약 화상의 증거가 보이면, 다음과 같이 네 가지 기본 단계를 따라 처치해야 한다.

① 화상 부위를 차갑게 한다.
② 감염 예방을 위해 화상 부위에 드레싱을 한다.
③ 쇼크를 최소화한다.
④ 만약 의료적 도움이 요청된다면 빨리 결정한다.

(3) 화상의 예방

화상을 일으키는 요인에 주의하며, 무엇보다도 사전에 예방하는 것이 가장 중요하다. 열원이나 화원을 취급할 때 조심하며, 산과 알칼리 같은 화학물질을 취급할 때 가이드 라인을 준수하여 모든 화학물질을 다루는데 주의를 기울여야 한다. 전기선과 장비 주위에서는 주의를 기울이고, 번개 칠 때 야외에 있지 않도록 한다. 자외선 차단제를 바르고 긴소매 옷을 입는 등 지나친 노출을 피한다. 자외선 차단제는 적어도 자외선차단지수(SPF) 15 이상을 사용한다.

2) 열손상

사람의 체온은 일정하게 유지되며 신체의 각 기능을 원활하게 한다. 정상체온은 섭씨 36.5도 정도이다. 음식물이 에너지로 변환되는 과정에서 체온이 발생하며 몸의 움직임이나 떨림 등의 근육 운동에 의해서도 발생한다. 열은 항상 높은 곳에서 낮은 곳으로 퍼져나간다. 체내 열 소모기전과 열 발생기전이 서로 상호작용하면서 균형을 이루어 체온이 유지된다. 정상 활동 중에 발생되는 열은 소모되는 열과 균형을 맞추는데 충분하다. 체온이 상승할 경우, 몸은 피부를 통한 열 손실을 증가시켜 균형을 유지한다. 즉 피부 밑에 있는 혈관들이 확장되어 표피 쪽으로 더운 혈류를 많이 보내면, 열이 표피를 통해서 방출되고 체온이 떨어져 균형이 유지된다.

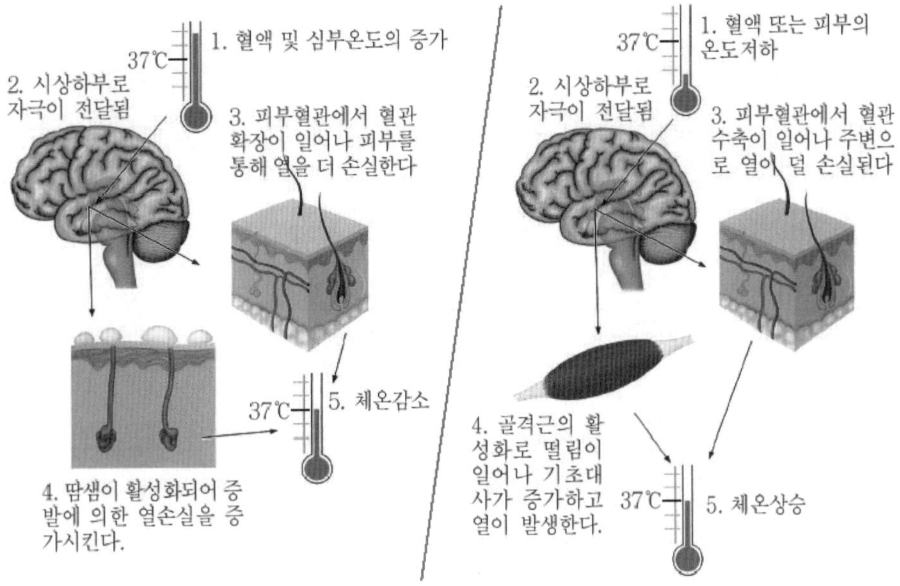

〈그림 14-23〉 인체의 온도 조절 시스템

체온에 영향을 미치는 3가지 요인은 온도, 습도, 바람이다. 높은 습도는 실제 체감온도에 영향을 미쳐, 더울 때에는 체감온도를 상승시키고 추울 때에는 체감온도를 하락시킨다. 또한 강한 바람을 동반하는 심한 추위는 노출 부위의 온도를 급격히 떨어뜨린다. 복장, 혹한·혹서 노출 후의 휴식, 마시는 물의 양과 횟수, 신체활동의 정도 등의 요인들도 체온유지의 조건이 되며, 이러한 조건들을 적당히 조절할 경우 고온 또는 저온에 의한 손상을 어느 정도 예방할 수 있다.

(1) 열경련(Heat Cramps)

열경련은 통증을 동반한 골격근의 수축을 말한다. 정확한 발병 원인은 불확실하지만 심한 발한으로 인한 신체 내 수액과 염분의 손실에 의한 것으로 추정된다. 열경련은 무더운 야외에서 극심한 신체활동을 한 후에 갑자기 발생하며, 특징적으로 다리나 복부에 집중적으로 발생한다. 주의할 점은 열경련이 다른 심각한 고온 손상의 초기 단계를 의미하기도 한다는 점이다.

• 증상

체온은 정상이며 피부는 축축한 것이 특징이다. 땀이 많이 나면서 보통은 다리와 복근에 통증을 동반하는 경련이 발생한다.

• 응급처치

시원한 장소에서 시원한 물이나 스포츠용 음료수를 공급하면 휴식과 음료만으로도 회복이 가능하다. 수축된 근육을 약간 늘려준다든가 가볍게 마사지하면 회복에 도움이 된다. 경련이 중단되고 다른 특별한 증상이 없으면 즉시 정상적 활동을 시작할 수는 있으나 심각한 고온 손상 증상이 발생하는지를 반드시 확인해야 한다.

(2) 열피로(Heat Exhaustion)

열탈진은 열경련보다 조금 더 심각한 상황으로, 극심한 고온에서 장시간 운동하거나 심한 노동할 때 종종 발생한다. 열탈진은 운동선수에게 가장 흔하게 발생하지만 화재진압 소방관, 건축 근로자, 공장 근로자 등에게서도 발생하고, 고온다습한 작업 환경에서 두꺼운 옷을 입고 근무하는 사람에게서도 흔히 발생한다. 열탈진의 발생은 신체 내의 체온 조절 중추가 파괴되기 시작했음을 의미하나, 열탈진이 발생하기 전에 항상 열경련이 먼저 오는 것은 아니다. 열탈진의 발생 원인은 상당 시간동안 발한으로 인하여 수분 손실이 진행되어 혈류량이 감소되는 반면, 피부로 가는 혈류는 증가한다는 것이다. 이 경우 생존에 필수적인 장기로 가는 혈류는 감소된다. 순환계에 대한 영향으로 환자는 경미한 쇼크 상태가 된다.

• 증상

땀이 많이 나지만 피부는 차가울 수 있고 창백하거나 홍조가 나타날 수 있다. 맥박이 약해진다. 체온이 정상일 수 있으나 체온은 상승된다. 졸도하거나 현기증이 생기며 매스꺼움이나 구토가 나고 피로감이나 두통이 생길 수 있다.

• 응급처치

초기 열탈진은 적절한 처치를 하면 대부분 회복된다. 환자를 시원한 곳에 누인 다음, 옷을 느슨하게 풀어주거나 제거한다. 환자에게 선풍기를 틀어주거나 냉방이 잘되는 곳으로 옮기고 시원한 음료를 섭취하게 하면 증상이 호전되는 것을 느낄 수 있다. 그러나 별다른 조치 없이 열탈진이 진행되면 점차 환자 상태가 악화되며 체온은 점차 상승하며 구토가 동반되고 의식 상태도 희미해진다. 이때 즉시 적절한 처치를 하지 않으면 더 심각한 고온 손상인 열사병으로 진행된다.

(3) 열사병(Heat Stroke)

열사병은 고온에 의한 응급 상황 중 빈도는 낮지만 가장 심각한 신체 손상으로, 열탈진을 처치하지 않고 방치된 사람에게서 주로 발생한다. 일광에 의해 발병하는 경우 일사병이라 부른다. 열사병은 고온에 의해 체온조절 중추의 기능이 마비되어 발생한다. 체내 수분이 적어지기 때문에 땀도 매우 적어진다. 땀이 없어지면 자체적인 체온조절이 거의 불가능해지기 때문에 체온은 급상승한다. 이렇게 체온이 급상승하면 뇌, 심장, 신장 등 주요 생명유지 장기의 기능이 파괴된다. 체온을 빨리 떨어뜨려 주지 않으면, 경련, 의식소실 등으로 이어져 사망할 수도 있기 때문에 고온 손상이 가장 심각한 형태인 열사병의 증상을 신속히 인지하고 즉시 적절한 처치를 반드시 해야 한다.

• 증상

높은 체온(심한 경우 40℃까지 상승), 뜨겁고 붉고 건조한 피부, 급격히 약해지는 맥박, 급격히 얕아지는 호흡, 의식을 잃을 수 있다. 환자가 직전에 심한 운동으로 많은 땀을 흘리지 않았다면 환자는 땀을 흘리지 않을 것이다.

• 응급처치

열사병은 의학적으로 심각한 병증이기 때문에 119나 응급의료서비스를 호출하거나 환자를 즉시 병원에 이송해야 한다. 적절한 대처가 지체되면 생명이 위태로워질 수 있다. 냉방이 잘되는 곳으로 환자를 옮기고 환자의 옷을 느슨하게 하고, 차가운 타월이나 천으로 몸을 식혀준다. 환자에게 직접 물을 분사해주거나, 선풍기나 부채바람을 쐬게 하는 것도 좋다. 환자가 의식이 있다면, 적은 양의 찬 물을 마시게 한다. 호흡에 문제가 없는지 특히 주의를 기울여 살펴본다.

2) 저온 손상

저온에 의한 손상에는 동상과 저체온증이 있다. 동상은 추위에 노출된 신체 부위에 발생하며, 저체온증은 체온을 유지하기 위해 필요한 적당한 열을 신체 스스로 발생시키지 못하게 되어 전신의 체온이 떨어진 상태를 말한다.

(1) 저체온증

저체온증(Hypothermia)이란 내부나 외부의 다양한 원인에 의하여 체온이 35℃ 이하로 떨어진 경우를 말하여, 저체온의 정도에 따라 다양한 임상증상을 보일 수 있다. 저체온증에 빠지면, 점차 체온이 감소함에 따라 심장은 비정상적으로 박동하며 결국 심장마비가 발생하고 사망한다.

〈표 14-4〉 체감온도에 따른 인체의 증상

구분	체감온도	가능증상	대처요령
낮음	10℃ ~ -10℃	- 추위를 느끼는 불편한 증상	- 긴 옷이나 따뜻한 옷을 착용
보통	-10℃ ~ -25℃	- 노출된 피부에 매우 찬기운이 느껴짐 - 보호장구 없이 장기간 노출되면 저체온에 빠질 위험이 있음.	- 방풍 기능이 있는 겹옷이나 따듯한 옷을 착용. - 모자, 벙어리장갑, 스카프 착용
추움	-25℃ ~ -45℃	- 10~15분 이내 동상 위험이 있음. - 보호장구 없이 장기간 노출시 저체온에 빠질 위험이 있음.	- 방풍 기능이 있는 겹옷이나 따듯한 겹옷을 착용. - 노출된 모든 피부를 덮고, 모자, 벙어리장갑, 스카프, 목도리, 마스크 착용. - 피부가 바람에 직접 노출되지 않도록 함.
주의	-45℃ ~ -59℃	- 노출된 피부는 몇 분내에 얼게 됨. - 야외활동시 저체온 위험이 매우 큼.	- 방풍 기능이 있는 매우 따듯한 겹옷을 착용. - 노출된 모든 피부를 덮고, 모자, 벙어리장갑, 스카프, 목도리, 마스크 착용. - 야외활동은 짧게 하거나 취소함.
위험	-60℃ 이하	- 야외 환경은 생명에 매우 위험함. - 노출된 피부는 2분내 동상.	- 실내에 머무름

• 저체온증의 증상은 다음과 같다.
- 온몸을 떤다.(증상이 진행됨에 따라 떨림은 없어짐)
- 맥박이 불규칙하고 느리다.
- 몸이 저리다.
- 멍한 눈으로 허공을 응시한다.
- 무감각해지고 의식상태가 희미해진다.

저체온증은 영하의 온도가 아니라도 유발될 수 있다. 운동과 영양이 부족한 환자는 비교적 높은 기온이라 하더라도 난방시설이 없는 실내에서 장시간 체류 시 저체온증이 발생할 수 있다. 또한, 저체온증은 노숙자나 만성질병 환자에게서 흔히 발생한다.

알코올은 추위에 대한 몸의 반응을 둔하게 만들기 때문에 저체온증에 쉽게 빠지게 한다. 감염, 당뇨, 뇌졸중, 뇌종양 등도 저체온증에 잘 빠지게 하는 질병이다. 찬물 속에 오랫동안 있거나 젖은 의복을 장시간 입고 있을 때에도 저체온증이 발생할 수 있다.

• 응급처치

신속하게 환자 상태를 파악하여 치명적인 호흡정지나 심장마비 상태가 동반되었나를 확인하고, 필요시 119에 도움을 요청한다. 젖은 의복을 벗기고 환자의 몸을 건조하게 유지한다. 따뜻한 장소로 옮겨 뜨거운 찜질 등 몸을 따뜻하게 할 수 있는 방법을 사용한다.

뜨거운 찜질을 할 때는 화상 방지를 위해 환자와 찜질용 열원 사이에 담요, 수건, 의복 등을 넣는다. 갑자기 체온을 높이면 치명적인 부정맥이 발생할 수 있으므로 환자를 더운물에 넣는 등 갑자기 체온을 높이는 방법은 사용하지 말아야 한다. 환자의 의식이 확실한 경우에는 알코올, 카페인 등이 들어 있지 않은 따뜻한 음료를 마시도록 한다. 항상 환자에게 무리가 가지 않도록 조심스럽게 처치해야 한다는 점을 명심해야 한다.

저체온증이 심해지면 환자는 의식이 없어지며 호흡도 점차 느려지고 결국은 정지되며 맥박도 점차 느려져 부정맥이 발생한다. 근육이 굳어져서 몸이 뻣뻣해진다. 기도, 호흡, 맥박을 잘 관찰하고 필요하면 심폐소생술을 하면서 구조대원을 기다린다.

(2) 동상

동상(Frostbite)은 신체 조직의 일부가 얼은 상태를 말한다. 동상은 노출된 신체 부위에 주로 발생하며 기온, 노출시간, 바람 등이 주요 유발 요인이다. 동상은 표피 조직이나 심부

조직 모두에 발생할 수 있는데, 표재성 동상은 피부는 손상되었으나 피부 이하 심부 조직에는 영향이 없는 상태이며, 심부 동상은 피부와 피부 이하의 깊은 조직까지 침범한 동상이다. 세포 안쪽과 세포 사이에 존재하는 수분이 동결되어 부종이 발생하며, 이 얼음결정과 부종으로 인하여 세포가 파괴되므로 동상이 심하면 손가락, 손, 팔, 발가락, 발, 다리 등을 잃을 수도 있다.

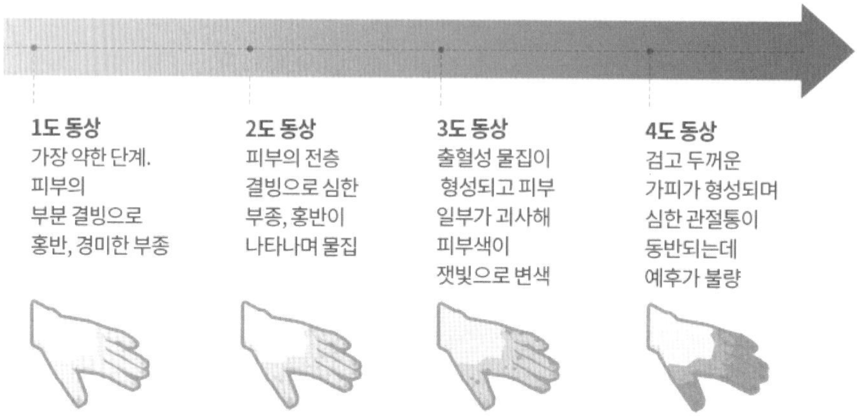

〈그림 14-24〉 동상의 단계별 증상

- 동상의 증상은 다음과 같다.
  - 동상 부위의 감각 소실
  - 끈적끈적한 피부
  - 차가운 피부
  - 변색된 피부색(붉은색, 흰색, 노란색, 청색 등)

- 응급처치

처치 시 동상 부위를 매우 조심스럽게 다루는 것이 중요하다. 동상 부위를 문지르면 세포 사이의 얼음조각에 의해 손상이 더욱 심하게 진행되므로 절대 문지르지 말아야 한다.

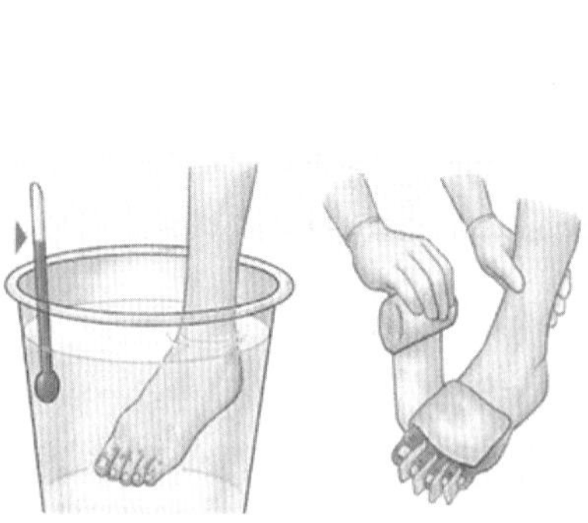

동상 부위를 37~40℃ 정도의 물에 담그고 따뜻하게 한다. 가능하면 물의 온도를 측정하면서 정확히 해야 한다. 그러나 온도계가 없을 경우에는 손을 넣어 불편하지 않을 정도로 따뜻한 물이면 된다. 동상 부위가 물을 담은 용기의 바닥이나 벽에 닿지 않도록 해야 한다.

동상 부위가 다시 붉은색으로 변하고 따뜻해질 때까지 물속에 넣어 둔다. 동상 부위는 건조한 무균 붕대로 감는다. 손가락이나 발가락의 동상은 손(발)가락 사이사이에 멸균된 솜이나 거즈를 넣고 감는다. 물집은 절대로 터뜨리지 말아야 한다. 그리고 가능한 신속하게 전문의의 치료를 받도록 해야 하고 재발에 유의한다.

7 근골격계 손상

1) 골절의 종류

골절이란 뼈가 부러지거나 금이 가는 것으로, 손상된 뼈의 주위 피부가 찢어지지 않은 폐쇄골절과 골절로 피부 표면이 찢겨져 상처가 나거나 깨진 뼈가 피부를 뚫고 밖으로 나오는 개방골절로 구분된다. 대부분의 골절은 단순골절이지만 주의깊게 다루지 않을 경우 개방골절로 발전할 수 있고, 개방골절은 혈관이 손상되어 심한 출혈이 동반될 뿐만 아니라 외부 오염물이나 세균의 침투로 감염의 위험성이 높다.

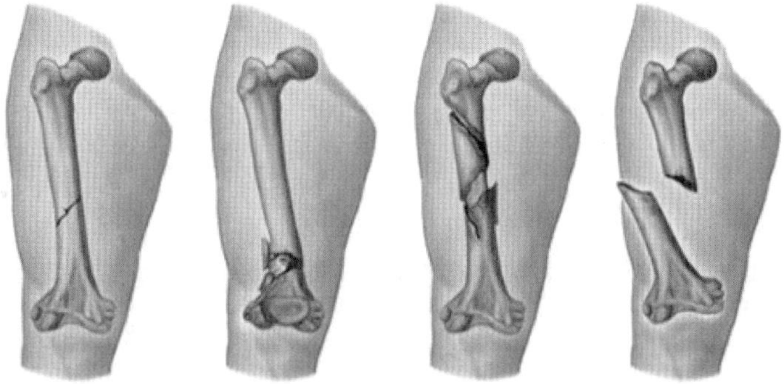

〈그림 14-25〉 골절의 형태

2) 골절의 증상

대체로 뼈가 부러진 경우의 증상은 골절부위가 붓고 통증이 있거나, 소리가 나며, 변형이 되어 구부려져 있거나, 골절부위가 움직이는 이상 가동성 등을 볼 수 있다. 또한 부러진 뼈끝이 살갗을 뚫고 나오고 핏줄이 터져서 피가 많이 흐르고 쇼크가 올 수도 있다.

이러한 증상을 보고 손상의 정도를 알아낼 수 있지만 뼈가 부러진 모든 경우에 이런 증세가 나타나는 것은 아니다. 일반적으로 다음과 같은 증상을 보인다면 골절이 의심된다.

- 변형

본래의 상태에 위치하지 않고 짧아지거나, 각이 지거나 사지가 회전하게 되는 것을 말한다. 변형상태를 검진할 때에는 반드시 손상된 사지와 반대편의 정상적인 사지를 비교해야 한다.

- 압통

골절 부위를 부드럽게 압박하면 골절부위에 통증이 있다.

- 운동제한

손상 부위를 움직이면 통증을 느끼므로 움직이려 하지 않고 움직임이 어렵거나 제한된다.

- 부종 및 반상출혈

골절 부위에서 부어오르거나 피부 밑으로 출혈된 것이 피부색 변화로 보인다.

- 마찰음

골절 부위에서 골절된 양측 뼈의 면이 맞부딪힐 때 마찰을 감지할 수 있다.

- 가성 운동

관절이 아닌 부위에서 관절처럼 골격의 움직임이 관찰되기도 한다.

3) 골절환자의 처치 원칙

골절 환자에 대한 일반적인 처치 원칙은 다음과 같다.

- 골절 환자를 함부로 옮기거나 다친 곳을 건드리어 부러진 뼈끝이 신경, 혈관 또는 근육을 손상시키거나 피부를 뚫어 복잡골절이 되게 하는 일이 없도록 조심한다.
- 골절 부위에 출혈이 있으면 직접압박으로 출혈을 방지하고 부목을 대기 전에 드레싱 먼저 시행한다.

- 골절 부위를 적절한 외부고정제로 고정시키는 부목이나 깁스 방법을 사용하여 혈관, 신경의 2차 손상을 방지해야 한다.
- 뼈가 외부로 노출된 경우 억지로 뼈를 안으로 밀어 넣으려 하지 말고 만약 뼈가 안으로 다시 들어간 경우에는 반드시 의료진에게 알려 주어야 한다.
- 골절 환자를 가능한 한 움직이지 말아야 한다. 환자를 편안하게 해주고 손으로 지지 하여 더 이상의 이상과 통증을 유발시키지 말아야 한다.
- 골절 시에는 동통 또는 출혈에 의한 쇼크상태에 빠지기 쉬우므로 이때는 머리는 낮게, 발은 높게 해주어야 한다.

4) 부위별 골절 처치

골절환자에 대한 일반적인 처치절차는 다음과 같다.

① 부러진 뼈를 맞추려고 하지 말고 무엇보다도 부러진 뼈를 움직이지 않게 하고 양쪽 관절이 움직이지 않게 막는다.

② 부러진 뼈의 양쪽 관절 너머까지 걸칠 만큼 큰 부목(나무판, 나무, 신문뭉치, 잡지, 지팡이, 우산, 담요 등)을 대고 삼각끈, 붕대, 수건 등으로 매어서 고정시킨다.

③ 쇼크를 방지한다.

④ 상처가 있을 때는 깨끗한 거즈나 천을 대고 붕대를 맨다.

⑤ 피가 나면 직접 눌러서 피가 나는 것을 막고, 피가 많이 나면 지혈대를 사용한다.

- 팔 골절

상처 입은 쪽의 팔을 가슴에 대고 가슴과 팔을 지지해준다. 가슴과 팔 사이에 부드러운 헝겊조각 같은 것을 끼워준다.

- 발의 골절

환자를 눕히고 구두와 양말을 조심스럽게 벗긴다.

아픈 쪽의 발을 들고 발바닥에 헝겊을 대고 부목을 받쳐준 후 고정한다.

• 쇄골 골절

환자를 앉히고, 손상된 쪽 팔을 가슴을 지나 반대쪽으로 가게 한다.

넓은 천으로 다친 쪽 팔을 가슴에 고정시키고 병원으로 이송한다.(삼각건으로 고정)

• 골반 골절

자동차 사고나 추락 사고로 흔히 발생하며, 다리를 펴준 채로 환자를 눕히거나 무릎을 구부리는 것이 더 편안하다고 하면 무릎 밑에 담요를 말아서 대준다. 묶어서 다리를 고정하는데 관절 사이에는 패드를 넣는다. 골반 골절 시에는 과다 출혈로 쇼크에 빠질 수 있으므로 주의해야 한다.

• 척추 골절

환자를 움직이지 말고 손으로 머리를 고정하고 감은 옷을 따라 대어 환자를 지지한다. 모포로 환자를 덮고 의료 지원을 기다린다.

5) 탈구

(1) 정의

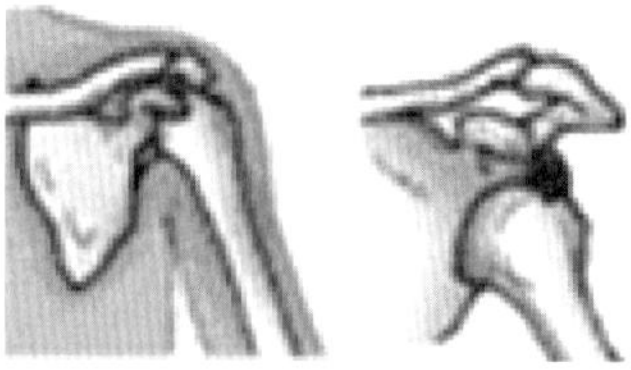

탈구는 관절에서 뼈가 정상위치를 이탈했거나 분리된 상태를 말한다. 탈구는 뼈와 인대들이 관절을 충분히 보호하지 못하는 구조를 갖고 있는 어깨, 팔꿈치, 손가락, 턱 등에서 자주 발생한다. 탈구되면 심한 통증을 유발하고 관절의 모양이 변하기 때문에 골절보다 쉽게 진단할 수 있다. 탈구와 골절을 구별하기 힘들 때는 골절과 같은 처치를 시행한다.

(2) 응급처치

탈구는 빠르고도 정확한 처치를 필요로 한다. 베개나 쿠션을 사용하여 부상자를 가장 편한 자세로 유지해주고, 쇼크에 대한 처치를 시행한다. 부상한 부위를 될 수 있는 한 편하게 하고 얼음찜질을 하여 아픔을 가라앉히고 붓는 것을 막아야 한다. 가능하면 붕대나 삼각붕대로 고정시켜준다. 어깨관절 탈구의 경우는 탁자 등에 가슴을 대고 탈구된 쪽 팔을 늘어트린 후에 다리미나 지탱할 수 있는 아령 등을 잡고 힘을 뺀 상태로 있는다.

6) 염좌

(1) 정의

관절 주위의 인대나 조직이 갑자기 뒤틀렸을 경우 발생하는 손상으로 흔히 삐었다고 하는 것이 이에 해당하며, 발목, 무릎, 손가락, 손목 관절 등에서 흔히 발생한다. 인대는 재생되지 않기 때문에 인대가 늘어나거나 찢어진 상태를 치료하지 않으면 관절의 안정성이 감소되어 쉽게 재손상을 입는다.

심한 염좌는 관절을 구성하는 뼈의 골절을 동반하기도 하며 인대 부착 부위의 뼈가 일부 뜯어지기도 한다. 인대가 늘어난 정도의 가벼운 염좌는 쉽게 치료된다.

(2) 응급처치

부상자가 가장 편한 자세로 관절을 지탱해주고 손상된 부위를 높게 해준다. 손목이면 팔걸이를 하여 고정시키고 발목이면 환자를 눕히고 옷이나 베개 같은 것을 염좌 부위의 밑에 놓아 그 부위를 높이고 환자를 안정시킨다. 부상 부위에 냉찜질을 하면 부종과 통증을 감소시켜줄 수 있다. 그리고 골절과 같은 처치로 부목을 대준다.

7) 근골격계 손상

(1) 손상의 조사

근육 골격계 손상은 손상된 조직에 따라 구분되기도 하고 여러 형태의 손상이 복합적으로 발생하기도 한다. 환자를 안정시키고 1차 기본 조사를 해서 다른 치명적인 손상이 있는지를 확인한 다음, 자세한 2차 조사를 하여 손상을 확인하고 처치를 시작한다.

2차 조사는 부상의 원인에 대하여 자세히 질문하고 아픈 곳이 있는지 물어보고, 환자 몸을 머리부터 발끝까지 목, 어깨, 가슴, 등의 순서로 자세히 관찰하고 환자가 몸의 각 부위를 통증 없이 움직일 수 있는지 물어보면서 움직이게 해본다. 이때 근육골격계 손상을 의심할 수 있는 증후가 있는지 잘 관찰하고 작은 소리도 잘 들어야한다.

응급으로 전문구조대의 구조를 요청해야 하는 근육골격계 손상은 다음과 같다.

- 머리, 목, 등 손상
- 환자가 걷거나 숨쉬기 힘들어 할 때

• 복합(다발)성 근골격계 손상이 있거나 예측될 때

(2) 응급처치

근골격계 손상 환자의 일반적인 처치 원칙은 휴식, 얼음찜질, 압박(고정), 올리기(손상 부위 높임)의 네 가지 단계이다(RICE).

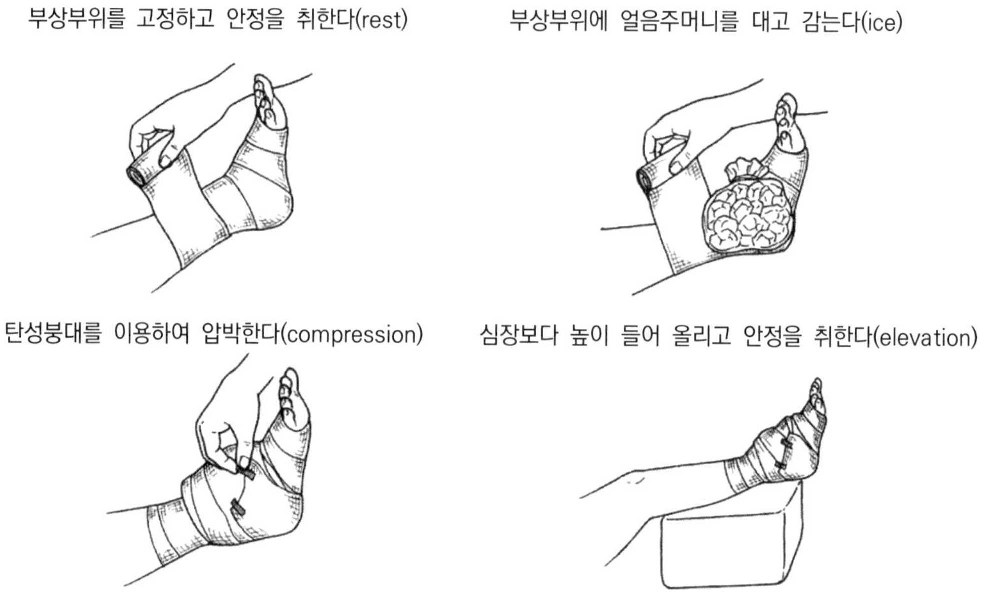

〈그림 14-26〉 근골격계의 RICE 응급처치

(가) 휴식 (Rest)

통증이 유발되는 모든 움직임과 운동을 피하고 환자가 가장 편안한 자세를 취할 수 있도록 도와준다. 머리, 목이나 등의 손상이 의심되면 환자를 평평한 곳에 눕혀 준다.

(나) 얼음찜질 (Icing)

손상 부위 피부에 거즈나 의복을 대어 피부 손상을 예방한 후 얼음이나 찬 물건으로 찜질을 한다. 얼음찜질은 부종을 감소시키고 통증과 불편함을 경감시킨다. 얼음을 주머니에 넣거나 수건이나 옷으로 싸서 이용한다. 개방성 골절에는 얼음찜질을 하지 말아야 한다.

타박상이나 골절에 냉찜질을 해주면 상처의 통증과 붓기를 완화할 수 있다. 냉찜질은 타월이나 천을 이용하여 얼음주머니를 감싸거나 찬물에 적셔서 사용한다. 그러나 물방울이 떨어질 정도로 적셔서 사용하면 안 된다. 상처부위에 약 10분간 냉찜질을 하고 나서 상처부위를 확인한다. 젖은 천은 다시 차갑게 하여 사용한다. 만약 상처부위가 고통스럽게 차갑거나 벌겋다면 냉팩을 제거한다.

(다) 압박(고정, Compression)

근골격계 손상이 의심되면 얼음찜질을 하거나 높여 주기 전에 반드시 부목을 대어 고정해야 한다. 손상부위를 고정하는 목적은 다음과 같다.

- 통증 감소
- 주변 연부조직 손상방지
- 심각한 출혈의 위험성 감소
- 손상 부위를 혈류 차단 가능성을 줄임
- 폐쇄성 골절이 개방성 골절로 악화될 가능성 예방

(라) 올리기(손상 부위 높임, Elevation)

손상 부위를 심장보다 높게 하여 혈류를 감소시켜 부종이 줄어들게 한다. 골절이 의심되는 부위는 부목을 대고 높게 한다.

8 환자 이송

부상자나 환자가 발생하면 그 자리에서 응급처치를 하고 전문 의료원이 도착했을 때 이송을 하는 것이 가장 이상적이다. 특히 심하게 다친 환자에게 가장 위험한 것 중 하나가 불필요한 이동이다. 하지만 천재지변이나 화재 등 안전하지 않은 상황이라면 부득이하게 환자를 이송해야 한다. 환자를 적절하게 옮기지 않으면 환자의 상태가 더욱 나빠지거나 회복을 악화시킬 수 있기 때문에 환자를 옮기는 것은 부상의 처치와 더불어 매우 중요하다. 따라서 환자를 이송할 때에는 2차 손상이 발생하지 않도록 주의해야 하며, 부상 부위와 상태, 구조인원, 안전한 구역까지의 거리 등을 고려하여 올바른 방법을 선택해야 한다.

1) 이송의 필요성

급박한 위험에 처했을 때, 더 심각한 상태에 있을지도 모르는 또 다른 환자를 돌봐야만 할 때, 처치를 하기 위하여 환자를 옮겨야 할 때 등과 같은 상황에서는 응급처치를 실시하기 전이라도 처치원이 환자를 옮겨야만 한다. 이때에는 처치원 자신의 안전, 환자의 체격과 상태, 자신의 능력과 상태, 어떤 도움을 줄 수 있는지에 근거하여 이송을 결정한다.

부상당한 사람을 이동시키는 것은 종종 위험을 수반함으로 움직이지 않도록 하는게 좋지만, 부득이하게 옮겨야 하는 경우도 발생한다. 환자를 옮겨야만 하는 일반적인 상황은 다음과 같다.

첫째, 화재, 산소부족, 폭발위험, 건물붕괴, 발화성 물질 등과 같이 생명을 위협하는 급박한 위험에 처했을 때는 부득이 하게 안전한 장소로 부상자나 환자를 옮겨야 한다.

둘째, 처치원이 더 심각한 상태에 있을지도 모르는 또 다른 환자를 돌봐야만 할 때이다. 이런 경우 즉시 처치가 필요한 사람을 구하기 위해 처치원은 환자를 최소한의 부상으로 옮길 수 있다.

셋째, 처치원은 적당한 처치를 하기 위하여 환자를 옮겨야 할 수도 있다. 예를 들어 맥없이 쓰러지고, 혈액순환이 안 되는 사람은 심폐소생술이 필요하다. 심폐소생술은 딱딱하고 평평한 지면에서 행해져야 한다. 만약 지면과 공간이 치료하는데 적당하지 않다면 환자를 옮겨야만 한다.

2) 이송 준비 및 유의사항

처치원이 환자를 옮기기로 결정하였다면 환자를 어떻게 옮길 것인가를 결정해야 한다. 부적절한 이송으로 인해 환자에게 악영향을 미치지 않게 하려면 현장 상황, 부상자의 상태, 부상 부위, 구조자의 인원 등을 파악해서 올바른 방법을 선택해야 한다. 신중하게 처치원과 환자의 안전에 신경을 써야 한다. 처치원은 자신이 부상당하지 않고 환자를 성공적으로 옮길 수 있도록 하여야 한다.

일반적으로 환자를 옮기기 전에 조치해야 할 일과 운반시 유의해야 할 사항은 다음과 같다.

- 환자를 옮기기 전에 적절한 조치를 하였는지 확인한다. 대체적으로 이송이 필요한 환자는 시간적으로 여유가 어느 정도 있는 사람으로 조급하게 서두르지 말고 충분

한 응급처치를 한 다음 안전하게 운반하는 것이 좋다.

- 부상의 정도, 사고의 종류, 신속한 운반의 필요성, 구할 수 있는 운반기구 등의 조건에 따라 적절한 운반 방법을 정한다.
- 필요한 기구를 준비하고, 운반에 필요한 인원을 확보하고 각자의 임무를 정한다.
- 환자를 항상 수평이 되게 하고, 환자의 발은 나아가는 쪽으로 하고 걷는 것이 원칙이며, 언덕이나 계단을 오를 때 또는 구급차로 운반할 때는 머리를 앞으로 두고 옮긴다.
- 옮길 때 여러 사람이 있으면 그 중 한 사람은 리더가 되어 모든 행동을 지시한다.

(1) 이송을 준비할 때에는 다음과 같은 사항을 점검한다.

- 환자에 대한 응급처치는 끝마쳤는가?
- 환자를 어떠한 방법으로 이송할 것인가?
- 보온 상태는 적절한가?
- 들것은 안전하고, 들것에 부상자를 안전하게 고정시켰는가?
- 구조자의 인원수에 따른 역할을 분담하였는가?
- 안전한 이송경로를 결정하였는가?

(2) 이송 시 환자에게 2차 손상이 가지 않도록 다음 사항을 주의한다.

- 부상자의 몸을 옮길 때 가능한 동요를 주지 않도록 한다.
- 가능하면 작은 보폭으로 환자의 흔들림을 최소화하며, 진행방향을 보면서 걷는다.
- 이송을 완료할 때까지 부상자의 상태를 계속적으로 관찰한다.
- 2인 이상이 이송할 경우, 반드시 리더를 정해 행동을 통일하여 이송한다.

3) 환자 이송 방법

(1) 1인 이송법

의식이 있고 부상이 심하지 않은 환자에게 적용되는 구조자 단독 이송방법으로 체력적으로 큰 부담을 느낄 수 있어 안전에 주의해야 한다.

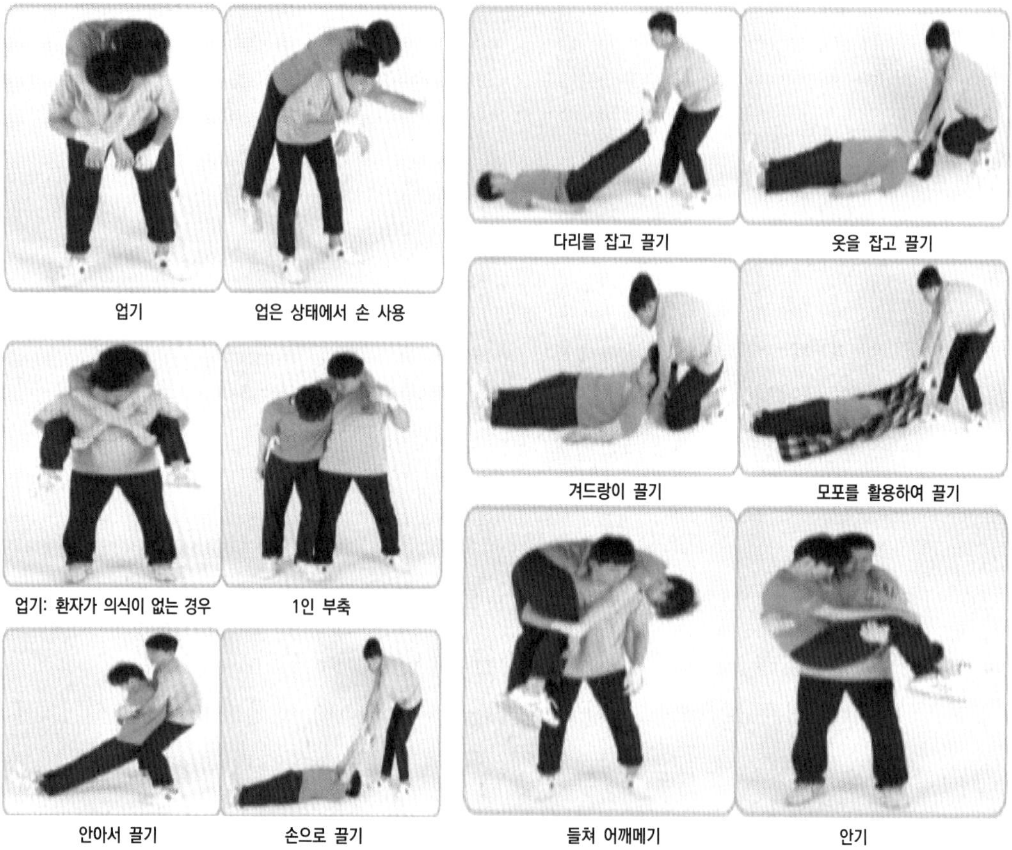

〈그림 14-27〉 1인 운반법

(가) 부축하여 걷기

기본적인 환자이송 방법으로 의식 있는 부상자를 이송하는 방법이며, 부상이 경미한 환자에게 사용한다.

- 부상자의 한 팔은 구조자의 목 뒤로 넘겨 어깨에 걸친 후 부상자의 손목을 잡고, 구조자는 다른 손으로 허리를 잡는다.

- 부상자의 체중이 구조자에게 실리도록 하여 걷는 것을 도와준다.

(나) 업기

의식 있는 환자 또는 부상자의 손상이 업어서 운반해도 무방한 무의식환자에게 적용되는 단거리 이송방법이다.

- 환자를 업을시 환자의 등과 무릎이 구부러지지 않게 하여 구조자의 몸에 밀착시키고 환자의 양팔을 구조자의 목 아래에서 교차하여 손목을 잡는다.
- 부상자의 머리, 목, 척추 부상이 의심될 경우 사용하면 안 된다.

(다) 안기

의식 있고 부상이 경미한 환자 또는 1인 안기와 2인 안기방법이 있다. 부상자에게 근골격계 손상이 의심된다면 사용하면 안 된다.

- 1인 안기: 부상자가 어린이 또는 체중이 가벼운 사람에게 사용할 수 있으며, 부상자의 한쪽 팔을 구조자의 목 뒤로 감싸서 어깨에 걸치게 하고, 구조자의 허리 높이에서 안아올린다.

(라) 끌기

부상자를 위험으로부터 빨리 이동시키기 위하여 처치원이 혼자이고 도움으로도 걸을 수 없는 머리, 목, 척추 부상이 의심되는 환자에게 적용되는 방법으로 바닥이 평평한 곳에서 사용해야 한다.

- 옷 끌기: 옷이나 담요를 이용하는 방법으로 의식이 없는 환자 또는 머리, 목, 척추 부상이 의심되는 환자에게 사용한다. 환자를 반듯하게 눕힌 후, 환자의 목뒤에서 옷을 팽팽하게 만들어서 그 옷을 이용하여 환자를 당겨준다. 옷 끌기를 할 때에는 머리, 목, 척추가 고정되어야 하므로 처치원의 손과 환자의 옷으로 머리를 받쳐준다.
- 담요 끌기: 위급 상황 시 별도의 이송상비가 없을 경우에 사용한다. 주의시항으로는 담요를 부상자 밑에 깔고 부상자를 감싸서 끌기로 움직이며, 담요에서 떨어지지 않게 이송해야 한다는 것이다.
- 발 끌기: 부상자의 몸집이 커서 다른 이송방법이 없을 때 사용한다. 부상자의 발목을 잡고 조심히 끌어당기며, 머리가 다른 구조물에 부딪치지 않도록 주의한다.

(2) 2인 이송법

환자가 의식이 있고 앉은 자세를 취할 수 있으며 짧은 거리를 옮길 때 이용한다. 구조자 2인이 서로 손을 잡는 방법과 의자를 이용한 이송방법이 있다.

- 2인의 구조자가 한쪽 팔을 엇갈리게 해서 서로의 어깨를 잡고 또 다른 한쪽 팔은 서로 손목을 잡은 자세에서 부상자를 앉힌 후 이송하거나 서로의 손목을 교차하여 네모를 만들어 환자를 앉게 하여 드는 방법을 활용할 수 있다.
- 환자가 의식이 있고 앉은 자세로 있을 수 있을 때 주위에 등받이 의자를 활용하여 보다 쉽게 부상자를 이송할 수 있다.

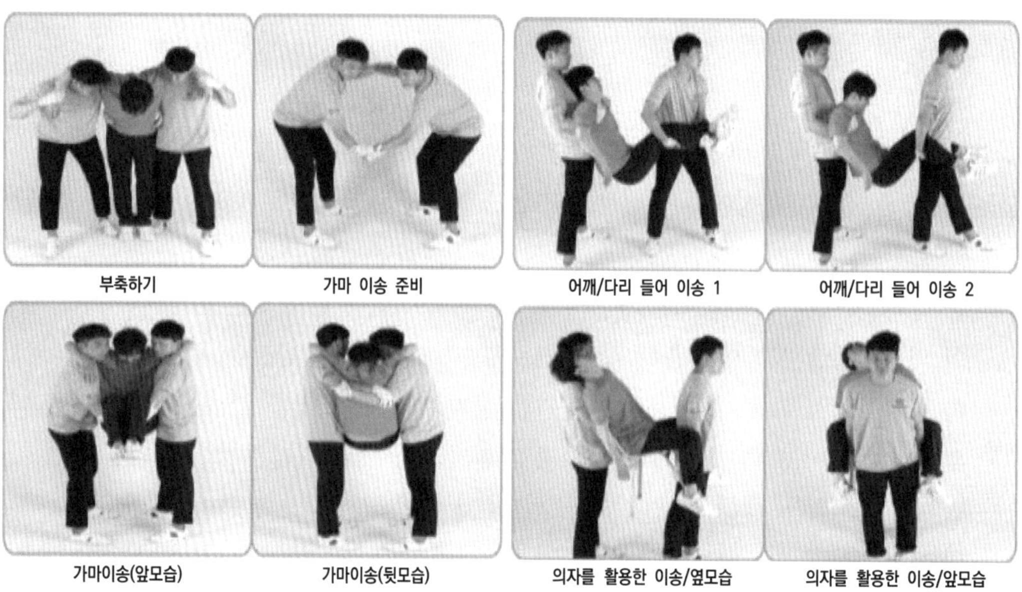

〈그림 14-28〉 2인 운반법

(3) 다인 이송법

의식이 있더라도 자력으로 보행이 불가능한 손상을 입은 환자 또는 의식이 없고 무거울 때 이용된다.

- 3인 운반: 세 사람이 나란히 서서 환자를 들어 올리고 환자의 몸이 옮기는 사람들의 가슴에 오도록 한다. 머리 쪽이 리더가 되어 구령하며 게걸음으로 이동하고, 환자를 수평 상태로 유지하여야 한다.
- 4인 운반: 리더는 부상자의 머리 쪽에 위치하여 부상자의 발이 앞으로 나아가는 방향으로 잡혀야 한다.
- 8인 운반: 환자가 의식이 없고, 무거울 때 이용한다. 4명씩 환자의 양옆에 서서 서로 손을 엇갈려서 환자의 밑으로 밀어 넣는다. 리더의 구령에 따라 8명이 동시에 같이 환자를 들어올린다.

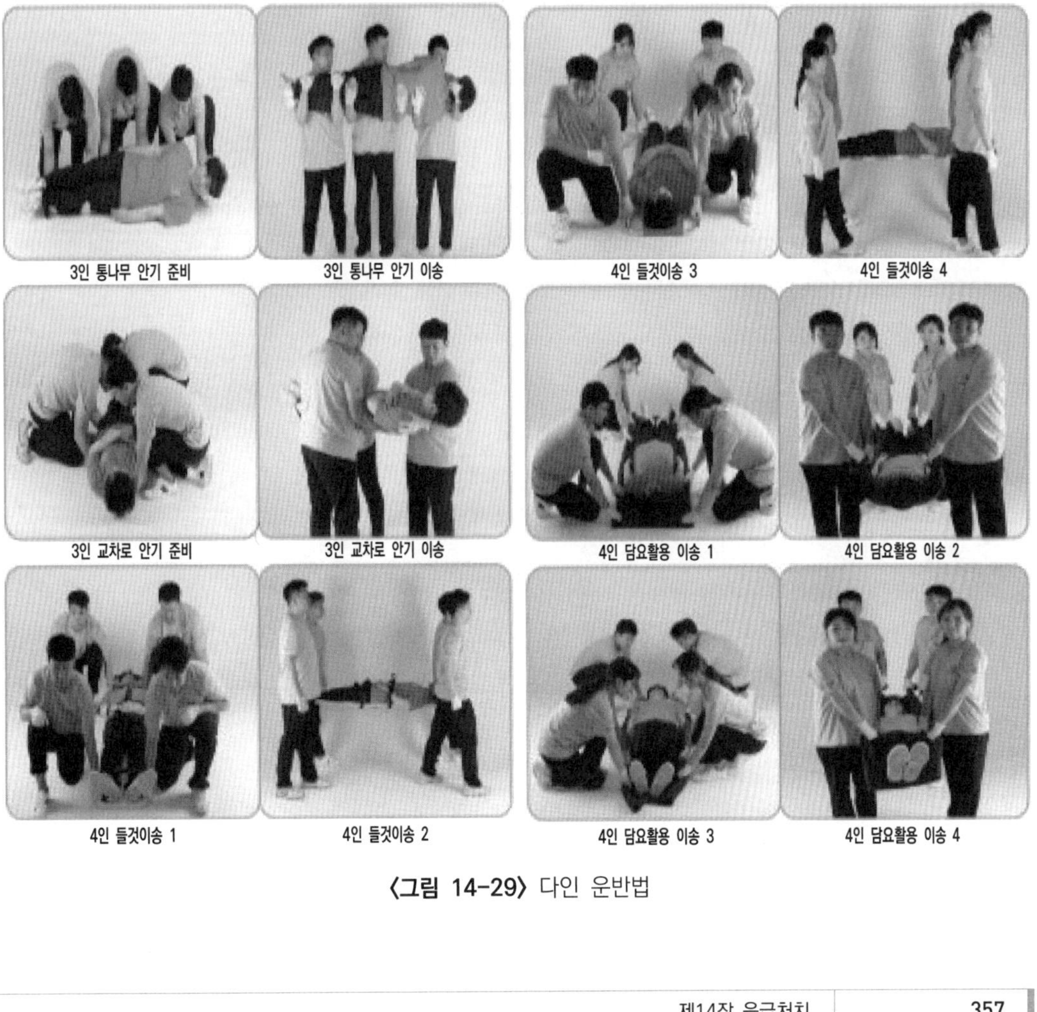

〈그림 14-29〉 다인 운반법

(4) 들것 이송법

① 4인 이송: 들것 이송은 4인이 하는 것이 좋으며 이송인은 들것의 앞뒤 양 옆에 각각 한 사람씩 한쪽 무릎을 꿇고 머리 쪽이 선두가 되어 구령을 하고 두 번째 구령에서는 앞 양옆 세 사람은 왼쪽부터 머리 쪽은 오른발부터 시작한다.

② 2인 운반: 이송자는 앞과 뒤에 자리하고 머리가 지휘를 하며 앞 사람은 왼발 뒷사람은 오른발부터 시작한다.

환자를 들것에 옮기는 방법

① 부상자의 두발을 묶어 바로 눕힌다.

② 한 사람은 들것을 부상자 옆에 가까이 두고 다른 사람은 부상자를 들 때 부상자가 들것 위에 놓이도록 대기한다.

③ 세 사람은 부상자의 다치지 않은 쪽에서 한 사람은 어깨, 한 사람은 엉덩이 쪽, 한사람은 다리쪽에 무릎을 꿇고 앉는다.

④ 어깨쪽 부터 머리, 엉덩이, 다리 순으로 팔을 넣어 쭉 펴준다.

⑤ 모든 준비가 끝나면 머리 쪽의 리더가 지휘하고 다른 사람들은 구령에 따라 천천히 주의하여 부상자를 들어서 일직선으로 자신의 무릎 위에 올려 놓는다.

⑥ 대기하고 있는 사람은 들것을 부상자의 밑으로 넣는다.

⑦ 구령에 따라 부상자를 들것 위에 조심하여 내려 놓는다.

들것 이송 시 주의사항

- 평지길에서 이송할 때에는 부상자의 발을 앞으로 나아가는 쪽으로 하고 이송한다.
- 언덕이나 계단을 내려갈 때에는 부상자의 다리가 나아가는 쪽으로 하여 이송한다.
- 언덕이나 계단을 올라갈 때에는 머리를 나아가는 쪽으로 하여 이송한다.
- 구급차로 이송할 때에는 머리가 나아가는 쪽으로 이송한다.

CHAPTER 15

생활호신술

1 호신술의 개념

호신술(護身術)은 말 그대로 '몸을 보호하는 기술'이다. 오래전부터 무술, 무도의 무(武)도 창을 막는다는 의미로 호신이라는 의미를 가지고 있으며, 완력을 기술화한 것으로 정의할 수 있다. 다시 말해, 상대가 흉기를 가지고 있는 경우라도 상대와의 간격, 흉기의 길이, 공격 방법 등의 경우에 대응한 기술을 몸에 익히는 것을 말한다.

이러한 호신술은 흔히 무술이라고 알고 있기 십상이지만, 따로 기술을 익히기 위해 훈련을 할 필요는 없다. 또한, 어려운 동작들 위주인 무술과 같이 자세를 암기해서 숙련할 필요도 없다. 그 원리와 기법, 혹은 자세나 방법만 안다면 남녀노소 누구나 어디서나 아무런 도구 없이도 사용할 수 있는 것이다. 호신술을 실천하는 방법은 정해져 있지 않으며, 규칙이 있는 것도 아니기 때문에 자기 나름대로 호신의 기술을 터득하면 어떤 방법이든 창조가 가능하다. 어떤 방법으로든 악력을 행사하는 상대를 물리칠 수만 있다면 그것이 호신술이라고 정의된다.

2 호신술의 특성

자기방어 또는 호신술이라는 용어는 일상적인 폭력형태에 대하여 법이 허용하는 범위 내에서 정당한 힘 또는 무력 사용을 이끌어내어 범죄자들과 대항할 때 행사되는 대응책이라 보면 된다. 호신술은 눈과 손이 일치해야 함은 물론, 신체의 자연스러운 움직임을 염두에 두고 연습을 통해 기술이 향상되도록 해야 한다. 또한 호신술은 자신과 다른 사람을 보호할 수 있어야 하며, 여러 사항에 따라 대응할 수 있도록 신체적 준비가 되어 있어야 한다.

호신술은 특성상 크게 두 가지로 구분할 수 있다.

❶ 소극적 호신술

- 소극적 호신술은 상대가 공격해 왔을 때, 그 공격에 대하여 순간적으로 피하는 것

❷ 적극적 호신술

- 상대의 공격을 반격하여 공격자를 완전히 제압하는 기술
- 평소에 익힌 호신술은 체격, 체력, 나이 또는 신체적인 한계와는 상관없이 사용할 수 있어야 하며, 호신술은 신체의 자연스러운 움직임에 바탕을 두어야 한다.

호신술은 일상생활 가운데 뒤따르는 외부의 여러 가지 위해로부터 자기의 몸을 보호하기 위한 수단이며, 호신술을 수련하는 과정에서 습득한 기술을 인체의 해부학적, 역학적 근거에 입각하여 가장 쉽고, 합리적인 방법으로 자기의 몸을 보호하는 과학적 방법을 터득하여야 한다.

3 호신술의 의의 및 가치

현대사회는 산업화, 정보화, 국제화의 물결을 따라 물질적 풍요와 더불어 인간 생활의 편리성을 가져왔지만 도덕적, 정신적 양심의 결핍으로 인한 안전사회의 생활이 비인간적인 현상으로 강력범죄가 증가하고 있다. 이러한 현상은 안전한 생활을 영위해야 할 권리를 타의적으로 잃어버리게 할 뿐만 아니라 사회의 불안전한 생활이 뒤따르게 되므로 무엇보다도 자신의 안전을 확보하고 건강한 삶을 영위하기 위하여 호신술을 익히는 것은 매우 중요한 가치가 있다.

호신술은 외부의 위협으로부터 자신을 합리적으로 방어할 수 있으며 생활 속의 실용적인 호신술은 특별한 무예 수련훈련을 하지 않더라도 원리만 이해하고 반복 연습한다면 자신의 생명뿐만 아니라 가정의 행복을 지킬 수 있다. 또한 호신술 수련을 통하여 자아 정체감과 자기효능감, 심리적 행복감이 향상되었다는 연구결과들이 있다. 이와 더불어 호신술 수련은 노화의 진행 단계에 있는 사람들에게 기초체력을 증가시킬 뿐만 아니라 뇌 기능과 관련된 신경영양인자의 발현을 향상시켜 인지기능에 긍정적인 영향을 미치는 것으로 볼 수 있다.

4 인체의 급소

우선 급소란 인체에 있어서 외부로부터의 타격, 조임, 압박 등에 특히 약한 부분을 말한다. 생리학적으로 보면 내장기관 또는 그곳으로 통하는 신경, 신체의 표피부나 얕은 곳에 있는 동맥 등에 급소가 존재하고 있다. 동양 의학에서는 인체에 존재하는 고전적인 급소는 대략 365혈이다. 더욱이 경락외의 급소는 2천개 이상이나 있다고 한다.

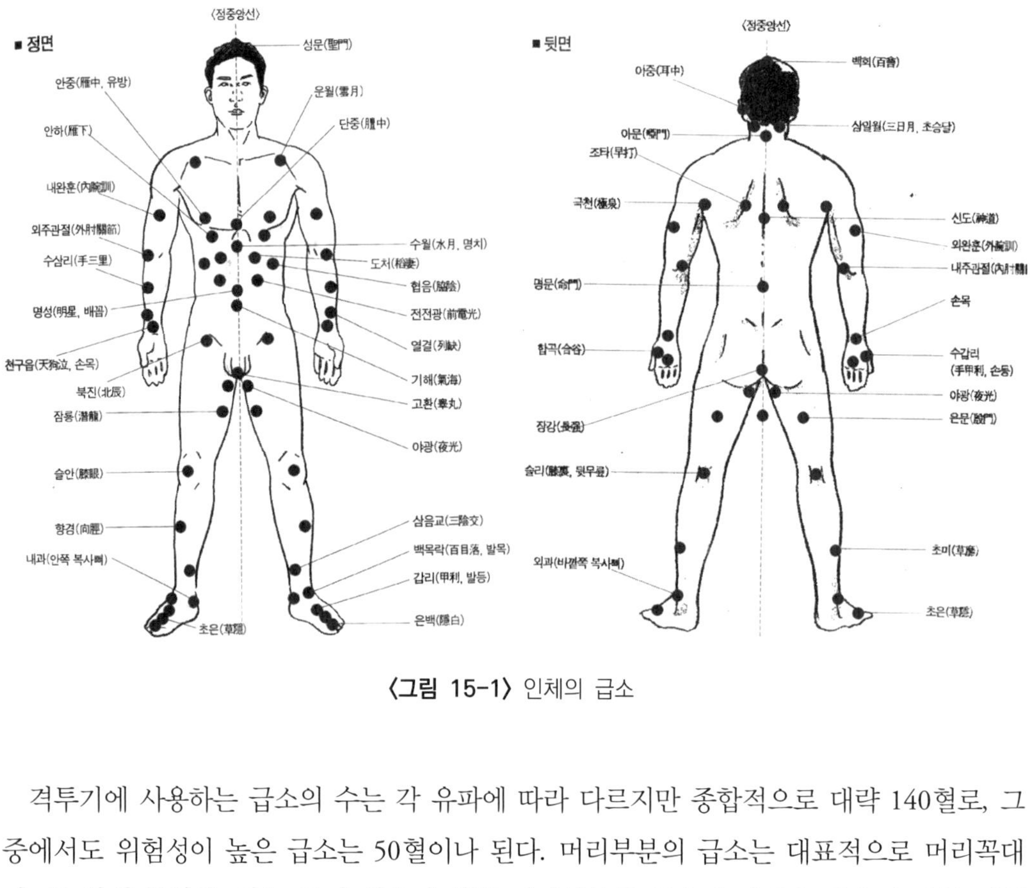

〈그림 15-1〉 인체의 급소

격투기에 사용하는 급소의 수는 각 유파에 따라 다르지만 종합적으로 대략 140혈로, 그 중에서도 위험성이 높은 급소는 50혈이나 된다. 머리부분의 급소는 대표적으로 머리꼭대기, 목 앞의 중앙부, 양눈 등이 있으며 앞쪽 머리부분의 급소가 타격을 받으면 각종 뇌신경이 자극을 받아 운동중추가 정지해서 졸도해 버린다. 뒤쪽 머리부분의 급소가 타격을 받을 경우에는 미주신경 등의 중단에 의해 호흡폐쇄를 일으키거나 뇌진탕에 의해 졸도해 버린다. 가슴부분의 급소는 대표적으로 양유부와 양유부의 상부를 들 수 있으며, 타격을 받으면 심장, 폐 기관 등의 손상에 의해 심장이나 호흡기관이 정지하고 뇌신경이 자극되어 가사 상태에 빠져버린다. 배 부분의 급소는 명치 및 상복부, 하복부가 대표적이며 타격을 받을 시에는 내장기관의 직접적인 손상은 물론 척수신경, 교감신경의 기능을 잃어 순환장애, 호흡장애, 운동작용에 이상을 일으킨다. 마지막으로 팔다리의 급소의 경우 타격을 입을 시 내장의 기능정지, 급격한 통증이나 저림으로 움직이는 것이 순간적으로 불가능해져 버린다. 일적으로 태양이 닿지 않는 부분인 손이나 발, 팔 안쪽 부분 등이 팔다리의 급소이다.

5 상황별 호신술 기법

1) 방어전술

(1) 접근과 자세

일반적으로 비무장 공격자의 경우, 범인의 키 만큼 거리를 두어야 한다.

〈그림 15-2〉 안정적인 자세

〈그림 15-3〉 공격과 방어가 용이한 자세

- 방어자의 위치가 안정적이면서, 동시에 외관상 어색하지 않아야 한다. 왼발을 한 발 내딛고 체중을 양쪽 다리에 균등하게 두어야 한다. 상대의 공격 의도가 감지되었을 때는 방어와 공격이 용이한 자세로 태세를 전환하여야 한다.

(2) 표적에서의 탈피 Ⅰ

〈그림 15-4〉 맨손 공격 시

〈그림 15-5〉 무기 공격 시

- 표적에서의 탈피란 공격의 진로에서 비켜난다는 뜻이다. 즉 공격자가 방어자를 향해 전진해 오면 옆으로 비켜서 공격자의 움직임을 피할 수 있어야 한다. 방어자는 공격자의 다양한 신체움직임과 눈빛, 공격 패턴, 체격, 성별 등 상대자의 기질적 특성 등을 빠르게 파악하여 그에 상응한 대처를 하여야 한다. 가장 현명한 호신술은 상대와 싸우지 않고 위기상황을 벗어나는 것이다. 각종 무술적 기법이나, 호신술과 같은 자기방어술(Self-defence technique)은 최후의 수단이다.

(3) 표적에서의 탈피 Ⅱ

〈그림 15-6〉 오른손 주먹 공격시 방어

〈그림 15-7〉 오른손 주먹 공격시 방어

- 범인이 휘두르는 펀치 또는 칼을 포함한 다양한 무기 공격에 대응하는 자세로서 복도나 막다른 골목 등에서 이루어지는 기습공격에 대응하는 것이다. 처음 선 자세는 양발 5:5 균등한 중심을 유지하다가 공격자의 움직임 방향에 따라 민첩하게 움직여야 한다.
- 〈그림 15-6〉과 같이 상대가 오른손 얼굴 공격 시 방어자는 오른발을 재빠르게 시계 방향으로 짧게 이동하여 왼손바닥으로 상대의 팔 윗부분을 눌러 막음과 동시에 상대의 팔을 가볍게 타고 내려오듯이 움직여 손목 윗부분을 움켜잡기도 하고, 그림에서 보이는 것처럼 펼쳐진 오른손으로 옮겨 붙잡아 꺾기, 차기, 조르기 등의 기술로 상대방을 완전 제압한다.

〈그림 15-8〉 왼손 주먹 공격시 방어

〈그림 15-9〉 눌러 막고 손목 붙잡기

- 〈그림 15-8〉, 〈그림 15-9〉는 상대의 왼손 주먹 공격 시 방어자는 오른쪽 바깥으로 한 발을 내딛음과 동시에 오른손으로 눌러 막고 민첩한 동작으로 왼손으로 옮겨 잡아꺾기, 조르기, 지르기, 차기 등 다양한 공격으로 상대를 제압할 수 있다.

(4) 원형방어

〈그림 15-10〉 내측 원형방어

〈그림 15-11〉 외측 원형방어

- 방어자가 표적으로부터 벗어 나는 기술을 충분히 습득하였다면 자신을 보호하기 위해 상당한 성과가 있는 것이다. 손을 올린 상태에서는 상대 공격자에게 안정된 방어, 역공격, 기습제압을 할 수 있는 역학적, 심리적 선제적 조치를 일정 부분 이상 취한 것이다. 상대가 분명한 공격 의도가 있을 때는 손을 들어 상대의 움직임에 기민하고 적절한 반응을 할 수 있도록 적절한 긴장을 유지하여야 한다.

〈그림 15-12〉 내측 원형방어 후 반격

〈그림 15-13〉 외측 원형방어 후 반격

- 방어자의 가장 빠른 본능적 반사작용은 보통 머리와 눈에 있다. 적절한 높이로 손을 들어 올려 시각정보, 청각, 체성신경을 통해 들어오는 모든 감각을 예민하게 알아차리고 적절한 방어 및 반격기술을 연습하여야 한다.
- 방어 후에는 〈그림 15-12〉, 〈그림 15-13〉 처럼 반드시 지르기, 차기, 꺾기, 조르기 등 상황에 맞는 적절한 반격기술을 사용하여 상대의 공격으로부터 자신을 지키고 차후 공격을 차단하여야 한다.

2) 원형방어에 의한 손바닥 공격

〈그림 15-14〉 내측 원형방어

〈그림 15-15〉 손바닥 공격

(1) 바탕손 지르기

- 위의 그림과 같이 손바닥의 밑 부위(바탕손)를 이용하는 방법이다. 손바닥을 펴고 부드러운 근육조직이나 머리와 흉골(胸骨) 같이 뼈가 돌출(突出) 되어 있는 부위를 가격하는 것이다. '손바닥을 이용한 공격법'은 방어 시에도 항상 기억해야 한다. 이 기술은 자신에게 위해를 가하는 공격자를 움켜잡고 상대의 행동을 저지시키는데 매우 용이하다. 또한, 동시에 바탕 손이나 주먹, 팔꿈치 등을 이용하여 반격을 가하기에 좋은 장점이 있다.
- 언제나 상대를 타격 하는 것만이 능사는 아니다. 타격 거리나 각도가 확보되지 않았을 때는 선 자세에서 꺾거나 넘어뜨려서 조르기, 누르기 등의 제압기술을 사용할

수 있도록 다양한 기술훈련이 필요하다.

(2) 균형 무너뜨리기

〈그림 15-16〉 손기술 균형 무너뜨리기

〈그림 15-17〉 발기술 균형 무너뜨리기

- 〈그림 15-16〉과 같이 공격자가 움직이는 방향으로 상대를 잡아끌거나 〈그림 15-17〉과 같이 손기술로 상대의 중심을 흩어놓고 발로 균형을 무너뜨려 조르기나 꺾기 등을 통하여 상대를 저항 할 수 없도록 완전제압한다.

3) 상황별 연계기술

(1) 팔꺾기

- 다음 그림은 원형방어와 회피, 전환, 중심 무너뜨리기, 관절 꺾어 완전제압 기술이 연계된 동작이다. 호신술 동작은 단일기술로 끝나는 경우도 있지만, 대부분의 호신술 술기들은 다른 기술들과 연계하여 사용되었을 때 위력을 발휘한다.
- 그림의 호신술 동작은 상대의 왼손 공격에 대응하여 오른쪽으로 빠지면서 원형방어 한 후 상대의 손목을 신속히 낚아채고 팔꿈치로 누름과 동시에 회전력으로 중심을 흩어 놓고 손날과 팔꿈치를 어깨와 직각이 되도록 한 상태에서 호흡과 함께 체중을 싣고 무릎에 가로 대어 지렛대 원리를 이용하여 팔꿈치와 어깨를 동시에 제압하는 기술이다.

〈그림 15-18〉 외측 원형방어 **〈그림 15-19〉** 눌러서 팔 꺾기 **〈그림 15-20〉** 팔 꺾고 완전제압

(2) 멱살 잡혔을 때

〈그림 15-21〉 멱살 잡힌 상태

〈그림 15-22〉 힘의 가늠 순간

- 멱살이 잡힌 상태에서 호흡을 가다듬고 〈그림 15-22〉와 같이 두 팔을 가볍게 얹어 상대방 힘의 방향과 완력, 심리적 흥분상태 등을 순간적으로 판단한다. 팔은 가볍게 얹어서 상대방의 몸에서 전해오는 신체적 감각이 어느 정도의 긴장 상태인지, 공격 의도 수준의 인지, 호흡의 상태 등을 먼저 파악하고 피할 수 있는 폭력적인 상황은 유연한 마음으로 지나간다.

〈그림 15-23〉 팔꿈치로 눌러 제압하기

〈그림 15-24〉 중심 무너뜨려 꺾기

- 상대의 폭력 의지가 분명하거나 위해 요건이 성립되었다고 생각될 때는 신속히 제압하여 공격의지를 일시 중단시키고 다음 상황에 대비하여야 한다. 〈15-23〉 처럼 몸을 회전하며 한 손을 들어 상대의 팔꿈치 바깥에 위치시키고 〈그림 15-24〉 처럼 순간적으로 중심을 낮추면서 한쪽 발을 짧은 원을 그리듯이 신속히 뒤로 이동시키고 자신의 체중을 상대의 팔에 집중하여 중심을 무너뜨리면서 팔꿈치와 어깨를 동시에 꺾어 제압한다. 이후 상대의 반응에 따라 힘의 강도를 조절하고 후속 공격이나 제압방법을 결정한다.

(3) 멱살 잡혔을 때 연계기술

- 멱살이 잡히거나 서서 목이 졸릴 때 신속히 회전하여 〈그림 15-25〉과 같이 손을 맞잡아 힘을 배가시켜서 〈그림 15-26〉과 같이 팔꿈치를 눌러 제압한다. 이후 〈그림 15-27〉에서 처럼 오른손으로 팔꿈치 제압 후 자유로운 왼손으로 머리를 누르고 〈그림 15-28〉과 같이 오른손을 재빨리 왼손에 깍지로 맞잡은 다음 〈그림 15-29〉 처럼 중심을 무너뜨리면서 목의 가동성을 제한하고, 최종적으로 〈그림 15-30〉의 동작과 같이 호흡을 들여 마시면서 체중과 힘을 실어 순간적으로 상대의 목을 꺾거나 조르는 기술로 연계한다.

〈그림 15-25〉 손 맞잡아 누르기

〈그림 15-26〉 팔꿈치 제압

〈그림 15-27〉 목 붙잡기

〈그림 15-28〉 중심점 흔들기

〈그림 15-29〉 중심점 전환

〈그림 15-30〉 제압된 상태

- 모든 호신술 기술을 구사함에 있어서 반드시 염두에 두어야 할 몇 가지 사항이 있다. 첫째, 위기상황에서도 끝까지 침착성을 잃지 않는 심리적 트레이닝이 필요하다. 둘째, 상대의 움직임을 끝까지 주시하여 상대의 의도와 움직임의 변화를 찾아낸다. 셋째, 호신술 동작의 수행 시 반드시 적절한 호흡을 배분 및 유지하여야 한다. 넷째, 호신술 기술의 구성은 단순할수록 좋지만, 상대방 또한 다양한 움직임에 의해 힘을 발휘하므로 가능한 한 두, 세 가지 이상의 복합기술을 사용하고 최악의 상황을 벗어나는 시점에서는 가능하다면 주변에 도움을 요청하고 신속히 현장을 빠져나가야 한다.

(4) 목 졸렸을 때 연결기술

〈그림 15-31〉 목이 졸린 상태

〈그림 15-32〉 중심 무너뜨리기

〈그림 15-33〉 들어 메치기

〈그림 15-34〉 메다꽂기

〈그림 15-35〉 무릎 대 팔 꺾기

〈그림 15-36〉 손과 발의 위치

- 〈그림 15-31〉에서와 같이 옆에서 목이 졸렸을 때는 먼저, 두 다리를 상대의 뒤쪽에 두고 한 손으로는 목을 조르고 있는 상대의 손을 붙잡아 힘을 분산시키고, 〈그림 15-32〉와 같이 신속히 중심을 낮춰 한쪽으로 밀치면서 중심을 무너뜨려서 가해자의의식을 조르고 있는 팔에서 중심을 잡기 위한 본능으로 전환 시켜서 힘을 빼야 한다. 그 다음 상대의 몸에 최대한 밀착하여 〈그림 15-33〉, 〈그림 15-34〉와 같이 들어 메치거나, 밀치면서 넘어뜨림과 동시에 〈그림 15-35〉에서 보는 바와 같이 재빨리 무릎을 눌러 후속 공격을 못 하도록 움직임을 제한하고, 상대의 팔을 잡아당겨 무릎에 올리고 호흡을 짧게 들여 마셨다가 내뱉으며 상대의 팔을 꺾어

완전제압한다.

- 위 연결기술은 완력이 약한 여성이 사용하기에는 무리가 있는 것처럼 보여질 수도 있으나, 사실상 매우 과학적인 운동역학이 숨어있는 기술로써 일정 시간 연습을 하면 모두 가능한 기술이다. 그러나 모든 호신술 기술들은 평소 아무런 노력도 없이 몇 가지 기술을 머리로 안다고 해서 범죄현장이나 폭력현장에서 사용할 수 있는 것은 아니다. 평소 적절한 체력단련과 함께 자기방어기술들을 직접 몸으로 익히고 위기 상황에 대비한 다양한 생활 안전교육에 관심을 가질 필요가 있다.

(4) 누워서 목 졸렸을 때 연결기술

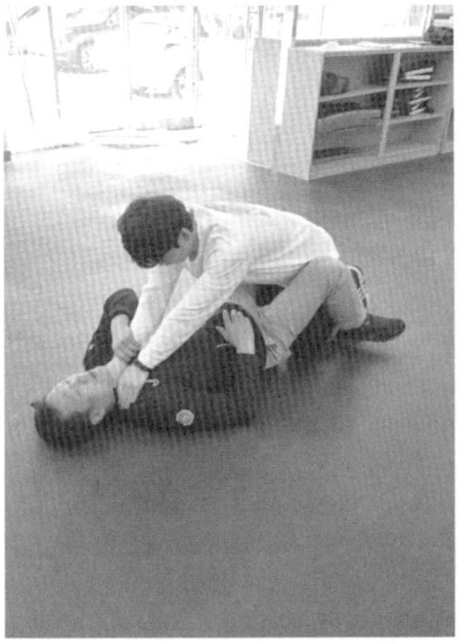

〈그림 15-37〉 상대 손목 붙잡기

〈그림 15-38〉 몸 비틀어 나오기

〈그림 15-39〉 팔 얽어 비틀기

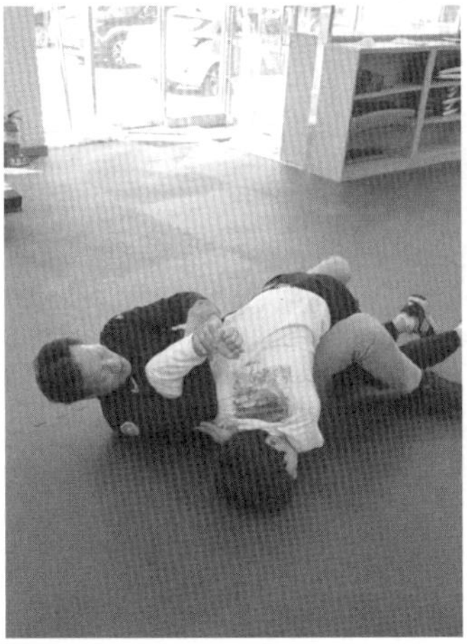

〈그림 15-40〉 어깨, 목 제압

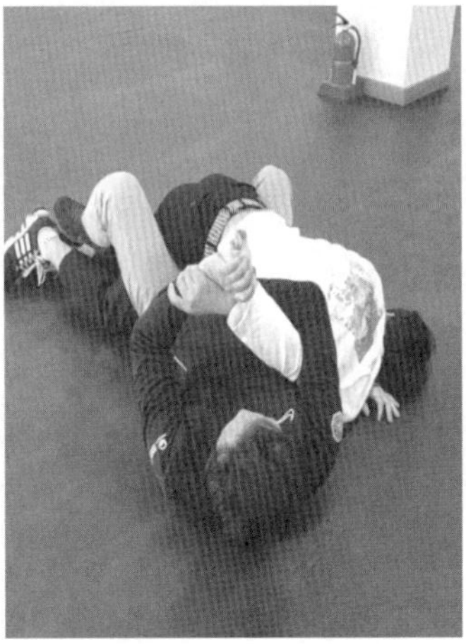

〈그림 15-41〉 손 모양

〈그림 15-42〉 확대 그림

- 앞의 그림의 기술은 힘이 약한 여성이 위험에 처해 있을 때 상대적으로 힘이 강한 상대로 부터 쉽게 위기상황을 벗어날 수 있는 유용한 기술이므로 잘 익혀두기 바란다.

〈그림 15-37〉에서와 같이 상대가 목 조르기를 시도할 때 한 손은 손목을 꽉 붙잡고 다른 손은 목을 조르고 있는 상대의 팔 사이를 가로질러 〈그림 15-38〉과 같이 순간적으로 몸을 비틀어 팔을 해체 시키고 〈그림 15-39〉, 〈그림 15-40〉, 〈그림 15-41〉 처럼 상대의 팔을 얽어 비틀어 팔꿈치, 어깨, 목을 동시에 제압한다.

- 위 기술의 요점은 상대가 목을 조를 때 〈그림 15-37〉에서 보여지는 것처럼 상대의 한쪽 팔을 힘있게 붙잡고 목을 조르고 있는 상대의 양팔 사이로 윗몸일으키기 하듯이 신속히 일으키면서 몸을 회전하여 팔을 해체 시키고 상대의 중심을 무너뜨려 힘을 사용하기 힘들게 만드는 것이다. 〈그림 15-39〉 처럼 상대의 팔목을 붙잡고 있는 자신의 손을 역시 자신의 다른 손으로 붙잡아 얽어맨 상태에서 몸을 회전하며 상대의 팔과 어깨에 힘을 가하여 완전제압한다.
- 이 기술이 제대로 적용되었을 때는 상대는 통증으로 힘을 쓸 수 없을 뿐만 아니라 관절을 탈구(脫臼)시킬 수도 있는 매우 위험한 기술이므로 기술연습 간에는 안전사고 에 주의하여야 한다.

(5) 누워서 목 졸렸을 때 응용기술

- 다음 그림의 기술은 앞서 설명한 누워서 목 졸렸을 때 연결기술과 연계된 기술로써 상대가 넘어진 사람을 향해 공격을 시도할 때, 〈그림 15-43〉 처럼 한쪽 다리는 무릎을 누르고 다른 한쪽 발은 복부나 얼굴을 향해 발차기를 시도하여 직접 공격하거나 접근을 차단하면서 반격의 기회를 노린다. 〈그림 15-44〉와 같이 상대가 목을 조르거나 다른 위해를 시도할 때, 두 손을 모으고 짧게 호흡을 들여 마시면서 빠르게 양팔을 벌려 상대의 팔을 헤쳐내고 앞서 배운 기술과 동일하게 〈그림 15-46〉 처럼 팔 얽어 비틀기로 팔꿈치 및 어깨를 완전제압한다.

〈그림 15-43〉 접근차단

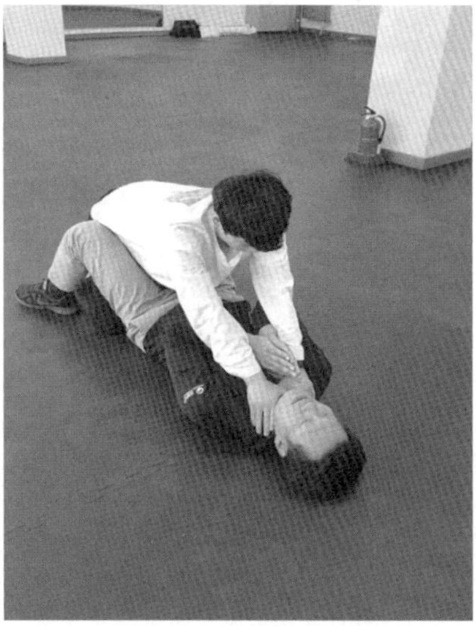

〈그림 15-44〉 손 모아 헤쳐나오기 준비

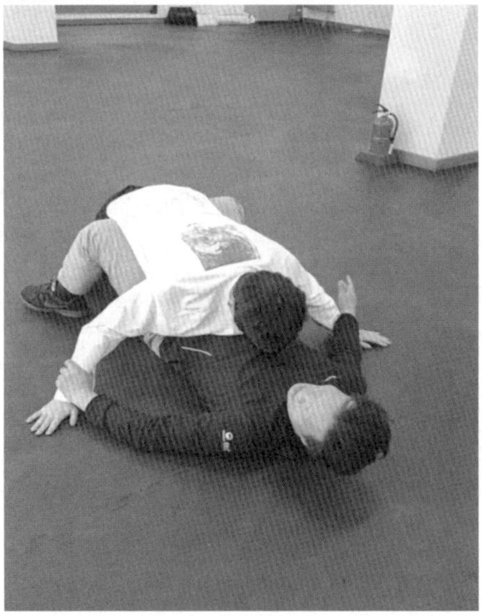

〈그림 15-45〉 손목 붙잡아 꺾기 준비

〈그림 15-46〉 몸 틀어 팔 얽어 비틀기

• 위의 그림의 기술을 사용할 때 주의하여야 할 점은 목을 조르고 있는 상대의 양팔을 헤쳐낼 때 상대의 중심이 무너지면서 방어자의 얼굴에 상대의 머리가 부딪힐 수 있으므로 상대의 팔을 잡고있는 방향으로 빠르게 고개를 돌려야 한다.

(6) 맨손 칼 방어

〈그림 15-47〉 엇걸어 막기

〈그림 15-48〉 방향전환

〈그림 15-49〉 손목제압

〈그림 15-50〉 두 손목 붙잡기

〈그림 15-51〉 칼 떨어트리기

〈그림 15-52〉 발차기 제압

- 맨손 칼 방어는 권장하고 싶지는 않은 기술이나 최악의 상황에서 자신을 보호할 도구가 없을 때 부득이 사용해야 하므로 반드시 숙지하기 바란다.
- 맨손 칼 방어에는 여러 기술이 있으나 대표적으로 한 가지 기술을 소개한다. 〈그림 15-47〉과 같이 상대가 복부를 향해 칼로 찌를 때는 등을 구부려 몸을 최대한 뒤로 빼면서 중심을 낮춤과 동시에 두 팔을 교차하여 엇걸어 막고 〈그림 15-48〉에서 보이는 것처럼 상대의 찌르는 팔 반대 방향으로 한 발을 깊이 내딛음과 동시에 자신의 한팔을 이용해 공격자의 찌르는 팔을 힘껏 움켜쥐면서 상대의 공격으로부터 노

출되어 있는 자신의 신체 부위를 회피시킨다. 이후 〈그림 15-49〉, 〈그림 15-50〉처럼 상대의 팔목을 힘껏 움켜잡고 상대의 찌르는 쪽 팔 바깥으로 신속히 방향을 전환하여 상대의 관절을 꺾거나 낮은 발차기를 가해 상대를 제압한다.

- 칼, 둔기 등 흉기를 든 상대와는 최대한 폭력 상황에 휘말리지 않아야 하지만 폭력이나 범죄 상황은 예기치 못한 순간에 발생하므로 최후의 병기가 될 수도 있는 맨손 방어술 또한 반드시 익혀두어야 한다.

(7) 가방을 이용한 칼 방어

〈그림 15-53〉 방어준비

〈그림 15-54〉 방어

〈그림 15-55〉 얼굴 가격

- 칼이나 둔기 등 흉기를 든 상대와 맞닥뜨렸을 때 가방이나 핸드백 등의 소지품이 있다면 안전을 확보하고 상대를 제압하는데 훨씬 유리하다. 예를 들어 〈그림 15-53〉과 같이 칼을 든 상대가 공격해 온다면 메고 있던 가방을 벗어 신속히 방어준비를 하여 상대의 공격으로부터 자신의 생명을 지킬 수 있다. 칼을 포함한 다양한 흉기를 든 상대와 마주하였을 때 〈그림 15-54〉와 같이 신속히 방어하고, 〈그림 15-55〉 처럼 손에 흉기를 든 쪽을 빠르게 움켜잡아 재차 공격을 차단하면서 가방으로 얼굴을 가격하고 난 후 팔꺾기, 발차기, 조르기 등 다양한 호신기술을 사용할 수 있다.

(8) 우산을 이용한 칼 방어

〈그림 15-56〉 우산 들어 견제

〈그림 15-57〉 우산 들어 찌르기

〈그림 15-58〉 손목 치기

- 상대가 칼로 공격하려 할 때 만약 손에 우산을 들고 있다면 〈그림 15-56〉과 같이 중단 자세로 견제하면서 상대의 공격 의도와 방향을 주시하고 상대가 공격을 시도할 때 목이나 명치를 찔러 상대를 제압한 후 손목치기, 쇄골(鎖骨) 내려치기, 안면(顔面) 치기 등 다양한 방법을 통하여 위험 상황으로부터 자신을 지킬 수 있다.

(9) 우산을 이용한 칼 방어 응용기술

〈그림 15-59〉 칼 떨어뜨리기

〈그림 15-60〉 몸 붙들기

〈그림 15-61〉 목 걸어 넘기기

〈그림 15-62〉 목 걸어 넘기기

〈그림 15-63〉 목과 팔 제압

〈그림 15-64〉 발차기

- 〈그림 15-59〉는 우산의 손잡이 부분을 이용하여 상대의 손목을 내려쳐서 칼을 떨어뜨리는 기술이다. 〈그림 15-60〉과 같이 상대가 칼을 떨어뜨렸을 때 신속히 접근하여 상대의 겨드랑이 뒤쪽이나 목덜미 쪽 옷깃을 붙잡아 상대의 움직임을 차단하고 〈그림 15-61〉 처럼 우산의 손잡이 부분을 목의 경동맥에 단단히 밀착하여 반대 손과 체중을 실어 힘있게 누르면서 회전하여 〈그림 15-62〉와 같이 상대를 바닥에 넘어뜨린다. 이후 〈그림 15-63〉 처럼 상대의 팔과 목을 자신 쪽으로 끌어당겨 움직이지 못하도록 만든 후 〈그림 15-64〉와 같이 안면에 발차기를 가하거나 불필요한 경우는 꺾기, 조르기 등의 호신 기법으로 상황을 마무리한다.

6 범죄 및 폭력에 대처하는 자세

1) 자기방어 및 위기대처 능력 함양

우리가 살아가고 있는 지금의 사회는 표면상 평온해 보이고, 실제로 나와 내 주변에서 큰 범죄나 폭력에 연루되어 목숨을 잃거나 치명적인 부상을 입고 정신적 트라우마(Trauma)에 시달리는 사람을 보는 일은 그리 많지 않다. 하지만 범죄에 관한 통계수치와 각종 범죄 관련 자료를 확인한다면 우리 사회가 과연 안전한가? 라고 되묻게 될 것이다.

우리가 살아가는 인간 사회는 '선과 악이 공존'하는 곳이다. 시간과 장소를 가리기 힘든 범죄의 유형도 부지기수(不知其數)이며 수많은 미제 사건이 우리가 살아가는 인간 공동체 안에서 여전히 숙제로 남아있다. '연쇄살인', '묻지 마 폭행 및 살인', '존속살해', '유괴 및 납치' 등과 같은 도덕성을 가진 평범한 인간으로서는 도저히 저지를 수 없는 반인륜적 범죄가 스스럼없이 자행되고 있다. 성과 위주의 경제적 효율을 강조하는 사회적 풍조와 풍토, 교육, 인간과 사회에 대한 이해 부족, 봉사와 희생정신의 소멸, 이웃 간의 멀어진 거리, 소통의 부족 등도 우리 사회의 범죄증가에 한몫을 하지 않았는지 깊이 생각해보아야 한다.

또한 '학교나 직장 등에서의 왕따', '사이버 폭력', '가정폭력', '데이트폭력', '영유아 유기', '층간소음폭력', '주취폭력', '보복운전', '정신질환자에 의한 폭력 및 살인' 등 손가락으로 세기 힘들어질 만큼 많은 범죄와 폭력이 우리 주변에서 버젓이 일어나고 있다는 것을 알아야 한다. 이 시대는 복잡다변(複雜多辯)하고 예측이 허락되지 않는 되는 그야말로 카오스(chaos)이다. 사소로운 감정싸움도 폭력과 살인으로 이어질 만큼 참을성이 없는 사람들이 많아지고, 빠르게 변해가는 세상에 적응해가는 과정에서 기인한 스트레스와 강박증이 사람들을 혼돈(混沌) 속으로 밀쳐내고 있기도 하다. 하지만 시대의 변화와 인간의 비정함을 탓하고만 있기에는 세상이 만만치 않다.

자신의 건강과 감정을 부지런히 살피고 자신 앞에 펼쳐진 세상과 타인의 세계를 깊이 통찰할 수 있는 지혜를 기르는 수련(修鍊) 또한 넓은 의미에서의 호신술이라는 것을 잊지 말아야 한다.

이제 여러분은 최악의 순간에 자기 자신을 지키는 호신술로써 자기방어술의 필요성에 동의할 것이다. 진정한 호신술은 단지 막고, 지르고, 차고, 꺾고, 던지고, 누르는 등의 단순한 물리력만을 의미하는 것이 아니다. 범죄가 일어나기 쉬운 취약지역을 밤늦게 혼자 걷지 않도록 주의하여야 하며, 만취 상태에서 대인관계에 주의하여야 하고, 인적이 드문 길을 걸을 때 주의할 점과 안전사항, 모르는 사람의 접근, 자동차 운전 시비, 길거리 폭력 상황 대처법 등, 다양한 범죄와 폭력 상황에 대한 생활안전교육을 통하여 바른 정보를 취득하여야 한다. 호신술은 생활안전교육이자 생존교육이다. 사사로운 시비에서 자신이 가진 물리력으로 힘의 우위를 차지하여 상대를 혼쭐내는데 사용하는 저급한 의미가 아니다.

실제 범죄나 폭력현장에서 힘이 약한 여성이나 노약자가 무술을 기반으로 한 호신술을 사용하는 것은 쉬운 일이 아니다. 하지만 신체적 능력을 극대화시키고, 범죄 상황에서 당황하지 않고 자기를 보호할 수 있는 다양한 자기방어 기법을 과감히 사용하기 위해서 평소 무술의 기법을 익히고 상대와 겨루는 연습을 하는 매우 중요한 의미가 있다고 할 수 있다. 범죄나 폭력 상황에 처했을 때 가장 빠르고 효율적인 방법은 자신이 휴대하고 있는 다양한 도구를 사용하는 것이다. 예를 들어 휴대폰, 책, 우산, 열쇠고리, 가방, 핸드백, 허리띠, 스카프, 하이힐의 뒷굽, 물병, 동전, 돌멩이, 볼펜, 호루라기 등 항상 휴대하고 있거나 쉽게 사용 가능한 것이 좋다. 다만 도구를 사용하는 호신 기법은 어떤 경우에는 상대에게도 큰 신체적 위험을 줄 가능성이 있으므로 법에서 말하는 정당방위의 개념과 한계를 넘어가서는 안 된다는 것을 명심하여야 한다. 맨손 호신술과 달리 도구를 사용하는 호신술은 최후의 수단이다.

범죄나 폭력 상황에 대한 인식의 오류나 과도한 자기방어는 자신 또한 법의 테두리 안에서 심판을 받게 할 수도 있으므로 기법사용에 깊은 주의가 필요하다. 시비나 위험에 빠졌을 때 가능하다면 경찰에 신고하고 공권력의 도움을 받거나 주변의 도움을 받는 것이 가장 현명하다. 그러나 상황이 불가피하거나 자신의 안전이 보호받을 수 없는 경우는 과감하게 호신술을 사용하여 자신은 물론 가족과 이웃의 생명과 안전을 지켜낼 수 있어야 한다. 자신과 가족, 이웃의 생명과 안전을 지키는 것은 인간의 본능이고 도리이다.

정당방위의 개념과 법 적용은 매우 예민하고 다양한 해석이 따르므로 기법사용에 주의하여야 하지만 자신이 분명한 위기에 처했다는 판단이 섰을 때는 절대 망설여 서는 안 된다. 한편, 자신의 성격적 특성을 떠나서 신속히 도움을 요청하거나 주변에 위험 상황을 분명하게 알릴 수 있도록 평소에 크게 소리를 지를 수 있는 용기와 목청을 강화하는 연습을 해둘 필요가 있다.

실제 위험 상황에 직면하였을 때 대부분의 사람들은 심각한 스트레스 반응으로 인한 과호흡증후군(Hyperventilation syndrome), 과도한 근육 경직 등으로 인하여 신체감각 조절이 어려워지고, 이성적인 판단이 쉽지 않게 된다. 따라서 평소 범죄나 폭력 상황을 염두에 두고 호신술 및 자기방어술을 연습하여야 하며 이와 함께 적절한 심리적 훈련과 함께 범죄 상황에 대한 이미지 트레이닝(Image training)을 해둘 필요가 있다.

호신술은 매우 포괄적이고 광의적인 의미가 내포되어있다. 이는 위험과 위기에 대해 대비하는 훈련을 함으로써 얻어지는 신체적 강건함과 심신안정, 자신감, 자기효능감 고취 등의 정신적인 가치와 사회안전에 기여할 수 있는 공익적 가치가 함께 있는 일종의 심미적(審美的) 움직임에 관한 하나의 시스템(system)이라 할 수 있다.

2) 정당방위 (self-defense, 正當防衛)

합법적인 정당방위에 필요한 조건이 충족되는 경우에 자기가 처한 상황을 내세워 살인을 할 수도 있다. 한국 형법상 정당방위는 자기 또는 타인의 생명·신체·재산 등에 대한 현재의 부당한 침해를 방위하기 위한 상당한 이유가 있는 행위이다.

정당방위가 성립되려면 현재의 부당한 침해가 있어야 하며, 자기 또는 타인의 법익을 방어하기 위한 행위여야 하고, 상당한 이유가 있는 행위여야 한다. 상당한 이유가 있는 행위란 침해에 대한 방위가 사회윤리에 비추어 상당한 정도를 넘지 않고 당연시되는 것을 말한다. 이러한 상당한 정도를 넘는 방위행위를 과잉방위라고 한다. 과잉방위는 처벌되지만 형을 감경 또는 면제할 수 있다. 그러나 그 행위가 야간 및 기타 불안한 상황하에서 공포·경악·흥분·당황으로 인한 때는 벌하지 않는다.

일반적으로 살인자가 상대방에 의하여 자신의 생명을 잃거나 중대한 신체적 상해를 당할 절박한 위험에 처했으며, 그 위험을 피하기 위해서 상대방을 살해해야 한다고 판단할 만한 합리적인 이유가 있는 경우에는 살인도 범죄가 되지 않는다.

정당방위 이론은 피난(retreat)의 요건에 의해 제한된다. 타인의 흉악한 공격을 받았지만 모면할 수 있었던 당사자가, 그 상황을 놓고 볼 때 합법적인 정당방위에 필요한 조건이 충족되는 경우에, 자기가 처한 상황을 내세워 살인을 할 수도 있다. 일부 국가에서는 이러한 경우에도 무죄를 주장하는 당사자가 피난함으로써 위험을 증대시키지 않아야 한다고 규정하고 있다.

당사자가 분쟁에 어느 정도 원인을 제공한 경우 그는 피난하기 위하여 가능한 모든 노력을 다해야 한다.

고의로 폭력을 사용하여 싸움을 시작한 당사자가 정당방위권을 주장하기 위해서는, 분쟁으로부터 완전히 물러나 상대방에게 더 이상 공격을 하지 않겠다는 의사를 분명히 전달해야 한다. 제3자를 죽음이나 중상으로부터 구하기 위하여 치명적인 폭력을 사용하는 것과 관계된 규칙들은 정당방위 이론과 깊은 관련이 있다. 보호된 당사자가, 살해자가 특히 보호할 의무를 지고 있는 그의 가족 중 한 사람인 경우에 살해자에게 피살자가 가해자이며, 제3자의 생명을 구하기 위해 살해가 불가피하다고 믿을 만한 합리적 사유가 있다면 일반적으로 살인죄의 책임은 면제된다.

미국의 몇몇 주와 유럽의 일부 국가에서는 제 3자가 그 자신의 방어를 위하여 그러한 폭력을 사용할 권리가 있었을 경우에만 타인도 그런 폭력을 사용할 수 있다. 일반적으로 사람들은 중죄를 방지하기 위하여 그러한 폭력이 필요하다고 믿을 만한 합리적인 사유가 있으면 폭력적 중죄의 발생을 방지하기 위하여 살인을 할 수도 있다. 그리고 가끔 합법적인 체포를 당하지 않으려고 도피하는 개인을 막기 위해서 치명적인 폭력이 사용되는 경우도 있다.

한국 형법상 정당방위는 자기 또는 타인의 생명·신체·재산 등에 대한 현재의 부당한 침해를 방위하기 위한 상당한 이유가 있는 행위이다(형법 제21조 1항). 누구나 부당한 침해를 감수할 의무는 없기 때문에 침해가 급박하여 국가 공권력에 의한 보호가 불가능한 경우 자신의 힘으로 자기 또는 타인의 권리를 보호하는 것이 허용된다.

따라서 이러한 방어행위로 인하여 침해자에게 피해를 준다고 하여도 위법성이 조각되어 벌하지 않는다. 정당방위가 성립되려면 3가지의 요건이 필요하다.

첫째, 현재의 부당한 침해가 있어야 한다. 현재의 침해에 한하므로 과거 또는 미래의 침해에 대하여는 정당방위가 허용되지 않는다. 따라서 예전에 자기 집을 도둑질한 범인을 길에서 우연히 만나 구타하는 것은 정당방위가 되지 않는다. 그리고 부당한 침해여야 하므로 마땅히 감수해야 할 정당한 이유가 있는 침해, 예를 들어 합법적인 공무집행행위에 대해서는 정당방위를 할 수 없다.

둘째, 자기 또는 타인의 법익을 방어하기 위한 행위여야 한다. 따라서 방위자는 방위할 의사를 가지고 행동해야 한다. 셋째, 상당한 이유가 있는 행위란 침해에 대한 방위가 사회윤리에 비추어 상당한 정도를 넘지 않고 당연시되는 것을 말한다. 긴급피난의 경우와는 달리 반드시 다른 방법이 없었다는 것을 요하지 않고, 침해한 법익이 방위된 법익을 초과하지 않을 것을 요하는 것도 아니다. 그러나 사소한 법익을 위하여 중대한 법익을 손상하는 심한 불균형의 방위행위는 허용되지 않는다.

이러한 상당한 정도를 넘는 방위행위를 과잉방위라고 하며, 과잉방위의 경우 처벌 되지만 형을 감경 또는 면제할 수 있다(제21조 2항). 그러나 그 행위가 야간 및 기타 불안한 상황하에서 공포·경악·흥분·당황으로 인한 때는 벌하지 않는다(제21조 3항). 그리고 정당방위의 객관적 전제조건이 존재하지 않는데도 불구하고 존재하는 것으로 오인하고 방위행위를 한 경우(예를 들면 우편배달부를 강도로 오인하고 방위행위를 한 경우)와 정당방위권의 존재와 그 법적 한계를 오인한 경우(예를 들면 미래의 침해에 대하여 방위행위를 하는 것도 정당방위라고 믿고 이를 행한 경우)를 오상방위(誤想防衛)라고 한다.

전자의 경우에는 고의범으로 처벌되지 않고 과실범의 규정이 있는 경우 과실범으로 처벌되며, 후자의 경우에는 그 오인에 정당한 이유가 있는 경우 벌하지 않는다.

부록 1

교통안전표지판

(경찰청, 교통안전공단, 교통안전표지 일람표, 2013.12.31)

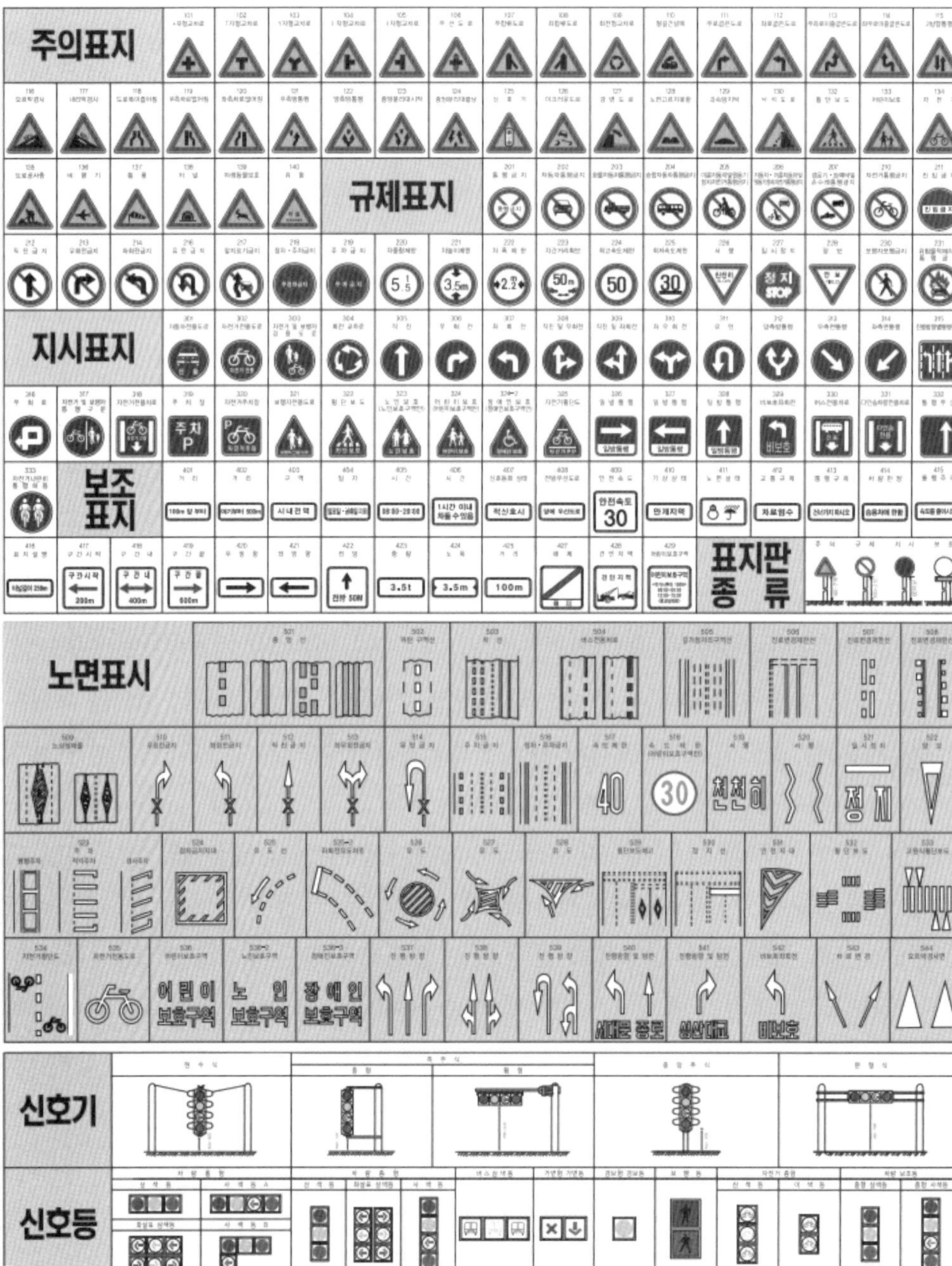

부록 2

주요 안전표지 모음

(산업자원부기술표준원 KSA0901)

◤안전표지색 및 형태 일반적 의미

기본형태	의미 또는 목적	안전색	색의 참고값	사용예
	금지	빨강	7.5R 4/14	보행자 금지 뛰지마시오 문에 기대지 마시오
	지시	파랑	2.5PB 4/10	안전모 착용 안전대 착용 사용 후 전원차단
	주의 경고	노랑	5Y 8.5/12	보행자 주의 미끄럼 주의 틈새 주의
	안전 피난 위생 구호	초록	2.5G 4/10	비상구 대피소 비상시 깨고 여시요
	소방 긴급 고도위험	빨강	7.5R 4/14	소화기 소화전 비상경보

◤ 안전 유도 표지

표지	용어	의미	적용분야
	**비상구**	비상 출구를 나타냄	건물, 부대시설, 공공장소 등
	**대피소**	비상시 대피소를 알림	공공장소, 시설, 건물, 부대시설 등
	**비상시 깨고 여시오**	비상시 깨고 열 것을 나타냄	공공시설, 건물, 부대시설, 교통시설 등
	**의사**	비상시 의사가 있는 곳을 나타냄	공공시설, 부대시설 건물, 작업장 등
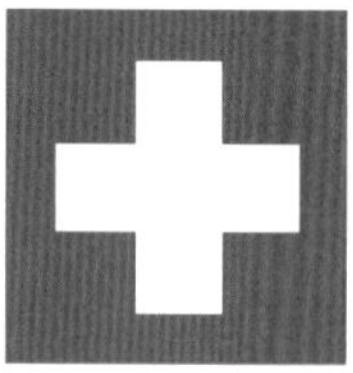	**의무실**	의료서비스를 받을 수 있는 곳	건물, 부대시설, 공공장소, 안내서, 지도 등

화재 안전·긴급 표지

표지	용어	의미	적용분야
	**전기 화재용 소화기**	전기 화재용 소화기를 나타냄	공공시설, 건물, 부대시설, 작업장 등
	**소화기**	소화기를 나타냄	건물, 부대시설, 공공장소, 교통, 교량, 터널 등
	**소방호스 (소화전)**	소방호스(소화전)를 나타냄	건물, 부대시설, 공공장소, 교통, 교량, 터널 등
	**비상전화**	비상시에 사용가능한 전화	공공장소, 건물, 부대시설, 지도, 안내서 등
	**비상경보기**	비상시에 사용 가능한 경보시설	도로, 공공장소, 건물, 건물, 부대시설, 지도, 안내서 등

◤ 금지 표지

표지	용어	의미	적용분야
	**문에 기대지 마시오**	문에 기대지 말 것을 나타냄	공공시설, 건물, 부대시설, 대중교통시설 등
	**문이 닫힐 때 뛰어들지 마시오**	문이 닫힐 때 뛰어들지 말 것을 나타냄	지하철, 대중교통시설 등
	**수영금지**	수영금지를 나타냄	수영장, 해수욕장 각 바다, 계곡 등
	**야영금지**	야영금지 지역임을 나타냄	관광지, 공공장소 부대시설, 안내서 등
	**화기엄금**	화기사용 금지를 나타냄	건물, 부대시설, 공공장소 등

표지	용어	의미	적용분야
	**뛰지 마시오**	뛰지 말 것을 나타냄	공공장소, 건물, 부대시설 대중교통시설 등
	**보행자 금지**	보행자 금지를 나타냄	도로, 공사장 부대시설 등
	**물로 소화하지 마시오**	물로 소화하지 말 것을 나타냄	공공장소, 공공시설 건물, 부대시설 등
	**인라인스케이트 금지**	인라인스케이트 금지를 나타냄	도로, 관광지, 공공장소, 공공시설 안내서 등
	**어린이 금지**	어린이 금지를 나타냄	공공시설, 건물 부대시설 등

◤ 경고·주의 표지

표지	용어	의미	적용분야
	**틈새주의**	틈새에 손, 발등이 끼지 않도록 주의할 것을 나타냄	공공장소, 건물, 부대시설, 대중교통시설 공사장 등
	**추락주의**	추락의 위험이 있음을 나타냄	공공장소, 건물, 부대시설 대중교통시설 공사장 등
	**미끄럼 주의 (차량)**	미끄럼 주의(차량)를 나타냄	도로, 부대시설 등
	**머리 위 주의**	머리 위를 주의 할 것을 나타냄	공공장소, 건물, 부대시설, 도로, 공사장 등
	**인화성 물질/ 고온 경고**	인화성 물질/고온 경고를 나타냄	건물, 부대시설, 작업장 등

표지	용어	의미	적용분야
	**보행자 주의**	보행자 주의를 나타냄	도로, 공공장소 부대시설 등
	**미끄럼 주의**	미끄럼 주의를 나타냄	도로, 공공시설 건물, 부대시설 등
	**계단 주의**	계단을 주의할 것을 나타냄	공공장소, 건물 부대시설, 대중교통시설 등
	**장애물 주의**	장애물 주의를 나타냄	공공장소, 건물 부대시설, 공사장 대중교통시설 등
	**위험/경고**	위험을 경고함	도로, 공공장소, 건물 부대시설, 공사장 등

◤ 지시 표지

표지	용어	의미	적용분야
	**안전모 착용**	안전모 착용을 지시	부대시설 작업장 등
	**방독면 착용**	방독면 착용을 지시함	부대시설 작업장 등
	**구명복 착용**	구명복 착용을 지시함	관광시설 수상 레포츠 지역 등
	**안전대 착용**	안전대 착용을 지시함	부대시설 작업장 등
	**사용 후 전원차단**	사용 후 전원차단을 지시함	건물, 부대시설 작업장 등

| 참고문헌 |

건설교통부(2004). 재해대비교육교재.

경기도소방본부 홈페이지(119center.kyonggi.kr)

경북일보 - 굿데이 굿뉴스(http://www.kyongbuk.co.kr)

경찰청 홈페이지(http://www.police.go.kr)

경찰청(2007). 2006년 교통사고 분석자료.

경찰청(2015). 음주단속 형사처벌 기준.

고토 분지로(2010). 조선기행록, 손일(역), 푸른길.

곽정현 외 2인(2020), 태권도를 기반으로 한 자기방어 수련에 따른 성인여성들의 자아정체감, 자기효능감, 심리적 행복감의 변화. 국기원 태권도연구, 11(1), 24-64.

교육과학기술부 홈페이지(http://www.mest.go.kr)

교육인적자원부(2004). 고등학교-숲과 인간, 교육인적자원부.

교육인적자원부(2007). 학교급식 위생관리 지침서(학교급식 운영평가 및 위생·안전점검지침 개정판).

교통안전공단 홈페이지(http://www.kotsa.go.kr)

구범준 외 3인(2021). 태권도 호신술 트레이닝이 중년 여성의 뇌유래신경영양인자와 마이오카인 카텝신 B에 미치는 영향. 국기원 태권도연구, 12(2), 49-59.

국가가뭄정보포털(https://www.drought.go.k)

국립재난안전연구원 홈페이지 알림마당-재난지식, (https://www.ndmi.go.kr/promote/knowledge/nature)

국민생활안전연합 홈페이지(http://www.safia.org)

국민생활체육협의회 홈페이지(http://www.ssport.or.kr)

국민안전방송-안전韓 TV(http://www.safetv.go.kr)

국민재난안전포털 재난예방 국민행동요령 (https://www.safekorea.go.kr/idsiSFK/neo /main /main.html)

국민체육진흥공단 체육과학연구원(2002). 1급 생활체육지도자 연수교재.

국정원(2004). 테러, 이럴 땐 이렇게 하세요!.

국제산악연맹(1999). 건강의 십계, 월간 산 1999년 7월호.

국토해양부 홈페이지(http://www.mltm.go.kr)

권봉안 외 2인(1998). 안전교육, 서울 : 도서출판 금광.

기상청 기상자료개방포털(https://data.kma.go.kr/cmmn/static/staticPage.do)

기상청(2006.5.9.). 65세이상 고령층, 극고온에 취약 -32℃ 이상부터 1℃ 증가할 때 초과 사망 9명 발생. 기상청 보도자료.

김문옥, 정용, 김훈기, 이현(2022). 주한외국인 태권도 교재, 국기원.

김백윤, 정용(2009). 생활안전관리론, 전주 : 신아출판사.

김법모(2001). 등산교실, 사람과 산.

김원갑(1991). 우리들의 안전, 한국안전교육연구회.

김재호(2005). 안전교육과 응급처치, 서울 : 도서출판 대경북스.

김정식, 김백윤, 송만호(2019). 등산·트레킹 길잡이, 전주 : 사)자연탐사아카데미.

김지영(2019.9.12.). 심각한 기후재앙 ''8년뒤 수도권, 물에 잠긴다. 연합뉴스(https://www. yna.co.kr)

김창곤(2009.10). 기본만 지키면 사고는 없다, 월간 산 480호.

김학수 외 2인(2002). 학교 안전사고 실태 및 예방대책, 2002년도 충남교육청 정책과제.

나무위키(https://namu.wiki)

녹색소비자연대(2021.12.5.). '화학물질저감 우수제품'과 안전한 제품 사용법, 안전성이 높은 원료 사용으로 믿고 구매, 나눔경제뉴스(http://nanumy.co.kr/)

다음 백과(2021). 정당 방위(Syda Productions/Shutterstock.com)

대전광역시교육청(2001). 안전지대, 우리 함께 만들어요.

대천여자중학교(2002). 안전교육 프로그램 실천 적용을 통한 안전생활의 습관화방안.

대한민국 정책브리핑(www.korea.kr)

대한적십자사(2003). 수상인명구조.

대한적십자사(2004). 응급처치법 Ⅱ.

대한적십자사(2005). 수상안전법.

대한적십자사(2011). 응급처치법.

대한적십자사(2017). 응급처치법 일반과정.

도로교통공단 홈페이지-정보마당(https://www.koroad.or.kr/kp_web/knCarSafe1.do)

도로교통공단(2013). 주머니속 교통안전.

도로교통안전협회(1997). 학교 교통안전교육 프로그램 개발 및 활용에 관한 연구.

매일경제(2020.5.8.). 올 여름 폭염특보 일수 늘듯…체감온도로 발령기준 변경 (https://www.mk.co.kr/news/society/view)

박성태(2005). 나는 산경표를 이렇게 본다, 월간 산 2005년 8월호.

박연홍(1992). 안전교육 추진 실무, 서울 : 안전문화사.
박영숙, 정성희(2013). 생활과 건강, 서울 : 한국방송통신대학교 출판문화원.
박인규(2013.2.4). 걷기와 트레킹, 제대로 하는 법, 헬스조선(health.chosun.com)
서길준, 이희택, 오수일, 이원태(2017). 응급처치와 심폐소생술, 의학서원.
서남환경(2014). 수질기준–음용수기준, 서남물재생센터(http://www.seonam.seoul.kr)
서울 학교안전공제회(2001). 학교 안전사고 발생실태.
서울대학교 의과대학 국민건강지식센터(2015.01.22.). 손상·사고예방–야외활동 중 골절사고 응급처치법, 서울대학교 의과대학 국민건강지식센터.
서울특별시교육청(1999). 학교안전교육 길라잡이.
세이프키즈코리아 홈페이지(www.safe365.or.kr)
소방방재청 홈페이지(http://www.nema.go.kr)
소비자가 만드는 신문(http://www.consumernews.co.kr)
송인자, 한정석(1998). 영육아의 사고유형 실태조사.
순천소방서(2006). 119 생활응급처치 매뉴얼.
스포츠안전재단(2021.8.4.). 올바른 환자 이송법에 대해 배워보자! 스포츠안전재단 블로그 (https://blog.naver.com/sportsafety)
신현무(2010). 생활 호신술 및 성폭력의 유형과 예방, 서울: 가림출판사.
심상신(2005). 야외교육 및 야외활동, 서울 : 대경출판사.
안명수(2002). 학교안전사고와 안전대책, 한국안전생활교육회.
안영인(2014). '[취재파일] 온난화, 남극 해빙(Sea Ice)이 늘어난다'. SBS뉴스(https://news.sbs.co.kr/news/endPage.do?news_id=N1002510756)
안전문화추진본부(1999). 가정생활의 안전실천은 이렇게, 한국산업안전공단.
안전보건공단 홈페이지(https://kosha.or.kr/kosha/business/culturepromotion_a_c.do)
안전생활실천시민연합 홈페이지(http://www.safelife.or.kr)
안치용(2022.8.16.). 기상학자들 "무섭다". 머잖아 지도에서 사라질 나라들 오마이뉴스(https://news.v.daum.net/v/20220818112400854)
양희산 외 2인(2003). 학교안전사고예방및보상특별법 제정에 관한 연구, 2003년도 교육인적자원부 교육정책연구과제.
에어코리아–환경부 전국 실시간 대기오염도 사이트(www.airkorea.or.kr)
여성가족부 홈페이지(http://www.mogef.go.kr)
연합뉴스(2021.3.16.). 황사 위기경보 단계 발령 기준 (https://www. yna.co.kr)
연합뉴스(2021.3.29.). 서울 미세먼지 경보·초미세먼지 주의보 동시 발령 (https://www. yna.co.kr)

위키백과(https://ko.wikipedia.org/wiki/).
유재환 외 5인(1998). 안전관리, 서울 : 동화기술.
윤정숙, 박지선, 안성훈, 김민정(2014). 묻지마 범죄자의 특성 이해 및 대응방안 연구, 연구총서 13-AB-03, 한국형사정책연구원.
이규태(2008.1.18). 안전 사각 지대 : 등산 사고, 마운틴월드(http://master.mauntinworld.net)
이근희, 홍상우(1995). 안전관리학, 서울 : 창지사.
이명선(2002). 학교 안전교육의 이론 및 적용, 서울 : 진솔출판사.
이용대, 남선우, 윤재학, 원종민, 한동철, 박승기, 배록현(2014). 중견지도자 교실, (사)대한산악연맹 등산교육원.
이은옥 외 3인(1997). 응급처치의 원리와 실제, 서울 : 수문사.
이장현 외역(1985). 사회문제의 연구, 서울 : 경문사.
전국대학보건관리학교육협의회(2008). 생활과 건강증진, 서울 : 계축문화사.
전국등산학교 표준교재편찬위원회(2010). 등산(제6판), (사)대한산악연맹.
전라북도(2001). 시민안전봉사자교육, 건설교통국 재난관리과.
정용, 김백윤(2019). 독일 태권도 수련자의 수련경험과 건강련 효과에 관한 가치 인식, 한국스포츠학회지, 제17권 4호, 1051-1061.
전재완(2001). 학교보건학, 서울 : 도서출판 금광.
정효지, 이경무(2014). 보건영양, 서울 : 한국방송통신대학교 출판문화원.
중앙소방학교 홈페이지(www.fire.or.kr)
중앙재해대책본부(2001). 2001 가뭄극복추진 종합보고서.
중앙재해대책본부(2002). 2003년도 방재집행계획, 행정자치부.
질병관리청 사이트(http://www.kdca.go.kr/index.es?sid=a2)
질병관리청 아프지마 TV(https://www.youtube.com)
질병관리청·대한심폐소생협회(2020. 12.) 2020년 한국심폐소생술 가이드라인(2020 Korean Guidelines for Cardiopulmonary Resuscitation and Emergency Cardiovascular Care)
최낙덕(1994). 호신술 교본, 오성출판사.
최선웅(2010.10). 대동여지도의 뜻, 현대에 되살려낸 고 이우형 선생, 월간 산 492호.
최인범, 정용승(1997). 안전교육, 서울 : 21세기교육사.
한겨레신문(2007. 9. 21). 보행권을 되찾자, 한겨레신문 13면.
한국 119소년단 홈페이지(www.young119.or.kr)
한국가스안전공사(1996). 가스안전의 길잡이.
한국산업안전공단(1995). 안전·보건 교육 지도안.

한국산업안전공단(1999). 경영과 안전(Ⅱ).
한국산업안전공단(2003). 학교 교사를 위한 안전보건교육.
한국소방안전원(2021). 생활안전강사.
한국소방안전협회 홈페이지(www.kfsa.or.kr)
한국수자원공사 물정보포털(https://water.or.kr/index.do)
한국여성인권진흥원 홈페이지(https://www.stop.or.kr)
한국청소년상담원 홈페이지(http://www.kyci.or.kr)
한양대학교 환경 및 산업의학 연구소(2000). 학교보건 및 교내 환경위생 개선방안에 관한 연구, 2000년도 교육인적자원부 교육정책연구과제.
한완상(1992). 한국 현실, 한국 사회학, 서울 : 범우사.
한희준(2018.1.10.). 헬스조선, 혈액, 몸속 12만km 대장정-온몸에 생명을 운반한다 (http://health.chosun.com/site/data/html_dir/2018/01/05/2018010501970.html)
행전안전부 블로그(https://blog.naver.com/mopaspr/222011687869)
행정안전부 홈페이지(http://www.mopas.go.kr)
행정자치부(2002). 민방위 실기강사용 교재.
행정자치부(2004). 2004 재해백서.
환경부(2011. 12. 30). 먹는 물 수질기준.
CNBNEWS(2008.12.15). CNB커버-한국, 제2의 9·11 날 뻔했다.
Edward F, Sullivan(1998). 김의환 역(2006), 경찰체포호신술, 서울: 대한미디어.
go119어린이안전학교 홈페이지(www.go119.or.kr).
IPCC. (2022). The Ocean and Cryosphere in a Changing Climate: Special Report of the Intergovernmental Panel on Climate Change. Cambridge: Cambridge University Press. doi:10.1017/9781009157964
Namsik's Story(http://jnstory.net)